"十四五"职业教育国家规划教材
国家林业和草原局职业教育"十三五"规划教材

森林经营技术

(第 3 版)

方栋龙　主编

中国林业出版社
China Forestry Publishing House

图书在版编目(CIP)数据

森林经营技术/方栋龙主编. — 3版. — 北京：中国林业出版社，2021.5(2024.3重印)

"十四五"职业教育国家规划教材　国家林业和草原局职业教育"十三五"规划教材

ISBN 978-7-5219-1228-9

Ⅰ.①森…　Ⅱ.①方…　Ⅲ.①森林经营-高等职业教育-教材　Ⅳ.①S75

中国版本图书馆 CIP 数据核字(2021)第 115096 号

责任编辑：范立鹏　　　　　　　　　责任校对：田夏青
电　话：(010)83143626　　　　　　传　真：(010)83143516

出版发行	中国林业出版社(100009　北京市西城区德内大街刘海胡同 7 号)
	E-mail:jiaocaipublic@163.com
	http://www.forestry.gov.cn/lycb.html
印　刷	北京中科印刷有限公司
版　次	2007 年 7 月第 1 版
	2021 年 9 月第 3 版
印　次	2024 年 3 月第 4 次印刷
开　本	787mm×1092mm　1/16
印　张	23.75
字　数	563 千字
定　价	64.00 元

数字资源

未经许可，不得以任何方式复制或抄袭本书之部分或全部内容。

版权所有　侵权必究

《森林经营技术》（第3版）编写人员

主　　编：方栋龙

副主编：何红娟　温中林　杨　兰

编　　者：（按姓氏笔画排序）

　　　　　方栋龙　福建林业职业技术学院

　　　　　杨　兰　辽宁生态工程职业学院

　　　　　时宝凌　山西林业职业技术学院

　　　　　吴训锋　云南林业职业技术学院

　　　　　何红娟　广西生态工程职业技术学院

　　　　　余　鸽　杨凌职业技术学院

　　　　　赵晓东　河南林业职业学院

　　　　　赵密蓉　甘肃林业职业技术学院

　　　　　黄红兰　江西环境工程职业学院

　　　　　傅成杰　福建林业职业技术学院

　　　　　温中林　广西生态工程职业技术学院

《森林经营技术》（第2版）编写人员

主　编：刘进社

副主编：刘英杰　方栋龙　杨　兰　何红娟

编　者：（按姓氏笔画排序）

方栋龙　刘进社　刘英杰　杨　兰　何红娟

张霁明　徐太原　曹　玲　温中林

《森林经营技术》（第1版）编写人员

主　编：刘进社

副主编：刘英杰

编　者：（按姓氏笔画排序）

方栋龙　刘进社　刘英杰　张云江　张宗应

陈茂铨　胡志东

第3版前言

由刘进社教授主编的《森林经营技术》第2版使用5年来，在教学中取得了较好的效果。近年来，基础学科有很大的发展，我国林业也发生了很大的变化，林业的基本内涵更加丰富，森林经营理念不断更新，特别在"绿水青山就是金山银山"的理论指导下，国家重新修定《森林法》背景下，为认真贯彻落实国家职业教育改革实施方案，认真贯彻职教20条基本内涵，紧密对接行业、专业发展和课程思政要求，结合行业、企业发展及校企深度合作模式，组织编写了《森林经营技术》第3版。本教材在第2版总体框架基础上，在内容和结构上进行了较大的调整。在内容上注重吸收行业发展的新知识、新技术、新工艺、新方法；在结构上本教材的编者充分调研各地使用教材的意见和建议，结合现阶段森林经营新理念和森林经营技术的先进水平，在全面反映课程知识点和能力点的基础上，突出了使用者实践技能和实用技术的基本要求。

本教材的编写工作由方栋龙担任主编，何红娟、温中林和杨兰担任副主编。具体分工如下：课程导入、任务2.1、任务2.2由方栋龙编写；项目1由黄红兰编写；任务2.3由赵密蓉编写；任务3.1、任务3.2和任务3.3由温中林编写；任务3.4和任务3.5由杨兰编写；项目4由吴训锋编写；任务5.1、任务5.2和任务5.3由何红娟编写；任务5.4由时宝凌编写；任务6.1和任务6.2由傅成杰编写；任务7.1由余鸽编写；任务7.2由赵晓东编写。全书由方栋龙统稿。本教材由刘进社教授担任主审。

本教材已通过国家林业和草原局院校教材建设办公室聘请的专家审定。在此谨向专家们致以诚挚的感谢！

本教材在编写过程中，得到国家林业和草原局院校教材建设办公室、中国林业出版社的支持和帮助，福建林业职业技术学院、广西生态工程职业技术学院、辽宁生态工程职业技术学院、江西环境工程职业学院、甘肃林业职业技术学院、山西林业职业技术学院、杨凌职业技术学院、河南林业职业学院等单位为本教材的编写提供了大力支持，中国林业出版社高兴荣、肖基浒、范立鹏等同志提出了很多有益的意见和建议，在此特向上述单位及个人表示衷心感谢。

本教材在编写中参阅及引用了近年发表和出版的多种相关资料，在此谨向有关编著者表示感谢。

作者编写水平有限，书中错误疏漏在所难免，诚请广大读者批评指正。

编　者

2021年1月

第2版前言

教材《森林经营技术》(第2版)在内容结构上较第1版进行了大幅度的调整变动,进行了一些大胆创新,对保留了的传统"森林经营教材"的内容进行了结构调整,增添了较多新内容。如课程导入部分的"与教学有关的基本知识""与课程相关的拓展知识",主要阐述了森林经营及与森林经营技术有关的林业方面的基本概念、基本理论、基本要求,阐述了现代林业与森林可持续经营、森林分类经营、林业在生态文明建设中的使命与作用、国外森林经营情况等,这些旨在使学生或读者能深刻认识森林经营在建设现代林业过程中的重要作用和意义,能以新的林业理念引导学生学习各项目、各任务的内容。又如,为适应时代发展,新添了生态产品、生态文明概念及与林业相关的论述,新添了大径材林、薪炭林、生物质能源林、工业原料林培育,增加了公益林整枝抚育、低效防护林改造,封山育林单列一个项目使其内容得到较大细化与扩充。

《森林经营技术》是教育部"十二五"职业教育国家级规划教材中林业技术专业的核心课程之一。该教材立足高职人才培养目标,联系林业生产实际,打破学科体系,采用项目引领、任务驱动的方法编排。教学内容以现代林业理念做引导,紧紧围绕人才培养目标和教学大纲的编排设置,有关部分内容与国家行业标准对接。教材编排与教学要求,适应林业生产需要、考虑学生就业,突出了让学生能做会干的教学思想和教学理念。

教材内容以工作任务为核心编排组织森林经营专业知识、操作技能。全书共有6个项目25个任务。每个项目按顺序有知识目标、技能目标、若干个任务、自测题、相关链接、自主学习资料库等组成;每个任务有任务目标、任务描述、知识准备、工作情景、任务实施、成果提交、拓展知识、巩固训练项目等组成。相关链接、拓展知识、巩固训练项目等是各项目、任务教学内容的延伸,有的是研究前沿或者与本项目、任务有联系的其他知识,主要是供学生研究性学习,用于拓宽学生视野、扩大学生知识面,学生可根据情况有选择地学习、思考、研究或课余练习。

本教材由河南林业职业学院刘进社任主编,编写课程导入、项目3子项目1任务3.1抚育间伐综述及林分透光抚育,项目5任务5.4矮林作业、任务5.5中林作业,项目3子项目1、子项目2的相关链接;云南林业职业技术学院刘英杰任副主编,编写项目4任务4.1低产用材林改造、任务4.2低效防护林改造;福建林业职业技术学院方栋龙任副主编,编写项目1任务1.1林地培肥、任务1.2林地灌溉、任务1.3林地间作;辽宁林业职业技术学院杨兰任副主编,编写项目3子项目1任务3.2林分下层抚育、任务3.3林分上层抚育、任务3.4林分综合抚育、任务3.5林分机械抚育,项目3子项目2任务3.6大径材林

前 言

抚育；广西生态工程职业技术学院何红娟任副主编，编写项目5任务5.1森林皆伐更新、任务5.2森林渐伐更新、任务5.3森林择伐更新。参加编写人员：河南林业职业学院曹玲编写项目2任务2.1商品用材林002森林经营技术修枝、任务2.2公益防护林修枝，项目3子项目2任务3.7薪炭林抚育；广西生态工程职业技术学院温中林编写项目3子项目2任务3.8短周期工业原料林抚育、任务3.9生物质能源林抚育；云南林业职业技术学院徐太原编写项目6任务6.1封山育林概述及乔木型封山育林、任务6.2乔灌型封山育林、任务6.3灌木型封山育林、任务6.4灌草型封山育林。曹玲、何红娟参与了本教材部分项目、任务的修改补充工作；湖北生态工程职业技术学院张霁明参与了教学大纲的编写。

本教材的编写得到了全国林业职业教育教学指导委员会、国家林业局人教司、中国林业出版社等单位的有关领导指导，同时，也受到主、参编人员所在单位的领导对教材编写的有力支持和帮助，在此一并致以衷心的感谢。本教材吸收借鉴了以前及近期、国内及国外的一些研究成果，借鉴、整理、引用了有关文章、教材、规程、专著的材料和图表等，在此对这些作者致以衷心的感谢。

由于编者水平有限，加之本教材在结构编排和内容编写方面力求改革和创新，力求反映本学科一些新内容、新技术、新方法，因此，书中难免有不周全、不完善、不恰当的地方，敬请读者给予批评指正。

编　者

2014年5月

第1版前言

《森林经营技术》教材是遵循教育部高教司组织制订的《全国高职高专教育林业技术专业人才培养指导方案》的精神，依据林业高指委《高职高专教育森林资源类专业教学内容与实践教学体系的研究》课题的要求编写的。本教材紧扣本专业人才培养目标和人才培养规格，与就业岗位群的知识能力结构相配套，体现了"以服务为宗旨，以就业为导向"的职业教育方针。

教材开发是在对林业技术人才培养指导方案和课程教学大纲深入研究的基础之上进行，符合教学规律。教材编写以能力培养为主线，理论实训一体化，以就业岗位的工作项目立章节，理论知识必需够用为度，围绕实训项目讲理论，与高职层次相适应，打破了单一的学科体系。教材内容新颖，紧密贴近林业生态建设、林业产业建设的工作实践，林业生产建设中的新理念、新技术、新管理模式、新机具、新法规等在教材中有充分反映，体现了与时俱进的思想。

教材体例具有独创性。每单元(节)由理论知识、技能训练和阅读与练习构成，三者相辅相成，有机融合，特别是在阅读与练习中，有反映本单元(节)内容研究前沿的综述，又有供学生深入探索创新的课外阅读文献题录，还有供学生巩固知识强化技能的思考与练习。此外，每单元每节均有教学目标，引导学生学习。教材内容参照有关国家职业资格标准、国家技术标准和国家有关政策法律，有较多的实训项目和内容，可操作性强，体现了高职的人才培养特色。

本教材对传统森林经营内容作了适当调整：根据林木生长与环境条件相统一性，增加了林地管理技术；按照新的森林经营理念，新添了公益林与商品林经营技术。对一些传统概念和理论进行了较精细的斟酌，吸收了一些新观点、新理论、新方法和新技术。

本教材由刘进社任主编，编写绪论、第1单元、第5单元；刘英杰任副主编，编写第8单元、第9单元；张云江编写第7单元；方栋龙编写第3单元、第4单元；陈茂铨编写第2单元；张宗应编写第6单元；胡志东编写第10单元。

在编写本教材的过程中，承蒙教育部高职高专教育林业类专业教学指导委员会及森林资源类专业教学指导分会、国家林业局人教司、中国林业出版社等单位有关领导的大力支持，主、参编人员所在单位的领导对教材的编写也提供了必要的支持和帮助，在此一并表示衷心的感谢。本教材中借鉴、引用、摘录了有关文章、教材、专著的材料和图表，在此对这些作者一并致以衷心的感谢。

 前言

  由于编者水平有限,加之本教材在体例上和内容上力求改革和创新,力求反映本学科一些新内容、新方法,因此,书中难免有错误和不当之处,敬请读者批评指正。

王巨斌

2007 年 2 月

目 录

第 3 版前言
第 2 版前言
第 1 版前言

0 课程导入 ··· 1
 0.1 森林经营技术课程概述 ·· 1
  0.1.1 森林经营技术相关基本概念 ·· 1
  0.1.2 森林经营技术的内容 ·· 1
 0.2 课程教学相关基础知识 ·· 2
  0.2.1 森林经营相关技术措施和理念 ·· 2
  0.2.2 我国森林资源及其经营存在的问题和任务 ··· 3
  0.2.3 现代经营工作新特点 ·· 5
  0.2.4 森林经营新理念 ··· 6
 0.3 与课程教学相关拓展知识 ··· 7
  0.3.1 《森林法》修订赋予森林经营的新内涵 ·· 7
  0.3.2 发达国家的森林经营模式 ··· 8
  0.3.3 天然林经营新理念 ·· 8
  0.3.4 社区共管森林经营模式 ··· 9

项目 1 林地管理技术 ·· 14
 任务 1.1 林地土壤改良 ·· 14
  1.1.1 土壤形成 ·· 15
  1.1.2 土壤类型 ·· 20
  1.1.3 土壤生产力 ··· 23
  1.1.4 土壤改良 ·· 25
  1.1.5 盐碱地的土壤改良技术 ··· 26
  1.1.6 土壤剖面点的选择与挖掘 ··· 27
  1.1.7 土壤剖面形态特征的观察和记录 ·· 28
  1.1.8 土壤评价与改良利用 ·· 29
 任务 1.2 林地培肥 ·· 30
  1.2.1 林地施肥 ·· 31

目 录

  1.2.2 栽种绿肥作物 ……………………………………………………………… 40
  1.2.3 凋落物保护 ………………………………………………………………… 45
  1.2.4 林木营养诊断 ……………………………………………………………… 47
  1.2.5 识别肥料种类 ……………………………………………………………… 48
  1.2.6 林地施肥技术 ……………………………………………………………… 49
  1.2.7 种植绿肥植物 ……………………………………………………………… 50
  1.2.8 林下凋落物保护措施实施 ………………………………………………… 50
 任务1.3 林地灌溉 ……………………………………………………………………… 52
  1.3.1 林地灌溉 …………………………………………………………………… 53
  1.3.2 节水灌溉方式 ……………………………………………………………… 55
  1.3.3 特殊林地灌溉技术 ………………………………………………………… 58
  1.3.4 林地灌水量的计算 ………………………………………………………… 59
  1.3.5 林地灌溉自然水源调查 …………………………………………………… 60
  1.3.6 林地灌溉技术措施 ………………………………………………………… 60

项目2 林木抚育技术
 任务2.1 林木抚育种类与方法 ………………………………………………………… 67
  2.1.1 人工整枝 …………………………………………………………………… 68
  2.1.2 摘芽 ………………………………………………………………………… 73
  2.3.1 整枝实训 …………………………………………………………………… 75
 任务2.2 主要商品用材树种整枝技术 ………………………………………………… 77
  2.2.1 针叶树整枝技术 …………………………………………………………… 77
  2.2.2 阔叶树整枝技术 …………………………………………………………… 80
  2.2.3 商品林人工整枝实训 ……………………………………………………… 81
 任务2.3 生态公益林整枝技术 ………………………………………………………… 83
  2.3.1 生态公益林分类 …………………………………………………………… 84
  2.3.2 生态公益林保护等级 ……………………………………………………… 85
  2.3.3 国家级公益林 ……………………………………………………………… 85
  2.3.4 生态公益林抚育 …………………………………………………………… 86
  2.3.5 生态公益林整枝 …………………………………………………………… 86
  2.3.6 主要公益防护树种整枝技术 ……………………………………………… 87
  2.3.7 生态工益林修枝实训 ……………………………………………………… 90

项目3 林分抚育间伐
 任务3.1 抚育间伐的理论基础 ………………………………………………………… 94
  3.1.1 森林抚育间伐综述 ………………………………………………………… 95
  3.1.2 森林抚育间伐的理论依据 ………………………………………………… 97
  3.1.3 林木分级 …………………………………………………………………… 98
  3.1.4 树木分级实训 ……………………………………………………………… 100
 任务3.2 抚育间伐的种类和方法 ……………………………………………………… 102

3.2.1　森林抚育间伐种类的划分 …………………………………… 102
　　　3.2.2　森林抚育间伐的种类和方法 ………………………………… 104
　　　3.2.3　使用化学药剂进行透光抚育实训 …………………………… 110
　　　3.2.4　森林下层抚育实训 …………………………………………… 114
　　　3.2.5　森林上层抚育实训 …………………………………………… 116
　　　3.2.6　综合抚育实训 ………………………………………………… 117
　　　3.2.7　机械抚育实训 ………………………………………………… 118
　任务3.3　抚育间伐技术指标 …………………………………………… 120
　　　3.3.1　抚育间伐开始期 ……………………………………………… 121
　　　3.3.2　森林抚育间伐强度 …………………………………………… 123
　　　3.3.3　森林抚育间伐的间隔期 ……………………………………… 130
　　　3.3.4　确定林分抚育间伐技术指标实训 …………………………… 131
　任务3.4　抚育间伐设计与施工 ………………………………………… 135
　　　3.4.1　准备工作 ……………………………………………………… 136
　　　3.4.2　外业工作 ……………………………………………………… 137
　　　3.4.3　内业设计 ……………………………………………………… 139
　　　3.4.4　抚育间伐设计实训（以透光抚育为例）…………………… 141
　　　3.4.5　抚育间伐施工实训 …………………………………………… 144
　任务3.5　几种林分抚育间伐 …………………………………………… 149
　　　3.5.1　生态公益林抚育 ……………………………………………… 150
　　　3.5.2　大径材抚育 …………………………………………………… 152
　　　3.5.3　短周期工业原料林抚育 ……………………………………… 153
　　　3.5.4　生物质能源林抚育 …………………………………………… 156
　　　3.5.5　公益林抚育实训（以林分抚育为例）……………………… 157
　　　3.5.6　大径材抚育实训（以日本长白落叶松为例）……………… 161
　　　3.5.7　短周期工业原料林抚育实训（以北方杨树为例）………… 166
　　　3.5.8　生物质能源抚育（以能源林为例——矮林经营技术）…… 170

项目4　低效林改造技术 ………………………………………………… 179
　任务4.1　低效林改造基础 ……………………………………………… 179
　　　4.1.1　低效林改造的概念和种类 …………………………………… 180
　　　4.1.2　低效林形成的原因 …………………………………………… 181
　　　4.1.3　低效林改造的方式 …………………………………………… 182
　　　4.1.4　低效林改造实训 ……………………………………………… 185
　任务4.2　低效林改造作业设计与实施管理 …………………………… 186
　　　4.2.1　低效林改造作业设计要求 …………………………………… 187
　　　4.2.2　设计过程 ……………………………………………………… 188
　　　4.2.3　作业设计的内容 ……………………………………………… 188
　　　4.2.4　设计文件组成 ………………………………………………… 189

            4.2.5 低效林改造施工管理 …………………………………………… 190
            4.2.6 低效林改造作业设计与实施管理实训 …………………………… 193
项目 5 森林主伐与更新 ……………………………………………………………… 200
    任务 5.1 森林皆伐更新 …………………………………………………………… 200
        5.1.1 森林主伐更新概述 ………………………………………………… 202
        5.1.2 森林皆伐更新概述 ………………………………………………… 203
        5.1.3 森林皆伐更新的优缺点 …………………………………………… 210
        5.1.4 森林皆伐更新伐区宽度、伐区方向和采伐方向的确定 …………… 210
        5.1.5 森林皆伐更新作业 ………………………………………………… 211
    任务 5.2 森林渐伐更新 …………………………………………………………… 229
        5.2.1 森林渐伐更新概述 ………………………………………………… 230
        5.2.2 渐伐木确定 ………………………………………………………… 234
        5.2.3 渐伐更新技术 ……………………………………………………… 235
        5.2.4 森林渐伐更新的优缺点 …………………………………………… 235
        5.2.5 简易渐伐的确定 …………………………………………………… 236
        5.2.6 森林渐伐更新作业设计 …………………………………………… 237
    任务 5.3 森林择伐更新 …………………………………………………………… 244
        5.3.1 森林择伐更新条件及种类 ………………………………………… 245
        5.3.2 择伐木确定 ………………………………………………………… 248
        5.3.3 择伐更新技术 ……………………………………………………… 249
        5.3.4 森林择伐更新的优缺点 …………………………………………… 250
        5.3.5 采伐木选择与林隙更新实训 ……………………………………… 251
        5.3.6 森林择伐更新作业设计实训 ……………………………………… 252
    任务 5.4 森林主伐作业管理 ……………………………………………………… 260
        5.4.1 主伐伐区调查设计 ………………………………………………… 261
        5.4.2 森林采伐作业 ……………………………………………………… 263
        5.4.3 伐区质量检查和验收 ……………………………………………… 273
        5.4.4 主伐伐区调查设计实训 …………………………………………… 278
        5.4.5 伐区木材生产作业现场参观 ……………………………………… 285
项目 6 封山育林技术 ………………………………………………………………… 296
    任务 6.1 封山育林规划设计 ……………………………………………………… 296
        6.1.1 封山育林类型及方式 ……………………………………………… 297
        6.1.2 封山育林规划设计 ………………………………………………… 303
        6.1.3 乔木型封山育林作业设计和管护实训 …………………………… 307
    任务 6.2 封山育林施工 …………………………………………………………… 310
        6.2.1 封禁措施 …………………………………………………………… 310
        6.2.2 封山育林管理 ……………………………………………………… 311
        6.2.3 封山育林检查和成效调查方法 …………………………………… 312

　　　　6.2.4　育林管护方案设计与实施实训 ……………………………………………… 314
项目7　林农复合(林下经济)经营 ………………………………………………………… 317
　　任务7.1　林农复合经营模式设计 ……………………………………………………… 317
　　　　7.1.1　林农复合经营的意义及特点 …………………………………………… 318
　　　　7.1.2　林农复合经营类型 ……………………………………………………… 320
　　　　7.1.3　林农复合经营设计及效益调查实训 …………………………………… 327
　　任务7.2　林农复合经营技术 …………………………………………………………… 331
　　　　7.2.1　林农复合经营系统结构 ………………………………………………… 332
　　　　7.2.2　林农复合经营措施 ……………………………………………………… 335
　　　　7.2.3　林农复合经营实训 ……………………………………………………… 343
参考文献 …………………………………………………………………………………… 350
附　录 ……………………………………………………………………………………… 353

0 课程导入

0.1 森林经营技术课程概述

0.1.1 森林经营技术相关基本概念

(1) 森林经营

森林经营是指对现有森林进行科学培育以提高森林的产量和质量的生产活动总称,主要包括森林抚育、林分改造、主伐更新、护林防火及副产利用等。广义的森林经营还包括林木病虫害防治、林场管理、产品调拨、狩猎等。

森林经营的目的是要切实抚育、保护、利用好现有森林,扩大森林资源,充分发挥森林的各种功能与多种效益,不断满足国家建设和人民生活对环境保护、生态建设、木材及林副产品等多方面的需要。

(2) 森林抚育

森林抚育是指幼林郁闭后到主伐前围绕培育目标所采取的营林措施总和,主要包括抚育间伐、人工整枝和林地管理。

(3) 森林培育

森林培育是指从林木种子采集、苗木培育、造林到郁闭成林、林分成熟、采伐更新利用的整个培育过程。

森林抚育是森林经营工作的组成部分;森林经营是森林培育工作的组成部分。

0.1.2 森林经营技术的内容

森林经营技术主要包括以下内容(广义的森林经营还包括森林病虫害防治和自然保护区建设)。

林地管理技术:主要目的是防止地力衰竭,还可提高土壤肥力。主要包括林地土壤改良、林地培肥和林地灌溉。

林木抚育技术：主要目的是为了促进林木生长与提高林分木材产量和质量，公益林修枝抚育是为保证林木健康生长，提高观赏效益和生态效益。包括商品用材林修枝抚育和公益林修枝抚育。

林分抚育间伐：其作用主要是提高林分质量、促进林木生长、缩短工艺成熟龄、提高大中径级材的出材率、提高林分总经济效益，包括一般林分抚育和特殊林分抚育。一般林分抚育指顺其立地条件和树种特性，对其实施透光伐和生长伐，培育生产各种普通木材；特殊林分抚育指根据经营目的培育生产特殊用材林木和林产品的抚育措施，包括大径材林、能源林、短周期工业原料林、生物质能源林抚育等。

森林主伐更新：对成熟林分的采伐更新。指对成熟林分及林分中的成熟木的采伐更新。有皆伐更新、渐伐更新、择伐更新3种方式。另外，还有矮林、中林作业技术，矮林、中林的经营、采伐和更新各有自己的特殊形式。

森林采伐技术：采伐作业组织管理、伐木技术、伐木机具的使用和保养、造材、集材、运材、清理伐区技术等。

生态公益林经营技术：不同类型生态公益林的经营技术、低效生态公益林的改造技术。

低产低效林改造技术：低产用材林改造、低效防护林改造。

封山育林技术：包括封山育林规划设计、封山育林施工和封山育林档案管理。

林农复合(林下经济)经营：包括林农复合经营模式设计和林农复合经营技术。

0.2 课程教学相关基础知识

0.2.1 森林经营相关技术措施和理念

(1) 定向培育

根据特定要求(木材、林副产品、风景、国防、防护要求)制定培育目标(林种、材种及相应的数量、质量指标)，根据自然和社会经济条件确定造林树种或树种组合、设计培育技术体系，以可能的最低成本和最快速度，达到定向要求的一种森林培育制度。定向培育与速生丰产、集约经营的具体措施是不同的。

目前，工业人工林培育正围绕着定向、速生、丰产、优质、稳定及高经济效益等6个目标加强研究，育林措施很大程度上由木材商品价值和木材利用、加工规格要求决定，而这个要求只有通过定向培育才能得到很好的满足。

(2) 优化栽培模式

随着育林技术的进步，栽培模式也在不断更替，现代数学模拟、计算机技术及无人机技术的应用，加上对林木生长与立地、营林措施相关的测定资料日益丰富和精确，经济分析的方法也改善了，森林经营模式也不断更新优化。

(3) 生态系统管理

生态系统管理的内容主要包括以下方面：

①生态控制技术、森林认证。
②采用近自然方式恢复森林，近自然经营。
③提倡混交方式。
④有利于保持水土的林地清理整地方式。
⑤改变抚育方式。
⑥大力推广生物防治(以虫治虫、以菌治虫、以鸟治虫等)和无公害防治。
生态系统管理的目标是提升生态系统多样性、稳定性、持续性。

(4) 近自然经营

近自然森林经营是一种顺应自然的计划和管理森林的模式，它基于从森林自然更新到稳定的顶极群落这样一个完整的森林发育演替过程来计划和设计各项经营活动，优化森林的结构和功能，永续利用与森林相关的各种自然力，不断优化森林经营过程，从而使受到人为干扰的森林逐步恢复的近自然状态的一种森林经营模式。尊重自然、顺应自然、保护自然，是全面建设社会主义现代化国家的内在要求。

(5) 生态经营（生态修复）

对一个生态系统功能的修复，绿化是当前最有效的生态修复措施，包括生态抚育、生态采伐、生态林地整理、生态施肥、景观经营等。在生态系统保护修复方面，要把尊重自然、顺应自然、保护自然作为基本原则。

(6) 森林可持续经营

森林可持续经营是指以一定的方式和速度管理、利用森林和林地，维持其生物多样性、生产力、更新能力、活力，实现森林的生态、经济和社会功能的潜力，同时对其他的生态系统不造成危害。其原则包括：发展原则、协调原则、质量原则和公平原则。

森林可持续经营特征包括：森林生态系统经营的整体性，森林效益的多功能性；强调森林的生态价值和生态保护作用；全社会的参与式；森林可持续营是人类的共同目标，体现国际化；必须有完善的支撑体系。

森林可持续经营标准包括：生物多样性保护(包括基因多样性、物种多样性、生态系统多样性)；充分体现生态系统生产力维护；水土资源的保护和维护；生态系统健康和活力维持；全球生态圈维持；森林多功能保持和加强。

(7) 林业可持续发展

实现林业可持续发展是现代林业最显著的标志。其关键在于森林可持续经营，森林可持续经营是林业可持续发展的前提。为谋求人均森林数量不断增加、综合森林质量不断提高、整体森林结构不断优化，以及生态效益、经济效益、社会效益不断增长，而采取全面的、最佳的、稳定的预期效果，逐步实现人与自然持久协调发展。

0.2.2 我国森林资源及其经营存在的问题和任务

(1) 我国森林资源存在的问题

总体来说，我国森林资源呈现以下特点为：针叶林多，阔叶林少；人工林多，天然林少；纯林多，混交林少；中幼林多，近熟林少；劣质林多，优质林少。具体表现在以下方面：

①森林资源总量不足。我国森林覆盖率只有全球平均水平的2/3左右(世界平均森林覆盖率31%);森林面积$2.2×10^8 hm^2$,只占世界的5.51%,人均森林面积只有世界人均占有量的1/3;森林蓄积量$175.6×10^8 m^3$,排在巴西、俄罗斯、美国、刚果、加拿大之后,人均森林蓄积量只有世界人均占有量的1/6。生态脆弱状况没有根本扭转,生态问题依然是制约我国可持续发展最突出的问题之一,生态产品依然是当今社会最短缺的产品之一,生态差距依然是我国与发达国家之间最主要的差距之一。

②森林资源分布不均。东部地区森林覆盖率为最高,而西部地区只有东部的1/3强,而占国土面积32.19%的西北地区森林覆盖率只有6%左右。

③森林资源质量不高。乔木林每公顷蓄积量$89.79 m^3$,只有世界平均水平的78%,平均胸径仅13.3 cm,人工乔木林每公顷蓄积量仅$52.01 m^3$,龄组结构不尽合理,中幼龄林比例依然较大。森林可采资源少,木材供需矛盾加剧,森林资源的增长远不能满足社会经济发展对木材需求的增长。

(2)我国森林经营存在的问题

①林地保护管理压力增大。2019年修订的《中华人民共和国森林法》(以下简称《森林法》)明确规定:国家保护林地,严格控制林地转为非林地,实行占用林地总量控制,确保林地保有量不减少。各类建设项目占用林地不得超过本行政区域的占用林地总量控制指标。矿藏勘查、开采以及其他各类工程建设,应当不占或者少占林地;确需占用林地的,应当经县级以上人民政府林业主管部门审核同意,依法办理建设用地审批手续。需要临时使用林地的,应当经县级以上人民政府林业主管部门批准;临时使用林地的期限一般不超过2年,并不得在临时使用的林地上修建永久性建筑物。临时使用林地期满后一年内,用地单位或者个人应当恢复植被和林业生产条件。禁止毁林开垦、采石、采砂、采土以及其他毁坏林木和林地的行为。这些规定对林地保护提出更高的要求,因此林地保护管理压力更大。

②营造林难度越来越大。我国现有宜林地质量好的仅占13%,质量差的占52%;全国宜林地60%分布在内蒙古和西北地区其他省份。今后全国森林覆盖率每提高1个百分点,需要付出更大的代价。

③大面积低质量纯林潜伏着重大隐患。由于林种和树种结构的不合理,特别是大面积纯林、造成地力衰退,林地生产力水平下降,不仅没有充分发挥森林应有的效益和动能,而且潜伏着病虫害和火灾等隐患。

④粗放经营管理制约了林业整体效益的提高。粗放经营是我国林业发展的一大障碍,从采种、育苗到造林、抚育都存在粗放经营状况。抚育间伐、林分改造的进度缓慢;间伐与主伐的方式缺乏计划、忽视林地管理的情况普遍存在;人工整枝进行得较少;分类经营后对商品林和公益林的经营研究得不够深入;森林火灾时有发生;"重造轻管"的营林意识严重。

(3)我国森林经营的任务

森林全部效益的发挥必须建立在足够森林数量、优良的森林质量、森林资源分布均匀的森林体系上。

①保证足够数量。主要反映在森林覆盖率、森林蓄积量、森林郁闭度等指标上。应大力组织造林绿化,应当科学规划、因地制宜,优化林种、树种结构,鼓励使用乡土树种和发展珍贵阔叶树种,采取林木良种,营造混交林,提高造林绿化质量。

②提高森林质量。主要反映在单位面积蓄积量、森林结构(林种结构、年龄结构、树种结构)上,还反映在生物多样性、森林的垂直结构上。应当有计划地组织公益林经营者对公益林中生态功能低下的疏林、残次林等低质低效林,采取生态恢复、林分改造、森林抚育等措施,提高公益林的质量和生态功能;在不破坏生态的前提下,可以采取定向培育,集约化经营措施,合理利用森林、林木、林地,提升森林质量和林地生产力,提高商品林经济效益。

③促进分布均匀。均匀分布是影响区域森林生态效益发挥的重要因素。我国森林总量不足,而且分布极不均匀。各地应当充分利用人才和科技优势,开展技术攻关,重点解决特殊造林地区恢复森林的难题,特别是西部地区造林困难地块的造林绿化难题。目前,我国森林资源总体呈现持续增加、质量稳步提高、功能不断增强的发展态势,为维护生态安全,改善民生福祉,促进绿色发展奠定了坚实基础。

(4)森林经营技术的基本原则

①充分利用自然力,发挥生态恢复的功能。林业生产的特殊性(如林业生产周期长,而劳动时间相对短,林业占用的土地比较恶劣且变化复杂),决定了森林培育要更加依赖自然力。因此,认识利用自然力就成为提高林业效益的基础。《森林法》规定,应当采取以自然恢复为主、自然恢复和人工修复相结合的措施,科学保护修复森林生态系统。新造幼林地和其他应当封山育林的地方,由当地人民政府组织封山育林。各级人民政府应当对自然因素等导致的荒废和受损山体、退化林地以及宜林荒山荒地荒滩,因地制宜实施森林生态修复工程,恢复植被。

②重视科学技术,提升森林经营的科技含量。充分发挥先进科学技术在林业生产中的应用,提升森林经营的科技含量。在保障生态安全的前提下,国家鼓励建设速生丰产、珍贵树种和大径级用材林等商品林,增加林木储备,保障木材供给安全。商品林由林业经营者依法自主经营。在不破坏生态的前提下,可以采取集约化经营措施,合理利用森林、林木、林地,提高商品林经济效益。

③明确经营目标。目前,从大的方面来看,国家根据生态保护的需要,将森林生态区位重要或者生态状况脆弱,以发挥生态效益为主要目的的林地和林地上的森林划定为公益林。未划定为公益林的林地和林地上的森林属于商品林。公益林只能进行抚育、更新和低质低效林改造性质的采伐。但是,因科研或者实验、防治林业有害生物、建设护林防火设施、营造生物防火隔离带、遭受自然灾害等需要采伐的除外。商品林应当根据不同情况,采取不同采伐方式,严格控制皆伐面积,伐育同步规划实施。自然保护区的林木,禁止采伐。但是,因防治林业有害生物、森林防火、维护主要保护对象生存环境、遭受自然灾害等特殊情况必须采伐的和实验区的竹林除外。

作为商品林进行经营还必须更加明确具体的经营目标,只有这样才能制定一整套与经营目标相适应的技术和管理措施,才能进行营林成本核算,这是现代林业经营所必须具备的意识和技术措施,当然,林、工、贸一体化是一条有效途径。

0.2.3 现代经营工作新特点

经营对象:由原来的林木、林地提升为森林生态系统,突出森林经营的系统性。
经营理念:由原来的木材生产和生态保护并重提升为生态优先,突出了生态建设。

经营目的：由原来的收获木材为主拓展为发挥森林的生态、社会和经济效益，突出了森林整体效益。

建设内容：由原来的生态、产业两大体系拓展到生态、产业和文化三大体系，突出了生态文明。

建设布局：由原来的注重林区、山区拓展为山区、沿海和城市，突出了城市和平原造林绿化。

0.2.4 森林经营新理念

(1) 森林认证

总部设在德国的森林管理委员会(Forest Stewardship Counal，FSC)提出的"可持续森林"的概念，并提出以下10项认证标准：森林经营活动尊重当地法律；经营者对土地和森林有长期使用权；经营者尊重原住民的权利；经营活动应维护森林劳动者和当地的利益；森林经营活动应有效利用森林；森林经营应保护生物多样性；应当制定和执行与经营规模和强度相适应的森林规划；应评估森林经营的社会与环境影响；对受保护森林应维护和加强这些森林的原有特征；人工林与天然林形成补充，促进天然林恢复和保护。目前，我国获得FSC认证的森林面积接近亚洲各国前列。

(2) 国家木材战略储备生产基地

借鉴国家粮食、石油等战略资源储备通行模式，以契约式管理为基础，以可查、可调、可控为目标，实行代储代管、动用轮换和动态监测制度，培育储备国家急需的珍稀和大径级立木资源。如福建省经过一个时期的储备恢复，建立总量稳定的木材战略储备。"十三五"(2016—2020)期间福建全省国家木材战略储备生产基地面积达1420万亩*（其中，短周期工业原料林103万亩，中长期用材林1051万亩，珍贵树种用材林116万亩，竹林150万亩）；这样到2020年全省国家木材战略储备生产基地总面积达3300万亩（其中，短周期工业原料林359万亩，中长期用材林2405万亩，珍贵树种用材林236万亩，竹林300万亩）。主要分布在闽西北、闽东南、闽东3个区。

(3) 无人机在林业上的应用

近年来，随着我国北斗卫星导航系统全球组网不断完成，遥感技术、数字图像、视频实时传输技术不断发展，无人机在林业领域应用也越来越广泛。无人机技术已逐渐应用于森林资源调查、森林资源监测、森林信息提取、森林施肥、森林病虫害防治、林木授粉、森林火场监测、森林防火等。这些大降低了林业工人劳动强度，改善了工作条件，提高了林业工作效率，为我国林业发展做出了重要的贡献。

(5) 森林碳汇

森林碳汇是指森林植物通过光合作用将大气中的二氧化碳以生物量的形式储存在林木中的过程。目前，我国的森林植被总碳储量已达 92×10^8 t，平均每年增加的碳储量在 2×10^8 t以

---

* 1亩 = 1/15 hm^2，后同。

上，折合碳汇 $7×10^8$~$8×10^8$ t。2020 年，中国超额完成了哥本哈根气候峰会(2009 年)承诺的 2020 年国家减排目标，党的二十大报告中再次明确，要积极稳妥推进碳达峰、碳中和。

0.3 与课程教学相关拓展知识

0.3.1 《森林法》修订赋予森林经营的新内涵

(1) 公益林和商品林的含义

国家根据生态保护的需要，将森林生态区位重要或者生态状况脆弱，以发挥生态效益为主要目的的林地和林地上的森林划定为公益林。公益林由国务院和省、自治区、直辖市人民政府划定并公布。

划定为公益林的基本条件包括：重要江河源头汇水区域；重要江河干流及支流两岸、饮用水水源地保护区；重要湿地和重要水库周围；森林和陆生野生动物类型的自然保护区；荒漠化和水土流失严重地区的防风固沙林基干林带；沿海防护林基干林带；未开发利用的原始林地区；需要划定的其他区域。未划定为公益林的林地和林地上的森林属于商品林。

划定为商品林的基本条件包括：以生产木材为主要目的的森林；以生产果品、油料、饮料、调料、工业原料和药材等林产品为主要目的的森林；以生产燃料和其他生物质能源为主要目的的森林；其他以发挥经济效益为主要目的的森林。

(2) 公益林、商品林分类经营管理要点

①公益林经营管理。公益林划定涉及非国有林地的，应当与权利人签订书面协议，并给予合理补偿。公益林进行调整的，应当经原划定机关同意，并予以公布。

国家级公益林划定和管理的办法由国务院制定；地方级公益林划定和管理的办法由省、自治区、直辖市人民政府制定。国家对公益林实施严格保护。县级以上人民政府林业主管部门应当有计划地组织公益林经营者对公益林中生态功能低下的疏林、残次林等低质低效林，采取林分改造、森林抚育等措施，提高公益林的质量和生态保护功能。在符合公益林生态区位保护要求和不影响公益林生态功能的前提下，经科学论证，可以合理利用公益林林地资源和森林景观资源，适度开展林下经济、森林旅游等。利用公益林开展上述活动应当严格遵守国家有关规定。

公益林只能进行抚育、更新和低质低效林改造性质的采伐。但是，因科研或者实验、防治林业有害生物、建设护林防火设施、营造生物防火隔离带、遭受自然灾害等需要采伐的除外。

自然保护区的林木，禁止采伐。但是，因防治林业有害生物、森林防火、维护主要保护对象生存环境、遭受自然灾害等特殊情况必须采伐的和实验区的竹林除外。

②商品林经营管理。国家鼓励发展商品林。在保障生态安全的前提下，国家鼓励建设速生丰产、珍贵树种和大径级用材林，增加林木储备，保障木材供给安全。商品林由林业经营者依法自主经营。在不破坏生态的前提下，可以采取集约化经营措施，合理利用森林、林木、林地，提高商品林经济效益。商品林应当根据不同情况，采取不同采伐方式，

严格控制皆伐面积，伐育同步规划实施。

0.3.2 发达国家的森林经营模式

(1) 森林多效益主导利用模式——分类经营

该经营模式以新西兰、澳大利亚、法国等为代表，是以国家森林分类的尺度，对全国的森林进行宏观的战略性经营管理。新西兰和澳大利亚大力发展人工林，进行集约经营，充分发挥其经济效益，兼顾生态效益和社会效益的发挥；同时注重保护和发展天然林，充分发挥其生态效益和社会效益，兼顾其经济效益。法国则是采取将国有林划分为三大模块的经营模式：木材培育林、公益森林和多功能森林。我国实行的分类经营，采取的是将森林分为商品林与公益林的"二分法"。

(2) 森林多效益一体化经营模式——近自然经营

德国是主推森林三大效益一体化模式的代表性国家，强调生态造林，遵循适地适树的原则，大力开展乡土树种造林。该经营模式的近自然林要求混交、持续、与环境相适应，造林密度因地制宜；目标树经营是该经营模式的主要特征，围绕目标树提高经营作业效益；该经营模式严格控制采伐量，不超过生长量的70%，皆伐作业面积不能大于2 hm^2，带宽不能大于50 m，带长不能大于600 m；要求伐后及时更新，在天然更新不足的情况下，采取人工促进天然更新或人工更新。

(3) 森林生态系统经营模式

该经营模式以美国为代表，是一种在景观水平上维持森林全部价值和功能的模式。生态系统经营是一个复杂的动态概念，难以用明确而简洁的定义描述，以至于在这个概念提出后的很长一段时期内，以务实为特征的欧洲近自然森林经营学术界对此未作出太多响应。目前，关于生态系统经营的实证研究多数是在群落演替或景观恢复方面进行的，缺乏大范围森林经营实例，这也是生态系统经营存在的问题和面临的批评，即在对生态系统整体运行机制和经营结果缺乏充分认识的情况下，要在大范围内按生态系统经营概念设计和实施森林经营，显然是不理智的，因此人们又提出了"适应性经营"，认为它是实现生态系统经营的一条途径，可在执行生态系统经营计划的过程中及时发现问题，并提出相应的改进方法。

0.3.3 天然林经营新理念

在天然林经营上，大方向上的天然林资源保护工程实现了由粗放经营向集约经营转变，应用现代高新技术成果，保护和培育森林资源；还就其相关技术层面的问题，包括合理的森林经营技术设定、与演替相关的经营方式、不同类型天然林的遗传研究等进行了探讨。

在天然林的管理上，则实现企业管资源向国家管资源转变，把资源管理的行政职能真正从企业分离出来。中国工程院院士沈国舫还在记者的采访中提到将天然林保护工程的实施同维护国家生态安全和促进林农增收结合起来，对不同的林分进行合理、可持续的利用。他还提出每个林区要恢复到什么程度都不一样，每个林区所负担的工人也不一样，但总的说来还是需要一个相当长的时间让林区的生态状况、人口密度和就业数量都达到一个合适的标准。这就为日后的天然林资源保护和经营提供了具体的努力方向，即建立一个相应的恢复标准，为天然林资源保护与经营提供参照和参考。在沈国舫的倡导下实行的天然林资源保护工程，经其与同行专家的共同倡议推动，促进了工程二期的实施建设。天然林资源保护工程所承载的一系列有关天然林经营及管理的任务，在工程的实施中不断地得以总结完善，启迪我们对今后的保护工程，要在采取既定天然林保护措施基础上，应对前期保护形成的森林进行合理抚育经营，促进天然次生林正向演替，提高森林质量。同时，要科学设定合理的天然林保护与经营制度，严格执法，保障天然林资源可持续发展。就天然林保护而言，是带有延续性质的，从而体现了"天然林保护"这一永恒的理念，对我国今后的天然林经营和管理具有理论与实践的双重意义。

0.3.4 社区共管森林经营模式

社区共管是社会林业的参与主体——村民或代表村民利益的社团参与森林资源管理或保护区管理的一系列活动的总称，是发展社会林业的一种重要形式。云南开展社会林业活动已有十年多的历史了。在各国际组织的帮助下，近年来开展了社区共管活动，取得了一些经验，也有一些值得深入探讨的问题，现介绍讨论如下：

(1) 社区共管的理论基础

社区共管是20世纪90年代以来兴起于国际上的新型的自然资源管理模式，是属于社会林业的一种管理方式，强调的是村民的参与性和自主性。社区共管是社区群众和保护区管理部门结成合作伙伴关系，共同参与保护区建设发展的一种运行机制。具体地说，就是村社群众和保护区管理部门共同讨论、协商、共同制订保护区的保护规划和保护区周边社会综合发展计划，社区群众参与保护，保护区管理部门在一定程度上（经济、技术等）上协助社区发展，走共同保护、协调发展的路子。其理论基础是参与式发展理论，强调村民是当地资源的管理主体，参与应是全过程的参与，参与的核心是赋权。

经过20多年的实践，社会林业在我国得到了稳步的发展，取得了长足的进步，也得到了社会学家和林学家的承认。社区共管是社会林业应用于保护区建设和发展方面提出的一个全新的概念，是以社会林业为理论基础，强调保护区应把保护和发展紧密结合起来，把保护区建设与当地社区的经济发展和人民生活的提高紧密联系在一起，考虑周边各利益群体的合法地位和传统利益，让他们积极参与保护区的建设和管理。通过社区共管，与周边社区建立起合作伙伴关系，让周边社区和利益群体都把保护区的建设当成自己的事。

不能因为注重保护而与外界隔绝，保护管理部门孤军作战，那样做保护区将会成为一个孤岛，充分发挥社区群众的主人翁精神和保护方面的经验，把保护区真正当成他们的家园，才能实现真正的保护。

(2) "大共管"理念的内含

北京林业大学经济管理学院温亚利等（2005）提出了"大共管"理念。以太白山为例，他们认为，随着我国社会经济的快速发展，区域外到太白山来旅游和从事商业活动的个人、团体不断增加，这使得保护管理工作所面对的利益相关方，无论从类型上还是数量上，都快速扩增。保护区管理部门在日常保护管理工作中所面临的压力和威胁不仅来源于尚未消除的周边社区对于保护区内及周边自然资源的无序利用，还来源于区域社会经济发展对于保护区内及周边自然资源需求的急剧增长。威胁主体已经从过去的单一的周边社区群众扩增到外来人员、游客，以及当地政府和相关部门。威胁产生的原因有当地社区传统习俗文化和为了生计而对于野生动植物资源的过度利用，外来人员为了牟取不法得利而进行的非法活动，以及当地政府为了推动社会经济发展所产生的无意识后果。

太白山自然保护区面临的威胁的复杂性，以及保护目标达成的急迫性及重要性，对于当前的保护管理工作提出了更高要求。提出"大共管"理念即是在已经成功开展过的"社区共管"工作的基础上，关注不同利益相关方的既得利益，将各利益相关方纳入保护管理中，促使利益相关方从威胁因素的角色转变为新的保护力量，推动全面和系统的保护与发展利益和谐格局的形成。在构建大共管体系中他们的关注点是：①关注社区群众生存和发展诉求的回馈机制；②呼吁政府、社会公众提高保护意识的引导机制；③规范商业团体的监督和激励机制；④吸引宗教人士参与保护工作的互动机制；⑤推动自然保护团体、科研院校参与保护关注工作的激励机制。

太白山自然保护区大共管体系的组成基于多个权责对应机制的大共管体系的建立，充分考虑了不同利益相关方的自身目标实现问题，将具体目标汇集成、区域社会自经济与自然保护可持续发展目标的共同实现。"大共管体系"应并促成太白山保护区所在区域的社会经济、文化和生态的可持续发展模式的建立。基于此，从目前保护区内及周边的直接威胁因素和潜在的保护力量角度出发，逐步构建社区共管委员会、旅游共管委员会和宗教共管委员会，从而形成以区域共管委员会为首，3个子共管委会员为支撑的大共管体系。

区域共管委员会的成立在于消除当前区域社会经济发展模式对于保护区发展所构成的直接和潜在的威胁；而3个子共管委会员则分别着眼于推动社区社会经济、旅游活动开展、宗教活动开展与自然保护工作的和谐局面形成，并将社区群众、旅游活动经营者、游客、宗教人士、香客，引导成为保护工作的有利组成部分。

（3）社区共管的目标及内容

社区共管的主要目标是通过社区参与主体与公有林管理者建立的合作伙伴关系，管理森林资源，达到生物多样性保护，减轻周边地区对自然保护区的压力，及森林资源可持续利用的目的。

社区共管的主要内容包括：

①进行保护意识的公共教育宣传并成立共管委员会(小组)。

②确认和评估公有资源使用的机会和约束。

③制定社区及公有资源管理计划及土地利用规划。

④参与式行动计划的编制和实施。

⑤制定共管公约和乡规民约，并建立监测评估机制。

（4）社区共管的一般程序和做法

根据近年来我们的实践经验，社区共管是保护森林资源的一种新理念和方法，必须在试点的基础上进行，对试点村寨的选择，应该选择在生物多样性受威胁比较严重，森林资源管理矛盾较多，群众要求参与项目的积极性高，且村社干部又有一定管理能力的地方。社区共管的程序如下：

①在项目区县级召开相关单位部门和相关利益群体会议，进行保护意识及公共意识教育宣传活动，同时讲解所要开展的项目及活动。

②在县级层面成立共管领导小组。

③选定试点村寨，并在村寨进行公共意识教育。

④在试点村进行参与式农村评估（PRA）调查和存在问题分析排序，在此基础上制定社区资源管理及其行动计划。

⑤民主选举产生成立村社共管委员会，并进行成员职责分工。

⑥制定共管条例，修订村规民约。

⑦村共管委员会与项目主管方或公共资源主管方签属共管协议和实施协议。

⑧实施项目并3个月报送一次监测报告，年终进行一次村规民约大检查。

（5）社区共写活动带来的启示

①保护与发展必须进行有机结合。通过保护区管理部门与相关利益群体探讨活动，各群体也逐渐意识到保护区的存在对他们长期经营和发展的重要性，必须走保护和发展相结合的道路，保护区的发展，要考虑周边社区的经济发展，反过来周边经济的发展，又为生物多样性有效保护创造了良好的社会经济环境，双方是辩证统一、相辅相成的一个整体。将保护区及周边社区的森林资源和生物多样性的保护管理与周边社区及其他不同利益群体的社会经济发展相结合，实现自然资源的可持续保护与利用。实施共管不仅是一个村或几个村与保护区的合作管理，而应该把这种管理上升一个新的层面，把保护区的所有利益相关群体都吸入到共管圈里。形成更大的共管结盟。

②实行社区共管是行之有效的保护区管理模式。借鉴国外社会林业的管理思想和管理方法，在保护区及国有林区积极开展社区共管工作，关心和扶持保护区内及周边地区农村经济的发展，以减少当地居民对保护区内资源的依赖与压力，引导他们参与保护区的管理。香格里拉那帕海保护区利用生态旅游的机遇实施社区共管，共同保护和利用资源，达到生物多样性保护和社区受益的双盈的经验值得学习。

③共管的作用广泛，意义深远。实行社区共管，成立共管委员会，标志着保护区的管理进入一个崭新的阶段，保护区的保护、管理和发展不只是保护区管理部门的事情，而是整个周边社区义不容辞的责任。贯彻中央全社会办林业方针的具体体现。通过共管，加强了保护区与周边社区各利益群体的联系，缓和了双方的矛盾，并对保护和发展达成共识。通过共管，无形中增强了保护的力量。规范了各利益相关者的社会行为，各利益群体从森林中获取非木材林产品是保护性的而不是掠夺性。通过共管，提高了村民的保护意识。既使保护区的生物多样性得到有效保护，又使保护区及周围社区的经济得到发展，村民能从中受益，减轻对自然资源的压力，使保护区得到可持续发展。

④社区共管的推广应用。社区共管这种自然资源管理模式，经过国内外各部门、机构组织的实践，被证实是成功的值得推广的管理方法。这种方式能够促进广大村民的积极参与，有较强的激励作用；能够增强保护区的凝聚力，扩大保护区与周边各利益群体的横向

联合;促进村社经济的发展,村民看到了保护区给他们带来的希望;加强了保护区的管理能力。这种模式已在我国实施多年,虽有必须完善之处,也可以逐步推广,其方式和活动应该灵活性多样化,但宗旨目标不变。荷兰政府援滇自然保护区建设与社区发展项目——景东无量山保护区项目在实施过程中还把这种办法结合行政目标责任制推广到非项目地区,其他在云南的国际合作项目也正在运用这种模式。

⑤可持续性问题。国内外资金和技术的注入有助于周边地区的经济发展和社区共管机制的建立也是共管能否持续的问题和各国际组织,各级政府及各部门的关注点,也是值得深入探索的问题。必要的资金注入不可缺少,然而管理部门观念的改变,技术的投入和有效机制的建立则更为重要,在初始阶段必要的资金的投入是契机和切入点,必不可少;而为了持续性建议在初始资金投入时,可考虑切块少部分建立"社区基金制度",让其滚动发展,此方法建议试行。

⑥重视非政府组织(NGO)的作用。根据各地经验,非政府组织在社区共管中起着纽带和推动作用,我们在推广社区共管中要重视和利用这一社会资源。

复习思考题

一、名词解释

1. 森林资源;2. 定向培育;3. 森林经营;4. 森林分类经营;5. 商品林;6. 生态公益林;7. 森林可持续经营。

二、填空题

1. 森林经营是(　　)工作的组成部分。
2. 工业人工林培育正围绕着(　　)、(　　)、(　　)、(　　)、(　　)、(　　)等6个目标。
3. 森林的全部效益发挥必须建立在(　　)、(　　)、(　　)的森林体系上。
4. 森林经营技术具有(　　)、(　　)与(　　)的特点。

三、选择题

1. 生态系统中(　　)是关键。
   A. 生物成分　　　B. 环境　　　C. 两者都不是　　　D. 动物的存在
2. 采伐林木、采药不能超过使资源永续利用的产量,这是受环境(　　)的限制。
   A. 整体性　　　B. 有限性　　　C. 变动性和稳定性　　　D. 显隐性和持续性
3. 城市生态系统与森林生态系统不同,其核心是(　　)。
   A. 河流　　　B. 楼房　　　C. 人　　　D. 城市环境
4. 陆地生态系统中利用太阳能最有效的类型是(　　)。
   A. 自然生态系统　　　B. 人工生态系统　　　C. 森林生态系统　　　D. 不一定
5. 森林是生产生物质能源的(　　)。
   A. 绿色屏障　　　B. 绿色电厂　　　C. 绿色油田　　　D. 绿色水源
6. 森林是自然界维护生态平衡,削减污染净化环境的(　　)。
   A. 调控器　　　B. 离合器　　　C. 过滤器　　　D. 制动闸

7. 发展林业可促进经济社会( )。
   A. 绿色发展　　　B. 循环发展　　　C. 低碳发展　　　D. 可持续发展

四、判断题

1. 近自然经营森林的核心是最大限度的发挥林地的经济效益。　　　　　　　　(　　)
2. 森林生态系统比农田生态系统,其群落净生产力与总生产力的比值相对较低。
　　　　　　　　　　　　　　　　　　　　　　　　　　　　　　　　　　(　　)
3. 某些生态系统是封闭的系统。　　　　　　　　　　　　　　　　　　　　(　　)
4. 自然生态系统是最稳定的系统,也是最符合人们目的的系统。　　　　　　(　　)

五、简答题

1. 简述现代森林经营的新特点。
2. 森林经营中生态系统管理包括哪些方面?
3. 简述商品林经营内涵和生态公益林经营内涵。

六、论述题

1. 举例论述生态失调及其对策。
2. 论述基层森林经营工作的重要性。

项目1 林地管理技术

知识目标

1. 了解林地土壤改良的作用，熟悉土壤形成、土壤剖层结构及其与土壤质量间关系。
2. 了解林地施肥的意义，熟悉林地土壤营养元素作用特点及规律、林地培肥的有关项目及内容。
2. 了解林地灌溉的作用，熟悉林地灌溉的方式。
3. 熟悉山地节水灌溉的主要方法。
4. 了解林地间作的意义，熟悉林地间作的方式。

技能目标

1. 学会确定适宜的灌溉时间和灌溉方式。
2. 学会根据林地土壤条件与林木生长情况选择确定施肥量。
3. 掌握不同地区的林地间作方法及模式设计。
3. 学会测土配方施肥的技术流程及设计。

素质目标

1. 树立发展绿色低碳产业、绿色消费、污染治理、生态保护理念。
2. 倡导降碳、减污、扩绿、增长，推动形成绿色低碳的生活方式和生产方式。
3. 培养具有较强的劳动精神、奋斗精神、奉献精神、创造精神。

任务 1.1 林地土壤改良

 任务描述

土壤改良是土壤保持和提高肥力的综合措施。它作为改造大自然的综合措施的组成部分，其任务在于按照所需森林所需要的方向改变不利的自然条件，为不同地区发展森林和最有效利用林地创造最好的土壤环境条件。该教学任务分两段完成，先在课堂上进行理论讲解，掌握不同的土壤改良方法，而后到实习场地进行现场调查，从地形、地貌、残积物或地表沉积物、地下水、地表水、植被和利用情况等方面入手，结合土壤剖面形态、环境条件、经营措施等对土壤的森林生产能力进行评价，确立适宜改良方式和方法。学生主要通过完成具体的工作项目，从林地土壤性状与林木所需土壤环境条件的调查，确定土壤改良方式，不同林地改良方法的实施，完成实践的全过程，并对工作效果进行评估，撰写成果报告。

 任务目标

1. 认识林地土壤形成及其影响因素。
2. 认识土壤类型及其生产意义。
3. 熟知土壤剖层构造特征及其生产意义。
4. 理解土壤质地、土壤肥力、立地质量与土壤生产力的关系。
5. 熟知林地土壤改良包括的各项目及技术要求，能确定适宜的土壤改良方法和各项目的技术措施。

 工作情景

常见土地类型包括：山坡地、岗坡地、夜潮地、四平地、下湿地、低洼地、河套地、沙洼地等。选择从山顶到河边分布着不同类型的林地，对所在区域的地形地貌、地面状况、排水状况、地下水埋深、地表沉积物等进行观察，开展野外土壤调查，挖掘土壤剖面，观察土壤剖面特征，调查土壤利用状况和周边环境等。

 知识准备

1.1.1　土壤形成

土壤是土壤母质与环境之间长期物质与能量交换和平衡的作用下所形成的自然综合体。自然界的矿物岩石经风化破碎及外力的搬运形成成土母质，成土母质在一定的水热条件和生物的作用下，经过系列的物理、化学和生物化学的作用，其内部进行以有机物质的合成与分解为主体的物质和能量的迁移、转化过程，形成多种多样的土壤类型。

1.1.1.1　土壤形成因素

根据道库恰耶夫、威廉斯及其学派创立的土壤发生学说，土壤形成因素又称成土因素，是影响土壤形成和发育的基本因素，包括自然成土因素和人为成土因素。土壤是成土因素综合作用的产物，成土因素在土壤形成中起着同等重要和相互不可替代的作用，成土因素的变化制约着土壤的形成和演化，土壤分布由于受成土因素的影响而呈现地理规律性。

（1）自然成土因素

①母质。岩石风化后变成大小不等的碎屑，包括石砾、砂粒、粉砂粒和黏粒，这些矿物质颗粒总称为成土母质。母质是土壤赖以形成的初始物质，是土壤固相部分的基本材料和物质基础，是植物矿质营养元素的最初来源。母质在矿物学和化学组成上的不同，直接影响土壤的理化性质；母质颗粒的粗细决定着土壤的质地，从而对土壤孔隙和团聚体的类型和分布也有相当大的作用。土壤形成过程是以母质为起点，而不同的母质主要通过对矿

物化学风化淋溶的影响，或加快或延缓土壤的形成和发育进程。根据母质的来源、沉积条件和分布规律，通常可以把母质分为以下类型：

a. 残积物：是指残留在原地未经搬运的基岩风化物。一般分布于山坡上部、地势比较平缓且不易受到侵蚀的部位，而且常常被后期的其他成因类型的沉积物所覆盖。其特点是颗粒粗、堆积层薄且混杂大小不等的石砾，无分选性和层理。发育的土壤疏松，通透性好，一般土层较薄、肥力较差，多以发展林木为主。

b. 坡积物：由山坡上部的风化物经雨水和重力搬运至山坡中、下部堆积而成。其特点是粗细颗粒混存、岩屑碎块具有棱角、母质层较厚、无明显层次、孔隙性高、通透性较好。发育的土壤肥力尚好，多用于种植果树和经济林木。

c. 洪积物：由山区沟溪间歇性洪水搬运而来，一般以山前沟口为中心堆积而成。多呈放射状分布，形似展开的折扇。其特点是靠近山谷出口处沉积物堆积厚、颗粒粗，向外堆积物逐渐减少、颗粒变细，透水性减弱，肥力增高，具明显的分带性，呈多元结构。洪积扇上部一般为果树区，中下部多为农业区。

d. 冲积物：冲积物指风化物经河流侵蚀、搬运而沉积在两岸的物质，其中大面积的冲积扇、冲积平原、河口三角洲等母质的特征为：在垂直方向上具有层理性，同一层次的颗粒有均一性，土体或沙或黏或沙黏相间；在水平方向上，上游沉积的颗粒较粗，越往下游颗粒越细，在同一地段则"近河床沙、远河床黏"。冲积层比较深厚，养分含量丰富，发育的土壤肥力较高，面积较大，常是主要的农业区。

e. 湖积物：指由湖泊的静水沉积而成的物质。其特点是沉积层深厚而层次不明显，质地偏黏，并夹杂有湖泊中生活的藻类、水草和某些水生动物遗体，有机质和矿质养分含量丰富，有时形成泥炭。发育的土壤一般肥力较高，大部分是高产农田。

f. 海积物：是指江河携带大量泥沙入海时受到潮水的顶托沉积于海岸附近，并因海陆变迁而露出海面的物质，常见于沿海滩涂。海积物颗粒粗细各地不一，有全为沙粒的沙丘，也有全为较细的沉积物，并含有盐分、地下水矿化度较高。发育的土壤须经过围垦脱盐才能适于农业生产。

g. 风积物：是指由风力搬运来的泥沙堆积而成的物质。一般分为沙丘和黄土两大类。沙丘与沙岗为沙粒经风力搬运堆积而成。黄土母质是第四纪沉积物的一种，成因复杂，说法不一。风积物的颗粒粗细均匀，其分选性比冲积母质更明显，越接近风源颗粒越粗，但层次性不如冲积母质。我国黄土高原风成黄土粉沙粒含量高达75%左右，质地匀细，又因受碳酸钙的胶结作用，其土体可形成很高的峭壁。

h. 第四纪红色黏土：又称红土母质。它是古代冰川运动融化后堆积的碎屑物质。其特点是母质层深厚、质地黏重、酸性反应，剖面中常有黄白相间的网纹层，还有一些大小不等的砾石，养分较缺。是红壤的重要母质类型之一。

②气候。各种气候的综合，是形成不同土壤的主要因素，对土壤形成关系密切的气象要素主要是降水和热量。水热状况直接影响矿物岩石的风化和物质的淋溶与淀积，控制植物的生长和微生物的活动，影响有机质的累积、分解，决定养分物质循环的速度。在不同地区，降水(雨、雪、露)量、各种不同的气温、湿度、风等对土壤特性的影响不相同，不同的气候条件生长着不同的生物类群，形成不同类型的土壤。如我国温带地区，自北而

南,从漂灰土—暗棕壤—褐土,土壤有机质含量逐渐减少;我国中温带地区自西而东,由栗钙土—黑钙土—黑土,有机质含量增加。东北山地的棕色针叶林土、漂灰土、暗棕壤区,适生落叶松、樟子松、红松等用树林;华北山地的褐土、棕壤区天然林较少,多为次生林、灌木林;江南丘陵山地的红壤、黄壤区适生杉木、马尾松、毛竹、油茶等,宜发展速生丰产林;华南热带山地丘陵的砖红壤、赤红壤区,水热资源充足,生物资源丰富,适生柏木、青皮、降香黄檀、桉树、松树等,宜于发展多种经济林木、果林及特产作物。

③生物。生物是土壤发生、发展中最活跃的成土因素。土壤形成的生物因素包括植物、土壤动物和土壤微生物。生物因素直接的作用是绿色植物通过庞大的根系进行选择性的吸收,从而改变了某些元素和化合物在地质循环中的迁移特点和顺序,使部分营养元素集中和积累起来,以代谢产物或残体的形式归还土壤,以及大量的微生物参与了土壤有机质的转化过程,不仅给作物提供了大量的经矿质化而释放出来的营养物质,而且形成了腐殖质——标志土壤肥力高低的重要物质,以供下一代植物再度吸收利用。这种以植物养分为中心,通过有机质包括腐殖质的合成和分解而实现的循环过程,称为物质或植物养分的生物小循环。正是由于生物群体的作用,把太阳辐射能引进成土过程,才能把分散于岩石圈、水圈和大气圈的营养元素向岩石风化壳(母质)的表层聚积,营养元素的生物学积累和循环在成土过程中起主导作用,形成以肥力为本质特征的土壤,并推动土壤的发展演化。在一定意义上讲,土壤的形成过程就是在一定条件下,生物不断改造母质而产生肥力的过程,没有生物的参与和作用,就没有成土过程。此外,生物活动还改变了周围环境的湿度、温度和空气状况而间接影响土壤的性状。

④地形。地形是间接的环境因素,它对土壤形成所起的作用,一方面表现在母质或土壤中的物质的再分配;另一方面表现在对水分和热量的再分配,从而加快或延缓气候因素对土壤形成的作用。地形改变了气候与生物的效应,造成土壤发育和类型发生分异。

⑤时间。时间(年龄)是一个重要的成土因素。它不仅可以用以阐明土壤在历史进程中发生、发育、演变的动态过程,也是研究土壤特性、发生分类的重要基础。土壤发育时间称为土壤年龄,威廉斯提出了土壤绝对年龄和土壤相对年龄的概念。从土壤从母岩开始发育,直到目前为止的年数称为土壤绝对年龄。例如,北半球现存的土壤大多是在第四纪冰川退却后形成和发育的。高纬度地区冰碛物上的土壤绝对年龄一般不超过一万年,低纬度未受冰川作用地区的土壤绝对年龄可能达到数十万年至百万年,其起源可追溯到第三纪。由土壤的发育阶段和发育程度所决定的土壤年龄称为土壤相对年龄,一般用土壤剖面的分异程度确定。在一定区域内,土壤发生层次的分异越明显和厚度越大,表明土壤的发育程度就越高,土壤的相对年龄越大。但土壤的发育程度既受成土时间的影响,也受其他成土因素的影响。在其他成土因素一致的情况下,土壤的相对年龄随绝对年龄的增大而增大。但绝对年龄相同的土壤,其相对年龄(发育程度)则可因其他成土因素的差异而不同。因此,同一地区土壤发育程度的差异,既可归因于绝对年龄的不同,也可归因于绝对年龄相同而其他成土条件不同所致。土壤的绝对年龄和相对年龄,可以综合地表示成土过程的速度和土壤发育阶段的更替速度。对两个相对年龄或发育程度相同的土壤来说,绝对年龄小的土壤发育速度较快;而对两个绝对年龄相同的土壤来说,相对年龄大的土壤发育速度较快。

母质、气候、生物、地形、时间是土壤的五大关键成土因素,各因素对土壤形成都起着不同的作用,但是它们对土壤形成的影响并不是孤立的,而是紧密的、综合的。各成土因素相互不能代替而又不可分割地影响土壤的形成过程。

(2) 人为因素

在五大自然成土因素之外，人类生产活动对土壤性质、肥力和发展方向产生深刻的影响，主要表现在通过改变成土因素作用于土壤的形成与演变。其中以改变地表生物状况的影响最为突出，典型例子是农业生产活动，人类通过耕耘改变土壤的结构、保水性、通气性；通过灌溉改变土壤的水分、温度状况；通过农作物的收获将本应归还土壤的部分有机质剥夺，改变土壤的养分循环状况；再通过施用化肥和有机肥补充养分的损失，从而改变土壤的营养元素组成、数量和微生物活动等，最终将自然土壤改造成为各种耕作土壤。这个过程是以人为因素为主导，人为、自然因素综合作用的，是土壤中自然成土过程和耕作成土过程相互作用的结果，它决定着耕地土壤的发生发展方向。然而，由于违反自然成土过程的规律，人类活动也造成了土壤退化(如肥力下降、水土流失、盐渍化、沼泽化、荒漠化和土壤污染等)消极影响。

1.1.1.2 土壤剖面

(1) 土壤剖面与土体构造

①土壤剖面与土层。在整个自然界的土壤形成和演化历史过程中，由于成土条件及其组合的多样性，决定了成土过程的多样性，并分化形成复杂多样的土壤类型。土壤属性是成土过程的产物和标志，包括土壤内在特性即物理、化学、生物性质和土壤的形态特征，主要是土壤剖面构型或土体构型。土壤剖面，是指显示着土壤从上到下直至母质的所有层次变化的土体垂直切面。人们能容易地从土壤剖面上直接观察土壤的颜色、质地、结构、紧实度、湿度、新生体、侵入体、根系分布层等形态特征以及由于土壤发育而引起的上、下土层形态上的差异与过渡情况。各类土壤一般都有一定的土层组合，土层是指土壤形成过程中所形成的具有特定性质和组成的、大致与地面相平行的、并具有成土过程特性的层次，构成了一定的土壤剖面构造，或称为土体构型。一定的土体构型反映了相应的某种土壤类型的特点，而土壤剖面形态特征是土壤内在性质的外部表现。

土壤剖面是由土壤发生层组合而成，由于成土因素在空间分布的差异，故陆地表面土壤的剖面构型千差万别，不同土壤类型都有反映其发生特征的剖面构造，所以对土壤发生层的观测研究就显得十分重要。为了研究土壤形态和发育特征，就需要挖开土壤的垂直切面，观测土壤剖面的形态特征、各土层的发育状况及其排列构型。并分别观测各土层的物理、化学、生物学及矿物学特性，判断土壤的形成与发育过程和土壤肥力。

②土体与土体构造。土体是母质以上的部分，包括整个剖面内的土壤，土体的深度一般以影响植物生长的深度为其下限。土体构造是指土层在土体中的排列组合。土壤中层次排列情况直接影响着土壤的保水保肥及植物的生长发育。因此，观察土壤剖面，评价土壤性质好坏或划分土壤类型，对了解土壤理化性质肥力状况以及合理用土、改土培肥等具有极为重要的意义。

(2) 土壤剖面特征

土壤形成条件不同，土体内物质的运动也各有特点，形成特定的形态特征和土体构造。每一种土壤类型都有其特定的剖面特征。典型的自然土壤剖面发生层次如图1-1所示，南方的一些典型森林土壤剖面发生层次如图1-2所示。

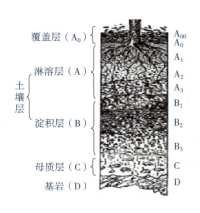
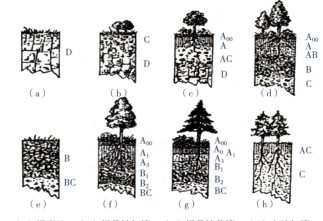

(a)裸岩地；(b)粗骨性红壤；(c)粗骨性黄壤；(d)山地红壤；
(e)侵蚀红壤；(f)暗红壤；(g)表潜黄壤；(h)滨海风沙土。

图1-1 自然土壤剖面发生层模式图　　图1-2 常见的南方森林土壤土体构型

由于自然条件和发育程度不同，有些土壤常常只有某些层次，如微度发育的土壤只有A—C层；中度发育的土壤，虽然有A—B—C层，但B层较薄；强度发育的土壤才有明显的B层；表土冲刷严重的土壤，只有B—BC—C层；在地势低洼的土壤中会出现一些特殊的层次，如潜育层(G)等。凡具有两种发生层特征的土层称为过渡层，用两个大写字母的代号联合表示，如AB、BC层，其中第一个字母表示占优势的土层。

(3)土壤剖面的主要形态

①土层厚度。从地表向下，各土壤层的薄厚程度，采取连续记载法，如0~15 cm、15~25 cm，直到底层。

②土壤颜色。土壤颜色是土壤最显著的特征之一，它在一定程度上可以反映土壤的组成物质和成土过程，可用它鉴定土壤发育和肥力状况。土壤颜色的命名采用复名法，有主次之分。描述时主色在后，副色在前，如灰棕色，即棕色为主，灰色为副，还可加上浅、深、暗等形容颜色深浅，如浅灰棕色。

③土壤质地。一般按砂土、砂壤土、轻壤土、中壤土、重壤土、黏土6个质地类别划分，用手测法逐层进行鉴定。

④土壤结构。土壤结构是指土粒相互团聚成的各种大小、形状和性质不同的土团、土块、土片等团聚体，可分为粒状、团粒状、核状、块状、柱状、片状等。在各层分别掘出较大土块，于1 m处落下，观察其结构体的外形、大小、硬度、颜色，并确定其结构名称。

⑤新生体。土壤形成过程中产生的各种淀积物称为新生体，它不但反映出土壤形成过程的特点，而且对土壤的生产性能有很大的影响。土壤新生体常见的有砂姜、假菌丝体、锈纹锈斑、铁锰结构等。

⑥侵入体。侵入体是指外界混入土壤中的物体。如动物的骨骼、贝壳、砖瓦片、铁木屑、煤炭炉渣等，反映人为因素影响的程度。

⑦土壤干湿度。土壤干湿度是指土壤剖面中各土层的自然含水状况。野外判断可分级为：干、润、湿润、潮湿和湿。

1.1.2 土壤类型

土壤分类是以土壤发生学理论为基础,依据土壤特性进行分类。一个土壤类型是作为分类标准的土壤性质相似的一组土壤个体,并且依据这些性质区别于其他土壤类型。由于土壤是由无数个体(单个土体)组成的复杂庞大的群体系统,土壤个体之间存在着许多共性,也存在着相当大的差异。然而,各个土壤类型之间的差异程度并不相同,土壤群体作为一个分布于陆地表面的地学连续体,个体之间的差异是逐渐的。

我国的土壤分类体系是在借鉴国外土壤分类制的基础上不断发展和完善的,理论基础是:每个土壤类型都是在各成土因素的综合作用下,由特定的主要成土过程所产生,且具有一定的土壤剖面形态和理化性状。以土壤发生学为基础,根据成土—成土过程—土壤性质统一来鉴别土壤类型,强调土壤类型的中心概念。土壤分类的依据可归纳为以下3个方面:①分析成土因素对土壤形成的影响和作用;②研究成土过程的特性特征;③研究土壤属性的差别,土壤属性是土壤分类的最终依据。目前,我国应用最广泛的土壤分类系统,是12个土纲、28个亚纲、61个土类、231个亚类的《中国土壤分类系统》(表1-1),采用连续命名与分段命名相结合的方法。土纲和亚纲为一段,以土纲为词根,加形容词为亚纲名称,如半干温钙层土,就是含土纲和亚纲的名称。土类和亚类为一段,以土类为词根,加形容词为亚类名称,亚类也可自成一段单用。土属、土种和变种名称不能自成一段,必须土类、亚类、土属连用。

表 1-1　中国土壤分类系统

土纲	亚纲	土类	亚类
铁铝土	湿热铁铝土	砖红壤	砖红壤、黄色砖红壤
		赤红壤	赤红壤、黄色赤红壤、赤红壤性土
		红壤	红壤、黄红壤、棕红壤、山原红壤、红壤性土
	湿暖铁铝土	黄壤	黄壤、漂洗黄壤、表潜黄壤、黄壤性土
淋溶土	湿暖淋溶土	黄棕壤	黄棕壤、暗黄棕壤、黄棕壤性土
		黄褐土	黄褐土、黏盘黄褐土、白浆化黄褐土、黄褐土性土
	湿温暖淋溶土	棕壤	棕壤、白浆化棕壤、潮棕壤、棕壤性土
	湿温淋溶土	暗棕壤	暗棕壤、灰化暗棕壤、白浆化暗棕壤、草甸暗棕壤、潜育暗棕壤、暗棕壤性土
		白浆土	白浆土、草甸白浆土、潜育白浆土
	湿寒温淋溶土	棕色针叶林土	棕色针叶林土、灰化棕色针叶林土、暗漂灰土、表潜棕色针叶林土
		漂灰土	漂灰土、暗漂灰土
		灰化土	灰化土

（续）

土纲	亚纲	土类	亚类
半淋溶土	半湿热半淋溶土	燥红土	燥红土、淋溶燥红土、褐红土
	半湿温暖半淋溶土	褐土	褐土、石灰性褐土、淋溶褐土、潮褐土、楼土、燥褐土、褐土性土
	半湿温半淋溶土	灰褐土	灰褐土、暗灰褐土、淋溶灰褐土、石灰性灰褐土、灰褐土性土
		黑土	黑土、草甸黑土、白浆化黑土、表潜黑土
		灰色森林土	灰色森林土、暗灰色森林土
盐碱土	盐土	草甸盐土	草甸盐土、结壳盐土、沼泽盐土、碱化盐土
		滨海盐土	滨海盐土、滨海沼泽盐土、滨海潮滩盐土
		酸性硫酸盐土	酸性硫酸盐土、含盐酸性硫酸盐土
		漠境盐土	漠境盐土、干旱盐土、残余盐土
		寒原盐土	寒原盐土、寒原草甸盐土、寒原硼酸盐土、寒原碱化盐土
	碱土	碱土	草甸碱土、草原碱土、龟裂碱土、盐化碱土、荒漠碱土
人为土	人为水成土	水稻土	潴育水稻土、淹育水稻土、渗育水稻土、潜育水稻土、脱潜水稻土、漂洗水稻土、盐渍水稻土、咸酸水稻土
	灌耕土	灌淤土	灌淤土、潮灌淤土、表锈灌淤土、盐化灌淤土
		灌漠土	灌漠土、灰灌漠土、潮灌漠土、盐化灌漠土
高山土	湿寒高山土	高山草甸土	高山草甸土、高山草原草甸土、高山灌丛草甸土、高山湿草甸土
		亚高山草甸土	亚高山草甸土、亚高山草原草甸土、亚高山灌丛草甸土、亚高山湿草甸土
	半湿寒高山土	高山草原土	高山草原土、高山草甸草原土、高山荒漠草原土、高山盐渍草原土
		亚高山草原土	亚高山草原土、亚高山草甸草原土、亚高山荒漠草原土、亚高山盐渍草原土
		山地灌丛草原土	山地灌丛草原土、山地淋溶灌丛草原土
	干寒高山土	高山漠土	高山漠土
		亚高山漠土	亚高山漠土
	寒冻高山土	高山寒漠土	高山寒漠土

(续)

土纲	亚纲	土类	亚类
钙层土	半湿温钙层土	黑钙土	黑钙土、淋溶黑钙土、石灰性黑钙土、淡黑钙土、草甸黑钙土、盐化黑钙土、碱化黑钙土
	半干温钙层土	栗钙土	暗栗钙土、栗钙土、淡栗钙土、草甸栗钙土、盐化栗钙土、碱化栗钙土、栗钙土性土
	半干温暖钙层土	栗褐土	栗褐土、淡栗褐土、潮栗褐土
		黑垆土	黑垆土、黏化黑垆土、潮黑垆土、黑麻土
干旱土	温干旱土	棕钙土	棕钙土、淡棕钙土、草甸棕钙土、盐化棕钙土、碱化棕钙土、棕钙土性土
	温暖干旱土	灰钙土	灰钙土、淡灰钙土、草甸灰钙土、盐化灰钙土
漠土	温漠土	灰漠土	灰漠土、钙质灰漠土、草甸灰漠土、盐化灰漠土、碱化灰漠土、灌耕灰漠土
	温暖漠土	灰棕漠土	灰棕漠土、石膏灰棕漠土、石膏盐盘灰棕漠土、灌耕灰棕漠土
		棕漠土	棕漠土、盐化棕漠土、石膏棕漠土、石膏盐盘棕漠土、灌溉棕漠土
初育土	土质初育土	黄绵土	黄绵土
		红黏土	红黏土、积钙红黏土、复盐基红黏土
		新积土	新积土、冲积土、珊瑚砂土
		龟裂土	龟裂土
		风沙土	荒漠风沙土、草原风沙土、草甸风沙土、滨海风沙土
	石质初育土	石灰(岩)土	红色石灰土、黑色石灰土、棕色石灰土、黄色石灰土
		火山灰土	火山灰土、暗火山灰土、基性岩火山灰土
		紫色土	酸性紫色土、中性紫色土、石灰性紫色土
		磷质石灰土	磷质石灰土、硬盘磷质石灰土、盐渍磷质石灰土
		石质土	酸性石质土、中性石质土、钙质石质土、含盐石质土
		粗骨土	酸性粗骨土、中性粗骨土、钙质粗骨土、硅质粗骨土
半水成土	暗半水成土	草甸土	草甸土、石灰性草甸土、白浆化草甸土、潜育草甸土、盐化草甸土、碱化草甸土
	淡半水成土	潮土	潮土、灰潮土、脱潮土、湿潮土、盐化潮土、碱化潮土、灌淤潮土
		砂姜黑土	砂姜黑土、石灰性砂姜黑土、盐化砂姜黑土、碱化砂姜黑土
		山地草甸土	山地草甸土、山地草原草甸土、山地灌丛草甸土

(续)

土纲	亚纲	土类	亚类
水成土	矿质水成土	沼泽土	沼泽土、腐泥沼泽土、泥炭沼泽土、草甸沼泽土、盐化沼泽土
	有机水成土	泥炭土	低位泥炭土、中位泥炭土、高位泥炭土

注：引自全国土壤普查办公室，《中国土壤分类系统》，1992。

1.1.3 土壤生产力

土壤生产力是指在特定的管理制度下，土壤能生长某种、系列产品或功能的能力。生产力高的土壤，必定是肥沃的；但并不意味着肥沃的土壤一定能收获高产。干旱地区有许多肥沃的土壤，倘若没有灌溉设施的经营管理，就难以保证高的生产力。土壤生产力取决于土壤本身的肥力属性和发挥肥力作用的外界条件，通常会把森林土壤生产力当作立地生产力来评定，其自然生产力的评价一般是在范围较宽和地形变化较大的地区进行，通过对生物、地形、土壤等许多因子与林木生长的关系的综合分析。

1.1.3.1 土壤质地与土壤生产力

土壤质地是指土壤中不同大小直径的矿物颗粒的组合状况。这种土壤颗粒组成可用土壤中各种粒级土粒的百分含量来表示，称为土壤的机械组成。根据颗粒组成可把土壤划分为砂土、壤土、黏土等质地类别。土壤质地是土壤的最基本物理性质之一，对土壤的各种性状（如土壤的通透性、保肥、保水状况、养分含量等）都有很大的影响，其状况是决定土壤利用、管理和改良措施的重要依据，而土壤的可塑性、刚性、透水性、耕作难易程度、干旱程度、肥力和生产力在一定地理区域里与土壤的质地类型密切相关。

土壤质地的粗细状况，直接影响林木根系伸长和耕作所受的机械阻力，关系土壤的有效持水量与养分含量、保水与保肥性能、通气性、透水性和温度变化，从而间接地影响林木生长。土壤质地往往是影响林地生产力的一个重要因子。例如，在粗砂质土或多石质土上只能生长耐旱瘠的木麻黄、相思树、杨梅、马尾松、黑松等树种较低产的林分，随着土壤中的粉粒和黏粒的增加，至砂粒和黏粒的比例较适中的壤土类时，土壤生产力高，分布着要求水分、养分条件严格的杉木、柏木、樟树、毛竹等的优良林分；而质地过分黏重的黏土，一般是不利林木生长的。

1.1.3.2 土壤肥力与土壤生产力

土壤肥力是土壤在植物生长发育过程中，能够同时而又不断地供应和协调植物生长发育所需的水分、养分、空气、热量和其他生活条件的能力。水、肥、气、热被称为土壤的四大肥力因素，共同决定土壤物理和化学性质及其状况。土壤肥力的高低取决于各肥力因素绝对量的供应和这些因素之间的协调状态，并以具体植物的生产力作为衡量土壤肥力高低的标志。肥力是土壤生产力的基础，而不是土壤生产力的全部。发挥土壤肥力作用的外界条件是指土壤所处的自然条件和社会经济条件，包括气候、光照、地形、排水供水条件、有无毒质或污染物质的侵入等，也包括人为耕作、栽培等土壤管理措施。

根据肥力产生的主要原因，可将其分为自然肥力和人为肥力。自然肥力是土壤在自然因素综合作用下发生和发展起来的肥力；人为肥力是自然土壤经人类开垦耕种后，由耕作、施肥灌排、改土等人为因素作用下创造出来的肥力。自然土壤仅具有自然肥力，而农业土壤则兼有自然肥力和人为肥力。根据土壤肥力在农林业生产中的表现，分为有效肥力和潜在肥力。有效肥力是指在一定农林业技术措施下反映土壤生产能力的那部分肥力；潜在肥力是指受环境条件和科技水平限制暂不能在生产中直接反映出来的那部分肥力。潜在肥力和有效肥力没有截然的界限，相互联系、相互转化，受环境条件和土壤耕作、施肥管理水平等的影响。

土壤肥力由把土体内部物质能量状况与植物利用转化的程度联系起来共同确立。但植物生长有它最低的要求，也有它最高的要求。某种土壤对某种植物是高产的，对大多数其他植物也可高产，同时需要人工补充能量的调节，通过人为活动如灭茬、翻耕、整地、排水、施肥、除草等来调整土体状态。即肥力适应于植物生长是有条件的，表现为最高生产力的趋势。还可能有这样的情况：一种土壤对某种植物高产，未必对另一种植物也高产。

1.1.3.3 立地质量与土壤生产力

在评定林业用地好坏的时候，人们常用"立地质量"这个术语来表示一定林地相对稳定的综合自然因子（主要是土壤、地形和气候），促进林木生长的能力。林地生产力是立地质量与人类实施的经营水平的总和。相比较而言，立地质量是较稳定的，林地生产力或土壤生产力是可变的，可以随树种和经营水平的不同而变化。例如，随着树种的合理选择和改良，更佳的造林方案的应用，经营集约度的提高等，林地生产力得到极大地发展，但就目前大多数地区的情况来看，林业生产主要依靠自然界现存的立地质量。因此，按同一树种的林分产量进行比较，现实的林地生产力与立地质量很接近，在实践上往往把这两者等同起来。

立地质量评价方法可概括分为直接评价和间接评价两种。

直接评定法是指直接利用林分的收获量和生长量的数据来评定立地质量，如地位指数法、树种间地位指数比较法、生长截距法等。

间接评价方法是指根据构成立地质量的因子特性或相关植被类型的生长潜力来评定立地质量的方法，如测树学方法、指示植物法、地文学立地分类法、群体生态坐标法、土壤-立地评价法、土壤调查法等。

我国采用的立地质量评价方法主要为地位指数的间接评价方法，通常用林地上一定树种在一定基准年龄时的优势木平均高或几株最高树木的平均高（也称上层高）的生长指标，进行衡量和评价森林的立地质量，也被用来评价森林土壤生产力。目前在我国各地区对许多树种（落叶松、杉木、油松、刺槐、泡桐、马尾松等）进行了这种方法的立地质量评价。通过森林立地质量评价，便可确定某一立地类型上生长不同树种时各自的适宜程度，从而在各种立地类型上配置相应的最适宜林种、树种，实施相应的造林经营措施，使整个区域实现适地适树和合理经营，土地生产潜力得以充分发挥，实现地尽其用的最终目的。

1.1.4 土壤改良

土壤改良是从改良土壤性质和土壤形成条件以提高土壤肥力。农业上的定义是指运用土壤学、生物学、生态学等多学科的理论与技术，排除或防治影响农作物生育和引起土壤退化等不利因素，改善土壤性状，提高土壤肥力，为农作物创造良好土壤环境条件的一系列技术措施的统称。

根据道库恰耶夫、威廉斯及其学派著作中所述的土壤发生学说，土壤改良在改变土壤的水分、空气、营养、热和盐分状况的同时，也对土壤形成过程今后的发展给予最强烈的影响，而且这种发展对使用土地可能是有利的，也可能是不利的。例如，不当灌溉用水，可能引起灌溉土的盐碱化和沼泽化，使其变为劣等土壤。根据土壤肥力的演变规律，人为地改变某些环境条件，并利用自然界的力量，使土壤肥力的演变向着有利于农林业生产的方向发展。对高含盐量、高地下水的滨海盐土，顺应盐随水走的基本过程，利用淡水建立良好的排水体系，加速土壤脱盐。

根据土壤发生学原理和土壤肥力的演变规律等理论，我们按照一定的经济目标和目标植物的要求进行土壤改良，为土壤形成过程的有利发展和不断提高土壤肥力创造条件，调节土壤水分循环、营养要素循环、生物循环以保证林地积累养分，即保证经营植物所需要的水分、营养和其他因素。

(1) 土壤改良分类

改良利用土壤必须考虑自然条件、土体构造和性质以及人类的利用3个方面，达到彻底改良土壤的3个标准：①控制和改造自然力对土壤的破坏作用，创造良好的生态环境；②改造土壤的不良性质和土体构型，消除土壤肥力的限制性因素；③确定合理的使用和管理制度。土壤改良措施常被分为根本性的改良措施（工程措施）和非根本性的改良措施（生物的和其他的临时性措施）。

根本性的改良是指对环境条件进行根本的永久性的改良，如区域水资源的重新调度、土地生态系统中良性生物循环的建立等。这些措施往往需要花费较大的资本和一定的时间周期，而非根本性的改良常指可以暂时改变土壤某些性质的措施，这些措施的效果常常不能持久，因而需要经常地、反复地使用。然而，根本性的改良与非根本性的改良在实际工作中有时是难以区分或可以转化的。非根本性的改良，一方面促进了植物的生长并有利于良性生物循环的建立，将对土地生态系统具有持久和稳定的作用；另一方面，根本性的改良总是与许多临时性的措施结合使用，才能发挥更大和更迅速的效果。换而言之，土壤改良需要"长短结合"，即外部条件的改造要与内部因素的调节相结合。也有按土壤改良技术的原理把土壤改良分为物理改良、化学改良和生物学改良等。实际上，土壤障碍因子的类型常常决定了所采用的改良技术类型，比如干旱和涝渍，改良措施以灌溉和排水最为有效。土壤改良的分类还有以土壤障碍因子类型作为分类，如参考土壤退化类型的分类和低产田的分类等。

(2) 土壤改良基本措施

土壤改良基本措施如下：

①水利改良。包括灌溉、排水、冲洗、放淤、修筑梯田、保持水土等措施。水利改良的典型措施是使用于盐碱地的改良,通过完善排灌系统,做到灌排分开,严格控制地下水水位,通过灌水冲洗、引洪放淤等,不断淋洗和排除土壤的多余盐分。

②工程土壤改良。通过兴修梯田、平整土地、引洪漫淤等工程措施。

③耕作技术改良。改进耕作方法,改良土壤条件,如深耕、填客土、盖草、盖沙、翻淤等耕作措施。

④生物改良。用各种生物途径,例如种植绿肥,林下发展奶牛、肉用羊、肉兔等养殖业等,增加土壤有机质以提高土壤肥力,或营造森林、防护林等。

⑤化学改良。施用化肥和各种土壤改良剂等提高土壤肥力,改善土壤结构,消除土壤污染等。常用的化学改良剂有石灰、石膏、磷石膏、氯化钙、硫酸亚铁、腐殖酸钙等。如施用石膏、磷石膏和氯化钙等,以钙离子交换出土壤胶体表面的钠离子,降低土壤的pH值,或硫黄、硫酸亚铁等酸性物质调节土壤碱性;当土壤酸性过大,施用K_2CO_3、氨水、过磷酸钙、草木灰、熟石灰等调节酸碱度。世界各国日益重视土壤改良,研制和开发出多种土壤性状改良剂,如改良土壤水分条件的土壤保湿剂、改良土壤结构的松土剂和固砂剂、改良盐碱土的降盐碱剂。

(3)土壤改良技术

土壤改良技术主要包括土壤结构改良、盐碱地改良、酸化土壤改良、土壤科学耕作和治理土壤污染。

①土壤结构改良。通过施用天然土壤改良剂(如腐殖酸类、纤维素类、沼渣等)和人工土壤改良剂(如聚乙烯醇、聚丙烯腈等)来促进土壤团粒的形成,改良土壤结构,提高肥力和固定表土,保护土壤耕层,防止水土流失。

②盐碱地改良。主要是通过脱盐剂技术,盐碱土区旱田的井灌技术、生物改良技术进行土壤改良。

③酸化土壤改良。减少酸雨发生,对已经酸化的土壤添加碳酸钠、硝石灰等土壤改良剂,改善土壤肥力、增加土壤的透水性和透气性。

④土壤科学耕作。采用免耕、深松等技术,解决由于耕作方法不当造成的土壤板结和退化问题。

⑤土壤重金属污染。主要是采取生物措施和改良措施将土壤中的重金属萃取出来,富集并搬运到植物的可收割部分或向受污染的土壤投放改良剂,使重金属发生氧化、还原、沉淀、吸附、抑制和拮抗作用。

1.1.5 盐碱地的土壤改良技术

土壤盐碱化是多种因素综合作用的结果。我国干旱半干旱地区土壤的蒸发量大于降水量,地下水矿化度高以及地下水位在临界深度以上,使土壤通过毛细管作用聚积起各种盐分;滨海地区由于地下水、海潮海浪等影响,低洼的沿海土地及海退地因而积累起盐分;或因灌溉不当,把地下水位抬高到临界深度以上,产生次盐渍化。我国的盐渍土分布广泛,据统计,盐渍土面积约为$1×10^8$ hm^2。盐碱土的开发利用和改良有着很大的潜力。

盐碱地的土壤改良技术可归纳为排水、洗盐、灌水、平(地)耕作、施肥、种植绿肥和施用化学改良物质等。

①排水。盐渍土多分布于排水不畅的低平地区，地下水位较高，如长期灌水，将抬高地下水位，促进土壤返盐。因此，需要修建健全的排水系统，控制地下水位，排水沟越深，控制地下水位的作用越大，距沟越近，壤水盐状况受排水沟的影响也越明显。健全的排水设施除涝排盐，可以排除渠道渗漏水、灌溉退水和沥涝，还可以通过雨水或灌水排除土体中的盐分，或使盐分渗入地下水中而排出。

②洗盐。用灌溉水把盐分淋洗至底土层，用排水沟把溶解的盐分排走。在重盐渍化地区，特别是在滨海和西北干旱地区，进行开垦种植时，首先必须进行排水洗盐。在盐渍较轻的地区，可加大灌水定额以淋洗土壤中的盐分。在华北和滨海地区，夏季降水集中，可进行伏雨淋盐或蓄淡压盐。

③其他改良巩固措施。通过深耕、平整土地、加填客土、盖草、翻淤、盖沙、增施有机肥等措施改善土壤成分和结构，增强土壤渗透性能，加速盐分淋洗，巩固土壤改良效果。种植和翻压绿肥牧草、施用菌肥、种植耐盐植物、植树造林等，施用石膏、磷石膏和氯化钙等化学改良剂，以钙离子交换出土壤胶体表面的钠离子，能够降低土壤的 pH 值，或施用硫磺、废酸、硫酸亚铁等酸性物质调节土壤碱性。

任务实施

1.1.6 土壤剖面点的选择与挖掘

摸清土壤底细，了解调查地区森林土壤类型、性状及其分布状况，为林业生产与发展，以及合理利用和改良土壤等提供科学依据。

土壤剖面点选择有代表性的地点，一般在中坡设点，距离乔木 1~2m 以外。不要选择在林缘、田埂边、山脚边、沟边、路边、粪坑边、坟墓堆边等扰乱土层的地方，

山坡上要顺坡挖，剖面应与上坡方向一致，剖面与水平面垂直，不能歪斜。挖掘土壤剖面坑的深度一般 1m，头部长度 1m，宽度 0.8m(图 1-3)。观察面须向阳光，为了工作方便和节省挖方量，观察面前方可挖成台阶状，尾部可窄些。挖出的表土和心土分别放在坑的两旁，不要堆在观察面上部，以免填坑时弄乱土层。坑上头不要踩踏，也不要将表层上面的枯枝落叶和灌草除去。

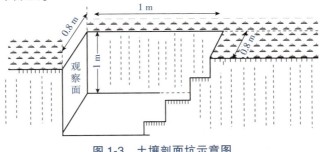

图 1-3 土壤剖面坑示意图

1.1.7 土壤剖面形态特征的观察和记录

1.1.7.1 实施过程

(1) 土壤剖面层次的划分

土壤剖面挖好后,用土壤小刀边挑边观察剖面的自然状况,根据土壤的颜色、质地、结构、松紧度、干湿度、新生体、侵入体等分布特征,分出土壤的发生层次。

(2) 记录自然土壤剖面形态

一般可以分为4层,即覆盖层(又称枯枝落叶层)、淋溶层、淀积层(下部会产生还原性灰蓝色的灰泥层或称潜育层)、母质层。

(3) 量取各层的厚度

逐层记录的各项特征(表1-2),确定土壤的类型。

表1-2 森林土壤野外调查与土壤剖面记录表

剖 面 号:		标准地号:		调查日期:	
调查地点:				天 气:	
土壤名称:					
大 地 形:					
中 地 形:					
小 地 形:					
小 地 形:		坡 向:		坡 形:	
海 拔:		坡 度:		坡 位:	
土壤侵蚀状况:		地下水位深度:			
母岩及母质:					
森林植物条件类型:					
枯枝落叶组成、厚度及分解特点:					
土壤利用现状:					
林木生长状况:					

土壤剖面描述	剖面图	土壤层次	深度(cm)	颜色	干湿度	质地	结构	松紧度	植物根	新生体	侵入体	土壤动物	pH值	石灰反应

土壤剖面特征综述:

调查人:

1.1.7.2　提交成果

每个学生提交一份土壤剖面形态特征记录表的实训报告。

1.1.8　土壤评价与改良利用

1.1.8.1　实施过程

(1) 土壤剖面性状综合分析

先确定 A、B 层的特征或特性及其组合特性，了解其在土壤类型的分类地位。对于在野外难以确定土壤分类地位的土壤剖面时．可进一步结合环境条件(调查当地的母岩母质、地形、植被、林木生长状况、土地利用方式及土壤侵蚀情况等)，室内土样分析和分析其他有关参考资料后，再确定其分类，摸清各类土壤的分布特点。

其他参考资料包括：自然条件，土壤类型、分布及其特性；土壤肥力及立地质量评价；土地利用现状及存在问题；林区今后土地利用、林业区划、森林经营、更新造林等计划。

(2) 分析土壤剖面中的障碍性层次

土壤对于侵蚀或其他形式退化的敏感性等。

(3) 对土壤的宜林性质和生产力做出评价

对土壤或植物可能存在的养分缺乏其他障碍因子做出诊断，探明林木生长与土壤条件的关系。

(4) 提出土壤改良措施

选取改善土壤条件的针对性、可行性、适宜性措施，集中于改进土壤的物理和化学性质，增进土壤保持肥力的能力。

1.1.8.2　成果提交

每个学生提交一份土壤评价及其改良的实训报告。

> **拓展知识**

红壤果园的土壤改良

红壤是我国柑橘等主要水果的重要生产土壤。由于红壤风化程度深、富铝化作用强、有机质分解快，形成了酸、瘦、缺磷的显著特点；以及存在土质黏重、结构不良、遇水土粒易分散，导致水土流失严重等问题。

(1) 土壤改良实施过程

①保土阶段。采取工程或生物措施，如修梯田、撩壕和地边、地角及山顶绿化，使土壤流失量控制在容许流失量范围内。

②改土阶段。改土阶段目的是增加土壤有机质和养分含量,改良土壤性状,提高土壤肥力。改土措施主要是种植豆科绿肥或多施农家肥,可改变土壤团粒结构,从而促进土壤改良。当土壤过沙或过黏时,可采用沙黏互掺的办法。中国南方的酸性红黄壤地区的侵蚀土壤磷素很缺,种植绿肥作物改土时须施用磷肥。

(2)土壤改良措施

采取工程措施与生物改良技术相结合实施下述综合治理。

①加强水土保持工作。做好梯田、撩壕和地边、地角及山顶绿化等水土保持工作。

②改良培肥。重施有机肥(物)料、种植绿肥,增加有机质含量是改良红壤的根本性措施,如增施厩肥和大力种植绿肥等。据江西经验,在土壤肥力初步改善后可种紫云英、苕子、黄花苜蓿等豆科绿肥;夏季绿肥可种猪屎豆;冬季种植耐瘠薄、耐旱的肥田萝卜、豌豆等为宜;水土流失严重的地段可种胡枝子、紫穗槐等。热带瘠薄地也可栽种毛蔓豆和蝴蝶豆、葛藤等多年生绿肥。

③适量施用石灰,重施磷肥。磷肥可集中施在定植穴中,以促进果树生根。红壤酸度较大,当酸性较高时,可亩施石灰 50~80 kg 以中和土壤酸度。

> **巩固训练**

森林土壤野外调查尽量安排在本地主要林分进行,选择的土壤剖层要有代表性和典型性,可选多个;要了解某特定地点在一定时间范围内的林木与土壤的动态变化情况,不能靠一次性调查,而必须从森林生态系统的角度进行森林土壤的定位观察研究。

调查以土壤、林木为主,可以对选定地点进行较长期观察测定,如定期测定林地上的上层林木、下木、灌木及草本等生物产量、枯枝落叶量及其元素组成,测定林地的降水量、地表径流量以及其中所含元素,测定地下的根量、土壤渗滤水量以及其中所含元素,土壤养分,附带测定气温、土温、地面水分蒸发量和地下水位等。

实施森林土壤定期定位测定,弄清本地主要森林土壤生态系统中林木、土壤、大气降水等之间的关系及动态过程,为合理利用森林土壤资源、土壤改良、提高森林生产力提出正确的路径与方法。

学生参加本任务训练时应尽量参照国家林业标准、技术规程和技术规范,并结合地方标准开展有关操作工作,涉及考证的可按考证的技能要求操作。

任务 1.2 林地培肥

任务描述

林地培肥是林地抚育的重要内容,该教学任务分两段完成,先在课堂上进行理论讲解,并用多媒体课件讲解林地培肥技术要点及注意事项,而后到实习场地进行现场识别常用肥料种类,并进行土壤营养调查及诊断等实地操作。学生主要通过完成具体的工作项目,从林地施肥、林下绿肥种植,林地凋落物的保护措施等工作的实施,完成实践的全过程，对工作效果进行评估，撰写成果报告。

 任务目标

1. 认识林地培肥作用及土壤营养元素的作用规律。
2. 熟知林地培肥包括的各项目及技术要求，能确定适宜的培肥时间和培肥各项目的技术措施。

 工作情景

（1）工作地点

先在教室或实训室讲授，利用多媒体演示讲解肥料种类、施肥方法及绿肥作物特征等。之后到实习林场（或校内实训基地）选择幼林地和种植绿肥植物林地及林下存在凋落物的林地进行现场参观讲解与动手操作。

（2）工具材料

肥料、锄头、劈刀、钢卷尺、铅笔、纸张。

（3）工作场景

在实习林场先进行常见肥料识别；在幼林地进行土壤元素调查及不同施肥措施操作。因不同树种、不同林分林地，其土壤条件不同，在不同地区可选择当地的主要树种进行施肥方法练习。操作前先请有关技术人员介绍相关情况，教师进行操作要点讲评。后让学生现场操作，教师指导并总结。

 知识准备

1.2.1 林地施肥

在现代林业生产中，林地培肥是不可或缺的工作。土壤肥力的肥、水、气、热四大因子中的肥因子、水因子在一定程度上能影响气因子、热因子，综合对植物生长产生影响。施肥是林地培肥的主要措施之一，随着林业生产集约化程度的提高，在营林实践中肥料的作用显得越来越重要，特别是在商品用材林的经营中，合理施肥已成为提高林木产量和质量的一项重要措施。在欧洲和北美洲的某些国家，林地施肥已有几十年的历史，每年有大面积森林按惯例施肥，瑞典林地施肥的总面积已超过林地总面积的2/3，在北美洲，特别是在美国南部、西部太平洋沿岸与东北部，森林施肥也应用广泛，每年的施肥面积在迅速增加。日本在第二次世界大战后即开展林地施肥的研究，近年来，林地施肥已较普遍。我国开展林地施肥起步较晚，20世纪90年代后，才在桉树、杉木、国外松、欧美杨和马尾松等主要用材树种进行较广泛的施肥，目前在速生丰产林中效果显著，施肥应用开始发展起来。

1.2.1.1 林地施肥的特点

从事林业生产和经营的土地一般比较贫瘠。往往是种不了其他作物的才去种树；间伐、修枝、森林主伐(特别是皆伐)、伐区清理等会造成大量有机质和营养元素的输出，导致林地营养物质循环的平衡受到影响；一些林地多代连续培育某种针叶树纯林，使得包括微量元素在内的各种营养物质极度缺乏，地力衰退，土壤理化性质恶化；一些地方受自然或人为因素的影响，归还土壤的森林枯落物数量有限或很少，以致某些营养元素流失严重。另外，一些轮伐期短的速生丰产林，如桉树林生长快、产量高，光合作用效率高，单位面积对水、肥的利用率明显高于其他树种。如不注意林地管理，就会造成土壤养分过多消耗，导致地力衰退。幼林地施肥是集约经营森林的重要技术措施之一，施肥可改善幼林营养状况和增加土壤肥力，而使幼林提早郁闭，提高林分质量，缩短成材年限，同时还会促进林木结实。

林地施肥的主要特点包括：

①林木为多年生植物，以施长效有机肥为主。

②用材林以长枝叶及木材为主，应施用以 N 肥为主的完全肥料，幼林时适当增加 P 肥，对分生组织的生长，迅速扩大营养器官有很大作用。

③林地土壤，尤其是针叶林下的土壤酸性较大，对钙质肥料需要量较多。

④有些土壤缺乏某种微量元素，在施用 N、P、K 的同时，配合施入少量的 Zn、B、Cu 等，往往对林木的生长和结实极为有利。

⑤幼林阶段林地杂草较多，施肥应与化学除草剂的施用结合起来比较好。

1.2.1.2 林木生长所需的营养元素

研究表明，林木生长需要 C、H、O、N、P、K、S、Ca、Mg、Fe、Cu、Mn、Co、Zn、Mo 和 B 等十几种元素。在这些元素中，C、H、O 是构成一切有机物的主要元素，占植物体总成分的 95% 以上，其他元素约占植物体总成分的 4%。C、H、O 从空气和水中获得，主要从土壤中吸收。植物对 C、H、O、N、P、K、S、Ca、Mg 等需求量较多，故将这些元素称为大量元素；对 Ca、Mn、Co、Zn、Mo、B 等需要量很少，将这些元素称为微量元素。从植物需要量来看，Fe 比 Mg 少，比 Mn 大几倍，所以有时也称它为大量元素，有时称它为微量元素。植物对 N、P、K 这 3 种元素需要量较多，而这 3 种元素在土壤中含量又较少，人们生产含有这 3 种元素的肥料较多，N、P、K 又称为肥力三要素。植物体内吸收的元素有 N、P、K、S、Ca、Mg、Fe、Cu、Mn、Zn、Mo、B 和 C，此外还需要 C、H、O，共 16 种必需营养元素。植物对营养元素的吸收，一方面受自身营养特性影响，另一方面受环境条件的影响。了解林木生长必需的营养元素是合理施肥的重要依据。在土壤的各种营养元素之中，N、P、K 3 种是植物需要量和收获时带走较多的营养元素，而归还量还不到吸收总量的 10%，往往表现为土壤中有效含量较少。因此，这种养分供求之间的不协调，并明显影响着植物生产力的提高。改变这种养分不足的状况，就需要施用比较大量的 N、P、K 肥加以调节。

1.2.1.3 林地施肥对植物的影响

施肥具有增加土壤肥力，改善林木生长环境，改善林地理化、生物性质的良好作用，通过施肥可以达到加快幼林生长，提高林分生长量，缩短成材年限，促进母树结实以及控制病虫害发生、发展的目的。施肥还可使幼林尽快郁闭，增强林木的竞争力和林分抵御灾害的能力。据研究，落叶松林年养分吸收量 197，384 kg/hm²，但其归还量仅占吸收量的 61.64%；30~75 年生的鹅耳枥、水青冈林每年吸收 92 kg/hm² 的 N 素，归还量却只有 62 kg；杉木微量元素的年归还量占年吸收量的 66.4%；马尾松林 N、P、K 的归还系数也分别只是吸收系数的 23%、26% 和 29%。归还量与吸收量的差距需要通过施肥给予补充。日本重视幼林施肥，其采用柳杉林进行施肥试验，使它的轮伐期从 40 年缩短到 35 年。芬兰的试验表明，对林地施肥可使林木生长量增加 30%。我国许多地方给母树施肥，可使种子的产量增加、质量提高。

氮是植物的主要营养元素之一，植物通过根部从土壤吸收的氮素，大部分为硝态氮，一部分为铵态氮，大多数植物以硝态氮为主要形态。硝酸根离子进入植物体内迅速被同化利用，所以积累浓度不高，一般在 100 mg/kg 以内，但在一定的植物条件下，同化速度慢于吸收速度时，硝态氮就在体内积累，也可达到 1% 以上的高浓度。土壤中在氮素较多或过多施用氮肥条件下，引起植物体内硝酸盐大量积累；硝态氮的积累还与光照条件、水分状况有关，一般在阴天或黑暗条件下，硝态氮含氮高。水分缺乏时，植物体内硝酸盐还原酶活性降低，硝酸盐积累也增多。硝态氮对刺激北美黄杉球果的吸收明显地比铵态氮好。硝酸铵促进泥炭地上欧洲赤松的生长要比硫酸铵、硝酸钙或尿素有效，在炎热干燥的夏季施用氮肥，则用硝酸铵要比尿素好。硝酸盐含氮过多对植物有害，并使植物对自然灾害和病菌抵抗力降低。据中国林业科学研究院亚热带林业实验中心在江西丘陵黄红壤以 4 年生杉木幼林进行施肥试验，结果表明：杉木幼林阶段施氮肥的生长效应不明显，甚至还会出现负效应。肥料可能引起的危害取决于所加的肥料数量与土壤含水量，而且还取决于肥料物质的盐分指数。例如，硝酸钠根据所加入的每个单位氮计算，在土壤溶液中产生的盐分为尿素的 3.7 倍，在碱化土中，尿素水解产生的氨和磷酸二铵产生的氨浓度高，均会损害植物的根系，而且剩余的铵离子也会影响对其他阳离子的吸收。国内外大量报告说明，氮肥对杨树生长的效果是非常显著的，但不是所有的树种都能对氮肥起正向效果。比如在大多数情况下施氮肥，不能增加加州铁杉的生长量，硝酸盐容易从土壤中淋失而降低肥效，而且随流入地表水和地下水中污染水环境。

磷肥对林木生长的效果一般很显著。英国于泥炭土上施磷肥，效果很好。日本的研究结果证明，赤松、落叶松等比柳杉和日本扁柏对磷肥不足更敏感些，当土壤中缺磷时，树叶会变成深绿紫色或紫色而影响林木生长。我国杉木黄化病，也与土壤缺磷有关。

一些试验说明，钾肥的肥效不太显著。但有人认为钾肥有抵消氮肥过多的害处的作用。它还有提高树木耐旱、耐寒以及抵抗病虫害能力的作用。

氮肥和磷肥或钾肥配合，以及氮肥和有机肥配合施用，也能提高氮素的利用率。农业科学院应用 ^{15}N 和 ^{32}P 双重标记试验结果表明：单施尿素时，氮肥利用率只有 16.3%；尿素和磷配合时，氮肥利用率则达 39.6%。

1.2.1.4 林地施肥原理

人工林施肥要遵从营养元素归还学说、营养元素最小养分律、报酬递减率、因子综合作用律等，还要考虑植物营养特性即植物营养临界期、植物营养最大效率期。

(1) 养分归还学说

19世纪中叶德国化学家李比希根据前人的研究和他本人的大量化学分析材料，推论出养分归还学说。其内容是：由于人类在土地上种植作物，并把它拿走，这就必然使地力逐渐下降，土壤养分越来越少。因此，要恢复地力就必须归还从土壤中取走的全部养分，不然就难以指望再获得像过去那样高的产量。这一学说的基本点就是强调了人们从土壤中取走的养分，应该归还给土壤，才能保持土壤肥力。养分归还学说包括以下3方面的内含：

①随着作物的每次收获，必然要从土壤中带走一定量的养分，随着收获次数的增加，土壤中的养分含量会越来越少。

②若不及时归还作物从土壤中失去的养分，不仅土壤肥力逐渐下降，而且产量也会越来越低。

③为了保持元素平衡和提高产量应该向土壤施入肥料。

(2) 最小养分律

林木所含化学元素多达几十种，但并不都是必需的；不需要都通过施肥来满足、促进生长。对树木生长起决定作用的是土壤中相对含量最少的养分因子，即最小养分律。其道理如装水的木桶（图1-4，图1-5）。施肥时，要考虑短板效应，即哪种元素土壤中含量少且成为林木生长的制约元素，则应该施用含该种元素的肥料；又如，盐土中林木富含Na、海滩上的林木富含I，这两种林地就不必施用含Na、I的肥料。要保证林木正常生长，必须满足其必需元素的种类、数量及其比例，若某种元素达不到需要的数量，生长则会受到影响，产量也会受到这一最少元素的制约。最少的那种养分就是养分限制因子，无视这种养分的短缺，即使其他养分非常充足，也难以提高林木产量。植物产量的高低受土壤中相对含量最低的养分所制约。就是说，决定植物产量的是土壤中相对含量最少的养分。

图1-4 缺素短板效应图

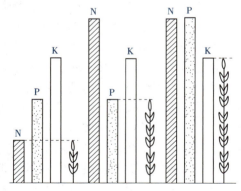
图1-5 最小养分的变化

判断植物必需的营养元素应满足以下标准：

①这种元素对植物的营养生长和生殖生长是必需的。

②缺少该元素植物会显示出特殊的症状（缺素症）。

③这种元素必须对植物起直接营养作用。

(3) 报酬递减律

法国古典经济学家杜尔格提出的：从一定的土壤所获得的报酬随着向该土地投入的劳

动力和资本数量的增加而有所增加,但随着投入的单位劳力和资本的增加,报酬的增加量却在逐渐减少。德国学者 Mitscherlich 在前人工作的基础上,通过燕麦施用磷肥的砂培试验,深入探讨了施肥量与产量之间的关系,得出与报酬递减律相吻合的结论,在其他技术条件不变或基本不变的情况下,单纯地增施肥料就会出现报酬递减现象。

(4) 综合作用律

林地生长力是影响林木生长发育的各种环境条件和生态因子,如养分、水分、光照、温度、品种等综合作用的结果,只有施肥措施与其他林业生产经营技术措施相结合,才能充分发挥施肥的增产增收作用。根据因子综合作用律,科学施肥必须考虑施肥与其他农业措施和环境条件的关系,如土壤水分状况影响作物根系的活力、养分吸收能力、养分在土壤中的运移等,从而影响施入养分的吸收,施肥和灌水相互促进,才能最终反映到正常生长、产量增加、质量提升等方面。

1.2.1.5 肥料的种类及作用

直接或间接供给林木所需养分,改善土壤理化、生物性状,可以提高林木产量和质量的物质称为肥料。从林木干重所含某种元素多少,林木对某种元素所需量的多少,可将肥料分为大量元素肥料、中量元素肥料、微量元素肥料。大量元素肥料为 N、P、K 肥(表1-3);中量元素肥料为 S、Ca、Mg 肥;微量元素肥料为 Fe、B、Zn、Mo、Cu、Mn、Cl 肥。从肥料的来源、性质、作用可分为有机肥料、无机肥料、微生物肥料。

表1-3 不同树种造林当年的施肥量标准　　　　　　　　　　　　　　单位:g/株

树　种	N 肥	P 肥	K 肥
柳　杉	8~12	5~7	5~7
日本扁柏	8~10	5~6	5~6
日本赤松	6~8	4~5	4~5
日本黑松	6~8	4~5	4~5
日本落叶松	10~8	7~8	5~8
库页冷杉	8~12	5~7	5~7
杨　树	24~40	16~28	12~34
桉　树	16~32	10~20	8~27
泡　桐	24~48	16~32	12~40
其他阔叶树	10~8	7~8	5~8

注:引自沈国舫等,《森林培育学》(第2版),2011。

(1) 有机肥料

有机肥料是以含有机物为主的肥料,如堆肥、厩肥、绿肥、泥炭(草炭)、腐殖酸类肥料、人粪尿、家禽粪、海鸟粪、油饼和鱼粉等。有机肥料含多种元素,故称完全肥料。有机肥料中的有机质施入土壤,要经过土壤微生物分解,通过矿化过程、腐殖化过程才能被林木吸收,故又称迟效肥料;有机肥料肥效长,故又称长效肥料。有机肥料的作用特点是：培肥土壤效果显著，有利于形成良好的土壤结构；提供有机营养物质和活性物质，如胡敏酸、维生素、酶及生长素等可促进植物新陈代谢，刺激作物生长，能明显地提高作物产量和质量；有机肥料在矿化腐解过程中产生的 CO_2 可提高林地 CO_2 浓度，增强光合效率；有机肥料中既有大量元素，又有微量元素，能够为林木提供多种养料，经常使用有机肥料的土壤，一般不易发生微量元素缺乏症。

(2) 无机肥料

无机肥料又称矿物质肥料，它包括化学加工的化学肥料和天然开采的矿物质肥料，如 N、P、K、S、Ca、Mg、Fe、B、Zn、Mo、Cu、Mn、Cl 肥等。N 肥等为化学加工肥料，P 肥多为天然开采的矿物质肥料。无机肥料的作用特点是：主要成分易溶于水，或者容易转变为被植物吸收的部分，肥效快；营养元素含量比例高，使用起来省工省力。长期施用无机肥会造成土壤板结。

(3) 微生物肥料

微生物肥料是指含有大量活的有益微生物的生物性肥料，如"5406"抗生菌肥、固氮菌剂、磷细菌肥料、钾细菌肥料、菌根真菌肥料等。微生物肥料的作用特点：它本身并不含有植物生长所需要的营养元素，它是以微生物生命活动来改善作物的营养条件，发挥土壤潜在肥力，刺激植物生长，抵抗病菌对植物的危害，从而提高植物生长量。

1.2.1.6　林地施肥的技术要素

林地施肥一定要注意提高肥料利用率，提高经济效益，做到合理施肥。在实施过程中，要遵循以下几个技术要求。

(1) 明确施肥目的

以促进林木生长为主要目的时，应考虑林木的生物学特性，以速效养分与迟效养分相配合，适时施肥；以改土为目的时，则应以有机肥为主。

(2) 按土施肥

依据土壤质地、结构、pH 值、养分状况等，确定合适的施肥措施和肥料种类。例如，缺乏有机质和 N 的林地，以施 N 肥和有机质为主；红壤、赤红壤、砖红壤林地及一些侵蚀性土壤应多施 P 肥；酸性沙土要适当施 K 肥；沙土施追肥的每次用量要比黏土少。减少土壤 pH 值可施硫酸亚铁，提高土壤 pH 值可施生石灰。

(3) 按林木施肥

不同的树木有不同的生长特点和营养特性，同一种林木在不同的生长阶段营养要求也有差别。阔叶树对 N 肥的反应比针叶树好；豆科树木大都有根瘤，它们对 P 肥反应较好；橡胶树要多施 K 肥；幼树主要是营养生长，以长枝叶为主，对 N 肥的用量较高；母树施肥以 P、K 为主的氮磷钾全肥，可以提高结实量和种子的质量。

(4) 看天气施肥

在气候诸因素中，温度与降水对施肥的影响最大。它们不仅影响林木吸收养分的能力，而且对土壤中有机质的分解和矿物质的转化，对养分移动及土壤微生物的活动等都有很大影响。例如，N 肥在湿润条件下利用率高，雨后施追肥宜用 N 肥；P 肥叶面喷洒时，在干热天气条件下效果好。一般土壤温度在 6~38℃，随着温度的升高，根系吸收养分的速度加快，最适宜根系吸收养分的温度是15~25℃。光照充足，光合作用增强，因此随着光照增加可适当增加施肥量。

(5) 根据肥料特性施肥

不同肥料的养分含量、溶解性、酸碱性、肥效快慢各不相同。选用时要根据肥料的性质与成分，根据土壤肥力状况，做到适土适肥、用量得当。用量少，达不到施肥的目的；用量过多，不仅造成环境浪费，还会造成环境污染等不良影响。磷矿粉、生石灰仅适用于酸性土壤，石膏、硫黄仅适用于碱性土壤。改良碱性土宜选用酸性无机肥料，同时大量施用有机肥；改良酸性土宜选用碱性肥料和接种土壤微生物，配以大量有机肥。

1.2.1.7 林地施肥方法

(1) 撒施

撒施是把肥料直接均匀撒在地面上或与干土混合后均匀撒在地面上，覆土或灌溉。撒施肥料时，要避免撒到林木叶子上。撒施追肥以性质较稳定的肥料为宜。

(2) 条施

条施又称沟施，是在林木行间或近根处开沟，将肥料施入沟内，然后覆土（图1-6，图1-7）。条施可选择液体追肥也可干施。液体追肥，应先将肥料溶于水，浇于沟中；干施时，为了撒肥均匀，可用干细土与肥料混合后再撒于沟中，最后用土将肥料加以覆盖。沟的深度依肥料性质和林木根系发育状况而定，一般7~10 cm为宜。沟施的优点是养分集中在根系附近，利用率高，可避免挥发或淋失，但花费的时间和人力较多。

图1-6 条施　　　　图1-7 环沟施

(3) 灌溉施肥

肥料随同灌溉水进入林地的过程称为灌溉施肥。也可将肥料溶解于水中，浇在行间沟或穴内，浇后覆土。如有滴灌设施，可将肥料溶于水中，通过管道设施以水滴方式浇灌。灌溉施肥可以节省肥料的用量和控制肥料的入渗深度，同时可以减轻施肥对环境的污染。在干旱年份或干旱地区浇灌效果最好。

(4) 根外追肥

根外追肥又称叶面追肥，根外追肥是把速效肥料溶于水中，然后喷施于林木的叶子上。根外追肥的优点是效果快，能及时供给林木所亟需的营养元素。根外追肥一般在急需补充P、K或微量元素时应用。根外追肥一般要喷3~4次，才能取得较好效果。如果喷后2日内降雨，雨后应再喷1次。根外追肥的不足是，喷到叶面上的肥料溶液容易干，不易被林木全部吸收利用,根外追肥利用率的高低,很大程度上取决于叶子能否重新被湿润。根外追肥的施肥效果不能完全代替土壤施肥,它只是一种补充施肥方法。

(5) 飞机施肥

飞机施追肥不受地面交通条件限制,节省劳力,施肥周期短,适宜大面积林区采用。飞机施肥在发达国家和地区应用较为普遍。如瑞典在近熟林时期用飞机追施 N 肥,每公顷施 135 kg,可使林木生长量增加 15% 左右。飞机施追肥要选择晴朗天气,要选用颗粒大的尿素或硝酸钙等化肥。因肥料颗粒大,易落到地面,效果好。

(6) 测土配方施肥

测土配方施肥是以肥料田间试验、土壤测试为基础,根据植物需肥规律、土壤供肥性能和肥料效应,在合理施用有机肥料的基础上,提出 N、P、K 及中、微量元素等肥料的施用品种、数量、施肥时期和施用方法。国际上通称的平衡施肥,是联合国在全世界推行的先进技术:

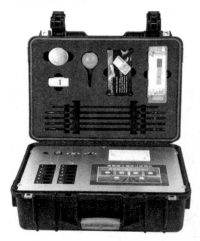

图 1-8 LD-GT2 型测土配方施肥仪

①测土。取土样测定土壤养分含量(图 1-8)。

②配方。对土壤的养分进行诊断,按照庄稼需要的营养"开出药方、按方配药"。

③合理施肥。就是在科技人员指导下科学施用配方肥,包括 5 个核心环节(测土、配方、配肥、供应、施肥指导)和 11 项重点内容(野外调查、采样测试、田间试验、配方设计、校正试验、配方加工、示范推广、宣传培训、数据库建设、效果评价和技术创新)。

长期以来,依靠森林自身提高林地肥力的观点应重新审视。对林地肥力相对较差的区域,在土壤分析的基础上,根据树种的需要,进行配方施肥。同时,根据林木的生物学特性进行基肥和追肥的施用,保证林木的营养需要,创造高的效益和产量。对速生树种和短周期用材林更应当重视和推广这项措施。

以南方桉树为例,其具体实施方法如下:

①现有桉树人工林的踏查。根据现有桉树人工林的种类、土壤类型和经营状况,选择不同桉树种类、不同土壤类型、不同施肥时间、不同施肥种类和不同施肥量的现有桉树人工林进行详细调查。

②不同试验处理桉树人工林土壤和植株分析。选择不同桉树种类、不同土壤类型、不同施肥时间、不同施肥种类和不同施肥量的桉树人工林,进行土壤分析、植株养分测定种和林木生长调查,测定不同试验区土壤及桉树的养分状况。

③桉树人工林生长和土壤、植株养分的相关分析。根据对不同桉树种类、不同土壤类型、不同施肥时间、不同施肥种类和不同施肥量的桉树人工林土壤、桉树不同器官养分含量和桉树生长状况的测定结果进行相关分析,分析桉树人工林养分缺乏状况,据此得出不同种类桉树对不同肥料种类、不同施肥时间和不同施肥量需求的反应。

④养分胁迫的验证和区域平衡施肥配方的确定。在人工气候室内进行不同桉树种类的

苗木盆栽胁迫试验，验证不同种类桉树对不同肥料种类、不同施肥时间和不同施肥量需求的反应。根据以上配方在生产上应用的情况和桉树生长效果，进一步修订桉树测土配方，最终确定不同桉树种类、不同土壤类型和不同立地条件下桉树测土施肥配方。

1.2.1.8 林地施肥实例

以下以毛竹林为例，介绍其丰产施肥技术。

(1) 有机肥

竹林施肥最好是以有机肥为主，施有机肥可结合深翻，沿等高线开沟施入，沟距 1.5 m，沟深 25～30 cm，施后覆土。每公顷施饼肥 6000～7500 kg，或施猪、牛畜肥 750～900 担。施肥季节在冬季。

(2) 化肥

施化肥最好用 N、P、K 比例合理的毛竹专用复合肥，并注意施肥时间、方法和施肥量。一般在 2 月(笋前肥)、4～5 月(促鞭肥)、8～9 月(笋肥)，后两次结合松土除草进行。

施肥方法可采用隔带挖沟施或开环形沟施(图 1-9)、结合翻土全面撒施、株穴施(图 1-10)、竹蔸施肥(打通竹蔸内的竹节，施后覆土，图 1-11)。每次每公顷施专用复合肥 450 kg 左右。

如施一般化肥，应将 N、P、K 按一定比例 (6:3:1) 配成复合肥料，施入土中效果好，施肥量为 30～50 kg。

(3) 毛竹增产素

还可采取竹秆注射毛竹增产素等根外施肥方法，由福建农林大学研制的富神 HZB 毛竹增产素具有促进毛竹吸收 N、P、K、Si、Ca 等元素的作用，可提高毛竹体内新陈代谢过程中各种酶的活性，增强毛竹的抗逆性和抗病虫害能力，增加叶绿素含量，提高光合作用速率，促

图 1-9　毛竹条施化肥

图 1-10　毛竹穴施化肥

图 1-11　毛竹竹蔸施肥

进毛竹的生长。在福建省建瓯、顺昌、南平、建阳、尤溪等地应用较为普遍，效果较好。

据调查，使用毛竹增产素平均可增加新竹株数 585 株/hm²，增产 66% 左右。使用方法一般以竹秆注射为主，其操作方法是：距地面 20～30 cm，先用钢钎打孔至竹腔内，再用大型注射器施毛竹增产素，每株可用 5 mL(原液 1 mL+水 4 mL)，注射时间一般在每年 9～12 月于深翻或全锄的竹林中或结合冬季抚育时注射，每公顷大约需注射这种增产素 15 瓶 (1500 mL)。

(4) 微生物肥

利用有益的微生物如根瘤菌、菌根菌等。如由日本比嘉照夫教授研制的 EM 生物制剂，具有改良土壤，增加肥力，有效地促进土壤中有益微生物活动，促进毛竹增产的作用。可逐步取代化肥、农药的作用。使用方法是：原液在有机肥和水的作用下发酵 5~7 d，即可做底肥，可挖沟宽 30 cm，深 20 cm 后把肥料施入沟内后覆土；也可用原液 1 份和 100 份的水（最好是井水、泉水、干净的河水，如用自来水应先暴晒 1 d 后方可使用）稀释后浇灌。

(5) ABT 增产灵

目前，采用比较多的为 ABT5 号增产灵，使用方法是：在秋冬季进行，每株可使用药剂量 30 mL，可采用以下 3 种施肥方法：

①注射法。在毛竹的基部用木工钻钻一小孔，将配好的药液注入毛竹中空的节间，任其吸收输送至鞭根部，促使笋芽发育生长。

②浇蔸法。在毛竹根基部挖开约 20 cm 深土层，用带刻度的量杯量取药液直接浇在根系和穴内土壤中，后覆土。

③浇鞭根法。在挖冬、春笋时用 ABT 药液直接浇在鞭根和笋芽上。施用 ABT 药液有明显的增产作用，可增产新竹 16%~27%，产笋率提高 70% 左右。

1.2.2 栽种绿肥作物

我国栽培绿肥作物的历史悠久，是世界上最早使用绿肥的国家。农业上肥料的概念是：凡绿色植物的青嫩部分经过刈割搬运，或者就地直接耕翻埋入土中可作为肥料的称为绿肥。从林地管理方面看，绿肥的范围有所扩大，绿肥作物指可以用来作为肥料，能够提高土壤肥力而栽种的植物。通常低产林地上栽种的改良土壤的树种也可称绿肥作物。目前，在林地培肥、低产林改造过程中，栽植绿肥作物是常用的措施之一。

1.2.2.1 绿肥作物的作用

绿肥是我国传统的重要有机肥料之一，在林地上引种绿肥作物和改良土壤树种，既能增进土壤肥力又可改良土壤结构，其主要作用如下：

(1) 扩大有机肥源

种植绿肥可增加林地有机肥料。各种绿肥的幼嫩茎叶，含有丰富的养分，一旦在土壤中腐解，能大量地增加土壤中的有机质和 N、P、K、Ca、Mg 和各种微量元素。每 1000 kg 绿肥鲜草，一般可供出氮素 6.3 kg，磷素 1.3 kg，钾素 5 kg，相当于 13.7 kg 尿素，6 kg 过磷酸钙和 10 kg 硫酸钾。绿肥作物的根系发达，如果地上部分产鲜草 1000 kg，则地下根系就有 150 kg，能大量增加土壤有机质，改善土壤结构，提高土壤肥力。豆科绿肥作物还能增加土壤中的氮素，据估计，豆科绿肥中的氮有 2/3 是从空气中来的。

(2) 增加土壤氮素

绿肥作物有机质丰富，含有 N、P、K 和多种微量元素等养分，它分解快，肥效迅速。豆科植物具有生物固氮能力，一般每公顷林地每年可增加氮素 37.5~112.5 kg，高的可达

165 kg，相当于施尿素 37.5~150 kg。不同的季节绿肥 N、P、K 的含量不同。如冬季和夏季绿肥 N、P、K 的含量分别见表 1-4 和表 1-5。

表 1-4 冬季绿肥 N、P、K 含量

绿肥名称	氮肥(%)	磷肥(%)	钾肥(%)	每 1000 kg 鲜草相当于		
				硫酸铵(kg)	过硫酸钙(kg)	硫酸钾(kg)
紫云英	0.48	0.12	0.50	21.8	6.0	10.0
蓝花草	0.44	0.15	0.30	20.0	7.5	6.2
蚕豆	0.58	0.15	0.49	26.36	7.5	9.8
芸苔(油菜)	0.46	0.12	0.35	21.7	6.0	7.0
荞麦	0.39	0.08	0.33	17.22	4.0	6.6
野苜蓿	0.55	0.11	0.40	25.0	5.5	8.0
豌豆	0.51	0.15	0.52	22.42	7.5	14.0
田菁	0.41	0.08	0.16	18.63	4.0	3.3

注：引自何方等，《经济林栽培学》(第 2 版)，2004。

表 1-5 夏季绿肥 N、P、K 含量

名称	鲜草产量(kg/亩)	分析部分	水分(%)	N(%)	P(%)	K(%)
日本草	1531	茎叶	69.2	2.611	0.1926	1.1820
		根系		1.478	0.1330	
印尼猪屎豆	1650	茎叶	68.0	2.460	0.1993	1.1660
		根系		1.494	0.1847	
印尼绿豆	1400	茎叶	76.0	1.675	0.1873	0.8048
		根系		1.265	0.1554	
三叶猪屎豆	1500	茎叶	66.4	2.660	0.1481	
		根系		1.129	0.1461	
印尼豇豆	1400	茎叶	77.5	2.642	0.1841	
		根系		1.579	0.0944	
四方藤	1000	茎叶	81.38	1.823	0.2474	1.157
		根系		0.795	0.1996	

注：引自何方等，《经济林栽培学》(第 2 版)，2004。

(3) 富集与转化土壤养分

有的绿肥植物根系入土较深，可以吸收土壤底层的养分，使耕层土壤养分丰富起来。例如，十字花科的绿肥植物对土壤中难溶性磷酸盐有较强的吸收能力，可提高土壤有效 P 的含量。绿肥作物在生长过程中的分泌物和翻压后分解产生的有机酸能使土壤中难溶性的 P、K 转化为作物能利用的有效性 P、K。

(4) 改善土壤结构和理化性质

绿肥腐解过程中所形成的腐殖质，能促使土壤团粒结构的形成，改变黏土和砂土的耕性，增加土壤的保肥保水能力，提高土壤微生物的活性，提高土壤缓冲作用；在微生物的作用下，不断地分解，除释放出大量有效养分外，还形成腐殖质，腐殖质与钙结合能使土壤胶结成团粒结构，有团粒结构的土壤疏松、透气，保水保肥力强，调节水、肥、气、热的性能好，有利于作物生长。

(5) 改良土壤，防止水土冲刷

由于绿肥含有大量有机质，能改善土壤结构，提高土壤的保水保肥和供肥能力；绿肥有茂盛的茎叶覆盖地面，能防止或减少水、土、肥的流失。有些绿肥植物还可固沙、保土、防杂草，以及提供饲料和其他副产品。

(6) 投资少，成本低

绿肥只需少量种子和肥料，就地种植，就地施用，节省人工和运输力，比化肥成本低。

(7) 综合利用，效益大

绿肥可作饲料喂牲畜，发展畜牧业，而畜粪可肥田，互相促进；绿肥还可作沼气原料，解决部分能源，沼气池肥也是很好的有机肥和液体肥；一些绿肥植物如紫云英等是很好的蜜源，可以发展养蜂。所以，发展绿肥能够促进农业全面发展。

1.2.2.2 绿肥作物的种类

我国地域辽阔，植物资源丰富。据调查有价值的绿肥资源有 670 余种，已栽培利用和可栽培利用的 300 余种，常用的有 30 余种。绿肥作物按其来源可分为天然绿肥（各种野生绿肥植物、杂草以及灌木幼嫩枝叶）和栽培绿肥；按其科属及固氮与否可分为豆科绿肥（如紫云英、苕子、田菁、苜蓿、紫穗槐等）和非豆科绿肥（肥田萝卜、油菜、黑麦草等）；按其生长季节分为夏季绿肥（猪屎豆、木豆等）和冬季绿肥（巢菜等）；按其生长期可分为 1 年生绿肥和多年生绿肥（紫穗槐、胡枝子、羽扇豆等）；还可分为草本、灌木、乔木（刺槐、赤杨、木麻黄、桦木等）绿肥。

1.2.2.3 绿肥作物种植方式

绿肥种植有以下几种方式。

(1) 单作绿肥

即在同一耕地上仅种植一种绿肥作物，而不是同时种植其他作物。如在开荒地上先种一季或一年绿肥作物，以便增加肥料和土壤有机质，以利于后作。

(2) 间种绿肥

在同一块地上，同一季节内将绿肥作物与其他作物相间种植。如在玉米行间种植竹豆、黄豆。甘蔗行间种绿豆、豇豆，小麦行间种紫云英等。间种绿肥可以充分利用地力，做到用地养地，如果是间种豆科绿肥，可以增加主作物的氮素营养，减少杂草和病害。

(3) 套种绿肥

在主作物播种前或在收获前在其行间播种绿肥。如在晚稻乳熟期播种紫云英或苕子，麦田套种草木木樨等。套种除有间种的作用外，可使绿肥充分利用生长季节，延长生长时间，提高绿肥产量。

（4）混种绿肥

在同一块地里，同时混合播种 2 种以上的绿肥作物，如紫云英与肥田萝卜混播、紫云英或苕子与油菜混播等。谚语说："种子掺一掺，产量翻一番"。豆科绿肥与非豆科绿肥，蔓生与直立绿肥混种，使相互间能调节养分，蔓生茎可攀缘直立绿肥，使田间通风透光，所以混种产量较高，改良土壤效果较好。

（5）插种或复种绿肥

在作物收获后，利用短暂的空余生长季节种植 1 次短期绿肥作物，以供下季作物做基肥。一般是选用生长期短、生长迅速的绿肥品种，如绿豆、乌豇豆、柽麻、绿萍等。这方式的好处在于能充分利用土地及生长季节，方便管理，多收一季绿肥，解决下季作物的肥料来源。

绿肥作物根部含氮量的多少，因品种不同有很大的差别。据分析，苕子根部含氮量占植株全氮量的 4%～5%，豌豆占 2%～4%，蚕豆约占 8%，羽扇豆占 5%～15%，红三叶草约占 45%。

1.2.2.4 注意事项

种植绿肥应注意以下问题：

（1）选择绿肥品种应注意其特性

首先，要注意绿肥作物的生长期和抗逆能力，以及对土壤条件的要求。例如，大多数苕子品种只适合在长江以南种植，但光叶紫花苕子却可种到淮河以北地区，并且生长良好。豆科绿肥作物的根瘤菌适宜在中性左右的酸碱度环境下生长活动，当土壤 pH 值在 4.0～4.4 时，紫云英根部的根瘤菌就会死亡。又如，紫云英喜欢湿润而不积水的土壤，它的耐旱、耐低温的能力较差。许多绿肥作物怕涝，但田菁耐涝性强，而且耐盐性也很强。

（2）要开好排灌沟

多数绿肥作物怕涝。"种绿肥不怕不得收，只怕懒人不开沟"。一般要做到水多时能排，干旱时能灌。

（3）注意适时播种

适时播种，不仅产量高，品质也好。各地气候条件不同，播种具体日期应根据各地条件和绿肥作物的特性来决定，最可靠的办法是通过对比试验，选择最好的播种期。华南地区，夏季绿肥宜在 3 月下旬至 4 月上旬播种，冬季绿肥宜在 10 月播种。

（4）种绿肥作物也要施一定的肥料

有人认为绿肥作物适应性强，不需施肥，本身作肥料还要施肥没必要，这种看法是不科学的。虽然绿肥作物吸收养分的能力较强，但它也是作物，生长发育仍然需要一定的养分，缺肥产量就不高。以豆科绿肥作物来说，虽然它能固定空气中的氮素，但在生长初期和生长旺盛期也需要一定的氮素养分，如果此时能适当施些氮肥，就会获得良好效果；又如，绿肥作物对磷素也很敏感，如土壤中有效磷含量低，会大大影响生长发育。故应适当施肥来满足绿肥作物的需要，以取得"小肥养大肥"的效果。

(5) 注意做好绿肥作物留种工作

种子是基础,所以要加强绿肥植物的良种选育和繁殖的工作。

(6) 其他注意事项

豆科绿肥作物,特别是紫云英应采用根瘤菌拌种,以提高它们的根瘤生长和固氮的能力。

1.2.2.5 合理施用

合理施用绿肥要做好以下工作:

(1) 适时收割或翻压

绿肥过早翻压产量低,植株过分幼嫩,压青后分解过快,肥效短;翻压过迟,绿肥植株老化,养分多转移到种子中,茎叶养分含量较低,而且茎叶碳氮比大,在土壤中不易分解,降低肥效。一般豆科绿肥植株适宜的翻压时间为盛花至谢花期;禾本科绿肥植株最好在抽穗期翻压,十字花科绿肥植株最好在上花下荚期间。套种绿肥作物的翻压时期,应与后茬作物需肥规律相互合拍。

(2) 翻压方法

先将绿肥茎叶切成 10~20 cm 长,然后撒在地面或施在沟里,随后翻耕入土壤中,一般入土 10~20 cm 深,砂质土可深些,黏质土可浅些。

(3) 绿肥的施用量

应视绿肥种类、气候特点、土壤肥力的情况和作物对养分的需要而定。一般每公顷施 15~22.5 t 鲜苗基本能满足作物的需要,施用量过大,可能造成作物后期贪青迟熟。

(4) 绿肥的综合利用

豆科绿肥的茎叶,大多数可作为家畜良好的饲料,而其中的氮素的 1/4 被家畜吸收利用,其余 3/4 的氮素又通过粪尿排出体外,转变成很好的厩肥。因此,利用绿肥先喂牲畜,再用粪便肥田,是一举两得的经济有效的利用绿肥的好方法。

绿肥施入土壤后,在微生物的作用下进行分解,把有机态养分转变成无机态养分,供作物吸收利用。

1.2.2.6 绿肥分解

绿肥在土壤中的分解速率主要受以下因素影响:

(1) 绿肥本身的老嫩程度

幼嫩绿色茎叶较之枯老茎叶易于分解,因枯老茎叶纤维素、木质素多、水分少难以分解;切成碎片、细段的容易分解。所以绿肥作物不等老化就要翻压。

(2) 绿肥含氮量与分解速率有关

碳氮比率大的分解困难,比率小的分解较快。因此施用较老硬的绿肥时可适当加施一些含氮量高的肥料。

(3) 土壤水分、温度和酸碱度对分解速率有影响

适宜的水分和近中性反应的环境有利于微生物的活动,绿肥的分解会较快;干旱、土壤过酸过碱、温度过高或低温都会影响绿肥的分解。

1.2.2.7 绿肥栽培实例

以紫云英为例，其栽培要点介绍如下：

(1) 播种

①种子处理。在播种前首先选择晴天把种子摊晒 1~2 d，提高种子的活力；其次准备好拌种肥土，即每公顷用过磷酸钙 225 kg 加适量细干土（或草木灰）混合堆沤 5~6 d，最后把紫云英种子与肥土拌匀后播种。

②播期与播量。紫云英的播种适期在 9 月中、下旬，播种方式以稻田套播为主，并根据水稻的成熟情况，掌握好紫云英与水稻的共生期在 15~20 d，播种量每公顷 60~75 kg，以保证每公顷基本苗达 600 万株。播种时应保持田面湿润或有薄水层，做到薄水播种、胀籽排水、见芽落干、湿润扎根。

实施机收的田块，可实行翻耕播种。最晚 10 月底完成播种，播迟了，绿肥产量达不到 2000 kg 以上。同时，要协调土壤水、肥、气、热之间的关系。在耙田时，土壤要不干不湿，水爽泥散，作畦时注意不要把田土踩得太实。

③合理轮作。套种"三花"混播，"三花"即紫云英、萝卜、油菜。"三花"用种量要搭配适当，一般每公顷用紫云英籽 37.5 kg、萝卜籽 3.75 kg、油菜籽 1.5 kg 为宜。使绿肥作物形成地面三层花、地下三层根，充分利用空间、阳光和地力，取得绿肥高产。

(2) 合理施肥

紫云英本身虽有较强的固氮能力，但为了促进生长，需适量施肥，以达到以 P 增 N，小肥换大肥，无机换有机肥的目的。于 12 月上、中旬，在 10 kg P 肥拌种基础上，每公顷再施 P 肥 225 kg，不拌种施基肥的每公顷施 P 肥 375~450 kg，以增强幼苗的抗寒能力，减轻冻害；"立春"节气后每公顷施尿素 75 kg 左右，促进春发。紫云英施用 B、Mo 增产效果好，可根外追施。合理施肥对促进生根增瘤、分枝壮苗十分重要。

(3) 及时除草

绿肥田苗期通常杂草为害较重，严重影响绿肥扎根和对养分的吸收，因此，必须及时进行除草防治。一般在水稻收割，待幼苗老健时，每公顷用 10.8% 盖草能乳油 600 mL 兑水 750 kg 喷防。

(4) 春后翻压

①翻压时间。当绿肥产量较高，养分积累较多时可进行翻压。紫云英的翻压适期一般在 4 月下旬盛花期后 5 d 左右，要与后茬水稻播种，应保证 30 d 的时间来腐解，防止紫云英在腐解过程中产生的硫化氢等影响后茬水稻的正常生长。

②翻压深度。绿肥翻压深度一般为 15~20 cm 左右，因为翻压过深会因缺氧而不利于发酵，过浅则不能充分腐解发挥肥效。绿肥翻压后应及时灌水，加速分解腐烂，提高绿肥转化率。

1.2.3 凋落物保护

凋落物一般是指自然界植物在生长发育的过程中所产生的新陈代谢产物，由植物地上部分产生并归还到地面,作为降解者的物质和能量来源,从而维持森林生态系统功能持续稳定的所有有机质的总称。森林凋落物及其形成的森林腐殖质是森林土壤的重要组成部分,在森林涵养水源、减缓地表径流、维持土壤肥力、保持生物多样性等方面具有重要作用。我国已将森林凋落物纳入森林资源保护范畴依法进行监管,禁止经营单位和个人进行商业开发。

1.2.3.1 凋落物成分

一般森林生态系统中森林凋落物包括落枝、倒木、枯立木、落叶、落皮、枯死草本、枯死树根、落地的营养和繁殖器官、动物残骸以及它们的异化代谢产物等。由于森林类型各异,各组分在凋落物中所占比例也不尽相同,一般枯落叶所占比例为49.6%~100%,枯落枝所占比例为0~37%,果实所占比例为0~32%,其他组分所占比例约为10%。

森林凋落物富含N、P、K和灰分元素,尤其是叶子含量很高,林内自然状态下的养分循环,森林凋落物起着重要作用,这种循环能使灰分元素及其他营养元素在土壤中富集,称为森林的自肥现象。发挥森林的自肥作用,就要保护好林内凋落物。

1.2.3.2 凋落物作用

森林凋落物对林地的作用不仅仅是提供营养元素,而是多方面的培肥功能。

①凋落物可以提高林木对土壤的养分利用率。凋落物在土壤中分解后,自身可以增加土壤营养物质的含量,还可产生活性物质,提高林木对土壤 Ca、Mg、K、P 的利用率。

②凋落物可以减少水土流失。凋落物在林内可保持土壤水分,在雨季 1 kg 枯枝落叶可吸水 2~5 kg。饱和后多余的水渗入土壤中,减少了地表径流。由于凋落物的存在,提高了林地保护水土能力。

③凋落物可以提高土壤的水肥保持和供应能力。凋落物转化为腐殖质时,能促使土壤团粒结构的形成,使土层疏松,提高土壤对水分和养分的保持能力和供应能力。

④凋落物可以缓和林内土壤温度的变化。凋落物能适当地阻止地面长波辐射,并将土壤与温度变幅大的空气隔开,使林地趋于冬暖夏凉,可延长林木根的生长。

⑤凋落物可以防止林内杂草滋生。凋落物的覆盖能抑制林地杂草的生长,限制土壤种子库杂种种子的萌发和杂草植株的形成。

由以上几点可以看出,森林凋落物能够协调林地水、肥、气、热关系,提高土壤肥力。因此在营林中,要禁止焚烧或耧取林内凋落物,应及时将凋落物与表土混杂,加速分解转化,最大限度地发挥其作用。

1.2.3.3 凋落物分解

凋落物的分解是一个复杂的过程,其过程可分为3个阶段:粉碎、物理淋溶过程和有机物的分解代谢过程。凋落物分解过程中的养分迁移出现3种模式:淋溶—释放模式、淋溶—富集—释放模式和富集—释放模式。分解过程受到各种因素的影响,主要有以下3点。

(1)气候

温度和湿度被认为是影响凋落物分解最主要的气候因子。全球变暖、CO_2 浓度升高、降水状况的变化影响着凋落物分解。CO_2浓度升高可以通过改变植物凋落物的基本性质和改变土壤湿度及潜在地改变生态系统分解者群落而间接影响凋落物分解。

(2) 不同的植物成分

不同植物的凋落物的化学组成不同,从而影响它们的分解率。常见的凋落物分解指标包括 C/N、木质素/N 等。凋落物中 C/N 越高,N 的含量越低,木质素含量高,凋落物分解速率越慢。N 沉降可通过改变凋落物的 N 含量影响凋落物的分解速率。

(3) 土壤动物和微生物

细菌、放线菌、真菌等微生物和蚯蚓、白蚁、昆虫幼虫等土壤动物,全部参与凋落物的分解,且相互之间是协同、共同作用的。土壤动物不仅可以粉碎凋落物,增大凋落物比表面积,而且其排泄的粪便养分含量丰富,容易分解,同时降低 C/N,使凋落物更容易分解。此外,土壤动物的排出物为微生物的活动增加了蛋白质、生长物质,刺激了微生物的生长。土壤微生物也是影响凋落物分解的重要因素。参与凋落物分解的异养微生物中,细菌占优势,数量是菌落总数的 96%~99%。

任务实施

1.2.4 林木营养诊断

林木缺素诊断是预测、评价肥效和指导施肥的一项技术工作,常用的有土壤分析法、叶片诊断法等。

1.2.4.1 实施过程

(1) 土壤分析法

土壤分析诊断一般测定土壤的有效养分。土壤分析结果可以单独或与植株结合来判断养分的丰缺。土壤养分的有效性受很多因素制约,土壤各种养分全量高低,并不能说明对作物养分供应的丰缺。植物需要的营养元素主要来自土壤。因此,土壤中某一营养元素的欠缺程度必然会影响植物吸收量的多少。

分别在某一树种生长正常地点及出现缺素症状的地点,各取 5~25 份土样,按土壤学的方法,测定各种营养元素的含量,对比两地土样养分含量差异,进行营养分析,即可得知土壤中那些营养元素缺乏。用土壤养分含量来反映林木的营养状况具有很大实用价值,土壤中某养分元素含量高低可以提示我们其缺乏的可能性,具有重要参考价值。

(2) 叶片诊断法

植物缺乏某一营养元素,在形态上表现出特有的症状,即所谓的缺素症。由于元素不同、生理功能不同、其症状出现的部位和形态有不同规律。特别在叶片上表现更为明显。叶片会表现出一些症状,利用这一现象进行缺素症判断,指导合理施肥,称为叶片诊断法。叶片诊断法简便易行,运用得较多。

①杨树缺素诊断。叶片呈现的特征如下:缺氮植株整个叶片由绿色变为黄褐色,一般从下部叶开始黄化,逐步向上扩展,严重时叶片薄而小,植株生长缓慢;缺磷植株根系发

育不良，次生根形成少，地上部分表现为生长缓慢，茎叶生长不良，叶片深绿色、发暗、无光泽，下部叶片和茎基部呈紫红色，严重时叶片焦枯而脱落；缺钾植株开始表现生长速度缓慢，叶脉和叶缘之间出现黄绿色，甚至出现溃疡，严重时整个树冠叶片变黄；缺钙植株根系生长不良，茎和根尖的分生组织受阻，严重时幼叶卷曲、茎软，逐渐萎蔫枯死；缺锰植株叶片失绿，出现杂色斑点，老的叶片叶脉之间变成鲜明的黄色，但叶脉仍为绿色，并出现溃疡块。

②针叶树缺素诊断。缺氮针叶短小，僵硬，黄绿色。在生长季节结束后，出现叶尖发紫和叶起枯斑；缺磷幼嫩针叶呈绿色或黄绿色，老针叶明显发紫，紫色深度随缺素加重而加深，严重缺素情况下所有针叶呈紫色；缺钾针叶变小失绿，针叶基部保留一些绿色，严重缺素情况下针叶发紫和出现枯斑，顶端枯萎，或者针叶虽很少或几乎不呈现失绿症，但会发紫和出现枯斑；缺钙针叶出现枯斑后发生失绿症，尤其是树枝顶部。缺素严重时，发生顶芽死亡和顶端枯萎现象；缺锰缺素严重时，顶端针叶出现枯斑，继而新叶顶端呈现黄色。

③果树缺素诊断。缺铜时：常发生梢枯，甚至死亡，顶端芽常呈丛生状，叶脉间淡绿到亮黄色，树干上常排出胶体物质。果树缺铁时：苹果新梢顶端的叶子先变成黄白色，严重时叶子的边缘逐渐干枯，最后变成褐色而死；柑橘新叶片很薄，呈淡白色，但网状叶脉仍呈绿色；桃树叶脉间变成淡黄色或白色。

(3) DRIS 法

在大量叶片分析数据的基础上，按产量高低划分为高产组和低产组，用高产组所有参数中与低产组有显著差别的参数作为诊断指标，以被植物叶片中养分浓度的比值与标准的偏差程度评价养分的供求状况。

(4) 缺素的超显微解剖结构诊断法

用电子显微镜扫描组织切片，发现缺少某种营养元素的细胞结构会出现某些特殊缺陷，包括质体、线粒体等细胞或细胞壁内膜、核膜畸形，这种症状的出现往往早于肉眼可见的症状，因此可作为早期诊断。

1.2.4.2 成果提交

每个学生提交一份叶片诊断树木缺素症的实训报告。

1.2.5 识别肥料种类

1.2.5.1 实施过程

在实验室观察识别无机肥料、微生物肥料的外观特征，并认真查阅各种肥料使用说明书上对该肥料的性质、特点、肥力元素含量、使用方法的表述，特别应注意一些肥料有刺激性气味，腐蚀性，实习时提醒学生注意安全。

可对肥料的气味、水溶性、熔融性、酸碱性、挥发性及肥力元素含量做些测试，以确定化肥的种类与名称、辨别其真假。有明显刺鼻氨味的细粒是碳酸氢铵、有酸味的细粒是重过磷酸钙(若过磷酸钙有很刺鼻的怪酸味,则说明生产过程中很有可能使用了废硫酸)。分别取 1 g 肥料放入干净的玻璃管或玻璃杯、白瓷碗,加 10 mL 蒸馏或干净的凉开水充分摇动,看溶解情况判断:全部溶解的是氮肥或钾肥、溶于水但有残渣的是重过磷酸钙、溶于水无残渣或残渣很少的是过磷酸钙、溶于水但有较大氨味的是碳酸氢铵、不溶于水但有气泡产生并有电石气味的是石灰氮。选块无锈新铁片,烧红后分别取一小勺化肥放在铁皮上观察熔融情况判断:冒紫红色火焰的硫酸铵、冒烟后成为液体的是尿素、熔融成液体半液体的是硝酸钙。一阵冒烟后又发出点星火的为硝酸铵、不熔融只汽化不冒烟的为碳酸氢铵、不熔融仍为固体的是石灰氮或磷肥及钾肥、不熔融伴有气化不冒烟而仍为固体的则是铵化磷肥。分别取一小勺化肥放在烧红的火炭上判断:剧烈燃烧冒烟起火有氨味并夹带咔咔响声的是硝酸铵、无氨味的是氯化钾、无剧烈反应有氨味有响声的是硫酸铵、有浓烟有氨味的是尿素和氯化铵。

③根据观察与测试,将实训用的肥料进行类型划分。

④到实习林场观看所用过的有机肥料,并请林场技术人员讲解三大种类肥料各自的特点、性质、使用效果。

1.2.5.2 成果提交

每人提交一份不同肥料特征识别及类型划分的实训报告。

1.2.6 林地施肥技术

在林业生产中,根据肥料施用方法可分为 3 种:种肥、基肥和追肥。种肥、基肥是在造林整地、播种、插条、移植或造林之前施用。森林经管中的林地施肥主要是追肥。施追肥又分为撒施、条施、沟施、灌溉施肥、飞机施肥和根外追肥等方式。

1.2.6.1 实施过程

①判断树木缺少哪一种营养元素。

②测定土壤 pH 值。用 pH 试纸测定土壤的酸碱性。

③测定土壤质地。用手测法(指感法)测定土壤的质地(沙、壤、黏)。

④确定施肥方式。应清楚林分施肥全为追肥,应清楚追肥与基肥、种肥的区别。

⑤确定应施什么肥料。一是缺什么营养元素施什么营养元素的肥料(单一肥料或复合肥料)。二是根据土壤酸碱性确定施酸性或碱性肥料,例如,喜酸的香樟、雪松、广玉兰不宜施用化学或生理碱性肥料,茶树、杜鹃也要避免施碱性肥料。酸性土可施适量的石灰或草木灰,碱性土可施适量的石膏或硫黄。三是根据土壤质地确定施有机或无机肥料,一般肥力高的土壤氮肥用量不宜多,多施 P、K 肥;熟化程度低、瘠薄的土壤,应多施有机肥和种植绿肥;砂土应以半腐熟有机肥为主。

⑥确定施肥方法。根据实际情况选用条施、撒施或浇灌、叶面喷洒(根外追肥)等,并进行实际操作。林分施肥一般宜采用条施与穴施。条施穴施是在植物行间或行列附近开沟或挖穴,把肥料施入然后覆土,这种方法把肥料集中施于局部范围内,能提高吸附性养分

离子的饱和度,从而提高植物对离子态养分吸收的有效性。林木施肥必须施在树根能吸收到的地方,一般吸收根的分布大约与展开树冠的位置相一致,吸收根大部分集中在树冠投影外缘向内的2/3处,少部分集中在接近树干中心的1/3处,可以以此来确定施肥区域。有些地方的经验是,用树干离地30 cm处的直径来确定,如离地30 cm处的直径为20 cm的树,则吸收根大部分分布在2 m^2 的半径内,这一范围即是施肥的理想区域。

⑦确定施肥量。一些地方的经验可供参考,即按树木胸径的大小估算,胸径在15 cm以上的树木,按1 cm的胸径施250~500 g的混合完全肥料。胸径小于15 cm的小树可按上述施肥量减半施用。

⑧采用施肥技术。施肥技术主要包括两方面:一是土壤测试技术,包括土壤养分丰缺指标法、养分平衡法、土壤诊断法等;二是植物营养诊断技术,包括植物组织(叶片)速测法、植株全景分析等。以上在农业、果蔬上应用得多,林地施肥要注意借鉴、学习其有用的部分,同时要注意结合实际发展创新林地施肥技术。

1.2.6.2 成果提交

每人提交一份林地施肥实训报告。

1.2.7 种植绿肥植物

1.2.7.1 实施过程

①先在贫瘠的无林地上栽植绿肥作物或对土壤有改良作用的树种,使土壤得到改良后再进行目的树种造林。

②在造林的同时种植绿肥作物,绿肥作物与造林树种混生或间作。

③在主要树种或喜光树种的林冠下混植固氮作物或固氮小乔木,以提高土壤肥力。

④在低产低效林改造时,可伐除部分原有树种,间种绿肥植物或改良土壤树种。如河南民权的申集林场对沙地加杨低价值林改造时,采用隔行伐掉加杨栽植刺槐或在加杨林下栽植紫穗槐均取得了良好的效果。

1.2.7.2 成果提交

每人提交一份不同种植绿肥植物措施对林地培肥效果的实训报告。

1.2.8 林下凋落物保护措施实施

1.2.8.1 实施过程

选择在不同的凋落物保护措施的林中实训,分别调查不同保护措施的林地土壤培肥效果。

(1)营造针阔混交林

混交林分结构复杂,林内小气候合理,林下枯枝落叶层厚、易分解,能有效地改善林地土壤结构，维持和提高土壤肥力。

（2）林下发展灌木层

保持森林多样性，进行立体种植，改善林下土壤，减少水土流失，在林地清理、抚育时适当保留或栽育灌木层植物。

（3）禁止焚烧或耧取林内凋落物

在林地抚育时，要减少或防止林内凋落物的损失，严禁人为焚烧或耧取林内有益的凋落物。

（4）及时将凋落物与表土混杂

有些凋落物分解较慢或不易分解，为了促进促进林内凋落物分解，可将凋落物与表土进行混杂，促进有机物分解，增加土壤肥力和改善土壤结构。

（5）注意施 N、P 肥

针叶林凋落物 N 等主要元素相对贫乏，疏伐与化学肥料的使用，尤其是氮肥和磷肥的施用，能够明显促进凋落物的分解。

1.2.8.2　提供成果

每人提交一份不同凋落物保护措施效果的实训报告。

> 拓展知识

科学施肥有规程，林地养分有图谱

"广西桉树人工林配方施肥技术研究与示范推广"项目由广西林业科学研究院主持，广西高峰林场、广西理文林业科技发展有限公司、广西七坡林场、南宁市良凤江国家森林公园等单位合作完成，项目组 50 多名科技人员历经 7 年多科技攻关和示范推广，在林木营养诊断配方施肥技术方面取得了重大研究成果，为以桉树为主的广西林浆纸一体化产业可持续发展提供了坚实基础。

项目实施后，试验示范林平均年生长蓄积量 43.30m^3/hm^2，比国家林业行业Ⅰ类立地条件桉树速生丰产林的标准（30m^3/hm^2）提高 44.33%；辐射推广 10×$10^4$$hm^2$，新增商品材 107.58×$10^4$$m^3$，经济效益显著。

项目按照桉树不同生长阶段需肥规律和阶段性营养丰缺程度、结合肥料养分利用率，通过多次盆栽试验和大量田间试验示范研究、总结、提炼。所研制的桉树专用肥实行大量元素、中微量元素、稀土元素、有机养分的科学配比，速效、缓效和长效相结合，符合通过提高平衡营养来培育健康植株和提高植株抗性的现代林木施肥理念。

针对广西林地土壤养分现状，项目制定了《桉树速丰林配方施肥技术规程》（QB45/T 623—2009）地方标准，首次编制广西桉树林地土壤养分分布图和桉树生长营养诊断图谱，并采用砂培盆栽试验研究桉树养分胁迫症状，技术可操作性强。项目成果总体达到国内同类研究领先水平。

桉树纯林种植、过度开垦、不合理规划布局及不科学的耕作措施所引发的生态问题，一直以来是科学家所争议的焦点,同时也是制约桉树发展的瓶颈。因此,采用科学规划种植,并应用先进的科学技术成果来经营桉树人工林,则可在取得桉树经济效益的同时获得较好的生态效益和社会效益。

巩固训练

(1)林地施肥训练

要因地制宜,针对不同土壤条件采取不同的施肥措施(包括不同肥料种类、施肥量及施肥方法),有条件最好先进行营养诊断。

(2)结合本地实际

选择当地主要的造林树种进行训练,在训练时应充分搜集有关资料,参考当前成熟的施肥经验。

(3)种植绿肥植物

应注意不影响林木生长为原则,学生应先掌握当地通过试验比较成功经验,在树种选择上尽量考虑豆科植物和养地能力好的植物。

(4)凋落物保护训练

一般在立地条件较差的地方,且林下凋落物比较丰富的林分中进行。

(5)凋落物保护

针对针叶树林分及南方杉木连栽地特别重要,训练时尽量选择在这些林分中进行,更能够说明训练效果。

(6)学生训练

学生进行训练时应尽量参照国家林业标准、技术规程和技术规范,并结合地方标准开展有关操作工作,涉及考证可按考证的技能要求进行操作。

任务 1.3　林地灌溉

任务描述

林地灌溉是林地抚育的重要内容,可直接到山场先进行理论讲解,介绍林地灌溉的条件及注意事项,掌握不同林地的灌溉方法,现场调查水源状况并确定适宜灌溉方式和方法。学生主要通过完成具体的工作项目,从林地需水状况及水源调查,灌溉方式确定,不同林地灌溉方法等工作的实施,完成实践的全过程,并对工作效果进行评估,撰写成果报告。

任务目标

1. 认识林地灌溉的作用及林木生长对水分的要求。
2. 熟知林地灌溉方式和条件。
3. 能确定适宜的灌溉时间和正确的灌溉量。

任务1.3 林地灌溉

工作情景

灾害性天气频发，对林木生长发育造成缺水为害发生，严重影响林木正常生长，急需灌溉解除旱情。而重大洪涝灾害造成大量林地林木被冲毁、淹没，或林木生长盛期正值雨季，低洼地林地林木极易受渍，甚至成涝，亟需排水解除涝害。

（1）工作地点

选择不同类型的林地和找一片因干旱造成树木生长不良，急需灌溉解除旱情的幼林林地，附近有水源（水塘、机井等）。进行现场调查和动手操作，也可到已配置灌溉设施的实训基地或实习林场现场参观讲解灌溉设施配置情况。

（2）工具材料

潜水泵、引水胶管或布管、铁锹、皮尺等。

（3）工作场景

在实习林场或实训基地进行灌溉技术要点的讲解，有条件可先请技术人员参观现有灌溉设施；在不同的林地进行水源及土壤状况的调查，针对不同的灌溉条件现场确定灌溉方式及措施。教师进行操作要点指导和讲评。

知识准备

1.3.1 林地灌溉

1.3.1.1 干旱对树木的危害

水是土壤肥力的四大要素之一，林地缺水是一些地方林业生产的制约因子。干旱破坏树木体内的水分平衡，会使树木生长减弱或停止，能造成植株矮小、林分产量降低。干旱林区树木嫩枝、根部的延伸，直径的生长，种子的发育，都会由于水分供应不足而受限制，因此这里的树木大都低矮。一些地区重造轻管形成的低质低效林，相当一部分是由于不及时灌溉造成的。扩大灌溉面积是加速林业发展的重要措施。

1.3.1.2 灌溉的作用

灌溉是补充林地土壤水分的有效措施。林地灌溉对提高幼林成活率、保存率，加速林分郁闭，促进林木快速生长具有十分重要的作用。灌溉使林木维持较高的生长活力，激发休眠芽的萌发，促进叶片的扩大、树体的增粗和枝条的延长，以及防止因干旱导致顶芽的提前形成。在盐碱含量过高的土壤上，灌溉可以洗盐压碱，改良土壤。

水是组成植物体的重要成分，也是光合作用的原料。在林地干旱的情况下进行灌溉可改变土壤水势、改善林木生理状况，使林木维持较高的光合速率和蒸腾速率，促进干物质的生产和积累。据研究，在干旱的4~6月份对毛白杨幼林进行灌溉，可提高叶片的生理活性，增加光合速率，增加叶片叶绿素和营养元素的含量，可使毛白杨幼林胸径和树高净生长量均提高30%以上。

1.3.1.3　合理灌溉

林地合理灌溉主要考虑灌溉时间和灌溉量。

(1) 灌溉时期

林地是否需要灌溉要根据气候特点、土壤墒情、林木长势来判断决定。从林木年生长周期来看，幼林可在树木发芽前后或速生期之前灌溉，使林木进入生长期有充分的水分供应，落叶后是否冬灌可根据土壤干湿状况决定；从气候情况看，如北方地区7、8、9这三个月降雨集中，一般不需要灌溉；从林木长势看，主要观察叶的舒展状况、果的生长状况。据对4年生泡桐幼树不同月份的灌溉试验表明：7、8、9三个月灌溉，既不会显著影响土壤含水量，也不会显著影响泡桐胸径和新梢生长；4、5、6三个月灌溉可以显著提高土壤含水量，而且4月灌溉还可以显著地促进胸径和新梢的生长。

(2) 灌溉量

林地灌溉一般比农田难度大，要科学计算灌水量，避免浪费。灌水量随树种、林龄、季节和土壤条件不同而异。工作中计算灌水定额，常用蒸腾系数作依据，即植物生产1 g 干物质所消耗的水分的量作为需水量，同时要考虑地下水供应量和降水量。合理灌溉的最好依据是生理指标状况，如叶片的水势、细胞质液的浓度、气孔开度等，因为它们能更早地反映出植株内部的水分状况。但是现在这方面研究，成熟的经验、方法比较少。一般要求灌水后的土壤湿度达到相对含水量的60%~80%即可，并且湿土层要达到林木主要根群分布深度，这种方法比较简单实用。先用烘干法算出土壤含水量，再根据土层厚度算出单位面积土重，就能大概算出单位面积的灌水量。对林分灌溉时还要注意掌握合理的灌水流量，灌水流量是单位时间内流入林地的水量。灌水流量过大，水分不能迅速渗入土体，造成地面积水，不仅恶化土壤的物理性质，而且浪费水资源。

1.3.1.4　林地灌溉水源

(1) 自然水源

地势比较平缓林区的一般采用修渠引水灌溉，水源来自河流与水库。山区地形变化较大的地方或地势较陡的山地，也可利用山上的泉水，通过建造蓄水池进行常年的蓄水。

(2) 人工水源

①人工集水。由于林业用地的复杂性，干旱半干旱地区的很多地方不具备引水、取水灌溉的条件。黄土高原的大部分地区多年平均降水量为300~600 mm，而且降水的时空分布极不平衡，雨季相对集中于7、8、9三个月，春旱严重，伏旱和秋季干旱的发生率也很高。因此，汇集天然降水几乎成为这些地区林业用水的唯一来源。人工集水作为灌溉水源的方式人们研究得比较多。如王斌瑞等在年降水量不足400 mm的半干旱黄土丘陵区，根据不同树种对水分的生理要求与区域水资源环境容量采用了径流林业配套措施，人工引地表径流并就地拦蓄利用，把较大范围的降水以径流形式汇集于较小范围，使树木分布层内的来水量达到每年1000 mm以上，改善林地土壤水分条件，加速了林木生长。集水技术为林业生产开辟了新的水资源，使其所收集的水被储存在土壤层中。如能就近修筑贮水窖，则可使降水集中起来，供旱季使用。

②打井取水。有地下水资源地区，如各种条件允许，也可打井取水灌溉。

③利用抽水机械设备取水。在没有自然水源的山地，可利用抽水设备从低处往高处抽水蓄水，以便灌溉之用。

1.3.2 节水灌溉方式

传统的灌溉方式有漫灌、畦灌、沟灌。漫灌要求土地平坦，用水量大，且容易引起局部冲刷和灌水量多少不均。畦灌需将土地整为畦状后进行灌水，应用方便，灌水均匀，节省用水，但要求作业细致，投工较多。沟灌在株行距整齐的人工林方可采用。近年来在一些速生丰产林和城市森林公园开始较多采用节水灌溉。目前，我国重点推广的节水灌溉技术有：管道输水技术、喷灌技术、微灌技术、集雨节水技术、抗旱保水技术等。

1.3.2.1 低压管道输水灌溉

低压管道输水灌溉又称管道输水灌溉，是通过机泵和管道系统直接将低压水引入田间进行灌溉的方法。这种利用管道代替渠道进行输水灌溉的技术，既避免了输水过程中水的蒸发和渗漏损失，又节省了渠道占地，能够克服地形变化的不利影响，省工省力。一般可节水30%，节地5%。

(1) 喷灌

喷灌是目前南方山区较为常用的一种灌溉方式。它是利用专门设备把水加压，使灌溉通过设备喷射到空中形成细小的雨点，像降雨一样湿润土壤的一种方法（图1-12，图1-13）。它的优点是能适时适量地给林木提供水分，比地面灌溉省水30%~50%；水滴直径和喷灌强度可根据土壤质地和透水性大小进行调整，这样不破坏土壤的团粒结构，保持土壤的疏松状态，不对土壤产生冲刷，使水分都渗入土层内，避免水土流失；可以腾出占总面积3%~7%的沟渠占地，提高土地利用率；适应性强，不受地形坡度和土壤透水性的限制。施行喷灌的技术要求：风力在3~4级及以上时，应停止喷灌，刮风会增加蒸发，影响喷灌的均匀度；一般情况下水喷洒到空中，会比在地面时的蒸发量大；如在午后或干旱季节、空气相对湿度低，蒸发量会更大，水滴降到地面前可以蒸发掉10%以上，因此，可以在夜间风力较小时进行喷灌，以减少蒸发损失。

图1-12 灌溉车

图1-13 微喷灌灌溉

（2）微灌

微灌有滴灌、雾灌、渗灌、小管出流灌溉、微喷灌等。滴灌是利用滴头（滴灌带）将压力水以水滴状或连续细流状湿润土壤进行灌溉的方法，它可用电脑控制自动化运行；雾灌技术是近几年发展起来的一种节水灌溉技术，集喷灌、滴灌技术之长，因低压运行，且大多是局部灌溉，故比喷灌更为节水、节能，雾化喷头孔径较滴灌滴头孔径大，比滴灌抗堵塞，供水快；渗灌是利用一种特制的渗灌毛管埋入地表以下 30~40 cm，压力水通过渗灌毛管管壁的毛细孔以渗流形式湿润周围土壤的一种灌溉方法；小管出流灌溉是利用直径 4 mm 的塑料管作为灌水器，以细流状湿润土壤进行灌溉的方法；微喷灌是利用微喷头将压力水以喷洒状湿润土壤的一种灌溉方法。

（3）山地喷滴灌新技术

以毛竹林为例，山地喷滴灌主要包括以下技术措施：

①水源选择。毛竹林喷滴灌是利用山地自然水源或建蓄水池利用水的自然落差产生压力进行喷滴灌溉，因此蓄水池的位置应选择在地势较高的山顶或山脊上，水距竹林的落差一般要求在 6 m 以上才能产生足够的水压，所以应根据竹山面积选定合适距离的水源。如面积较大的竹林（10 hm^2），可从 1 km 左右处引水灌溉；如果竹山上中部及附近地区无自然水源而山脚附近地区有自然水源的，则可采取机械抽水的办法解决水源或用 550 W 的电动水泵进行抽水，并在林地较高的位置建造蓄水池，目前蓄水池容量一般在 30 m^3 左右。在满足毛竹林灌溉用水量的前提下，水源应尽量以就近的自然水源为主，人工抽水为辅，力求便利和节约成本。

②水池建造。建造蓄水池是喷滴灌系统中的关键性工程之一（图 1-14）。建造水池时，要选择合适的地形和制高点，保证一定的水压，但也要避免水压过大导致管道胀破；还应选择山顶或山脊建池，注意将蓄水池均匀地分布在竹山之中，而水池的大小、个数应根据竹山的面积、源头水量、山地坡度、竹山纵横比例等因素综合考虑。根据南方大多竹山灌溉经验，一般情况下，建造一个 30 m^3 的蓄水池一次可灌溉面积为 3.33 hm^2 的竹林。蓄水池形状依地形而定，可为圆形（圆形最好，受力均匀）、正方形或长方形，水池深度一般不超过 2 m 为宜。为了预防蓄水池胀裂、下沉甚至溃池，蓄水池的位置一定要选在稳定、土质坚实的平缓处，挖入土深 2/3 处，要将底部夯实，用砖、石或混凝土砌筑，并在池底部预埋出水管和排污管，并加装闸阀，排污管最好大些，以利清除池污。进、出水管口都要加装铁纱过滤网，池壁上要做 3~5 个防护跳脚，便于工作人员上下活动，最后要用板料覆盖蓄水池，或做围栏，以防枯枝落叶掉入池中，减少苔藓、藻类的生长，确保人员生产安全。

③管道选用及布设。用塑料管可防止途中渗水，也能减少劳力。目前多采用黑色塑料材质的管道和管件，一般只用进水管、干管和毛管。竹山面积较大，管线过长的要加装支管，进水管、干管采用聚乙烯硬管，毛管采用聚乙烯半软管。

管网布设要根据山形条件和水池的位置来合理布设导水管，导水管一般布于地表面，以防挖笋时被误挖破坏，同时有利于维修、养护和收藏，布设时力求使整个喷灌溉系统的管道最短，控制面积最大，投资成本最低。

④灌溉方式。包括喷头喷灌、管孔喷灌和滴灌三种方式。

a. 喷头喷灌：将蓄水池的水往塑料管下方加压，通过管道，由自动喷水嘴喷洒到竹山地面上或竹林上，喷头至蓄水池的落差高度要达 6 m 以上，喷头高度一般为 1.8~2.0 m，射程为 8~10 m，每个喷头可灌溉面积达 300 m² 左右。

b. 管孔喷灌：将蓄水池的水往塑料管下方加压，通过管道，经各级管道微型小孔喷在竹林上空，使竹林形成太阳雨淋状（图 1-15），这有利于竹子生长、发笋。支管可放在地面或挂在竹中（高度 1.5 m 左右），管理喷灌的范围比自动喷嘴的更小，投资更少。

图 1-14　毛竹林喷灌用蓄水池

图 1-15　毛竹林喷灌

c. 滴灌：将池水过滤，毛管经过毛竹处打一小孔，管水就从小孔中滴入毛竹根部，然后被毛竹根系吸收利用，滴灌可与施肥结合，但要掌握好合理的浓度和用量，视需求选择可溶性肥料投入蓄水池水中充分溶解，随水施入竹根，能及时补充毛竹所需要的水分和养分，增产果更佳。该灌溉方式可用在落差小的竹山上。

⑤灌溉时间及用水量。一年中，春、秋两季是毛竹生长的最旺盛季节，也是毛竹需水量最大的时期：一是春季的出笋前期（大约 2 月左右），此时正是毛竹春笋出土的前期，竹林对水分的需求量大而急迫，若是春旱必然导致笋产量和成竹量减少，成竹高度与质量也受影响；二是秋季孕笋期（大约 8 月左右），此时正是竹鞭芽转化成笋芽时期、需水量剧增，在水分适宜条件下促进笋芽分化，增加冬笋个数和大小，若秋季干旱，必然影响来年的笋产量。

每年的灌溉量及时间：第 1 次 8 月，是地下茎快速生长阶段；第 2 次 9~12 月。是笋芽形成到肥大阶段；第 3 次是 2~3 月，是出笋前到早发笋阶段。在这几个时期内若连续 20~30 d 没下雨应进行 1 次灌溉，每次灌溉量视干旱程度及灌水间隔期而定，最低应不少于 20 mm 的降水量。

⑥设备使用与维护。喷滴灌系统的安装是关键，但后期的维护及管理也很重要。

a. 为了防止喷灌过程中产生地面径流，喷灌强度不得高于土壤渗入能力。

b. 喷灌易受风力的影响，当风速超过 3.5m/年时，应停止喷灌。

c. 水管进、出口处的金属过滤网经常会被一些杂物堵塞，要及时进行清理。

d. 蓄水池内沉积的杂物，污泥较多时，要将蓄水池放空，去杂排污。

e. 除固定设备外，软管及喷头等移动设备在不使用时要及时清理干净并收藏，可延长使用寿命。

⑦效果。根据各地经验，采用喷灌系统每套投资 1.5 万元左右（包括建造一个 30 m³ 的蓄水池，布设管道及喷头等），一个 30 m³ 的蓄水池可灌溉竹山面积 3.3 hm² 左右。通过

测算，在其他条件相同的情况下，采用喷灌的竹林比未采用喷灌的竹林每年、每公顷可增加收入6750元左右，这样通过喷灌第1年成本即可以回收，以后就只需支付维修费用。

1.3.2.2　储水自灌溉新技术

浙江省湖州市林业专家自主创新的"毛竹林储水自灌溉"技术，是利用毛竹竹腔内壁具有吸收水与供肥功能特性，对毛竹伐桩节隔采用机械设备进行技术处理，开发的"毛竹伐桩蓄水+竹林集水技术"的无水源毛竹林节水灌溉技术体系，探索不同径级的毛竹伐桩节隔处理后储水对毛竹土壤—植物—大气连续体（SPAC）的水分特征和毛竹林分光合速率、蒸腾速率的影响，以及与林分生产力（竹笋及竹材产量）的关系。于浙江省湖州市的安吉孝丰森海林场、山川毛竹园区等地实施，通过利用机械工具对毛竹筏桩进行粉碎，使其能自然储水与灌溉，增强了毛竹林的蓄水功能和抗旱能力，其大径级竹材培育的立竹密度为180~210株/亩，配合伐桩施肥（菜饼或复合肥），可以使新竹大径竹比例提高到60%左右。

1.3.3　特殊林地灌溉技术

1.3.3.1　盐碱林地的灌溉改良技术

我国有近 1×10^8 hm^2 的盐碱地，其中内陆和滨海地区均有不少中低产的盐碱林地。据试验含盐量0.1%以上的盐碱地，只有少量树种可以适应；含盐量0.3%以上的盐碱地，只有个别树种可以适应。据江苏省调查资料，盐碱地上种的杨树要经过灌溉压碱才能正常生长。盐碱土的冲洗改良技术内容包括冲洗前的平整土地、冲洗地段田间排灌渠系统和畦田的布置、冲洗排水技术、耕翻等环节。冲洗定额的总水量需分次灌入畦田，在土质较轻或透水性良好的土壤上，采用较小的分次定额（1050~1500 m^3/hm^2）和较多的冲洗次数，脱盐效果较好；在土壤质地黏重，透水性差的情况下，则宜采取较大的分次定额（1500~2100 m^3/hm^2）。冲洗灌溉有间歇冲洗和连续冲洗两种办法。间歇冲洗是为了延长渗水在土层中的停留时间，增加盐分的溶解，在硫酸盐盐土上，间歇冲洗效果较好；以氯化物为主的盐土，可采取前次灌水渗入后，立即进行第2次灌水。冲洗的顺序一般为先低处后高处、先含盐重后盐轻、先近沟后远沟。

1.3.3.2　黄土丘陵沟壑林地的径流林业技术

该地区降水季节集中、水土流失严重，引水灌溉非常困难，采用径流林业技术，实施集水灌溉是行之有效的办法。常用的有修水窖、地膜覆盖、反坡梯田整地、鱼鳞坑整地等。在退耕还林工作中，甘肃省采用漏斗式、扇形式径流集水技术，取得了一定的成效。如地膜覆盖是将树盘整成内低外高的反坡形，然后选用相应规格的地膜进行自上而下或自外面内地盖在树盘上。地膜覆好后用细土将四周及开缝处压实压严，以不透风跑墒为度，四周留0.1m左右以便雨水渗入树坑内，补充土壤水分。

1.3.3.3 塔里木沙漠公路防护林咸水滴灌技术

新疆维吾尔自治区南部的塔里木盆地中央地带，是我国面积最大的流动性沙漠塔克拉玛干沙漠。20世纪80年代，沙漠腹地发现大型油气田，1995年塔里木沙漠公路建成。塔克拉玛干沙漠腹地年均降水量只有10.7 mm，夏季气温最高43.2 ℃，全年约有一半时间为风沙天气。为确保塔里木沙漠公路安全运行，经过10年的先导试验，2003年，塔里木沙漠公路防护林生态工程正式启动。在极端干旱的流动沙漠中植树造林，人们形容为"在沙漠里种活一棵树，要比养活一个孩子还难"。中国科学院新疆生态与地理研究所等部门的技术人员，研究出"优选树种、咸水滴灌"的配套技术，筛选出了能够适应塔克拉玛干沙漠生存条件的88种植物，将红柳、梭梭、沙拐枣作为防护林的主要树种栽在沙漠公路两旁，混合栽植其他植物，优化配置。然后每隔4 km钻凿一眼机井，配备一台小型柴油发电机，抽取公路沿线储量巨大的地下咸水，对各类树木、植物进行根部滴灌。如今已初见成效，沙漠腹地出现了超过400 hm^{2}的绿洲，人们称其为"生态工程激活死亡之海"。

任务实施

1.3.4 林地灌水量的计算

合理的灌溉量是提高林地灌溉效果的重要措施，使学生掌握合理计算灌水量的方法。

1.3.4.1 实施过程

①测定林地土壤密度和土层厚度，或收集这两个数据。
②测定林地田间持水量、实际含水量，或收集这两个数据。
③计算实训林地的面积。
④计算灌水量。田间持水量是土壤有效水最大时的含水量。

$$\text{林地最大灌水量}(m^3) = (\text{田间持水量} - \text{实际含水量}) \times \text{土壤密度} \\ \times \text{林地面积}(m^2) \times \text{土壤厚度}(m) \tag{1-1}$$

⑤实际灌溉。一块实训林地按最大灌水量计划灌溉，一块实训林地盲目灌溉，以水满为止。
⑥观察灌水效果，计算节水效益。
⑦注意事项：盲目灌溉往往是大水漫灌，使一些灌溉水成为重力水，造成浪费，但个别时候也会少灌。上述计算公式得到时最大灌水量是理论值。一般认为当土壤含水量降至田间含水量的70%时，植物不能及时吸收所需水分，生长受阻，这时的土壤含水量称为植物生长阻滞含水量。农业上测算农作物生长的土壤相对含水量一般要求为50%~80%，土壤相对含水量50%是农作物生长的下限。

1.3.4.2 成果提交

每个学生提交一份《合理灌溉措施设计》的实训报告。

1.3.5 林地灌溉自然水源调查

1.3.5.1 实施过程

①调查林地自然环境条件,包括地形、土壤、林地面积、坡度、坡形、水源分布及水源量。

②分析当地近年来的气候条件,特别是降水分布。

③分析确定林地潜在的自然水源量。根据每年降水量及地形、土壤等条件分析林地灌溉的自然水源和蓄水量。

1.3.5.2 成果提交

每个学生提交一份《林地自然水源调查》的实训报告。

1.3.6 林地灌溉技术措施

1.3.6.1 实施过程

①调查林分生长因子。主要调查森林木生长量、树种需水特性,郁闭度、林分密度等。

②调查分析地形因子、水资源状况。包括林地面积、坡度、坡形、水源分布及水源量。

③分析几种林地灌溉的特点及适用条件。

④根据林分状况、地形条件、水源状况及现有的设施及社会经济条件确定合理的灌溉方式及具体措施。

1.3.6.2 成果提交

每个学生提交一份《林地灌溉技术措施设计》的实训报告。

> 拓展知识

灌溉需水量及其计算方法

灌溉需水量指用于灌溉农田、林地和草场的需水量。没有考虑损失(包括输水损失和田间损失)的称为净灌溉水量,计入损失的称为毛灌溉水量,后者就是灌溉水源需要提供的水量。通常把灌溉农田的需水量称为农业灌溉需水量,而把灌溉林地、草场的称为林业、牧业灌溉需水量。生长在农田的作物如果靠降雨就能满足其生长的需水要求,则不需要灌溉,所以灌溉需水量和降水量及降雨过程有直接的关系。此外,灌溉需水量还和作物品种、土壤情况、输水条件、灌溉面积等有关。

在需水量计算中常用灌溉定额来计算。

$$W_{水} = AM_{净} \quad (1-2)$$

$$W_{毛} = W_{净}/n_{水} \quad (1-3)$$

式中：A——灌溉面积，hm^2；

$M_{净}$——净灌溉定额，m^3/hm^2；

$W_{毛}$——毛灌溉需水量，m^3；

$W_{净}$——净灌溉需水量，m^3；

$n_{水}$——灌溉水利用系数。

灌溉用水量在我国总用水量中占有很大的比重，1997年占到70.4%，是用水大户。另外，灌溉用水对农业的发展影响巨大，而用最少的水来保证最好农业收成的高效农业又是复杂的科学问题，加上降雨本身的随机性，这些都会使灌溉需水量的预测变得极其困难。所以，水资源供需分析中，灌溉需水量的分析是一个重要的内容。

巩固训练

①山地林地灌溉是目前林地抚育中比较难实施的一项抚育管理，受到诸多客观条件的限制，特别是水源因素的影响，在进行训练操作时，要充分调查林地的条件，选择适宜的灌溉方式和措施，培养学生综合分析问题和解决问题的能力。

②林地灌溉目前主要在果树、经济林及少数用材林林分（如南方杉木速生丰产林毛竹丰产林）中应用，在设计灌溉方式及措施时，应培养学生节能、环保、高效的理念，尽量考虑现有的设施、设备条件，结合地形及水源状况，设计出最佳的方案。

③学生进行本任务训练时应尽量参照国家林业标准、技术规程和技术规范，并结合地方标准开展有关操作工作，涉及考证的可按考证的技能要求进行操作。

复习思考题

一、名词解释

1. 林地培肥；2. 节水灌溉；3. 林地间作；4. 绿肥；5. 凋落物；6. 农林复合经营。

二、填空题

1. 被称为肥料三要素的是（   ）、（   ）、（   ）。
2. 根据施肥的时期可将施肥分为（   ）、（   ）、（   ）。
3. 土壤追肥常用的方法有（   ）、（   ）、（   ）。
4. 林地施肥要遵照（   ）（   ）（   ）（   ）等；要考虑（   ）即（   ）。
5. 绿肥作物按其来源可分为（   ）和（   ）按其科属及固氮与否可分为（   ）和（   ），按其生长季节分为（   ）和（   ）；按其生长期可分为（   ）和（   ）还可分为（   ）、（   ）、（   ）绿肥。
6. 常见的林地间作形式有（   ）、（   ）、（   ）、（   ）。
7. 林地间作的优点是（   ）、（   ）、（   ）、（   ）。

8. 林地培肥主要包括（　　）、（　　）、（　　）。
9. 林地施肥主要方法有（　　）、（　　）、（　　）、（　　）。
10. 节水灌溉方式主要有（　　）、（　　）、（　　）。
11. 林木的枯枝落叶，增加了地表的（　　）和（　　），增强了水土保持效果。
12. 测土配方施肥的核心环节包括（　　）、（　　）、（　　）、（　　）、（　　）。

三、选择题

1. 林地灌溉程度应使土壤含水量达到田间持水量的（　　）。
   A. 20%～40%　　　B. 40%～60%　　　C. 50%～60%　　　D. 60%～80%
2. 林地施肥应以（　　）为主。
   A. 有机肥　　　　B. 无机肥　　　　C. 氮肥　　　　　D. 磷肥
3. 追肥一般施用（　　）
   A. 有机肥　　　　B. 生物肥料　　　C. 迟效性肥料　　D. 速效性肥料
4. 改良酸性土壤适宜施用（　　）。
   A. 磷矿粉　　　　B. 石膏　　　　　C. 硫碳　　　　　D. 酸性无机肥料
5. 目前南方山区较为常用的一种灌溉方式（　　）
   A. 喷灌　　　　　B. 微灌　　　　　C. 雾灌　　　　　D. 滴灌
6. 近年来在一些速生丰产林和城市森林公园开始较多采用（　　）
   A. 漫灌　　　　　B. 畦灌　　　　　C. 沟灌　　　　　D. 节水灌溉

四、判断题

1. 林地间作的主要目的是增加经济效益。（　　）
2. 干旱能破坏树木体内的水分平衡，能使树木生长减弱或停止，能造成植株矮小、林分产量降低。（　　）
3. 从林木年生长周期来看，幼林可在树木发芽前后或速生期之前灌溉，使林木进入生长期有充分的水分供应。（　　）
4. 林地间作后增加了群落总叶面积，从而扩大了立体用光幅度，减少了漏光，提高了反射光的利用率，单位面积林地的光能利用率增加。（　　）
5. 林地培肥包括林地施肥、栽种绿肥和森林自肥。（　　）
6. 林农间作应以农为主，农林并举。（　　）
7. 林地施肥应以有机肥为主。（　　）
8. 林地间作各种学科及技术管理相互渗透，相互联系，是一种综合的栽培体系。（　　）
9. 林地间作是按照一定的生态和经济目的人工配置而成的，有其整体的结构和功能。（　　）

五、简答题

1. 林地间作植物类型主要有哪些？
2. 森林凋落物保护主要有哪些措施？

3. 林地间作主要有哪些类型？
4. 林地合理灌溉含义是什么？林地灌溉的方式有哪些？
5. 简述林地施肥的原则和方法。
6. 林地施肥的特点有哪些？

六、论述题

1. 以本地常见的林地间作类型，分析其主要的技术特点。
2. 论述当地主要造林树种施肥技术。
3. 试分析几种节水灌溉的优缺点。
4. 结合本地林业发展实践，论述发展林地间作的意义。

七、操作题

1. 请以当地主要树种为例现场设计一套山地灌溉技术措施。
2. 请以某一树种为例，设计一套测土配方施肥技术。
3. 请叙述本地常见的林地间作操作过程。

相关链接

林农复合生态系统与首都沟域经济发展思考

北京的山区占到市域总面积的62%，被定位为北京市的生态涵养发展区，是首都生态文明建设和可持续发展的重要支撑，也是北京旅游产业资源的重要组成部分。虽然近年来山区农民收入实现了较大幅度的增长，但其生活水平仍明显低于城区和平原，是北京社会主义新农村建设与实现城乡经济社会发展一体化的一块短板。近年来，北京市出现了"沟域经济""林下经济"等发展模式，多个区县进行了成功的探索和实践，为京郊山区的发展增添了新的亮点。通过构建林农复合生态系统来支撑沟域经济的发展，是进一步保障山区生态环境建设可持续发展、促进农民快速致富增收的有效途径。

(1) 沟域经济成为京郊山区区域经济发展的新模式

"沟域经济"是北京近几年创造出来的一种崭新的山区发展模式。所谓"沟域经济"就是集生态治理，新农村建设、种植养殖业、民俗旅游业、观光农业发展为一体的山区区域经济发展新模式。其核心就是以山区沟域为单元，以其范围内的自然景观、文化历史遗迹和产业资源为基础，以特色农业旅游观光、民俗文化、科普教育、养生休闲、健身娱乐等为内容，通过对沟域内部的环境、景观、村庄、产业统一规划，建成内容多样、形式不同、产业融合、特色鲜明的具有一定规模的沟域产业带，以点带面、多点成线、产业互动，形成聚集规模，最终促进区域经济发展、带动农民快速增收。

沟域经济的主要特征为产业相近，村镇相接，区县相连，突破了区县的界限，形成巨型的产业带，是都市型现代农业优势产业的聚集区。北京沟域经济可概括为两山—河、两山—沟、两山一路、两山一村、两山多村镇、一山一村、一山一路、一山多村镇和多区县共享山区等多种形态。

据不完全统计，京郊直线距离1 km以上的山沟共有1200多条。截至目前，已经对62

个山区乡镇 164 条山沟的资源状况进行了系统摸底统计，对具备一定发展条件的沟域开展了初步的发展规划设计，其中 69 条山沟已经完成了整体规划。这些沟域覆盖了山区的很大面积，共包括 739 个行政村、17.3 万户、46 万农民。每条沟域都具有很丰富的旅游资源和生态产业资源，有 241 个旅游景点、318 个旅游度假村、639 个观光采摘园、民俗接待村 267 个、民俗旅游接待户 8668 户。怀柔的雁栖不夜谷、夜渤海，密云的云蒙风情大道，门头沟的妙峰山玫瑰谷等沟域经济试点的成功，为京郊山区的发展带来了新的希望。

山区作为农业的重要基地，在满足首都日益增长的多样化食物产品需求中发挥着平原地区不可取代的作用。同时，山区丰富的工业自然资源、旅游资源，也为促进首都经济发展、丰富首都市民的生活，促进经济和社会文化的繁荣作出重要贡献。但是，对山区的大规模开发也相应带来环境破坏、水土流失、环境污染、洪涝灾害加剧等问题。

由于山区自然环境复杂，沟域经济发展中应注重山区生态生产、经济生产、文化生产紧密结合，从而合理利用山区资源、繁荣山区经济、保护山区生态环境，实现京郊生态涵养发展区的可持续发展。山区生态产业是依赖于山区丰富的自然资源，按照生态学原理组织形成的生态与经济有机统一的产业发展形式。山区生态农业的根本任务之一是要通过人类积极的政策调控与经济调节作用，对土地与此相适应的气候资源进行生态设计与优化配置，逐步改善自然资源要素特征，包括土地、植被、土壤质地和坡度等，促进土地资源质量和利用结构与方式的转变，达到土地利用适应性与其生态性的合理匹配。

（2）林农复合生态系统的发展现状

关于林农复合生态系统的定义，农学、林业、生态学、系统科学、生态经济学等不同学科的科学家有不同的看法。现在大多数人接受的是国际农林复合经营研究委员会（ICRAF）所下定义："林农复合生态系统是在同一土地经营单元上，将在生态和经济上存在相互联系的多年生木本植物与栽培作物或动物精心结合在一起，通过空间或时序的安排以多种方式配置的一种土地利用制度（系统）。"

林农复合生态系统最本质的特征是在单位面积和空间内以较少的投入、科学的布局获得最大的生物量。主要表现在立体种植结构的合理性和时间利用的科学性。在空间结构上，上有喜光高大的林木，下有较耐阴的中药材、蔬菜等经济植物，在不同层次上充分利用太阳光能及土壤内的水分、养分；在时间顺序上，依据不同经济植物生长期长短不同特点，套种、间作、混作、交叉衔接，充分利用时间差。

经营林农复合生态经济系统是将传统的精耕细作和现代农业科技熔为一炉，因地制宜，科学运用。农民不仅是生产者，同时又是销售经营者，他们根据千变万化的市场信息决定生产项目，安排间种经济作物种类及农林复合的模式。因此，劳动的主体既在生产领域进行生产活动，又在流通领域进行商品经营活动。

林农复合生态系统是一个多组分、多层次、多生物种群、多功能、多目标的综合性开放式人工生态经济系统。尽管林农复合生态系统类型很多，但其基本成分可概括为：土地、环境（光、热、水、肥）、林业成分（乔、灌、果）、农业成分（农、牧、副、渔）和人类经营 5 个方面。研究林农复合生态系统的目的，在于找出适合各地区自然和社会经济条件的最佳结构配置的综合经营模式，以取得最好的生态、经济和社会效益。林农复合经营在我国有悠久的历史，林粮间作是最普遍的类型，据初步估计在林粮间作中采用的树种已有150种以上，其中以泡桐、枣树、杨树为突出的代表，特别是泡桐与农作物间作，不论其应用范围还是研究的深度都达到了相当高的水平。近几年来，国际上林农复合经营的定量化研究和整体水平研究进一步加强，有些研究借助模拟手段已经可以为实际工作提供指导。同时，有许多地区推广、培训已经形成体系，特别是林农复合经营已不仅仅只对发展中国家产生影响，一些经济发达国家也开始从农林复合经营中获益。

(3) 林农复合生态系统是支撑北京沟域经济的有效途径

林农复合生态系统作为生态农业的一种形式，20多年来已发展成为农业、林业、水土保持、土壤、生态环境、社会经济及其他应用学科等多学科交叉研究的前沿领域，是集农林业所长的一种可持续发展实践。建造多层次、多功能、高效益的林农复合生态系统，是开发山区有限的土地资源，振兴沟域经济的重要课题，也是山区林业发展的方向。

林农复合生态系统以林为主、农林牧副渔综合经营，改变传统林业的单一生产结构为多产业结构，具有较高的经济效益和生态效益。

近年来，北京郊区县大力发展林菌模式、林禽模式、林草模式、林药模式、林花模式等林下经济，起到了近期得利、长期得林、远近结合、以短补长、协调发展的产业化效应，使林业产业从单纯利用林产资源转向林产资源和林地资源结合利用，大大延伸了林业产业化的内涵。通过林农复合生态系统，不仅提高了土地资源的利用效率，而且提高了单位面积生物量和光能效率，增强了森林生态系稳定性，延伸了"生产者—消费者—分解者"的产业经济链条，形成了"资源—产品—再生资源—再生产品"互利共生的循环经济网络模式，实现了物质能量流的闭合式循环。京郊复合生态系统主要涉及以两种模式：

①"林果-粮经"立体生态模式。该模式主要利用作物和林果之间在时空上利用资源的差异和互补关系，在林果株行距中间开阔地带种植粮食、经济作物、蔬菜、药材乃至瓜类，形成不同类型的农林复的种植模式，也是立体种植的主要生产形式，一般能够获得较单一种植更高的综合效益。如北京地区的粮、林菌、林药、林花、林草、林桑、林蔬、林油间作等典型模式。

②"林果-畜禽"复合生态模式。该模式是在林地或果园内放养各种经济动物，以野生取食为主，辅以必要的人工饲养，生产较集约化养殖更为优质、安全。主要有"林-鱼-鸭""山林养鸡""果园养鸡(兔)""猪-沼-果"系统等典型模式。

(4) 推进林农复合系统支撑京郊沟域经济发展的措施与建议

根据北京市政府发布的"关于促进生态涵养发展区协调发展的意见"和"北京市关于科技促进生态涵养发展区高新技术产业发展的意见"中促进产业结构调整优化的相关工作精神，京郊沟域经济发展应该以生态保护和经济发展融合互促为基本原则，积极推进山区林农复合系统建设，解决沟域经济发展中存在的资源利用和环境保护、生态和经济的矛盾，以及工、农产业效益差别悬殊等问题，在进一步提升山区生态环境可持续发展的同时，积极引导山区生态产业发展，促进农业、林业和牧业、渔业间形成产业互补，有效提升京郊沟域生态效益、经济效益和社会效益。

①制订沟域林农复合系统构建总体规划，全面指导京郊林农复合系统建设工作。在现有沟域规划的基础上，深入农业、林业生产一线开展调研，总结现有林农复合系统模式和经验，并结合沟域自然资源、农林业基础条件、经济水平、农民素质等因素分析，从促进

林农复合系统的结构性、稳定性、开放性、实用性等角度考虑，提出适宜的林农复合系统建设规划，以有效指导各区县、乡镇的林农复合系统建设工作。

②加强科技创新和应用，保障沟域生态产业的发展。由于北京山区沟域条件复杂、林分结构单一、水资源匮乏、林农复合系统基础研究薄弱，因此应加强林农复合系统的科研力度。首先，从稳定持续的生态系统建设角度出发，加强林农复合系统的结构性、稳定性、开放性的研究，重点研究复合系统中各种生物种群的相互作用，以及不同生物群落与资源、能源、环境的相互作用，同时进行能流、物流、经济流的定量研究与评价。其次，加强"林果–粮经""林果–草–畜渔"等林农复合系统模式的优化组合研究，根据不同的资源条件及生产要求，改进或构成新的复合系统与食物链，以提高系统的功能与效益。再次，加强节地、节水、节能、节材等相关技术集成、配套，促进林农复合系统经营模式的有效性、实用性，并选择部分典型沟域开展技术示范和推广工作。

③加强宣传和引导，强化农民环保和生态意识。依托农村科技协调员队伍，加强对农民进行生态农业知识的教育，宣传和推广适宜的林农复合系统经营模式，帮助农民掌握林农复合经营技术，积极引导农民自觉参与林农复合系统的构建，以推动京郊沟域经济的发展。

项目2 林木抚育技术

> 知识目标

1. 了解商品林、公益林的概念。
2. 熟悉商品林和公益林修枝的基本要求。
3. 了解摘芽的目的和要求。
4. 掌握商品林修枝的方法和技术。
5. 掌握摘芽的方法和技术。
6. 掌握不同类型公益林修枝的方法和技术。

> 技能目标

1. 学会正确使用修枝工具。
2. 能正确对商品用材林进行修枝抚育。
3. 能正确地对不同类型的公益林进行修枝抚育。

> 素质目标

1. 树立和践行"绿水青山就是金山银山"的理念,进行生态抚育。
2. 坚持综合治理、系统治理、源头治理方针,融入一体化推进生态系统保护和修复观念。
3. 具有较强的林业基层工作责任感。

任务2.1 林木抚育种类与方法

 任务描述

该教学任务要求学生了解各种林木抚育的基本要求,熟悉各种林木抚育的技术要求,学会正确选择人工整枝的林分和林木,要求学生学会确定各类林木抚育的年龄、时间、强度等,并选择合适的整枝切口,能对当地的主要树种进行正确的林木抚育操作。任务实施过程中的技术标准均参照各地相关《森林抚育规程》执行。

项目2 林地抚育技术

任务目标

1. 了解商品用材林林木抚育的种类。
2. 了解人工整枝的目的和原理。
3. 熟悉人工整枝开始年龄、季节、间隔期。
4. 学会正确选择人工整枝林分、林木。
5. 掌握人工整枝的高度、强度。
6. 能根据不同的树种特性正确选择整枝切口。
7. 了解摘芽的目的。
8. 掌握摘芽的方法、时间。
9. 能对主要树种的林分进行正确的整枝、摘芽操作。

工作情景

(1) 工作地点

在教室或实训室，多媒体或图片展示各类型林分整枝图片，有条件的情况下，可到现场选择典型林分进行讲述、模拟示范操作。

(2) 工具材料

典型林分及林木、安全帽、安全绳、安全带、工作服、皮尺、标杆、铅笔、纸等。

(3) 工作场景

以组为单位，5人为一组，每组在实训指导老师的指导下进行林分现场调查及观察。了解、熟悉林分的生长状况，正确选择人工整枝林分、林木，掌握当地主要树种林木抚育种类的确定和方法，确定人工整枝开始年龄、季节、强度、切口类型。

知识准备

2.1.1 人工整枝

2.1.1.1 人工整枝的概念与意义

自然状态下，林木下部枝条因得不到充分的光照而逐渐枯萎脱落，称为自然整枝。人为地除去树木下部的枯枝及部分活枝，使其形成良好的干形和无节或少节的良材，称为人工整枝或修枝。通过人工整枝，可以达到以下目的：

①提高木材的材质。消灭木材的死节，减少活节，增加木材中的无节部分，提高树干的圆满度，增加晚材率，提高原木和成材的等级。

②增加树干的圆满度。修除活枝，可在树干上部接近树冠的部位，直径生长增加的现象，这是由于同化物质从树冠向下流经树枝切口时，不能直接通过，必须绕道切口之间的狭窄区域运往下方，这就影响了同化物质的运输速度，造成切口上部出现同化物质积累和下部同化物质减少的状况。

③提高林木生长量。修除树冠下部受光极差的枝条；修掉妨碍主干生长的竞争、大侧

枝以及枯枝，林木的高生长和直径生长都能增加。整枝对生长的影响因树种、整枝强度、方法、立地条件和林龄而异。一般来说，阔叶树整枝的生长效果优于针叶树。在立地条件好的情况下，整枝对促进生长效果显著，幼龄林生长旺盛，即使整枝强度稍大，恢复也快，因此整枝后对提高林木生长量作用较大。

④改善林内通风透光状况及林木生长条件。

⑤森林保护方面的作用。修除枯枝、弱枝能减少发生树冠火的危险性，增加林木的抗性，减弱雪压和风害，防止次期害虫及立木腐竹病的发生和蔓延。

⑥提供燃料、饲料、肥料，增加收益。

2.1.1.2 人工整枝的生物学和生态学基础

(1)林木下部枝条枯死的原因

幼林郁闭以后，林木树冠下部的枝条由于受到上部枝条遮蔽，受光不足，因而衰退并逐渐枯死。树冠分为上下两部分：树冠上部阳树冠区主要为阳生叶；树冠下部阴树冠区，主要为阴生叶(这两个区的大致界线可以冠幅最宽处的力枝划分)。

上下两部分由于光照条件不同，直接影响叶子的化学成分、生理活动和形态结构。阴生叶的叶绿素、氮素等矿质元素含量高于阳生叶，而磷的含量低于阳生叶。阳生叶总同化量大于阴生叶。树冠下部枝条上生的都是阴生叶，由于光照不足，影响叶子的同化作用，造成营养贫乏，妨碍枝条的生长；又由于含水量降低，造成枝条干缩，使枝条同树干水液的输导组织失去联系，促使枝条逐渐枯萎，这就构成了林木下部枝条枯死的原因。

(2)枯枝脱落

林木的枯枝脱落分2个阶段：枝条枯死和枝条脱落。

①枝条枯死。林木下部枝条生长衰退和枯死的速度与林木年龄关系密切：壮龄、中龄下部枝条枯死快于幼龄和老龄。枝条的枯死与林分密度的关系：林分密度越大，自然整枝越早，枯枝的直径也比较小。

②枝条脱落。枝条脱落是由于生物、物理和化学等综合因子促成的。真菌和昆虫寄生于枯枝也是决定腐朽脱落的因素之一；温暖潮湿气候是加速枝条脱落的条件。树种习性是影响枝条脱落早晚和速度的内在因素。一般说来，针叶树种因死枝的树脂多，不易腐朽脱落，所以自然整枝不良；死枝直径粗细也影响它的脱落速度，枝条越细，越易脱落。腐朽的枝条是在本身的重力和各种外力，如风、雪、冰的压力，鸟兽的重力，以及上部果实、枝条脱落时的打击力作用下脱落的。

(3)枯枝残桩为树干包含

树干形成层不断分裂，产生新的木质部和韧皮部，把树皮向外推移，当形成层生长到与枯枝脱落处在同一水平面时，便同时向切口(枯枝脱落处)表面延伸，逐渐把枯枝脱落面包合起来。枯枝脱落后的残桩被树干包含的速度取决于残桩的长度和粗度以及树干直径生长的速度。树枝基部包被在树干内部形成节子。当枝条还活着时形成的节子称为活节(或硬节)，枯死后形成的节子称为死节(或软节)。活节周围的树干年轮是向外弯的，并与枝条的年轮相连，死节周围的树干年轮是向里弯的，它与枝条的年轮不相连。活节的硬度和致密度大于周围木材，其干燥速率与周围木材不一致，故在干燥过程中易破裂。死节由于树干纤维没有联系，锯成板材时易松脱而形成空洞。

但某些阔叶树种的枯枝残桩被树干包含的过程呈现出另外一种情况：在未折断的枯枝基部往往有可塑性物质渗出，累积而形成环状树瘤；这种树瘤慢慢地向上生长，逐渐把枯枝包围起来；当枯枝折断后，在折断处形成漏斗状的坑，以后树瘤的形成层逐渐向凹处扩展，把凹坑封闭起来。

2.1.1.3 人工整枝的技术

(1) 整枝林分和林木的选择

①林分选择。率先在有价值的和高地位级的林分中进行，因为地位低级的林分，整枝后林木生长恢复慢，伤口愈合时间长，难于在短期内育成无节良材。整枝主要在幼龄林和干材林中进行，成熟或过熟林分不适于整枝，整枝的树木越老，到采伐时形成的无节木材越少。

②林木选择。选择生长旺盛、干形良好、树干无严重缺陷的林木，即Ⅰ~Ⅱ级木为主要对象和部分Ⅲ级木。

(2) 人工整枝的开始年龄、间隔期和整枝高度

①整枝年龄。当林分充分郁闭，林冠下部出现枯枝作为整枝开始年龄的标志。人工整枝开始年龄随树种习性、立地条件和经济条件等因素而异。在立地条件好，林木生长较快的地方，整枝开始年龄宜早；在经济条件好和少林地区整枝时间也应早些。国外亦有以林分的平均直径作为开始整枝的依据。芬兰将松树开始整枝的林分平均直径定为 7.5~12.5 cm，德国定为 8~10 cm，俄罗斯定为 8~12 cm，美国则认为胸径达到 10 厘米时开始整枝为宜。

②间隔期。人工整枝间隔期是指两次整枝中间相隔的年限。大多数针叶树是在第一次整枝后又出现 1~2 轮死枝后进行第二次整枝。阔叶树早期整枝是以控侧枝促主干生长为目标的，间隔期宜短，一般是 2~3 年。

③整枝高度。整枝高度视培育的材种而异。一般修到 6.5~7 m 高度，即能满足普通锯材原木的要求，造纸、火柴和胶合板材修到 4~5 m，造船和水利用材要修到 6~9 m。随着整枝高度的上升整枝越困难，效率也降低，只有在特殊需要时，才修到 10~13 m。

(3) 人工整枝的季节

一般是在晚秋或早春（隆冬除外）进行整枝，这时树液停止流动或尚未流动，不影响生长，而且能减少木材变色现象。早春整枝，即进入生长季节，切口容易愈合。冬季林木养分大部分贮存在根部，修除一部分枝条，林木养分损失并不多。实践中早春整枝比深秋整枝效果更好，因为晚秋整枝切口长期暴露在寒冷气候条件下，切口附近的皮层和形成层就可能受到损伤。

萌芽力很强的树种，宜在生长季节整枝。如在前一年进行秋季整枝，至翌年春季会从切口附近发出大量萌枝影响干形。

(4) 人工整枝的强度

整枝的强弱程度，一般是用整枝高度与树高之比或用树冠的长度与树高之比（冠高比）作为整枝强度的常用指标。整枝强度大致可分为三级，即强度、中度和弱度。弱度整枝是修去树高 1/3 以下的枝条保留冠高比为 2/3；中度整枝是修去树高 1/2 以下的枝条保持冠高比为 1/2；强度整枝是修去树高 2/3 以下枝条保持冠高比为 1/3。

合理的整枝强度，既要保留适当的树冠和叶面积，以保证树木的旺盛生长，又要在树木的生长过程中逐步淘汰掉树冠基部的侧枝，以减少木材的节子，促进干材的生长。

确定整枝强度因树种、年龄、立地条件和树冠发育的情况等条件而异（图2-1，图2-2）。一般是阴性树种和常绿树种保留树冠比要大些。阳性树种和落叶阔叶树种、速生树种保留的冠高比可小些，相同树种的冠高比总是随着年龄的增长而减少；年龄越大冠高比越小。立地条件好的和树冠发育良好的林木，整枝强度可大些。

图2-1　整枝40%　　　　　　图2-2　整枝60%

(5) 人工整枝伤口的愈合

切口愈合的速度是两侧的组织增长最快，上面的次之，下面的最慢。其原因：①树干直径生长，对切口侧面压力不断增加，但对切口上缘和下缘的压力仍然不变；②伤口两侧的形成层组织是纵向切开，伤口上下缘的形成层组织是横向切开，致使侧面形成层细胞所受的刺激大于上下缘。

绿修切口位置，我国现有3种：①平切，即贴近树干修枝；②留桩，即修枝时留桩1~3 cm；③斜切，即切口上部贴近树干，切口下部与干呈45°角，留桩呈小三角形；④斜切留桩（图2-3）。

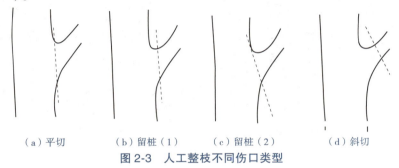

(a) 平切　　(b) 留桩(1)　　(c) 留桩(2)　　(d) 斜切

图2-3　人工整枝不同伤口类型

平切的优点是伤口面积虽大但愈合较快，能消除死节并能形成较多的无节材。但整枝技术要求高，适合于大多数针叶树和阔叶树（图2-4）。留桩的好处是操作简单，不易损伤树皮，伤口面积小，但愈合时间较长。因为切口离树干距离越远，营养物质流到切口处就越困难，就必然会形成死节（表2-1）。

图2-4　平切伤口状

表2-1　不同整枝切口其伤口愈合效果

切口位置	当年愈合面积占比	发生不定芽
从枝条基部膨大部位下部修枝，平切	99.5%	无
从枝条基部膨大部位上部修枝，平切	99.5%	无
从枝条基部膨大部位剪断，斜切呈45°角	65%	无
修枝留桩1.5 cm，切口与枝条垂直	完全未愈合	每枝1~6个

切口愈合快慢受树种、切口位置、立地条件、林木的生活力、枝条粗度和庇荫情况等多种因素影响。阔叶树一般比针叶树愈合快，在树冠中部和上部的枝条切口愈合较快，立地条件良好的切口愈合较快。在同一树种中，幼龄的生长旺盛的林木切口愈合快。病腐修枝的枝条粗度应该有一个界限，粗度越大，愈合越难。庇荫对伤口的愈合有显著的促进作用。南面和西南面的伤口愈合比其他地方差得多，伤口易干燥影响伤口愈合组织的形成。

(6) 人工整枝的要求

要选择合适的整枝工具，以达到事半功倍的效果（图2-5、图2-6）；为达到整枝的良好效果，对整枝切口要求平滑，不偏不裂，不削皮和不带皮。

图2-5　机械化整枝工具

图2-6　人工整枝工具

2.1.1.4 其他整枝形式

对于一些阔叶树种,因其具有特殊的生长特性,则应分别采用其他的整枝方法,如平茬、接干、矫正干形等。

(1)平茬

平茬是指对干形不良或树干部分枯死的幼树,齐地面砍去,使其重新长出通直的主干。这种方法适用于萌芽力强的泡桐、刺槐、杨树、枫树等树种。

(2)接干

接干可分为平头接干、目伤接干、斩梢抹芽等。

①平头接干。又称高截干,对于栽植2~3年的幼树,虽然有2 m左右通直的主干,但由于种种原因,树头已经分杈,主干无法延伸时,可截掉主干上部的树头,让它重新萌芽,接着长成新的主干,此法用于泡桐的抚育管理。

②目伤接干。此法是在春季树液流动前15 d,在树干顶端分杈处选定与主干通直的芽眼,采用"目伤"方法培养成主干。即在芽眼上方距芽2~3 cm处,用利刀横切上下2刀,2刀间距宽1 cm左右,并略带木质部,刀口长度为枝干围径的1/3。形成长方形的目伤口,剥去皮层,从而达到截留养分,刺激目伤芽萌发,同时对目伤芽以上的分枝进行截短,以利集中养分,促进目伤芽旺长,此法也常用于泡桐经营。

③斩梢抹芽。是对经常发生枯梢,形成分杈低、主干矮的树形林木的一种修枝手法,即在1年生苗定植后,新芽萌发前,用利刀斩去地上部分的1/3~1/2,第2~3年连续斩去前1年新梢的1/3左右,如此连续斩梢,直至适合用材需要高度为止,然后任其自然分枝,充分发展树冠,促进粗生长。

(3)矫正干形

矫正干形也是培育通直干形的一种方法,它是通过缚扎等手段,将歪斜的顶梢或是强健的侧枝,培育成直立向上生长的主干,主要用于桑树等树干比较柔韧的树种。

2.1.2 摘芽

摘芽是指在侧芽形成、芽尖呈绿色而尚未生长时,摘去多余芽,促进幼树主干生长,培育良好干形的抚育措施。其目的是:养分集中供应,促进高生长和圆满度,缩短培育期;摘芽省工省力,简单易行,伤口容易愈合,树体养分不受损失。摘芽的主要对象是针对阔叶树及侧枝多且自然整枝能力差的针叶树。

2.1.2.1 针叶树种摘芽法

主要用于培养松树的无节良材。松树在造林后3~5年,树高1.0~1.5 m,已有轮生枝3~5轮时开始,保留其顶芽,把侧芽摘掉。树干下部的几轮侧枝保留,任其生长,幼树需要的养分主要依靠这些下部侧枝上的针叶制造。摘芽的最好季节是在早春树液将开始流动时。每年摘除侧芽、持续3~5年。

2.1.2.2 阔叶树种摘芽法

阔叶树中不少树种具有合轴分枝或假二叉分枝的特性，主梢生长势弱。对此类树种进行摘芽不仅有利于培养"无节"或"少节"良材，还起着控侧枝、促主干生长的作用。

2.1.2.3 几个树种的摘芽技术

(1) 苦楝摘芽技术

苦楝为合轴分枝树种，梢顶冬天易冻死，故主干低矮，侧枝粗大分叉，实践上常用斩梢抹芽法培育高干良材，其具体做法是：在造林后 3~4 年内，每年于早春将其上1年生长的主干嫩梢斩去一截（新梢的 1/3 左右），在切口附近选留 1 个壮芽，使其成枝后代替主干，其余侧芽全部摘除。各年选留代替主干的侧芽，其方向要与上年选留的方向相反，以利相互矫正主干，使之通直。这样连续进行 3~4 年，主干高度一般能达到 6~7 m 以上，以后则停止斩梢抹芽，任其顶部侧枝生长，形成树冠，以促进树干加粗生长。

(2) 泡桐摘芽技术

泡桐属假二歧分枝，无顶芽，侧芽对生，当年新梢经冬常冻死。在稀植情况下多数出现叉状分枝，主干低矮的现象。泡桐的摘芽法也是培育高干泡桐的重要方法之一。具体做法是：春季造林后，待侧芽展开长度约 2~3 cm 时，在苗木主干的顶端选留一个健壮的侧芽，斜着将其对面的芽和以上的梢端剪去，再抹掉其下的 3~4 对侧芽，以下的侧芽保留，使长成侧枝保持一定的同化器官，以促进顶端保留芽成枝后的旺盛高生长。秋季落叶后或翌年春季萌动前，修除侧枝。这样经过 1~2 年的剪梢抹芽，主干高度就可达 6 m 以上。培育泡桐高干无节良材除了摘芽外，还可以采用平茬法和接干法，或两者结合进行。

(3) 臭椿摘芽技术

臭椿属合轴分枝类型，小枝有顶芽，往往由第一侧抽梢继续向上生长，但由于上部 1~5 芽间距离很近，枝条生长相互牵制，使顶端优势不明显，常呈轮生状，是造成干形不直的主要原因。用摘芽法培育臭椿高干良材的方法是：从造林后翌年开始，每年春季当侧芽膨胀伸展成球状即将展叶时，在主干顶端保留最上部一个壮芽，摘其余所有侧芽。如生长枝枯梢或过弱，则顺序往下选一壮芽，同时剪去留芽上部枝段。每年留芽方向应相反，可使干形通直，这样一般经过 6~10 年摘芽，树干高度达到 7~8 m 即停止摘芽，任其在这树干以上部位抽生侧枝，加速直径生长。

2.1.2.4 摘芽应注意的几个问题

①摘芽树种的选择。针叶树具有单轴分枝特性，主梢生长旺盛，摘芽的作用主要是生产无节良材。大多数阔叶树具有合轴分枝或假二歧分枝特性，主梢生长力弱，摘芽不仅有利于培育"无节"或"少节"良材，也有着控制侧枝促进主干生长的作用。特别叶芽较大但数量少和萌芽力及成枝力较弱的树种如臭椿、泡桐等摘芽效果显著。

②摘芽要适时。宜在芽开始萌动至尚未抽梢发叶时抹去侧芽,最迟应在侧枝梢的基部木质化以前摘芽。

③摘芽应选择立地条件好的林分。摘芽的林木应是优良木,更重要的是对摘芽的林分和林木要加强水肥管理。

任务实施

2.1.3 整枝实训

2.1.3.1 实施过程

①在实训室或校内实训基地,教师边演示边介绍如何观察各种需林木抚育的林分状况,如何调查林分的各生长因子。

②选择一块或几块不同林木抚育的典型林分,根据林分生长状况,以及植物学、森林环境学等基础知识,正确识别树种,观察林木抚育后特征,并做好记录。

③通过调查及仔细观察,判定现实林分整枝方法、整枝技术、整枝高度、整枝强度及切口类型。

a. 整枝方法、技术:修去病虫枝、枯枝,修去部分活枝,疏剪一部分过密枝,对交叉枝、平行枝、并列枝等,至少疏去其中之一,对徒长枝、萌蘖枝,除需用于更新外一般也疏去,对内向枝、下垂枝等,则需根据具体情况而定。要求紧贴树干修平,勿伤树皮,切口平滑。

b. 整枝高度:一般修到 6.5~7 m 高度,即能满足普通锯材原木的要求,造纸、火柴和胶合板材修到 4~5 m,造船和水利用材要修到 6~9 m。

c. 整枝强度:弱度整枝是修去树高 1/3 以下的枝条保留冠高比为 2/3;中度整枝是修去树高 1/2 以下的枝条保持冠高比为 1/2;强度整枝是修去树高 2/3 以下枝条保持冠高比为 1/3。

d. 切口类型:有3种。一是平切,即贴近树干修枝,多数针叶树和阔叶树可采用此方法;二是留桩,即修枝时留桩 1~3 cm,适宜少数残枝枯死快、晚落叶的树种以及修枝后易造成环剥的轮生枝树种;三是斜切,即切口上缘贴近树干,下缘离开树干呈 45°,桩呈一小三角体。观察切口愈合情况。

④归纳总结。通过调查和观察,使学生了解和掌握林木抚育整枝主要方法和,了解不同树种应采取的切口方式、不同的整枝强度。

2.1.3.2 成果提交

每位学生提交一份人工林整枝实训报告,要求理论依据写清楚,特征叙述完整、准确。

> 拓展知识

杉木人工整枝过程可视化模拟方法

中国林业科学研究院李永亮等（2019）在《杉木人工整枝过程可视化模拟方法》研究论文中提出以下观点：①面向森林经理业务工作，将 3DMax 建模技术与 Unity 三维动态渲染技术有效结合，遵照人工整枝理论，实现了人工整枝全过程的三维可视化模拟。枝干物理受力分析、运动与碰撞模拟、高枝剪三维建模、定位与剪枝动画模拟，实时计算显示整枝高度的成果实现，使得本方法具有较强的可视性、交互性和体验感。杉木人工整枝过程可视化模拟方法扩展了森林经营可视化模拟对象，是森林经营可视化模拟研究成果的有效补充，对森林经营管理者与实操人员认识人工整枝方法与过程有着重要的意义。

②事实上枝干在下落过程中不仅受重力影响，还存在空气阻力与可能存在的风力的影响，同时，其初始速度也难以做到 0 m/s。在后续的研发当中，可以继续采用本研究实现思路，改进枝干受力分析与运动速度描述，使得模拟效果更符合枝干下落真实事件的发生。另外，枝干质量无疑也是影响枝干下落过程表达真实性的重要因素，在虚拟世界中，设定枝干质量值是比较容易实现的事情，但如何实现质量与形态的匹配，提高虚拟仿真反映真实世界的能力，是需要进一步考虑的问题。

③可视化模拟技术已在各行各业得到了广泛应用，可以说在模拟深度和广度方面都取得了较大的进步，但与森林经营管理相关业务工作结合的方面仍有不少的工作可以去尝试探索，如低产林改造、集材、人工促进天然更新、病虫害防治、护林防火等。在林业可视化模拟领域，不能一味地研发计算机底层算法，而忽略与生产实践工作的结合，应兼顾计算机模拟表现力与业务工作实际，充分发挥可视化模拟技术特点与优势，切实改善行业业务工作现状，提高实际工作效率与能力。

> 巩固训练

黑松是松科松属常绿乔木植物，植株也被称为白牙松。植株属于盆景植物，需要进行修剪和整形，一般适合在春季期间进行。在 3~4 月之间，需要给植株摘芽，摘取植株的部分顶芽，能够避免植株的顶部过于旺盛，可使植株的外形更加均匀。在给黑松摘芽时，还需要将植株的弱芽摘掉，可以为植株节省养分，有利于植株长出更多的新芽。给植株摘芽后，需要进行合理的养护。养护期间，需要给予植株充足的光照和水分，还有给予植株适量的肥料，能够促进幼芽的萌发和生长。黑松生长到一定时期后，需要给植株摘叶，一般适合在 12 月至翌年 1 月之间进行。摘叶期间，需要将植株芽点上枯老的针叶摘掉，能够为植株节省养分，还能增强枝干的透气性，扩大芽点的生长空间，有利于芽点在来年的春季，萌发生长。

任务2.2 主要商品用材树种整枝技术

任务描述

该教学任务要求学生了解主要商品用材林的生长特性，熟悉人工整枝的技术要求，学会正确选择需人工整枝的商品用材林林分和林木，学会确定主要商品用材林人工整枝的年龄、时间、强度等，并选择合适的整枝切口，分析切口愈合情况。任务实施过程中的技术标准均参照各地相关《森林抚育规程》执行。

任务目标

1. 了解商品用材林整枝目的。
2. 熟悉主要商品用材林人工整枝开始年龄、季节、间隔期。
3. 掌握杉木、马尾松、落叶松人工整枝的高度、强度。
4. 掌握主要阔叶树用材林整枝的技术环节。

工作情景

（1）工作地点

在教室或实训室，多媒体或展板展示本地区主要树种整枝图片，有条件的情况下，可选择现实林分典型树木现场讲述，并以主要商品林树种进行整枝操作。

（2）工具材料

商品林林木、修枝剪、长柄修枝剪、高枝剪、手锯、砍刀、斧头、油锯、梯子、升降车、安全帽、安全绳、安全带、工作服、皮尺、标杆、铅笔、纸等。

（3）工作场景

以组为单位，4~5人为一组，每组领取实训用具一套，并在实训指导老师的指导下进行整枝。经过整枝实际操作，使学生了解和掌握当地商品林主要树种的修枝技术和方法，了解不同类型商品林的修剪方法，正确使用修枝锯、油锯、修枝剪等工具的使用方法。

知识准备

2.2.1 针叶树整枝技术

2.2.1.1 马尾松人工整枝技术

合理整枝可改善马尾松干形、获得无节良材，提高木材质量，又能促进林木生长。

（1）整枝年龄

一般马尾松生长5~6年后，林内光照明显减少，下部枝条由于通风透光不良，出现比较激烈的竞争，开始自然枯死，此时可进行人工整枝，如不及时整枝，会出现大的死节。

（2）整枝方法

为了促进生长和减少节疤，可将枯枝和生长衰退的枝条全部修去。马尾松整枝以不留桩的方法效果好，即使留桩应以小于 1 cm 为宜。对树冠中最长最粗的枝条也应酌情修去，避免出现偏冠，使树冠生长均匀。

（3）整枝强度

整枝应掌握"轻修、勤修"的原则，保证树冠和树高比适度。一般 10 年生以前，冠高比为 2/3，10 年后，冠高比为 1/3~1/2，以保持树干上部枝条有一定的营养面积。

（4）整枝季节

整枝适宜时期从晚秋至早春，这时整枝伤口流脂量少，易封闭，修切的伤口至生长季节尚有一段时间，能加速伤口愈合，缩短伤口愈合时间。而在生长季节和寒冬不宜整枝，否则影响生长。

（5）整枝注意事项

为了保证马尾松整枝质量，修枝用的砍刀、锯子等工具要锋利；整枝时要避免树干劈裂或撕开树皮，以免影响切口愈合而造成溃烂，影响材质。如主梢受病虫害危害，而不能正常生长或折断，在修枝时应有目的地培养一个侧枝，促进其旺盛生长，以代替主梢。

2.2.1.2 杉木人工整枝技术

对杉木进行人工整枝处理能够有效提高杉木的木材质量和加工利用率，使杉木人工林的栽培达到当前经济技术条件下的所能达到最大的经济效益。

（1）整枝林分选择

进行杉木无节良材培育的林分，其林地的立地条件应尽量选择地位指数高的林分，若林地的立地质量不高，可以通过前期施肥来弥补。

（2）整枝年龄

选择整枝林木年龄一般为 5~10 年的中幼龄林，这样的林分进入速生期后，林木的主干部分能够形成较多的无节用材。

（3）整枝方法

正确的整枝方法非常重要。杉木人工整枝一般采用齐树干平切，这种方面切口愈合较快，形成木材节疤少。整枝工具必须锋利，以免整枝时带皮，损伤杉木皮层，影响生长。整枝时，要先从枝条下方向上砍、锯，再从上方砍、锯断。整枝切口应尽量保持平整，与树皮平齐，切勿形成。

（4）整枝强度

不同的整枝强度对杉木的生长有显著影响，随着整枝强度的增大，杉木的胸径、树高、材积生长均呈下降趋势，从整枝效果和杉木生长特性，适选择弱度的整枝强度。

（5）整枝季节

整枝时间应在晚秋或早春为宜，此时树液停止流动或尚未流动，不影响整枝林木的生长，同时能够减少木材变色现象。

2.2.1.3 红松人工整枝技术

对于以红松用材林为培育方向的，可通过合理的人工整枝抚育措施，能延长树木主轴（树干）的长度，从而培育出无节高干良材。

（1）整枝林分选择

率先要在土壤比较肥沃、地位级较高的已郁闭的幼林及郁闭度在0.7以上的林内进行，因为地位级高的林分，整枝后林木生长恢复快，在较短时期内可培育成无节良材。

（2）整枝年龄

红松更新造林后，一般到15年生左右，平均树高4 m左右，保存率达50%以上，每公顷尚有2000多株林木，冠幅面积单株达到$4\sim5\ m^2$，其郁闭度达到0.7以上，此时一般都出现二轮枯死或濒死枝，应进行人工整枝。整枝不是对所有的林木都进行，而是对生长旺盛、树干和树冠没有缺陷、枝条发达有培育前途的林木整枝。人工整枝开始的林龄随树种习性、立地条件和经济条件等多种因素而异，在立地条件好、林木生长较快的地方，整枝林龄宜早。整枝应进行的次数和年限视具体情况而定。

（3）人工整枝方法

人工整枝使用的工具多数是用快斧或砍刀，方法是把不超过2 cm粗的细枝1次砍断，2 cm以上的较粗枝用手锯拉断，要靠近树干处平砍或拉断，切口要平滑，不偏不裂，不削树皮，不带皮，不留桩，切口面积较大，但愈合较快，而且可减少虫害和预防腐朽。对切口的处理，有些阔叶树种可以及时涂防腐剂，因红松含有树脂，树脂很快把切口封闭起来，自然起到保护组织的作用，不必涂防腐剂。对砍掉的树条必须全部运走，确保中幼龄林无病虫害，并可预防火灾。整枝后应按时观察林木生态变化，以便不断改善整枝抚育技术，把整枝抚育更好更快地地开展起来，从而培育出大量的红松无节良材，来满足市场对红松木材的需求。

（4）整枝频次

大多数针叶树是在第一次整枝后又出现了$1\sim2$轮死枝，一般需间隔4年人工整修一次枯枝。红松的人工整枝次数需$4\sim5$次，需20年左右。

（5）人工整枝强度

整枝的强弱程度，一般用整枝高度与树高比或用树冠的长度与树高比（冠高比）作为整枝的常用指标。对于红松用材林，头两次可人工修去树高的1/3以下枝条，后两次或后3次可人工修去树高的2/3以下枝条，保持冠高比为1/3。人工整枝到树干高在$7\sim8\ m$即可停止。

（6）整枝季节

一般是在晚秋或早春，树液停止流动或尚未流动之时，既不影响林木生长，又能减少林木变色变质。早春3月是红松人工整枝的大好季节，修枝后不久树液才开始流动，切口容易愈合。

2.2.1.4 落叶松人工整枝技术

落叶松人工林整枝技术是落叶松人工林抚育的重要措施。通过合理整枝可以达到改善林内环境、提高林木材质、促进林木生长、解决群众烧柴等多种目的。具体实施中应掌握以下几点。

(1) 整枝年龄

整枝开始期以林分充分郁闭后林冠下部开始出现枯枝作为标志。一般在13~15年间进行。

(2) 整枝强度

整枝强度以中度修枝较为适宜，即保留力枝(枝冠中最长的一轮侧枝)及其以上的全部侧枝，其余全部修去。修枝高度不得大于树高的1/3，20年后的林分整枝高度不得大于树高的1/3。

(3) 整枝季节

整枝季节在晚秋或早春均可，最好在春季树木开始发芽时进行。因为早春整枝，林木进入生长季节，形成层的活动力强，切口愈合快。晚秋整枝切口暴露在严寒气候条件时间较长，不利于切口愈合。

(4) 整枝注意事项

整枝工具以手锯为宜；整枝时应使锯面紧贴树干；整枝后应及时清理山场，将枝杈运出林外。

2.2.2 阔叶树整枝技术

阔叶树早期整枝有利于控侧枝促主干生长。

(1) 整枝间隔期

宜短，一般是2~3年。

(2) 整枝高度

视培育的材种而异，一般修到6.5~7 m高度，即能满足普通锯材原木的要求。纸、火柴和胶合板材修到4~5 m，造船和水利用材要修到6~9 m。随着整枝高度的上升，整枝困难，工作效率降低，只有在特殊需要时，才修到10~13 m。

(3) 整枝季节

一般都是在晚秋或早春进行整枝，因这时树液停止流动或尚未流动，不影响生长，而且能减少木材变色现象。早春整枝后，进入生长季节，切口容易愈合。冬季林木养分大部分贮存在根部，修除一部分枝条，林木养分损失并不多。在实践中，早春整枝比深秋整枝效果更好，因为晚秋整枝，切口长期暴露在寒冷气候条件下，切口附近的皮层和形成层就可能受到损伤。而杨树、柳树、栎类等在春季发芽前皮层极易脱离木质部，整枝时很容易撕剥树皮，应十分谨慎。有些萌芽力很强的树种，例如刺槐、杨树、白榆等，宜在生长季节整枝。如在前一年进行秋季整枝，至翌年春季会从切口附近发出大量萌枝，影响干形。但生长季整枝不宜在干热时期，因那时伤口组织会很快干燥，影响愈合。有些阔叶树种，如枫杨、核桃等，冬春整枝伤流严重，易染病害；而在树木生长旺盛季节整枝，伤流会很快停止。

(4)整枝强度

整枝的强弱程度,一般是用整枝高度与树高之比,或用树冠的长度与树高之比(冠高比)作为整枝强度的常用指标。整枝强度大致可分为3级,即强度、中度和弱度。弱度整枝是修去树高1/3以下的枝条,保留冠高比为2/3;中度整枝是修去树高1/2以下的枝条,保持冠高比为1/2;强度整枝是修去树高2/3以下枝条,保持冠高比为1/3。

任务实施

2.2.3 商品林人工整枝实训

2.2.3.1 实施过程

(1)工具操作练习

在实训室或校内实训基地,教师边演示边介绍修枝剪等工具的正确使用方法,并为学生提供整枝模拟材料,学生在教师的指导下,在模拟整枝材料上进行操作,反复练习,熟悉操作技术,以便在实际生产中进行操作。操作中注意安全使用整枝工具。

(2)地位级高的优良林分和优良木

根据国家和当地不同商品林划分的相关规定,选择一块或几块不同培育目标的商品林,如大径材、中径材、速生丰产林等,作为整枝实训对象。操作前,正确识别植物,做好记录。

(3)确定整枝时间

一般情况下,植物在生长季或休眠季整枝,具体要根据植物的生物学特性及发挥的作用来确定植物的整枝时间。

(4)确定整枝方法

仔细观察并认真思考分析确定整枝方法,保证树木正常生长,若原来整枝过的树木,分析其整枝方法是否合理,确定是否采用原整枝方法,还是重新确定整枝方法。注意必须先确定合理的整枝方法后才可以操作。

(5)整枝练习

①切口方式。切口方式(位置)有3种:一是平切,即贴近树干修枝,多数针叶树和阔叶树可采用此方法;二是留桩,即修枝时留桩1~3 cm,适宜少数残枝枯死快、晚落叶的树种以及修枝后易造成环剥的轮生枝树种;三是斜切,即切口上缘贴近树干,下缘离开树干成45°,桩呈一小三角体。学生练习3种切口方式,同时说明3种切口方式的应用以及应该掌握的关键环节。

②整枝方法。具体方法如下。

a. 整理枝条:修去病虫枝、枯枝,修去部分活枝,疏剪一部分过密枝,对交叉枝、平行枝、并列枝等,至少疏去其中之一,对徒长枝、萌蘖枝,除需用于更新外一般也疏去,对内向枝、下垂枝等,则需根据具体情况而定。要求紧贴树干修平,勿伤树皮,切口平滑。

b. 从下到上，"疏""放"配套：主要是长放和疏剪两种手法结合运用，也是疏剪的顺序。长放的目的是保持原有枝条的状态及方向，疏剪的目的是协调树体各部分的平衡。"从下到上"实际上就是由大枝到小枝。优先考虑大枝是长放还是疏剪，然后考虑怎样对大枝上的小枝进行疏剪。

c. 从上到下，"截""换"用好：主要是长放和短截、换头三种手法的结合运用，也是短截和换头的顺序。整株树木经过"疏、放"后，"放"的枝条就需要"截"和"换"了。换头是针对延长枝和带头枝的，目的是改变它们的生长势或生长方向。换头必然是从树木的顶端或外围往下或往内看，从一个枝条（或枝组）的顶端开始，确定剪口。短截目的是促使分枝或调节生长发育的关系。短截也是从树木的顶端或外围往下或往内看，从一个枝条的顶端开始，确定是轻短截，还是中短截，或是重短截。

（6）归纳总结

通过整枝的实际操作，使学生了解和掌握当地商品林树种的整枝技术和方法，了解不同树种应采取的切口方式，熟悉不同年龄的树木整枝强度，基本掌握修枝锯等工具的使用方法。

2.2.3.2 成果提交

每位学生提交一份商品林整枝实训报告，要求理论依据写明白，整枝过程叙述完整，说明工具操作要点和注意事项。

> **拓展知识**

人工整枝是中幼龄林的一项重要抚育措施，通过整枝可促进林木生长、减少林木节疤、提高树干圆满度和木材优材率。节子（死节和活节）是影响木材外观等级的主要因素，树冠是影响林木生长的重要因素，且林木材积与冠长呈显著正相关。因此，通过合理的人工整枝技术措施，可培育高品质无节材，保留合适的冠长，这是应对木材质量问题的关键措施之一。人工整枝对林木生长的影响因立地条件、树种、林龄、修枝强度和修枝方法而异。多数学者认为人工整枝能够增加林分的透光度和生长空间，改善受光条件，促进光合作用，降低树干尖削度，提高木材材质，增加树干圆满度。据观察，人工整枝可有效地消除红松林木的死结、减少活结、增加木材中的无结部分，进而提高红松树干的圆满度和木材等级。人工整枝对杉木生长有显著影响，在合理的条件（立地条件、林龄、林分密度）下，通过合理的整枝方法和整枝强度，可以促进杉木生长。从整枝效果看，杉木以 10 cm（树干直径）的整枝强度最好，但随着整枝强度的增大，其树高、胸径和冠幅生长均明显下降。合理整枝能提高油松的光合强度、树势和抗虫性。过度整枝一次，对油松生长没有不良影响，继 2~3 年过度整枝后，其生长量显著下降。辽西樟子松林人工整枝后认为，整枝强度对樟子松胸径生长影响较大，强度适当时会显著促进胸径生长。

> **巩固训练**

在传统经营模式下，由于林木具有自然整枝的特性，通常认为，人工整枝不是必要的培育措施。有研究发现，人工整枝技术可以提高林木的木材材质，增加树干的圆满度，促进林木生长，同时还能够改善林分的健康状况，增加收益。修枝留桩长度应小于 1 cm，修枝采用"反手法"，即先锯枝条下方，然后再由上往下锯，可防止撕裂树皮，达到切口平滑。

要及时间伐，在郁闭度为 0.8~0.9 时为马尾松人工林抚育间伐的开始期，被压木株数达到总株数 30% 时，一般进行 2~3 次间伐，重复期为 4~6 年，间伐后郁闭度不应低于 0.7。可参照用材林主伐期 25~35 年。马尾松主伐一般常用小面积块状皆伐，有时也可采用带状皆伐，渐伐及择伐方式，分期主伐，逐步更新，以实现马尾松林的持续经营。

营造混交林马尾松人工纯林组成单纯，自肥能力较差，加上栽培技术上的局限，如炼山、连栽等，引起林地地力的下降，且层次结构简单，生态质量差，不能有效发挥森林在水土保持上的作用，同时更容易产生松毛虫危害。为了维护林地的可持续经营，维护生物和生态多样性，营造马尾松混交林，不仅经济效益和社会效益明显，而且有很好的生态效益。马尾松采脂林经营时间长，为充分利用林地，提高单位面积产脂量，改善马尾松林分的环境条件，提高马松林抗御病虫害的能力，可营造松阔异龄混交林。混交时间可在初期或在马尾松第一次抚育间伐后。混交树种可采用红锥、大叶栎、火力楠、木荷、枫香、杉木、毛竹、枫香、光皮桦、观光木、鹅掌楸、山杜英、凹叶厚朴和格木等，混交后可明显促进马尾松和阔叶树的胸径和树高的生长，且这种促进作用对马尾松更有利。

任务2.3　生态公益林整枝技术

任务描述

该任务以小组形式，运用准备知识，对校园及周边树木整枝情况分析，学习本地生态公益林整枝技术和方法，有条件的情况下，可进行实地操作。

任务目标

1. 掌握生态公益林的概念。
2. 了解森林分类系统。
3. 熟悉国家级公益林管理。
4. 了解生态公益林管护和抚育。
5. 熟悉生态公益林整枝管理。
6. 掌握生态公益林整枝技术。

工作情景

(1)工作地点

在教室或实训室，多媒体或展板展示公益林整枝图片，有条件的情况下，可选择典型树木现场讲述，并选择公益林进行整枝。

（2）工具材料

生态公益林木、修枝剪、长柄修枝剪、高枝剪、手锯、砍刀、斧头、油锯、梯子、升降车、安全帽、安全绳、安全带、工作服、皮尺、标杆、铅笔、纸等。

（3）工作场景

以组为单位，5人为一组，每组选出组长1名，领取实训用具1套，并负责每组在实训指导老师的指导下进行修枝。经过整枝实际操作，使学生了解和掌握当地公益林主要树种的整枝技术和方法，了解不同类型公益林的修剪方法，正确掌握修枝锯、油锯、修枝剪等工具的使用方法。

知识准备

2.3.1 生态公益林分类

生态公益林（也称公益林）是指为维护和改善生态环境、保持生态平衡、保护生物多样性等满足人类社会的生态、社会需求和可持发展为主体功能，主要提供公益性、社会性产品或服务的森林、林木、林地。

按生态公益林提供的主导产品属性不同建立"森林类别—林种—二级林种"三级森林分类系统，见表2-2。

表2-2 生态公益林主导功能分类

类别	林种	二级林种	主导功能
公益林	特种用途林	国防林	保护国界、掩护和屏障军事设施
		科教实验林	提供科研、科普教育和定位观测场所
		种质资源林	保护种质资源与遗传基因、种质测定、繁育良种、培育新品种
		环境保护林	净化空气、防污抗污、减尘降噪、绿化美化小区环境
		风景林	维护自然风光和游憩娱乐场所
		文化林	保护自然与人类文化遗产，历史及人文纪念
		自然保存林	留存与保护典型森林生态系统、地带性顶极群落、珍贵动植物栖息地与繁殖区和具有特殊价值森林
	防护林	水土保持林	减缓地表径流、减少水力侵蚀、防止水土流失、保持土壤肥力
		水源涵养林	涵养和保护水源、维护和稳定冰川雪线、调节流域径流、改善水文状况
		护路护岸林	保护道路、堤防、海岸、沟渠等基础设施
		防风固沙林	在荒漠、风沙沿线减缓风速、防止风蚀、固定沙地
		农田牧场防护林	改善农区牧场自然环境、保障农牧业生产条件
		其他防护林	防止并阻隔林火蔓延、防雾、护渔、防烟等

2.3.2 生态公益林保护等级

生态公益林按其重要程度分为特殊保护林、重点保护林与一般保护林3个保护等级。

①特殊保护林。是指位于生态脆弱性等级和生态重要性等级一级地段的公益林，以及所有的国防林、自然保护区核心区、原始林和其他需要特殊保护的森林、林木、林地。

②重点保护林。是指位于生态脆弱性等级与生态重要性等级二级地段内的公益林，以及所有的实验林、环境保护林、文化林、风景林和其他需要重点保护的森林、林木、林地。

③一般保护林。是指除特殊保护和重点保护之外的公益林。

2.3.3 国家级公益林

国家级公益林是指生态区位极为重要或生态状况极为脆弱，对国土生态安全、生物多样性保护和经济社会可持续发展具有重要作用，以发挥森林生态和社会服务功能为主要经营目的的防护林和特种用途林。

国家级公益林保护等级分为两级：属于林地保护等级一级范围内的国家级公益林，划为一级国家级公益林，林地保护等级一级划分标准执行《县级林地保护利用规划编制技术规程》(LY/T 1956—2011)；一级国家级公益林以外的，划为二级国家级公益林。

一级国家级公益林原则上不得开展任何形式的生产经营活动，严禁打枝、采脂、割漆、剥树皮、掘根等行为。因教学科研等确需采伐林木，或者发生较为严重森林火灾、病虫害及其他自然灾害等特殊情况确需对受害林木进行清理的，应当组织森林经理学、森林保护学、生态学等领域林业专家进行生态影响评价，经县级以上林业主管部门依法审批后实施。集体和个人所有的一级国家级公益林，以严格保护为原则。根据其生态状况需要开展抚育和更新采伐等经营活动，或适宜开展非木质资源培育利用的，应当符合《生态公益林建设导则》(GB/T 18337.1—2001)、《生态公益林建设技术规程》(GB/T 18337.3—2001)、《森林采伐作业规程》(LY/T 1646—2005)、《低效林改造技术规程》(LY/T 1690—2017)和《森林抚育规程》(GB/T 15781—2015)等相关技术规程的规定，并按以下程序实施：

①林权权利人按程序向县级林业主管部门提出书面申请，并编制相应作业设计，在作业设计中要对经营活动的生态影响作出客观评价。

②县级林业主管部门审核同意的，按公示程序和要求在经营活动所在村进行公示。

③公示无异议后，按采伐管理权限由相应林业主管部门依法核发林木采伐许可证。

④县级林业主管部门应当根据需要，由其或者委托相关单位对林权权利人经营活动开展指导和验收。

二级国家级公益林在不影响整体森林生态系统功能发挥的前提下，可以按照相关技术规程的规定开展抚育和更新性质的采伐。在不破坏森林植被的前提下，可以合理利用其林地资源，适度开展林下种植养殖和森林游憩等非木质资源开发与利用，科学发展林下经济。国有二级国家级公益林除执行此规定外，需要开展抚育和更新采伐或者非木质资源培育利用的，还应当符合森林经营方案的规划，并编制采伐或非木质资源培育利用作业设计，经县级以上林业主管部门依法批准后实施。

2.3.4 生态公益林抚育

生态公益林经营是对合格的新成林和现有林进行经营管理直到森林与林木更新的过程。主要分为管护、抚育、改造和更新等建设内容。

特殊保护地区的生态公益林不允许进行任何形式的抚育活动，重点保护地区的生态公益林抚育必须进行限制，一般保护地区的生态公益林可以进行必要的森林抚育活动。生态公益林抚育以不破坏原生植物群落结构为前提，其主要目的是提高林木生长势，促进森林生长发育，诱导形成复层群落结构，增强森林生态系统的生态防护功能。

2.3.4.1 林分抚育

林分抚育的对象分为防护林和特种用途林。林分抚育方法包括定株抚育、生态疏伐、卫生伐和景观疏伐。

2.3.4.2 林带抚育

(1)抚育对象

符合下列情况之一的林带列为抚育对象：

①农田、牧场防护林带。林带密度大，竞争激烈，林带郁闭出现挤压现象；林带结构不符合防护要求的；遭受病虫害、火灾及雪压、风折等自然灾害，但受害木少于20%的。

②护路护岸林带。杂草、灌木、藤蔓等明显影响目的树种生长的；密度大、竞争激烈、严重影响林木生长的；对交通安全构成威胁的；林相残破、景观效应差的；遭受病虫害、火灾及雪压、风折等自然灾害，但病腐木少于20%的。

(2)抚育方法

林带抚育方法有以耕代抚、间伐、修枝和卫生伐。林带间伐时配合进行人工修枝。通过合理修枝调整林带疏透度、促进林木生长、提高防护效益。幼龄林阶段修枝高度不超过树高1/3，中龄林阶段修枝高度不超过树高的1/2，修枝后林带疏透度不大于0.4。

2.3.5 生态公益林整枝

根据国家林业局(现国家林业和草原局)发布的《生态公益林多功能经营指南》(LY/T 2832—2017)，全周期经营阶段将森林发生发展到最终利用全过程划分为4个阶段，即森林建群阶段、郁闭阶段、分化阶段与恒续林阶段。

整枝在郁闭阶段进行。郁闭阶段是指通过抚育措施促进优势个体的快速生长，形成良好的干形。对目标树进行选择和保护，充分利用目标树的自然整枝，并适当进行人工修枝，修枝后保留冠长不低于树高的2/3，在后期进行透光伐，伐除第1代干扰树，促进目标树生长，林下补植乡土树种，保留优秀群体时以群状为抚育单位。

2.3.5.1 纯林

(1) 经营目的

培育复层、异龄、多树种混交的生态公益林,形成健康、稳定、高效的多功能生态公益林。

(2) 修枝

目标树密度可大一些,但最多不超过 250 株/hm², 保护目标树,促进其树冠发育和直径生长。对目标树进行修枝,修去枯死枝和树冠下部 1~2 轮活枝,并保持修枝后冠长不低于树高的 2/3,枝桩尽量修平,剪口不能伤害树干的韧皮部和木质部,修枝间隔期按照《森林抚育规程》(GB/T 15781—2015)执行。

2.3.5.2 混交林

(1) 经营目的

调整林分结构,恢复地力,全面提高林分质量、产出与功能,在保持生态功能的同时,提升混交生态公益林的经济效益与社会效益,实现可持续经营的目标。

(2) 修枝

目标树选择时,应保持各混交树种的目标树比例维持在 1:1 左右,密度应控制在 250 株/hm² 内,根据实际情况可适当调整;适当对目标树进行人工修枝,修枝后保留冠长不低于树高的 2/3;后期郁闭度在 0.7 以上林木间对光、空间等开始产生比较激烈的竞争时应进行透光伐,调整林分组成,伐去生长不良和影响目标树生长的乔灌木、藤蔓和草本植物。同时,应注意保留林缘木、林界木和孤立木,坚持"多次少量"的原则,间伐强度控制在 15% ~ 25%,间隔期视郁闭度恢复情况确定。

2.3.6 主要公益防护树种整枝技术

2.3.6.1 辽宁省油松公益防护林修枝

(1) 整枝对象

①在幼龄林至中龄林林分中进行。

②在自然整枝不良,枝条影响林内光照、通风、卫生状况,以及影响林木正常生长的林分。

(2) 整枝方法

①在林分郁闭后树干下部出现 2~3 轮枯死枝时,修去枯死枝和树冠下部 1~2 轮活枝。

②幼龄林修枝后保留的树冠高度不低于树高的 2/3,中龄林修枝后保留的树冠高度不低于树高的 1/2。

③修枝在树液停止流动的季节(11 月下旬至翌年 3 月下旬)进行,作业时,切口要平滑,枝桩高于小枝径的 1/3。

④修枝的次数与间隔期因林分密度、林木生长状况而异。

2.3.6.2 北京市平原生态公益林修枝

(1) 修枝方法

①主干性强的乔木应确保主干生长优势,去除树高 1/3 以下或分枝点以下的萌生枝,使其顶端向上直立生长。主干性强的截干苗应在造林后 3~5 年内逐渐去除竞争枝,培养主干。

②主干性不强的树种,主干培养到 3 m 以上,顶端选留分布均匀的 3~5 个主枝,形成卵圆形或扁圆形的树冠,每年去除病虫枝、枯死枝、过密枝、伤残枝等。

③亚乔与灌木应剪除干扰树形并影响通风透光的过密枝、弱枝、枯枝和病虫枝,形成丰满的树形。观花类应适当回缩、短截、疏枝,促进花芽分化,避免大小年现象。

④树种相同且树龄一致的行道树,分枝点高度应基本一致,不低于 2.8 m。

⑤架空线、路灯和变压设备与树冠间应留出足够的安全距离,树木与架空线的安全距离按《行道树栽植与养护管理技术规范》(DB11/T 839—2017)中树木与架空线的安全距离规定执行,见表 2-3。

表 2-3 树木与架空线的安全距离

种类	架空线		安全距离(m)	
			水平距离(m)	垂直距离(m)
种类	电力线	≤1KV	≥1	≥1
		3~10KV	≥3	≥3
		35~110KV	≥3.5	≥4
		154~220KV	≥4	≥4.5
		330KV	≥5	≥5.5
		500KV	≥7	≥7
	通信线	明线	≥2	≥2
		电缆	≥0.5	≥0.5

(2) 修枝季节

①休眠期以整形为主,可稍重剪;生长期以修剪调整树势为主,宜轻剪。

②易出现伤流和流胶的树种应避开伤流和流胶盛期。

③抗寒性差、易抽条的树种宜在早春进行。

④观花亚乔与灌木应根据花芽分化形成的不同时期进行修剪。

⑤观枝灌木应在早春萌动前进行修剪,使冬枝充分发挥观赏作用。

(3) 剪口处理

①落叶乔木剪口位于皮脊处,剪口平滑并与树干平行,不留残桩,不撕裂树皮。

②针叶树修剪留桩(茬)高度以 1~2 cm 为宜。

③直径超过 3 cm 的剪锯口,应用刀削平并均匀涂抹专用保护剂促进伤口愈合。

2.3.6.3 北京市山区生态公益林修枝

修枝又称人工修枝,人为地剪去树冠下部的枯枝及部分活枝。剪去树干上部分活枝的措施称为绿修；剪去树干下部枯枝的措施称为干修。

(1) 修枝对象

①防护林。目的树种多，抚育不会造成水土流失和沙化的防护林，并符合下列条件之一者列为抚育对象：郁闭度 0.8 以上，林木分化明显，林下植被受光困难的林分；遭受病虫、火灾、雪压、风折等严重自然灾害，受害木达到 10% 以上的林分。

②特种用途林。抚育不会造成特种功能降低，并符合下列条件之一者列为抚育对象：密度过大，竞争激烈，林木分化明显，影响人们审美和风景游憩需求的林分；生长发育不良已不符合特定主导功能的林分；遭受病虫、火灾、雪压、风折等严重自然灾害，受害木达到 5% 以上的林分；出于观赏目的需要改变群落结构与组成的林分。

(2) 修枝方法

修枝分为干修和绿修两种，针叶树多进行干修，阔叶树多进行绿修。修枝采用平切法（贴近树干修枝），要求切口平滑，不撕裂树皮。

(3) 修枝频次

林分郁闭，树干下部出现枯枝后开始。针叶树在前一次修枝后出现两轮枯枝时再行修剪；阔叶树的间隔期一般为 3 年。

(4) 修枝季节

一般树种以冬末春初为宜。有些萌芽力很强的树种和冬春修枝会形成严重伤流的树种，宜在树木生长旺盛季节进行修枝。

(5) 修枝强度

幼龄阔叶树和针叶树不超过树高的 1/3；中龄阔叶树不超过树高的 1/2。

2.3.6.4 上海市生态公益林修枝

修枝是指人为地修去树冠下部的枯枝、病虫枝及部分活枝以利林木健康生长的过程。

(1) 修枝对象

林木生长出现病虫枝、枯枝，影响防汛、防火、交通等情形的枝条必须及时修剪。

(2) 修枝强度

根据树种特性、树龄、立地条件和树冠发育状况而定，修枝高度不宜超过树高的 1/2。

(3) 修枝方法

主要采用截枝、疏枝等，截口应平整，过于粗壮的大枝应分段截枝，防止扯裂。修剪物必须集中无害化处理或综合利用。

(4) 修枝季节

宜在春、秋、冬季进行。

2.3.6.5 河北省生态公益林修枝

(1) 修枝频次

树冠下部出现枯枝时进行修枝。针叶树在前一次修枝后再次出现死枝时进行下一次修枝。阔叶树的间隔期为 2~3 年。

(2) 修枝方法

用修枝剪等工具沿树干平切，修枝切口应靠近主干，使切口平滑，不撕裂树皮，不留枝桩。

(3) 修枝强度

幼龄林阶段，林木修枝高度应不超过树高的 1/3。

(4) 修枝季节

在非生长季进行。对于萌芽力强或有伤流现象的树种，在生长季修枝。

2.3.6.6 山西省人工生态公益林修枝

(1) 经营目标

根据立地环境、生态及经济需求、技术可行性等，选择两个或两个以上森林生态系统服务功能作为经营目标。

(2) 发展模式

以树种组成、林分结构及多功能经营目标相结合的方式确定发展模式，如 5 落叶松 4 云杉 1 花椒复层异龄混交的木材生产及休闲旅游多功能兼用林。

(3) 经营阶段划分

经营阶段划分为建群阶段、生长竞争阶段、质量选择阶段、自然更替阶段和恒续林阶段。修枝在质量选择阶段。质量选择阶段是从中龄林中、后期至近熟林后期。

(4) 修枝方法

① 目标树修枝。修枝方法按《森林抚育规程》(GB/T 15781—2015) 的规定执行。修枝时间为幼龄林、中龄林枝下高分别不及树高 1/3 和 1/2 时修枝。多数树种修枝以晚秋和初春为宜。皮层与木质部易分离树种，冬末树液流动前修枝；萌芽力强、伤流严重的树种，7 月~8 月修枝为宜。

② 一代目标树终选及抚育。按《森林抚育规程》(GB/T 15781—2015) 的规定进行目标树终选，株数为 120~150 株/hm^2，对目标树修枝，修枝方法按《森林抚育规程》(GB/T 15781—2015) 及目标树修枝执行。伐除干扰木。

任务实施

2.3.7 生态工益林修枝实训

2.3.7.1 实施过程

(1) 工具操作练习

在实训室或校内实训基地，教师边演示边介绍修枝剪等工具的正确使用方法，并为学生提供修枝模拟材料，学生在教师的指导下，在模拟修枝材料上进行操作，反复练习，熟悉操作技术，以便在实际生产中进行操作。操作中注意修枝工具的安全使用方法。

（2）生态公益林选择及植物识别

根据国家和当地公益林划分的相关规定，以及植物学、森林环境学等基础知识，选择一块或几块公益林，如农田防护林、护岸林、护路林等，作为修枝实训对象，操作前，正确识别植物，做好记录。

（3）确定修枝时间

一般情况下植物在生长季或休眠季修枝，具体要根据植物的生物学特性及发挥的作用来确定植物的修枝时间。

（4）确定修枝方法

仔细观察并认真思考分析确定修枝方法，保证树木正常生长，若原来修枝过的树木，分析其修枝方法是否合理，确定是否采用原修枝方法，还是重新确定修枝方法。注意必须先确定合理的修枝方法后才可以操作。

（5）修枝练习

①切口方式。切口方式根据生态公益林生长及树体要求，可采用平切、留桩、斜切等。学生练习3种切口方式，同时说明3种切口方式的应用以及应该掌握的关键环节。

②修枝方法。可参照商品林用材林修枝方法。

（6）归纳总结

通过修枝的实际操作，使学生了解和掌握当地公益林树种的修枝技术和方法，了解不同树种应采取的切口方式，熟悉不同年龄的树木修枝强度，基本掌握修枝锯等工具的使用方法。

2.3.7.2 成果提交

每位学生提交一份生态公益林修枝的实训报告，要求理论依据写明白，修枝过程叙述完整，说明工具操作要点和注意事项。

拓展知识

加强生态公益林综合管护，提高生态公益多种效能

浙江宁波奉化通过健全"效益体系"，多角度提高生态效益林木"优生优育"，巩固生态效益以生态公益林"优生优育"为重要抓手，按照去劣留优、去弱留壮、去密留稀、控制采伐强度、兼顾目标树分布均匀的原则，对密度过大、结构不良、森林质量和生态功能明显下降的中幼龄林，按森林的生长、发育顺序，开展疏伐、修枝、透光伐、生长伐、卫生伐，引进国内外近自然森林改造技术等，加快中幼林抚育，重点抚育木荷、香樟、枫香、檫树等乡土阔叶林树种，巩固生态效益，保护生态多样性。生态环境旅游，增强富民能力充分发挥公益林建设带动和促进农村森林生态旅游、农家乐的积极作用，提高林农收入水平。

目前，奉化建有溪口国家风景名胜区和黄贤、金峨山等4个省级以上森林公园，据不完全统计，年接待游客500万人次，旅游综合收入1.6亿元。全区有44家农家乐和景点，

年接待游客达1100万人次，旅游经济收入可观。奉化亭下水库德国专家在亭下水库指导近自然林森林抚育防疫人员为松树树干注射松材线虫病免疫剂健全"防治体系"，立体式保障林木健康松材线虫病是奉化公益林松树面临的主要危害，经过二十余年的努力，松材线虫病防治工作取得了显著成效。加强调查监测，夯实防治基础，充分发挥国家级中心测报点的作用，建立了由区、镇（街道）、村三级测报员组成的测报网络。每年开展春、秋两季的松材线虫病调查工作，并结合小班卡和小班图，对松树的发生小班、面积、株数等做详尽记录，确保调查监测覆盖面达到100%。同时，由镇（街道）出面与兼职测报员签订合同，将每个山头地块落实到每一名兼职测报员，要求发现一株枯死松树上报一株，为防治工作提供最详尽的数据资料。

> **巩固训练**

根据林带生长发育对防护林进行间伐，是保证主要树种正常生长的重要技术，也是保证林带结构的重点。在林带刚刚进入郁闭阶段，由于灌木或辅助树种生长茂密，产生压迫主要树种的情况时，要采取部分灌木（1/2左右）平茬或辅佐树种修枝，以解除主要树种的被压迫状态，供给主要树种以必要的光照，促进主要树种生长并使其在林带中占有优势地位。根据防护林的种间关系和生长特性应该及时进行修剪，要在保证林木树冠有足够同化面积的条件下，达到提高林木的干材质量和促进林木生长的目的。"宁低勿高，次多量少，先下后上，茬短口光"是林业部门的修枝经验，注意修枝高度不能超过林木全高的1/3或1/2等（即林冠枝下的高度，不能超过全高的1/3或1/2）。对公益林的修枝主要在郁闭度0.6以上、自然整枝不良、通风透光不畅、密度过大的中幼龄林内进行。

> **复习思考题**

一、名词解释

1. 自然整枝；2. 人工整枝；3. 人工整枝强度；4. 人工整枝间隔期；5. 摘芽；6. 整枝切口类型。

二、判断题

1. 人工林幼林的林木抚育包括间苗、平茬和除蘖、修枝和摘芽等内容。　　　　（　　）
2. 人工整枝能形成无节或少节的良才。　　　　（　　）
3. 人工整枝应选择有价值的高地位林分。　　　　（　　）
4. 杉木、刺槐、杨树等树种宜在生长季节整枝。　　　　（　　）
5. 摘芽可以培育无节良材，但不能缩短培育期。　　　　（　　）
6. 针叶树摘芽主要用于培养松树无节良材，阔叶树什么树种都可以摘芽。　　　　（　　）
7. 光照越充足越有利于伤口愈合。　　　　（　　）

三、单项选择题

1. 在造林后侧芽膨大，芽尖呈绿色时把芽抹掉的一种方法，称为（　　）。
   A. 除蘖　　　　B. 平茬　　　　C. 摘芽　　　　D. 切根

2. 人工整枝切口类型多数树种采用（　　）。
   A. 平切　　　　　B. 留桩　　　　　C. 斜口　　　　　D. 不一定
3. 人工整枝应选择（　　）。
   A. Ⅰ-Ⅱ级木　　　B. Ⅳ级木　　　　C. Ⅴ级木　　　　D. Ⅰ-Ⅴ级木
4. 人工整枝应选择在（　　）季节进行。
   A. 隆冬　　　　　B. 晚秋　　　　　C. 晚春　　　　　D. 盛夏
5. 林木人工整枝的主要对象是树木（　　）枝条。
   A. 下部　　　　　B. 中部　　　　　C. 上部　　　　　D. 全部
6. 摘芽宜在（　　）季节为好。
   A. 冬季　　　　　B. 3~4月份　　　C. 秋季　　　　　D. 6~8月份
7. 针叶树摘芽主要用于（　　）等树种。
   A. 杉木　　　　　B. 柏木　　　　　C. 松木　　　　　D. 任何针叶树
8. 人工整枝之所以能提高木材的材质是由于（　　）。
   A. 增加春材率　　B. 增加心材率　　C. 增加边材率　　D. 增加晚材率
9. 关于叶芽，下列哪个说法是正确的（　　）。
   A. 叶芽能使养分集中供应，加速直径生长
   B. 叶芽能使养分集中供应，加速树高生长
   C. 叶芽会使养分遭受损失
   D. 叶芽是培育无节良材的好方法，但费工费力

四、简答题

1. 杉木人工整枝如何确定合理的整枝强度？
2. 泡桐人工整枝主要技术要领包括哪些？
3. 樟树人工整枝如何确定合理整枝高度？
4. 为什么要进行人工整枝？
5. 人工整枝的主要技术要求有哪些？

项目3 林分抚育间伐

知识目标

1. 掌握林分抚育间伐的概念。
2. 掌握林分抚育间伐的任务、作用和目的。
3. 掌握抚育间伐的理论基础知识。
4. 了解抚育间伐种类划分及其原因,掌握抚育采伐的种类和方法。
5. 掌握开始进行透光抚育的条件,熟悉透光抚育的方法、采伐对象、采伐季节及透光抚育清除非目的树种及杂草的各种措施。
6. 了解林木各种分级法,掌握林木五级分级法、三级分级法及划分各级林木的标准。
7. 掌握森林抚育间伐的方法和技术。
8. 掌握森林抚育间伐外业调查方法及森林抚育间伐各项技术指标计算方法。

技能目标

1. 熟练掌握林分透光抚育的方法和技术。
2. 熟练掌握林分下层抚育、上层抚育、综合抚育及机械抚育的方法和技术。
3. 会根据林分生长状况确定抚育采伐的种类和方法。
4. 会运用克拉夫特五级分级法对林木进行分级。
5. 会运用三级木分级法对林木进行分级。
6. 熟练掌握林分抚育间伐技术指标的确定方法和计算方法。
7. 熟练掌握林分抚育间伐作业设计外业调查及内业统计。
8. 熟练掌握抚育采伐施工程序。
9. 能进行抚育间伐的规划设计。

素质目标

1. 把绿色发展理念融入生活当中,培养绿色生产、生活方式。
2. 秉承人与自然和谐共生,坚持绿色低碳生活的观念。
3. 具有良好的心理素质和克服困难的能力。

任务3.1 抚育间伐的理论基础

任务 3.1 抚育间伐的理论基础

 任务描述

该教学任务的完成，首先让学生课前预习课本，掌握森林抚育间伐的概念，了解森林抚育间伐的目的，用两节课时进行课堂教学，用一天时间到实习林分进行现场讲解与示范，现场操作，本任务的一个特点是阐述森林抚育间伐的概念及森林抚育间伐的理论基础，有助于学生对森林抚育间伐的理解及森林抚育间伐作用意义的认识。

任务目标

1. 掌握森林抚育间伐的概念、任务、作用和目的。
2. 掌握森林抚育间伐的理论基础。
3. 学会运用克拉夫分级法对林木进行分级。
4. 学会运用三级分级法对林木进行分级。

 工作情景

(1) 工作地点

在教室或实训教室讲授，多媒体演示抚育间伐的理论基础知识辅助教学。理论授课结束后，到一片不同龄级纯林或混交林林分进行森林发育规律进行讲解；选取一片中龄林或近龄林纯林林地按五级木分级法分级实地操作；选取一片中龄林或近龄林混交林林地按三级木分级法实地操作。

(2) 工具材料

测高器、围尺、皮尺、表格、铅笔、纸张、手套等。

(3) 工作场景

选择最适宜进行观察树木特征(林层、树冠等)的季节——树木未落叶的夏秋季节，在林内用按五级林木分级法进行分级实地操作或按三级林木分级法进行分级实地操作。

 **知识准备**

3.1.1 森林抚育间伐综述

3.1.1.1 森林抚育间伐的概念

森林抚育间伐又称抚育采伐、间伐、中间利用采伐，是指在未成熟林分中(从幼林郁闭起，至主伐前一个龄级止)，根据林分生长发育特点、自然稀疏规律及森林培育目标，为给保留木创造良好的生长环境条件，而适时适量采伐部分林木，调整树种组成和林分密度，改善环境条件，促进保留木生长的一种营林措施。抚育间伐是森林抚育中的一项核心

— 95 —

工作,在一般情况下,中幼龄林森林结构的调整,森林质量的提高,森林能够正常发挥各种效益,主要靠抚育间伐。

3.1.1.2 森林抚育间伐的任务、作用和目的

从幼林开始郁闭到近熟林时期是林分生长的主要时期,这个过程有时会很长,这期间抚育间伐是对森林培育的主要方式。根据森林起源、树种组成、树种特性可将森林分为天然林、人工林、混交林、纯林、针叶林、阔叶林、针阔混交林等。根据生长时间长短森林可分为幼龄林、中龄林、近熟林、成熟林、过熟林。在森林需要抚育间伐的生长时期,不同林分、不同种类的抚育间伐的作用、任务有些是相同的、有些是不同的,但目的是基本相同。

(1)森林抚育间伐的任务

①调整林分密度。所有种类的抚育间伐及每一次的抚育间伐,均有调整林分密度的作用。天然幼林密度一般较大,分布也不均匀;人工林无论是混交林还是纯林,通常是根据经营要求和树种特性如生长快慢配置密度,虽然分布均匀,但要考虑造林后的成活率、郁闭成林及早期林地利用率,造林初植密度通常较大。随着林分年龄的增长,每株树木正常生长所要求的营养面积会逐渐增加,接近郁闭时树木之间就开始营养空间的争夺。如果不抚育间伐,让其自由竞争,会出现林木个体正常的生长速度受到抑制造成生长不良,其次就是经过竞争依次出现林木分化、自然稀疏,造成无效消耗及林分培养目标难以实现。及时抚育间伐可控制上述两种情况出现,通过调整密度伐去部分生长劣势的林木或非目的林木,扩大生长良好的林木及目的树种的营养空间,并且使林分树木分布趋于均匀,以促进保留木和林分正常、健康生长。

②调整林分组成,防止逆行演替。混交林内的树种,根据经营目的可分为目的树种、非目的树种或主要树种、次要树种。天然混交林树种组成比较复杂,人工混交林随着年龄增加,林分组成及结构也会出现变化,部分混交树种的存在对目的树种、主要树种在某些生长阶段有促进作用,但是数量必须合理。有些组成及结构不合理树种只会抑制目的树种、主要树种的生长。通过抚育间伐,调整林分组成,逐次清除对目的树种、主要树种生长造成不良影响的非目的树种、次要树种及结构不合理树种,保持林内目的树种、主要树种的合理比例及优势,才能使林分向着符合经营要求的方向发展。

(2)森林抚育间伐的作用

①提高林分及林木质量。通过清除劣质林木、生长落后的林木、感染病虫害的林木来提高林分质量。自然发展的林分,随着年龄增加,会有数量不少的林木在自然稀疏中死掉。林分自然稀疏盲目性很大,枯死的未必都是非目的树种、次要树种或劣质林木,所谓劣质林木指双杈、伤损、多梢、弯曲、多节、偏冠、尖削度大的林木;生长落后的林木指生长孱弱、低矮、细高、枯梢、枯黄、枝叶稀疏的林木。保留的树种也并不都是优质的目的树种或主要树种。利用抚育间伐措施,实施按经营目的要求有选择的人工稀疏,取代无目的的自然稀疏,可达到去劣留优、去次留主,提高林分质量。

②缩短林分成熟年龄。林分成熟分:数量成熟,即树木或林分的材积生长量达到最大时的状态,这时期的年龄称数量成熟龄,在此年龄主伐,能保证在单位时间单位面积上获得最高的木材产量。工艺成熟又称利用成熟即树木或林分的目的材种平均生长量达到最大时的状态,这时的年龄称工艺成熟龄。与数量成熟相比,工艺成熟不仅考虑木材数量多

少,而且还要符合一定长度、粗度和质量的材种(如矿柱材、建筑材等)规格。经济成熟,即树木或林分生长达到经济收益最高时的状态,这时的年龄称经济成熟龄。

根据不同的经营目的,对林分实行抚育间伐,伐除掉劣质的、非目的、次要的树木,使林分密度始终较均匀合理,使保留木根据生长要求所需的营养面积能得到保证,各个阶段能正常生长或加速生长,从而使林木及林分培育年限大大缩短。据豫西山地华山松抚育间伐实验,可缩短华山松数量成熟龄10~12年。

(3)森林抚育间伐的目的

①实现早期利用,提高木材总利用量。抚育间伐及时地伐掉在自然稀疏过程中行将死亡的林木,使经营单位提前获得一部分中、小径材、薪材,实现早期利用。据研究,合理的抚育间伐能够做到在不降低主伐量的前提下,收获相当于主伐蓄积量30%~50%的间伐材,从而提高木材总利用量,达到以林养林、以短养长、长短结合的森林经营效果。对中幼龄林实施抚育间伐,实现林木早期利用,从一定程度上缓解了林业生产周期长、见效慢的弱点。

②增强林分抗性,发挥森林多种效能。受林分组成、层次、密度等结构特征影响,特别受生长状况制约。通过间伐对结构特征加以合理的调节,使林分、林木能健康茁壮生长,可以增加、改善、保证森林多种效能的发挥。主要表现在伐除了枯死木、濒死木、感染病虫害木不仅减少了森林病虫害的发生,同时调整了密度,林间空隙有所增加,保留木因营养空间得到扩大而生长健壮,增加了林木对雪压、雪折、风害的抗性。下层林木是地面火转为树冠火的中间过渡,将其间伐掉减少了森林火灾主要是树冠火发生的可能性。适当的间伐,增加林下透光度,使枯落物分解加快、土壤微生物得以繁殖、土壤养分条件得以改善、林下植物层有了较好的生长条件,这些不仅对保留木生长有利,也有利于生物多样性保护,使林分涵养水源作用、景观生态、净化空气等作用得到加强。

因此,对中幼龄林及时、合理、多次地实施抚育间伐,为林分始终保持旺盛、健康的生长势创造了条件。旺盛、健康的生长,使森林多种效能得以充分发挥。

3.1.2 森林抚育间伐的理论依据

(1)林木分化及自然稀疏规律

森林中的树木,高矮悬殊,粗细不等,在开花结实等生理特征方面也有明显差别。即使同龄纯林,所处的环境条件基本相似,在生长发育过程中,林木个体在形态和生活力方面会表现出差异,这种现象称为林木分化。在森林生长发育过程中,林分内的林木由于个体遗传性以及所处环境的不同,随着植物之间竞争关系的不断加剧,必然会出现一部分林木逐渐被淘汰,使林分随年龄的增长,单位面积上的株树却逐渐减少。这种现象称为林木自然稀疏。如南方杉木人工林8~30年间自然稀疏在60%。自然稀疏是林分内的个体由于竞争有限的营养面积而引起的。立地条件好、起始密度大的林分自然稀疏开始早、强度大。抚育间伐就是按照自然稀疏规律,在森林生长发育过程中根据目标树生长对营养面积的要求,适时地采伐部分林木,以人工稀疏取代自然稀疏,减少无效的自然竞争消耗,促使保留木健康、加速生长。在一定阶段根据林木生长对营养面积的要求,采伐部分树木,以满足保留木扩大营养空间的要求,促进其加速生长。因此,适当地减少单位面积的株数,既能保森林成熟时有最大的收获量,又能早期利用一部分小径材。

(2) 树种竞争规律

在混交林特别是天然混交林生长过程中,树种竞争情况通常比较普遍、激烈。一种情况是在树种互相排斥的竞争过程中,通常是质量较差、生长较快的次要树种占据优势,质量较好、生长较慢的树种常有被排挤掉的危险;另一种情况是当比较耐阴、价值比较高的树种处在林冠下生长时,受到上层喜光的次要树种林冠的压抑常常生长不良;在自然状态下改变这种状况,要靠森林演替,时间漫长。通过抚育间伐,采伐掉部分次要树种,在前一种情况下,可以保证质量好的树木免受排挤而占据优势地位;在后一种情况下通过采伐部分上层林木,可以使质量好的主要树种提前获得良好的生长发育条件,从而保证林分按经营目标方向发展。

(3) 叶量与林木生长的关系

叶片光合作用制造的有机质是树木生长的物质基础,在一定数量范围内树木叶片越多林分生长越快。据研究当林分充分郁闭后叶量就不因林木密度和林龄而变化,即充分郁闭的林分,尽管林龄增大、林木密度变化,林分内叶子总量几乎是不变的。若林分郁闭后密度不变,林木年龄在增长,平均单木叶量仍保持不变,有机物的生产量亦保持在一定程度上,这样在树高不断增长的情况下,年轮增长就越来越慢,势必延长工艺成熟龄。

对林分实施合理的抚育间伐,减少单位面积上的株数,保留木树冠得以扩张。当林分恢复郁闭时林分的总叶量与采伐前大致相同,而保留木的单株叶量却有较大增加致其生长速度加快,因而可缩短林木培育期。

3.1.3 林木分级

组成林分的林木,由于林木分化的结果,将在树高、直径、冠形、干形和利用价值等方面显示出明显差别,为了反映林分中林木分化程度和各林木在林分中的地位、前途以及它们与营林生产的关系,人们提出了多种划分林木级别的方法,并以此作为间伐时确定保留或砍伐林木的标准。

(1) 克拉夫特五级分级法

此法是由德国林学家克拉夫特(1884)提出的,根据林木生长势将林木分为 5 级,如图 3-1 所示。

图 3-1 克拉夫特五级分级法

① Ⅰ级木(优势木)。树高和胸径最大,树冠很大,且伸出一般林冠之上,受光最好。

② Ⅱ级木(亚优势木)。树高和胸径略次于Ⅰ级木,树冠向四周发育且较均匀对称,树冠略小于Ⅰ级木。

③ Ⅲ级木(中等或中庸木)。树高和胸径生长较前两级立木稍差,属于中等,树冠位于Ⅰ级木、Ⅱ级木之下,位于林冠的中层,树干的圆满度较Ⅰ级木、Ⅱ级木为大,并与Ⅱ级木一起构成林分的主林层。

④ Ⅳ级木(被压木)。树高和胸径生长落后,树冠窄小,受压挤。Ⅳ级木又分为$Ⅳ_a$级木和$Ⅳ_b$级木。$Ⅳ_a$级木:冠狭窄,侧方被压,部分树冠仍能伸入林冠层中,但侧枝均匀;$Ⅳ_b$级木:偏冠,侧方和上方被压,只有树冠顶梢尚能伸入林冠层中。

⑤ Ⅴ级木(濒死和枯死木)。生长极落后,树冠严重被压,完全处于林冠下层,分枝稀疏或枯萎。Ⅴ级木又分为$Ⅴ_a$级木和$Ⅴ_b$级木。$Ⅴ_a$级木:生长极落后,但还有部分生活的枝叶的濒死木;$Ⅴ_b$级木:基本枯死或刚刚枯死。

从克拉夫特五级分级法可以看出,林分主要林冠层是由Ⅰ级木、Ⅱ级木、Ⅲ级木组成,Ⅳ级木、Ⅴ级木则组成从属林冠层。随着林分的不断生长,林木株数逐渐减少,而减少的对象主要是Ⅳ级木、Ⅴ级木。同时主林层中的林木株数也会减少,那是由于这些林木因为林木竞争从高生长级下落到低生长级的结果。处于从属林冠的林木,往往被自然稀疏掉。

在未经间伐和人为尚未干扰的林分内,5级木的数量分布呈正态曲线,Ⅱ级木、Ⅲ级木数量最多,Ⅰ级木、Ⅳ级木、Ⅴ级木数量较少。这种分级法简单易行,可用来作为控制抚育间伐强度的依据;但缺点是,这种分级方法主要是根据林木的生长势和树冠形态分级,没有照顾到树干的形质缺陷。主要应用于壮龄以后的单层同龄林,也可参照用于混交林,但不宜用于幼龄林,因为幼龄林中,林木分化不明显,不能分级。

(2)三级木分级法

此法主要根据林木在林内所起的作用以及人们对森林的经营要求划分3类(图3-2):

① 目标树。树干圆满通直,天然整枝良好,树冠发育正常,生长旺盛,有培育前途的林木。

② 辅助木。有利于促进目标树天然整枝和形成良好干形的,对土壤有保护和改良作用的及伐除后即可能出现林窗或林中空地的林木。

③ 有害木。枯立木、濒死木、罹病木、被压木、弯曲木、多头木、霸王树、枝杈粗大与树干尖削度大的林木,以及妨碍目标树与辅助木生长的林木。

三级木分级法在天然混交林中比较适用,因为天然混交林基本呈钟状分布,可在各群团先划分植生组,生长位置比较接近,树冠之间有密切关系的一些树木,称为一个植生组。在各个植生组中再划分出上述三级木,然后进行抚育间伐。

(3)寺崎分级法

此法是日本人寺崎制订的林木分级标准。首先根据林冠的优劣区分两大组,然后再按树冠形态,树干缺陷细分(图3-3)。

① 优势木。组成上层林冠的总称,可分为Ⅰ级木和Ⅱ级木。

Ⅰ级木:树冠发育匀称,不受相邻林木的妨碍,有充分生长发育空间,树干形态也无缺陷的林木。

图 3-2 三级木分级法

Ⅱ级木：树冠、树干存在缺陷，如树冠发育过强，冠形扁平；树冠发育过弱，树干细长；树冠受挤压，得不到充分发展；形态不良的弯曲木或瘤节，或分叉多；病害木。

②劣势木。组成下层林冠的总称，可分为Ⅲ级木、Ⅳ级木和Ⅴ级木。

Ⅲ级木：树势减弱，生长迟缓，但树冠尚未被压，处于中间状态。

Ⅳ级木：树冠被压，但还有绿冠维持生活。

Ⅴ级木：衰弱木、倾倒木、枯立木。

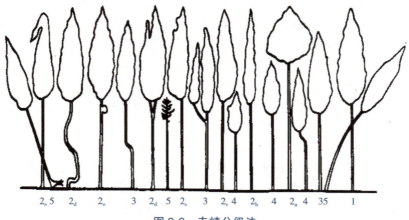

图 3-3 寺崎分级法

3.1.4 树木分级实训

3.1.4.1 实施过程

（1）标准地设置

在林分中有代表性地段用罗盘仪和皮尺设置 $10 \times 10 \ m^2$ 的标准地，误差要符合要求。

(2)林分各因子调查

量测样地内各株树木的胸径、树高、冠幅、枝下高、生长状况等。量测方法正确。

(3)林木分级

对标准地内的林木进行分级,要求分级合理。

①克拉夫特五级分级法。本法是根据林木生长势将林木分为五级。

Ⅰ级(优势)木:树高和胸径最大,树冠很大,且伸出一般林冠之上,受光最好。

Ⅱ级(亚优势)木:树高和胸径略次于Ⅰ级木,树冠向四周发育且较均匀对称,树冠略小于Ⅱ级木,并与Ⅰ级木一起构成林分的主林层。

Ⅲ级(中等或中庸)木:树高和胸径生长较前两级立木为差属于中等,树冠位于Ⅰ级木、Ⅱ级木之下。位于林冠的中层,树干的圆满度较Ⅰ级木、Ⅱ级为大。

Ⅳ级(被压)木:树高和胸径生长落后,树冠窄小,受压挤。级木又分为$Ⅳ_a$级木和$Ⅳ_b$级木。$Ⅳ_a$级木的冠狭窄,侧方被压,部分树冠仍能伸入林冠层中,但侧枝均匀;$Ⅳ_b$级木的偏冠,侧方和上方被压,只有树冠顶梢尚能伸入林冠层中。

Ⅴ级(濒死和枯死)木:生长极落后,树冠严重被压,完全处于林冠下层,分枝稀疏或枯萎。又分为$Ⅴ_a$级木和$Ⅴ_b$级木。$Ⅴ_a$级木生长极落后,但还有部分生活的枝叶的濒死木;$Ⅴ_b$级木基本枯死或刚刚枯死。

从克拉夫特五级分级法可以看出,林分主要林冠层是由Ⅰ级木、Ⅱ级木、Ⅲ级木组成,Ⅳ级木、Ⅴ级木则组成从属林冠层。随着林分的不断生长,林木株数逐渐减少,而减少的对象主要是Ⅳ级木、Ⅴ级木。而主林层中的林木株数也会减少,那是由于这些林木因为林木竞争从高生长级下落到低生长级的结果。处于从属林冠的林木,往往被自然稀疏掉。

这种分级法简单易行,使用于单层同龄林,也可参照用于混交林,但不宜用于幼龄林。

在未经间伐和人为干扰的林分内,五级木的数量分布呈常态曲线,即Ⅱ级木、Ⅲ级木数量最多,Ⅰ级木、Ⅳ级木、Ⅴ级木数量较少。

②三级木分级法。主要根据林木在林内所起的作用以及人们对培育的经营要求划分为三类。

优良木(或称保留木、培育木):在生长发育上最合乎经营要求的林木,是培育对象。一般情况下,优良木多数处在林冠上部或中部,但在目的树种被压的情况下,培育木也可在林冠下部的林木中选出。

有益木(或称辅助木):能促进培育木的天然整枝和形成良好的干形,并能起到保护和改良土壤的作用。当这些林木妨碍培育木生长时,就应该在抚育间伐过程中逐渐除掉。

有害木(或称砍伐木):是妨碍培育木和有益木生长的林木,或干形弯曲、多叉,枯立木,感染病虫害的林木,这些林木均应砍伐。

(4)确定下层疏伐法的采伐木对象

根据确定采伐木的原则及设计强度现场确定采伐木并用彩粉笔标志。

3.1.4.2 成果提交

每个小组成员相互配合,完成上述任务,每位组员独立撰写实训报告。并完成如下表格的填写。

> **巩固训练**

根据当地实际森林资源情况选取针叶纯林：北方地区可以选取落叶松、樟子松、油松、红松等针叶纯林或混交林；南方地区可以选取杉木、马尾松等针叶纯林进行或混交林进行林木分级练习。

任务3.2 抚育间伐的种类和方法

 任务描述

该教学任务的完成，首先让学生课前预习课本，用4课时进行课堂教学，用一天时间到实习林分进行现场讲解与示范，现场操作，本任务的一个特点是理论与实践相结合让学生掌握抚育间伐的种类和方法。

 任务目标

1. 了解森林抚育间伐的种类及演变历史。
2. 掌握森林抚育间伐的种类和方法。
3. 会根据林分生长状况确定森林抚育间伐的种类和方法。
4. 学会运用克拉夫特五级分级法对林木进行分级。
5. 学会运用三级木分级法对林木进行分级。

 工作情景

（1）工作场地

在教室或实训教室讲授，多媒体演示抚育间伐的种类和方法图片辅助教学。之后到一片需要抚育间伐的中幼林林地进行抚育间伐的种类和方法实地操作。

（2）工具材料

地形图、罗盘、三脚架、围尺、皮尺、测高器、标杆、记录夹、计算器、三角板、镰刀、粉笔、厘米方格纸、经营数表、伐区外业调查表。

（3）工作场景

用多媒体展示天然或人工幼中龄林，间伐木和保留木的选取，并由此引出抚育间伐的种类和方法的任务。

 知识准备

3.2.1 森林抚育间伐种类的划分

抚育间伐是森林抚育中的一项核心工作，在一般情况下，中幼龄林森林结构的调整、森林质量的提高，森林能够正常发挥各种效益，主要靠抚育间伐。世界上一些林业发达的国家，很重视抚育间伐，他们采用的抚育间伐的种类与方法往往是根据自己国家森林的情况而定。各国对抚育间伐种类与方法所用的名称有的一样、有的不一样，同一方法内容上有的相似、有的有差别，但总体上的抚育间伐目标基本一致。

3.2.1.1 国外森林抚育间伐种类的划分

美国将抚育采伐分为以下5类：

①除伐。是对尚未郁闭或已郁闭的幼林中的无用单株与欺压目的树种的次要树种加以采伐，对危害有用林木生长的草木、藤蔓也应割除。

②自由伐。在幼林中进行，去掉上层过熟木，使幼树不被压，得到自由生长发育。

③疏伐。对幼龄以后未成熟的林分，进行的抚育采伐，使保留木得到良好的生长发育。

④整理伐。即改良伐，是在幼龄期以后的林分中的主林冠层里伐去次要树种、不良形状与生育不良的林木，借此改善其组成与性质。林分如早已进行过除伐或自由伐，则不必再进行整理伐。

⑤废材伐。又称除害伐。林分由于火灾、风暴、病虫害的作用，使部分林木受害或死亡，此时应及时进行抚育间伐，伐去林分中受害重或已死亡的个体，阻止受害木的病虫蔓延。所以它又称为拯救伐。

日本很重视抚育间伐，从1981年以来，把抚育间伐列为林业最大的综合政策。日本传统的抚育采伐方法有寺畸式和牛山式两种。寺畸式间伐是将林木按树型划分为5级，根据林木外形进行间伐。但由于每个人的技术水平不同，很难进行准确的划分，达到相同的标准。牛山式间伐是将林木分为优良木、中等木、不良木3级，它要求同一直径的林木要有同一空间。另外，日本曾推出了一种"茄子摘取法"的方式，即采伐优势木，此法简便易行，它是将一切基准立足于价值生产和现在的价值收益。

3.2.1.2 我国的抚育间伐体系

我国于1957年制定的《森林抚育间伐规程》，将森林抚育间伐分为透光伐（郁闭前进行）、除伐（郁闭后进行）、疏伐（干形时期）、生长伐（加速材积生长）、卫生伐。1978年制定的《国有抚育间伐、低产林改造技术》，将森林抚育间伐分为透光抚育、生长抚育。1987年9月制定的《森林间伐更新管理办法》，将森林抚育间伐分为透光抚育、生长抚育、综合抚育。1996年7月制定的《森林抚育采伐规程》，将森林抚育间伐分为透光伐、疏伐、生长伐、卫生伐。

进入21世纪，由国家林业局组织编写，国家质量监督检验检疫总局与国家标准化管理委员会于2015年共同发布的《森林抚育规程》(GB/T 15781—2015)提出，森林抚育指幼林郁闭到进入成熟前围绕培育目标所采取的营林措施的总称，森林抚育仅针对中幼龄林开展，近熟林以封育为主。抚育间伐的种类包括透光伐、生长伐、卫生伐。

①透光伐。指在林分的幼龄阶段、开始郁闭后进行的抚育间伐。间密留匀、留优去劣，调整林分组成，为保留木留出适宜的营养空间。

②生长伐。指在中龄林阶段进行的抚育间伐。伐除生长过密、生长不良和影响目标树发育的林木进一步调整树种组成与林分密度，加速保留木生长，缩短工艺成熟期，提高林分质量和经济效益。

③卫生伐。只在遭受自然灾害的森林中进行，选择性地伐除已被危害、丧失培育前途的林木。

同时该规程为适应林业工作性质的发展变化，强调了森林生态功能的发挥，增加了生物多样性保护的有关规定，如提出在森林抚育中要注意保护野生植物、动物、保留鸟巢或人工鸟巢周围的林木、保护野生动物栖息地、保留林地内珍稀树种和国家、地方重点保护野生植物。

3.2.2 森林抚育间伐的种类和方法

3.2.2.1 林分透光抚育(透光伐)

透光抚育又称透光伐，是在林分幼龄阶段进行的抚育间伐。透光伐开始的时间、间伐的次数、间伐的强度等，对将来林分的生长发育影响很大，要保证林分质量和经营目标的实现，必须从幼龄林的透光伐开始做好森林抚育工作。

(1)幼龄林开始进行透光伐的条件

一般在幼林接近郁闭、林木受光不足、出现营养空间竞争、林木开始分化时开始透光伐，或目标树开始受到非目标树、灌木、杂草压抑时开始透光伐。以林分密度、郁闭度及林内树高等情况作参照，符合下列情况之一的幼龄林可开始进行透光伐。

①每公顷林分内树高30 cm以下的幼苗、幼树超过6000株，或30 cm以上的天然更新幼树超过3000株，幼苗、幼树层的植被总覆盖度80%以上。

②目标树高生长已经受到非目标树压制，目标树受灌木、杂草排挤。

③人工林林分郁闭度达0.9，或分布不均郁闭度在0.8以上时。

④分布较均匀的天然林林分郁闭度在0.8，或分布不均郁闭度在0.7以上时。

(2)透光抚育的采伐对象

透光抚育的采伐对象主要有以下4类：

①在天然林中，伐除对象是高大草本、灌木、藤蔓、影响目标幼树生长的萌芽条，以及目标树中生长不良的林木。以调整组成为主，调节密度为辅。

②在人工纯林中，伐除对象是过密的和质量低劣、无培育前途的林木。目的主要是调节林分密度。

③在人工混交林中，伐除对象是有碍主要树种生长的次要树种、藤蔓和草本植物。目的是为主要树种生长创造良好的条件。

④在天然更新或人工促进天然更新已获成功的采伐迹地或林冠下造林，新的幼林已经长成，需要砍除上层老龄过熟木，以培育下层新一代的目的树种。

在决定采伐对象时，除了要考虑树种间的竞争关系，还要考虑树种间的适应关系。有些树种或植株虽无长远的培养前途，但暂时保留它们，对遮护土壤、减少林地杂草滋生、调节小气候以促进主要树种的生长，均有一定益处。因此，不能一次将上述采伐对象全部砍去。

如小兴安岭林区的人工红松林，由于红松在幼龄林时期生长较慢，往往被天然更新的杨、桦等树种所压制，如透光伐时全部伐去杨、桦等非目的树种，虽可使红松生长加快，但因环境条件的急剧变化，易使红松幼树发生枯黄，而且在全光下红松易遭虫害，发生早期分叉。针对红松的特征，在施行红松林透光抚育时，技术人员总结出一套使红松侧方蔽荫而上方透光的办法，即对于林地上天然发生的乔、灌木，应按"挨着别挤着"红松侧枝，"护着别盖着"红松主枝的原则决定是采是留。它是正确运用了红松与天然发生的阔叶树种种间的对立统一关系，不仅把红松从阔叶树的压抑下解放出来，而且又合理地利用后者为前者创造良好的生长条件。

（3）透光抚育的方法

透光抚育实施的方法有 3 种：全面抚育、团状抚育和带状抚育。

①全面抚育。在全部林地内将抑制主要树种生长的次要树种按一定强度普遍伐除。这种方法只有在交通方便，劳力充足，能源材有销路，主要树种占优势，且分布均匀的情况下才使用。

②团状抚育。主要树种的幼树在林地上分布不均匀，数量又不多的情况下，可采用此法。抚育仅在有主要树种的群团内进行，伐除那些抑制主要树种幼树生长的次要树种，无主要树种幼树的地方则不进行抚育，这样可节省劳力和费用。

③带状抚育。将林分分为若干抚育带和保留带间隔排列，通常是等带，带宽 2.0 m 左右；也可以分为不等带。先在抚育带内进行抚育，保留主要树种，清除次要树种。保留带暂不进行抚育，保留带又称间隔带。在抚育带内施行抚育以后若干年后，如果间隔带上的林木妨碍抚育带上林木的生长，则应将那些影响抚育带上的林木砍去。在进行带状抚育时，应考虑当地的气候与地形条件，以决定带的方向。一般在缓坡及平地，可南北向设带，使幼林能获得较多的光照，利于林木生长；在气候条件恶劣，土壤干燥地区宜东西向，在经常有大风的地区，带的方向应与主风方向垂直，以防风倒、风折和树干偏斜、弯曲的危害；在山地陡坡，带的方向与等高线平行，以利于水土保持。

（4）透光抚育的采伐季节、强度和频数

透光抚育在多数情况下是砍除那些生长速度快、萌芽能力强的非目的树种。因此，选择采伐季节具有重要意义。采伐时间在夏初最适宜，这是由于：一是落叶的非目的树种处于春梢已经长成，叶片完全展开的物候阶段，可降低被伐木伐根萌芽能力；二是容易识别各树种之间的相互关系；三是这时候枝条柔软，采伐时不易砸倒碰断保留木。在冬季进行透光抚育采伐最差，因为冬季幼树枝条较硬脆。采伐上层木时很容易砸伤碰断保留木，在北方尤其是刚解除压制的幼树突然遇到初春的旱风，往往造成大量死亡，在地势低的地方，保留木易受冻害。

透光抚育的采伐强度很少用蓄积量或株数计算。因为在幼龄阶段，林分多半由密度较大的小林木组成，单位面积株数虽多，而材积很少；有时也可能砍伐林内混生的个别大的上层木，株数虽少，而单株材积较大。因此，按蓄积量或株数计算采伐强度，在生产上无多大现实意义,而采用采伐后保留郁闭度多少为标准。一般天然林透光伐后伐郁闭度不低于0.6;人工林郁闭度不低于0.7。

透光抚育进行一次往往不够,要根据目的树种幼龄阶段的长短进行多次。一般每隔2~3年或3~5年再进行一次,速生丰产林的间隔期为2~3年。间隔期的长短视伐后郁闭度恢复情况而定,一般郁闭度恢复到0.8~0.9可再次进行透光抚育。

(5)透光抚育清除非目的树种及杂草的措施

在进行透光抚育清除次要树种、灌木、杂草时,一般有3种措施可供选择,或者3种措施兼而用。

①用抚育刀或割灌机械伐除。

②斩梢抚育,即用镰刀斩去应伐对象的中、上部,这适应于保持水土作用要求较高的地段,且该树种斩稍后不易萌发新枝,如针叶树。

③用化学药剂(除草剂)清除灌木、杂草、非目的树幼树等。

(6)透光抚育中化学除草剂的应用

手工清除幼林中的非目的树种及杂草劳动强度大、工作效率低、成本高;机械清除需购置设备、维修设备,成本也较高。透光抚育中利用化学除草剂清除非目的树种及杂草具有工效高、成本低的特点。透光抚育中使用化学除草剂除草时应了解化学除草剂的类型,做到药剂选择得当、使用方法正确,确保安全无误。

目前,大约有几十种除草剂已在林业上应用。在透光抚育中主要用于天然混交幼林或新造人工林,清除非目的树种、灌木、藤蔓与杂草。苯氧乙酸类的二苯氧乙酸(2,4-D)和三氯苯氧乙酸(2,4,5-T)的80%的钠盐粉剂、50%的钠盐液剂及40%~50%丁酯乳油应用效果较好。如在目的树种为云杉的幼龄林,桦木、赤杨的幼树过密且长势旺,可采用的2,4-D及2,4,5-T的钠盐杀伤清除桦木、赤杨及杂草;在目的树种为松树的幼龄林,山杨、桦木过多,用2,4,5-T丁酯乳油效果较好。氯酸盐类的氯酸钠和卤化脂肪酸类的四氯丙酸(TFP-Na)在清除影响目的树种的竹类时效果明显。由于四氯丙酸比灭生性的氯酸钠更有利于保护水土,其应用更广。化学药剂处理非目的树种和灌木的方法可分为以下3种:

①叶面(嫩枝)喷洒。一般在清除幼小林木时多采用,此法适用大面积机械化作业,尤其可利用飞机进行空中喷洒。

②林木木质部及韧皮部注射。适用于去除大的成年林木,此法收效大,省工。

③涂刷。主要用于处理伐根,抑制萌条生长。

在混交幼林中,进行药剂叶面喷洒的时间一般在7月中旬至8月初,此时林木生长已趋于停止,顶芽已经形成。如果施用过早,会伤害主要树种的生长。

在次生混交林中,第一林层由非目的树种如山杨所组成,第二林层由主要树种如云杉等组成。为了给云杉创造良好的生长条件,通常所采用的方法是砍除第一林层的山杨。因在砍伐过程中会损伤大量的第二林层的云杉,同时突然消除第一林层,云杉会因不适应骤然改变了的光照条件而罹病。如果采用除草剂来清除上层林木,就会克服这些缺点。山杨受药剂毒杀后,在林地上暂时还保留着死亡的树冠,使林地光照条件逐渐改善,待其树枝干枯脱落后,再行砍伐,这时砍倒的树干对云杉的损害已大大减轻。对山杨的毒杀可用注射法,在树干的基部用利刀砍一较大的环状切痕,在切痕处注入药剂。

使用除草剂要应特别注意的是，各种药剂对人畜都有毒性，在大面积施用时，要注意可能引起环境的严重污染，危及人畜的安全。有的药剂杀伤能力强或具有选择性的杀伤能力，用错了会把需要保留的幼树杀伤或致死。

3.2.2.2 林分生长抚育（生长伐）

林木从速生期开始，直至主伐前一个龄级为止的时期内，树种之间的矛盾焦点集中在对土壤水分、养分和光照的竞争上。为使不同年龄阶段的林木占有适宜的营养面积而采取的抚育措施。根据树种特性、林分结构、经营目的等因素，生长抚育的主要方法有四种：下层抚育法、上层抚育法、综合抚育法和机械抚育法。

(1) 林分下层抚育法

下层抚育法是砍除林冠下层的濒死木、被压木以及个别处于林冠上层的弯曲、分叉等不良木。实施下层抚育时，利用克拉夫特五级分级法进行分级最为适宜。利用此分级法，可以明确地确定出采伐木。一般下层抚育强度可分为3种：弱度下层抚育，只砍除Ⅴ级木；中度下层抚育，砍伐Ⅴ级木和Ⅳ$_b$级木；强度下层抚育，砍伐Ⅴ级木和Ⅳ级木（图3-4）。

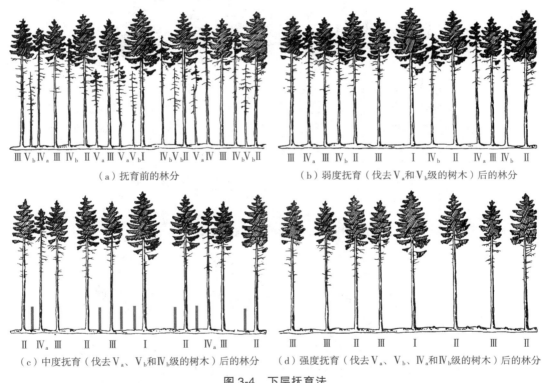

图3-4 下层抚育法

此方法的优点在于简单易行，利用林木分级即能控制比较合理的采伐强度，易于选择砍伐木；砍除了枯立木、濒死木和生长落后的林木，改善了林分的卫生状况，减少了病虫危害，从而提高了林分的稳定性。获得的材种以小径材为主，上层林冠很少受到破坏，基本上是用人工疏稀抚育替代林分自然稀疏，因而有利于保护林地和抵抗风倒危害。但此法基本上是"采小留大"，若采用弱度抚育，则对稀疏林冠、改善林分生长条件的作用不大。

在针叶纯林中应用较方便。我国目前开展的抚育多数采用下层抚育法,如杉木、马尾松、落叶松等。

(2) 林分上层抚育法

上层抚育法以砍除上层林木为主,抚育后林分形成上层稀疏的复层林(图3-5,图3-6)。它应用在混交林中,尤其上层林木价值低、次要树种压抑主要树种时,应用此法。实施上层抚育时首先将林木分成:目标树(树冠发育正常,干形优良,生长旺盛)、辅助树(有利于保土和促进优势木自然整枝),有害树(妨碍优良木生长的分叉木、折顶木、老狼木等)三级。抚育时首先砍伐有害树,对生长中等或偏下的目的树种和辅助树种应适当加以保留,当然过密的有益木也应伐除一部分。上层抚育法主要砍伐优势木,这样就人为地改变了自然选择的总方向,积极地干预了森林的生活。砍伐上层林木,疏开林冠为保留木创造与以前显著不同的环境条件,能明显促进保留木的生长。上层抚育法技术比较复杂,同时林冠疏开程度高,特别在抚育后的最初1~2年,易受风害和雪害。一般在混交林比较适用。

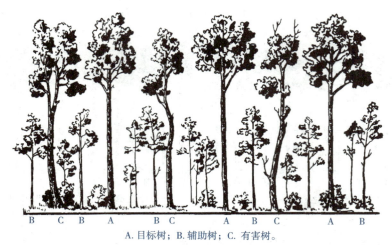

A. 目标树;B. 辅助树;C. 有害树。

图3-5　上层抚育法:抚育前林分

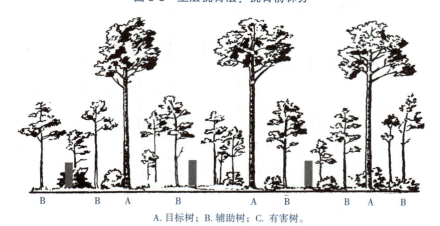

A. 目标树;B. 辅助树;C. 有害树。

图3-6　上层抚育法:抚育后林分

(3) 林分综合抚育法

综合抚育法结合了下层抚育法和上层抚育法的特点，既可从林冠上层选伐，也可从林冠下层选伐，可以认为综合抚育法是上层抚育法的变形，在混交林和纯林中均可应用（图3-7，图3-8）

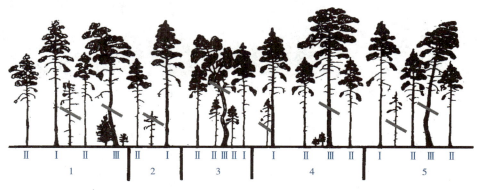

图 3-7　综合抚育：伐后前林分

图 3-8　综合抚育：伐后林分

进行综合抚育时，将在生态学上彼此有密切联系的林木划分出植生组，在每个植生组中再划分出目标树、辅助树和有害树，然后采伐有害树。保留目标树和辅助树，并用辅助树控制应保留的郁闭度，在每次抚育前均应重新划分植生组和林木级别，综合抚育法是在树木所有的高度和径级中砍伐林木，采伐强度有很大的伸缩性！而且取决于林分的性质、组成、林相和经营目的。采伐后使保留的大、中、小林木都能直接地受到充足的阳光，形成多级郁闭，此法灵活性大，但选木时要求有较高的熟练技术，抚育后对林分生长效果经常并不理想，尤其在针叶林中，易加剧风害和雪害的发生，一般适用于天然阔叶林，尤其在混交林和复层异龄林中应用效果较好。

(4) 林分机械抚育法

机械抚育又称隔行隔株抚育法、几何抚育法（图3-9，图3-10）。这种方法用于在过密的幼林中或在人工林中，按事先确定的砍伐行距和株距，机械地隔行采伐或隔株采伐，或隔行又隔株采伐。此法基本上不考虑林木的分级和品质的优劣，只要事先确定了砍伐行距或株距后，采伐时大小林木统统伐去。这种方法的缺点是砍伐木中有优质木，保留木中有不良木。优点是：技术简单，功效高；生产安全，作业质量高；便于清理迹地与伐后松土。

图 3-9 机械带状采伐　　　　　　图 3-10 机械行状采伐

3.2.2.2 林分卫生伐

卫生伐是为了保持林分的健康和防止森林病虫害的传播与蔓延而进行的一种抚育采伐方式。在遭受病虫害、风折、风倒、雪压、森林火灾的林分中进行，伐除已被危害、丧失培育前途的林木。

由于这些目的通过一般的抚育间伐也能达到，所以只有在某些特殊情况下（如火灾、虫害及其他自然灾害），不能与最近的其他抚育采伐结合进行时才单独实行卫生伐。卫生伐的对象是：枯立木、风倒木、风折木、受机械损伤或生物危害的树木、弯曲木、病虫害木等。卫生伐没有固定的间隔期和采伐强度，一般无经济收入。只有在集约林区及防护林、风景林、森林公园林分中应用较多。

任务实施

3.2.3 使用化学药剂进行透光抚育实训

本任务实施的重点是用化学除草剂清除非目的树种、灌木、杂草。实习前全班学生按 6~8 人 1 组分组。

3.2.3.1 实施过程

(1) 采伐措施清除非目的树种和无培育前途的林木、灌木、杂草

①树种识别和计算密度。根据经营目的确定和树种形态特征识别目的树种与非目的树种；选择有代表性的地段打 5~8 个样方计算密度。学生从第一步开始记录。

②规划设计。根据主要树种的幼树在林地上分布情况，及不同的地形条件，确定在什么样的地段进行团状抚育（标出哪一团抚育、哪一团不抚育）什么样的地段进行带状（带宽 1.0~2.0 m，抚育带之间距离为 3.0~4.0 m）、什么样的地段进行全面抚育。划出用采伐措施清除非目的树种、灌木、杂草的地段和用化学除草剂清除非目的树种、灌木、杂草的地段。每个组、每个学生都要动手，用采伐措施清除所分地段林内的非目的树种、灌木、

杂草。

③选择若干团、带实施采伐清除。在确定要抚育的团、带内用抚育刀、割灌机将萌枝力强的树种从根茎处割除,如山杨、栎类、用镰刀将萌枝力弱的树种从树干中上部斩梢处理。作业时注意要将生长势弱或感染病虫害的目的树种一并清除,使保留木分布均匀;注意保留部分目的树种生长,还有辅佐作用的非目的树种。

(2)用化学药剂(除草剂)清除非目的树种、灌木、杂草

在划出的用化学除草剂清除非目的树种、目的树种中生长不良的林木、无培育前途的林木、灌木、杂草的地段,全班学生进行分工,一起实施该项内容。

①学习幼林透光抚育使用化学药剂注意事项。幼林指造林后接近郁闭的林分,一般在造林后6个月或翌年就可使用化学药剂(除草剂)清除非目的树种、灌木、杂草。清除时间是生长季节开始后,以茎叶处理为主。除草方式根据树种及生产需要可进行全面、带状或穴状喷药处理。除草前要测定树高和地径,为了避免误差,测地径时要方向一致。对土壤黏重与低湿地,在土壤处理前要松土和挖好排水沟等。使用草甘膦、百草枯必须避开或遮挡林木绿色部分。施前要了解药性和使用方式,要计算作业面积、准确称取用药量,注意保证效果和防止药害。要选择晴天施药,施后 12~18 h 内无大雨,才能保证药效;采用喷施应注意风向,做到喷雾方向与顺风方向一致或与风向呈斜角,背风喷药时要退步移动。喷洒要均匀周到,速度适当,避免重喷和漏喷。施后在药剂有效期内,不要中耕松土,以免影响药效。操作人员必须戴手套、口罩,防止药剂接触皮肤、口腔,操作完毕要洗手,最好洗一次澡。

②用药作业设计。选择若干团、带实施化学药剂(除草剂)清除。要根据实习林分所清除的非目的树种、灌木、杂草种类选择适宜的除草剂。具体参见表 3-1。

表3-1 幼林抚育常用除草剂及用法

除草剂名称	剂型	作用方式	防除植物种类	剂量(商品量)(kg/hm²)	药剂量(kg/L)	施药方法
草甘膦	10%水剂	传导	一年生草本 多年生窄叶草 多年生阔叶草 灌木与萌条 非目的乔木	4.5~10 10~20 20~30 30~40 50以上	450	喷雾法
盖草能	24%乳油	传导	一年生阔叶草 多年生阔叶草 灌木与萌条 非目的乔木	2~3 3~5 5~7.5 7.5~10	450	喷雾法或根桩涂抹法
二甲四氯钠	72%钠盐	传导	一年生阔叶草 多年生阔叶草 灌木与萌条 非目的乔木	2~3 3~5 5~7.5 7.5~10	450	喷雾法
调节膦	10%水剂	触杀	灌木与萌条等	15~30	450	喷雾法

(续)

除草剂名称	剂 型	作用方式	防除植物种类	剂量(商品量)(kg/hm^2)	药剂量(kg/L)	施药方法
林草净	25%水剂	传导	一年生杂草本 多年生杂草 竹类 灌木与萌条 非目的乔木	2~3 3~10 6~10 10~15 15~20	450	喷雾法或点射法

注：引自《主要造林树种林地化学除草技术规程》(GB/T 15783—1995)。

选好药后，进行作业设计，并填写作业设计表(表 3-2)。

表 3-2 作业设计表

用药目的	面积	树种	植被类型	除草方式	配方	除草剂及数量	作业时间	作业天数	作业人数及分工
备注	配药用具(量筒、1%天平、搅拌棒、各种容量器皿) 劳保用品(毛巾、肥皂、脸盆、风镜、手套、工作服) 财务预算(药剂等物料费、用工费、交通费)								

③配药方法。参照表 3-1 选药，配制药液的水必须是清水。配药方法如下，根据林分状况选择。

直接法：除草剂、水剂、添加剂按一定比例、顺序，直接混配成药液的方法。

母液法：用直接法先配成高浓度药液，称为母液，使用时按一定比例稀释后使用。

混合法：根据药剂的可混性将 2 种或 2 种以上除草剂，按一定比例混合一起施用的混配方法。

水剂、乳油、胶悬剂、先取少量水加入喷雾器中，再用量筒量取规定量药剂，倒入少量水中，搅拌均匀，以后边搅拌边加水规定水量。可湿性粉剂，称取定量药剂在小容器中，加入少量水调成糊状，再倒入喷雾器药箱内，边加水边搅拌至规定水量。配药时要填写配药记录(表 3-3)。

表 3-3 配药记录表

日期年 月 日	用药目的	面积(hm^2)	除草剂名称	药剂量(kg/hm^{2}或 L/hm^2)	药剂量(kg/hm^{2}或 L/hm^2)	药械名称	按药械每次配		共计药+水
							药剂量	加水量	

④用药方法。用药前及用药后分两次填写幼林地化学除草调查统计表(表 3-4)。

表 3-4 幼林地化学除草剂调查统计表

作业位置	用药次数	用药前目的树种调查				用药前植被调查			对目的树影响	施药方式
		树种	年龄	平均胸(地)径(cm)	平均高(cm)	类型	主要种类	平均高(cm)		

(续)

配方	处理方式与药械	用药时间年月日	用药后调查杀草率(%)			施药后目的树种调查				
						当年			二年	
			15 d	30 d	抗性杂草种类	平均高(cm)	胸(地)径(cm)	伤苗率(%)	平均高(cm)	胸、地径(cm)

用药方法如下,根据林分状况与选用的化学除草剂性状进行选择。

a. 茎叶处理:具体包括以下方法。

喷雾法:指用器械将药液形成雾状喷在植物茎叶上。

喷洒法:除草剂配成药液后,用喷洒器(或喷洒枪)喷洒距离在10~15 m内的植物茎叶上或土壤上。山地道路的下坡、陡坡不能进行喷雾时可用此法。

涂抹法:用涂抹器把配制好的药液涂抹在防除植物茎叶上,因没有飘移可用于敏感树种幼林中除草。

砍痕法:将非目的树种的树干处砍成一圈,在砍痕内施用除草剂,杀死树木,在林分中用于单株高大树木的处理。

茎干注射法:通过注射器把除草剂药液注射到被除树木的主干木质部或韧皮部,在林分中用于单株树木的处理。

根桩或树蔸法(截面法):用喷雾或涂抹法把除草剂药液施于刚伐后的桩面韧皮部,防止根桩萌条再生。

b. 土壤处理:具体包括以下方法。

药土法或称毒土法:按一比例稀释后的除草剂药液,均匀喷洒于过筛的有机质含量少、湿润的细土或细沙上,充分混拌,然后堆沤2~3 h后施于防除杂草生长的土表,将药土混入一定深度(视除草剂挥发情况而定)的土壤中。

封闭法:把除草剂药液均匀施于土表,不再耙动,形成药土层,杀死萌发的杂草。

点射法:把除草剂药液用点射器(喷枪)点射到预定部位,除草剂通过雨水淋溶进入土壤中,杀死附近的灌木和杂草。用于人工林穴状除草。

土壤注射法:用注射器(或喷枪)把除草剂药液按要求注入防除植物的一定深度的根区内,用以杀死多年生深根杂草或灌木。

c. 用药注意事项:林木有病虫害和新栽苗木不宜用药;喷洒时喷头放低,尤其是草甘膦、百草枯,防止除草剂飘移到附近敏感作物上;喷洒时必须露水已干,不宜清晨用药;为了防止重复喷洒,可以在除草剂中加染料以示区别。

⑤透光抚育使用化药剂方法成本计算。

根据实习用工量和当地社会经济状况及使用劳力费用计算。计算情况填入化学除草成本计算表(表3-5)。

表 3-5 化学除草成本计算

用药目的	树种	面积(hm^2)	人工除草费			化学除草成本核算							占人工除草费百分比(%)
			工资(元/工日)	用工数(个)	合计	工资(元/工日)	用工数(个)	工资费(元)	药剂费(元)	其他费用(元)	物料费(元)	化学除草费合计(元)	

3.2.3.2 成果提交

每位学生提交一份使用化学药剂进行透光抚育的实训报告。

3.2.4 森林下层抚育实训

实训前全班学生按 6~8 人 1 组分组。

3.2.4.1 实施过程

(1) 确定下层抚育采伐小班

选择郁闭度 0.8~0.9 符合下层抚育条件的中龄林小班,采用现地小班调查方法,对林分的林木进行实地调查。按地块实地调查作业小班界线,充分采用 GPS 进行辅助定位,不能上图的面积采用实地丈量或用 GPS 测量,利用 GIS 求算面积。作业小班范围确定以后,再对小班各因子进行详细调查。

调查因子包括:土地种类、面积、土地权属和林木权属、地貌、海拔、森林分类区、优势树种(组)、林分起源、林龄、郁闭度、平均胸径、平均高、公顷断面积、界定二级林种等。

(2) 调查阶段

采用样地调查法,抚育间伐抽样面积要求人工林不少于小班面积的 2%,封山育林、飞播林及天然次生林不少于 3%。

单个标准地设置与标准地布设:一般不小于 400 m^2;标准地的形状可设置为块状、带状或圆形。块状标准地可设为任意多边形,可用罗盘仪或用 RTK 测定任意多边形标准地的转角点,闭合差≤1/200。带状标准地要求带宽不小于 6 m,长度不小于 70 m 的带状标准地。方向与人工林行向呈 45°;以测绳为中心两边各垂直取 3 m 以上确定样地边界。圆形标准地要求半径不小于 11.29 m。标准地布设可采用典型分布法、划分作业小班法、等分作业小班法。

(3) 标准地每木检尺

在标准地内分树种根据"四看四留"确定采伐木和保留木:一看树冠,二看树干,三看树种,四看株距,砍了劣留优,砍弯留直,砍密留匀,砍病腐留健壮。采伐木按材质等级并分类登记,按树种逐株分采伐木和保留木检尺。

用材树按材质:用材部分长度不小于 6.5 m,或树高 18 m 以下,其用材部分不小于树高1/3的树木；用材部分长度占全树高40%以上。

半用材树：用材部分长度 2 m（针）或 1 m（阔）以上，但不足全树高40%。

薪材树：用材部分长度不足 2 m 的树木。

测量林木胸径采用测树钢卷围尺测量，测量精度为胸径≥20 cm 的树木测量误差小于2%，胸径<20 cm 的树木测量误差小于 0.5 cm；树高测量：采用SCG-1视距测高器分别树种按每个径阶选取一定数量的平均木，测定各径阶树木平均树高，中央径选测 3~5 株，相邻的两个径阶选测 2~3 株，其他各径阶测一株树高，树高测量误差小于5%（附表1）。

（4）内业设计

根据外业调查树高和胸径实测值分别树种绘制各树种树高-胸径曲线图，根据标准地实测数据用立木材积表法和出材量表法求算标准地蓄积量和出材量，以标准地平均蓄积量与出材量推算伐区总蓄积量和总出材量（附表2至附表4）。

①森林蓄积量及出材量的计算。按径阶查立木材积表各径阶单株材积，然后计算标准地蓄积、采伐蓄积量，再根据标准地蓄积量推算小班蓄积量。其中：

$$标准地总蓄积量 = \sum 各径阶检尺株数 \times 径阶平均单株材积 \quad (3-1)$$
$$标准地采伐木蓄积量 = \sum 采伐木各径阶的检尺株数 \times 径阶平均单株材积 \quad (3-2)$$
$$小班总蓄积量 = 标准地单位面积蓄积量 \times 小班面积 \quad (3-3)$$
$$小班采伐总蓄积量 = 标准地单位面积采伐蓄积量 \times 小班面积 \quad (3-4)$$

②平均直径。林分平均直径的计算是以每木检尺的结果为基础，计算方法有径阶加权法和断面积法两种。

③平均树高。林分平均树高测量是结合每木检尺时进行，平均树高包括小班平均树高、标准地平均树高和径阶平均高。平均树高的调查方法根据其计算方法不同，有图解法（树高曲线）和加权平均法两种。在调查设计中，多采用图解法，只有林分比较整齐的情况下，才使用加权平均法。

④间伐强度。有以下两种方法。

根据标准地中确定的砍伐木的株数和标准地中林木的株数计算株数强度。

$$P_n = \frac{n}{N} \times 100\% （株数百分率） \quad (3-5)$$

式中：n——采伐木株数；

N——伐前总株数。

根据标准地中确定的砍伐木的蓄积量和标准地中林木的蓄积量计算蓄积强度。

$$P_v = \frac{v}{M} \times 100\% （材积百分率） \quad (3-6)$$

式中：v——采伐木总蓄积量；

V——伐前总蓄积量。

3.2.4.2 成果提交

每位学生提交一份森林下层抚育的实训报告。

3.2.5 森林上层抚育实训

实训前全班学生按 6~8 人 1 组分组。

3.2.5.1 实施过程

(1) 确定上层抚育小班

确定需要上层抚育的混交林小班。选择郁闭度 0.8~0.9 上层林木开始抑制下层林木生长的混交中龄林小班。采用现地小班调查方法，对林分的林木进行实地调查。按地块实地调查作业小班界线，充分采用 GPS 进行辅助定位，不能上图的面积采用实地丈量或用 GPS 测量，利用 GIS 求算面积。

作业小班范围确定以后，再对小班各因子进行详细调查。调查因子包括：土地种类、面积、土地权属和林木权属、地貌、海拔、森林分类区、优势树种(组)、林分起源、林龄、郁闭度、平均胸径、平均高、公顷断面积、界定二级林种等。

(2) 调查阶段

采用样地调查法，抚育采伐抽样面积要求人工林不少于小班面积的 2%，封山育林、飞播林及天然次生林不少于 3%。

单个标准地设置一般不小于 400 m²。标准地的形状可设置为块状、带状或圆形。块状标准地可设为任意多边形，可用用罗盘仪或用 RTK 测定任意多边形标准地的转角点，闭合差≤1/200。带状标准地要求带宽不小于 6 m，长度不小于 70 m；方向与人工林行向成 45°，以测绳为中心两边各垂直取 3 m 以上确定样地边界。圆形标准地要求半径不小于 11.29 m。标准地布设可采用典型分布法、划分作业小班法、等分作业小班法。

(3) 林木分级

在标准地内采用三级木分级法将林木分级。

①目标树。树干通直圆满，天然整枝良好，树冠发育正常，生长旺盛，有培育前途的林木。

②辅助树。有利于促进优良木天然整枝和形成良好干形的，对土壤有保护和改良作用的，以及伐除后可能出现林窗或林中空的林木。

③有害树。枯立木、濒死木、病腐木、被压木、弯曲木、多头木、霸王树，以及非目的树种和其他妨碍目标树、辅助木生长的林木。

(4) 确定砍伐木及标准地每木检尺

抚育时首先确定砍伐处上层林木的有害树，对生长中等或偏下的目的树种和辅助树种应适当加以保留，过密的有益木也应伐除一部分。采伐木按材质等级并分类登记，按树种逐株分采伐木和保留木检尺。

用材树按材质：用材部分长度不小于 6.5 m，或树高 18 m 以下，其用材部分不小于树高 1/3 的树木；用材部分长度占全树高 40% 以上。

半用材树：用材部分长度 2 m(针)或 1 m(阔)以上，但不足全树高 40%。

薪材树：用材部分长度不足 2 m 的树木。

胸径测量：测量林木胸径采用测树钢卷围尺测量，测量精度为胸径≧20 cm 的树木测量误差小于 2%，胸径<20 cm 的树木测量误差小于 0.5 cm。

树高测量：采用 SCG-1 视距测高器分别树种按每个径阶选取一定数量的平均木，测定各径阶树木平均树高，中央径选测 3~5 株，相邻的两个径阶选测 2~3 株，其他各径阶测一株树高，树高测量误差小于 5%(附表 1)。

(5) 内业设计

根据外业调查树高和胸径实测值分别树种绘制各树种树高-胸径曲线图，根据标准地实测数据用立木材积表法和出材量表法求算标准地蓄积量和出材量，以标准地平均蓄积与出材量推算伐区总蓄积量和总出材量(附表 2 至见附表 4)。

①森林蓄积量及出材量的计算。按径阶查立木材积表各径阶单株材积，然后计算标准地蓄积、采伐蓄积量，再根据标准地蓄积量推算小班蓄积量，见式(3-1)至式(3-4)。

②平均直径。林分平均直径的计算是以每木检尺的结果为基础，计算方法有径阶加权法和断面积法两种。

③平均树高。林分平均树高测量是结合每木检尺时进行，平均树高包括小班平均树高、标准地平均树高和径阶平均高。平均树高的调查方法根据其计算方法不同，有图解法(树高曲线)和加权平均法两种。在调查设计中，多采用图解法，只有林分比较整齐的情况下，才使用加权平均法。

④间伐强度。有两种方法，具体见式(3-5)和(3-6)。

3.2.5.2 成果提交

每位学生提交一份森林上层抚育的实训报告。

3.2.6 综合抚育实训

实习前全班学生按 6~8 人 1 组分组。

3.2.6.1 实施过程

(1) 确定综合抚育小班

在林场或林区选择需要进行综合抚育的中龄林小班。采用现地小班调查方法，对林分的林木进行实地调查。按地块实地调查作业小班界线，充分采用 GPS 进行辅助定位，不能上图的面积采用实地丈量或用 GPS 测量，利用 GIS 求算面积。作业小班范围确定以后，再对小班各因子进行详细调查。

调查因子包括：土地种类、面积、土地权属和林木权属、地貌、海拔、森林分类区、优势树种(组)、林分起源、林龄、郁闭度、平均胸径、平均高、公顷断面积、界定二级林种等。

(2) 调查阶段

采用样地调查法，抚育间伐抽样面积要求人工林不少于小班面积的 2%，封山育林、飞播林及天然次生林不少于 3%。

单个标准地设置一般不小于 400 m²。标准地的形状可设置为块状、带状或圆形。块状标准地可设为任意多边形，可用罗盘仪或用 RTK 测定任意多边形标准地的转角点，闭合差≤1/200。带状标准地要求带宽不小于 6 m，长度不小于 70 m 的带状标准地。方向与人工林行向呈 45°；以测绳为中心两边各垂直取 3 米以上确定样地边界。圆形标准地要求半径不小于 11.29 m。标准地布设可采用典型分布法、划分作业小班法、等分作业小班法。

(3) 确定保留木、采伐木及标准地每木检尺

进行综合抚育时，将在生态学上彼此有密切联系的林木划分出植生组，在每个植生组中再划分出目标树、辅助树和有害树、然后采伐有害树、保留目标树和辅助树、并用辅助树控制应保留的郁闭度。在标准林地内分树种调查确定材质等级并分类登记，按树种逐株检尺，测量林木胸径采用测树钢卷围尺测量，测量精度为胸径≥20 cm 的树木测量误差小于 2%，胸径<20 cm 的树木测量误差小于 0.5 cm。

树高测量：采用 SCG-1 视距测高器分别树种按每个径阶选取一定数量的平均木，测定各径阶树木平均树高，中央径选测 3~5 株，相邻的两个径阶选测 2~3 株，其他各径阶测一株树高，树高测量误差小于 5%(附表 1)。

(4) 内业设计

根据外业调查树高和胸径实测值分别树种绘制各树种树高-胸径曲线图，根据标准地实测数据用立木材积表法和出材量表法求算标准地蓄积量和出材量，以标准地平均蓄积与出材量推算伐区总蓄积量和总出材量(附表 2 至附表 4)。

①森林蓄积量及出材量的计算。按径阶查立木材积表各径阶单株材积，然后计算标准地蓄积、采伐蓄积量，再根据标准地蓄积量推算小班蓄积量，见式(3-1)至式(3-4)。

②平均直径。林分平均直径的计算是以每木检尺的结果为基础，计算方法有径阶加权法和断面积法两种。

③平均树高。林分平均树高测量是结合每木检尺时进行，平均树高包括小班平均树高、标准地平均树高和径阶平均高。平均树高的调查方法根据其计算方法不同，有图解法(树高曲线)和加权平均法两种。在调查设计中，多采用图解法，只有林分比较整齐的情况下，才使用加权平均法。

④间伐强度。有两种方法，具体见式(3-5)和式(3-6)。

3.2.6.2 成果提交

每位学生提交一份《森林综合抚育的实训报告》。

3.2.7 机械抚育实训

实习前全班学生按 6~8 人 1 组分组。

3.2.7.1 实施过程

(1) 确定机械抚育小班

在林场或林区选择郁闭度在 0.8~0.9 过密的天然或人工中龄林小班。采用现地小班调查方法,对林分的林木进行实地调查。按地块实地调查作业小班界线,充分采用GPS进行辅助定位,不能上图的面积采用实地丈量或用GPS测量,利用GIS求算面积。作业小班范围确定以后,再对小班各因子进行详细调查。

调查因子包括:土地种类、面积、土地权属和林木权属、地貌、海拔、森林分类区、优势树种(组)、林分起源、林龄、郁闭度、平均胸径、平均高、公顷断面积、界定二级林种等。

(2)调查阶段

采用样地调查法,抚育采伐抽样面积要求人工林不少于小班面积的2%,封山育林、飞播林及天然次生林不少于3%。

单个标准地设置一般不小于400 m^2。标准地的形状可设置为块状、带状或圆形。块状标准地可设为任意多边形,可用罗盘仪或用RTK测定任意多边形标准地的转角点,闭合差≤1/200。带状标准地要求带宽不小于6 m,长度不小于70 m的带状标准地。方向与人工林行向呈45°;以测绳为中心两边各垂直取3 m以上确定样地边界。圆形标准地要求半径不少于11.29 m。标准地布设可采用典型分布法、划分作业小班法、等分作业小班法。

(3)确定保留木、采伐木及标准地每木检尺

进行机械抚育时,按事先确定的砍伐行距和株距,机械地隔行采伐或隔株采伐,或隔行又隔株采伐。不考虑林木的分级和品质的优劣,事先确定砍伐行距或株距后,采伐时大小林木统统砍伐。在标准林地内分树种调查确定材质等级并分类登记,按树种逐株检尺,测量林木胸径采用测树钢卷围尺测量,测量精度为胸径≧20 cm的树木测量误差小于2%,胸径<20 cm的树木测量误差小于0.5 cm。

树高测量:采用SCG-1视距测高器分别树种按每个径阶选取一定数量的平均木,测定各径阶树木平均树高,中央径选测3~5株,相邻的两个径阶选测2~3株,其他各径阶测一株树高,树高测量误差小于5%(附表1)。

(4)内业设计

根据外业调查树高和胸径实测值分别树种绘制各树种树高-胸径曲线图,根据标准地实测数据用立木材积表法和出材量表法求算标准地蓄积量和出材量,以标准地平均蓄积与出材量推算伐区总蓄积量和总出材量(附表2至附表4)。

①森林蓄积量及出材量的计算。按径阶查立木材积表各径阶单株材积,然后计算标准地蓄积、采伐蓄积,再根据标准地蓄积量推算小班蓄积量,见式(3-1)至式(3-4)。

②平均直径。林分平均直径的计算是以每木检尺的结果为基础,计算方法有径阶加权法和断面积法两种。

③平均树高。林分平均树高测量是结合每木检尺时进行,平均树高包括小班平均树高、标准地平均树高和径阶平均高。平均树高的调查方法根据其计算方法不同,有图解法(树高曲线)和加权平均法两种。在调查设计中,多采用图解法,只有林分比较整齐的情况下,才使用加权平均法。

④间伐强度。有两种方法,具体见式(3-5)和式(3-6)。

3.2.7.2 成果提交

每位学生提交一份《森林综合机械抚育的实训报告》。

拓展知识

森林抚育采伐是森林培育的一项基本技术措施，世界各国在抚育采伐方面具有较长的历史，并积累了丰富的经验。有关史料证明，我国是世界上抚育间伐应用最早，文字记载最早的国家。如 11 世纪后期，《东坡杂记》里记载，松从"七年之后，乃可去其细密者使大"，就已经有了实施松树抚育的开始期和方法的文字载。到了 1621 年，《群芳谱》（明王象晋撰）里所载，白杨"及长至四、五寸，便可取做屋材用，留端正者长为大用"该书更加全面地阐述了关于杨树抚育的目的、开始期、采伐对象和方法。到近现代我国的营林措施未得到进一步的挖掘和发展，而欧洲及日本在这方面研究发展较快。

20 世纪 30 年代初期至 40 年代中后期，我国杰出的林学家陈嵘借鉴日本的营林经验，在其专著《造林学概要》中，记述了抚育的种类（除伐与疏伐）、方法、开始期、采伐强度、采伐木选择以及采伐季节等。40 年代初，郝景盛在学习德国营林经验的基础上，编著了《实用造林学》。40 年代中后期，黄绍绪编译了美国林学家霍莱的《造林实施法》更为详尽而系统地将欧洲及美国的现代抚育采伐理论和应用技术介绍到我国，但在当时实践中运用较少。中华人民共和国成立后，大量翻译出版了苏联及东欧的林业科技书刊，正式由俄国引入了"森林抚育采伐"这一技术术语。1956 年林业部首次颁布《森林抚育采伐规程》。1995 年至 2015 相继颁发了中华人民共和国国家标准《森林抚育规程》。

纵观世界森林抚育的发展简史，可概括为 3 个阶段：

第一阶段为初级阶段。大约 11 世纪至 19 世纪末期，本阶段的主要特点是，针对个别树种提出某一种具体的抚育采伐方法，但缺乏理论性与系统性。

第二阶段为定性阶段。19 世纪末至 20 世纪 50 年代，本阶段的主要标志是形成系统的抚育采伐理论，提出抚育采伐种类和方法，产生各种采伐木选择的林木分级方法。重点为采伐木的选择、根据树种特性、龄级和利用目的、选定某种抚育采伐的种类和方法，再按林木分级确定何种等级林木应该伐除，由选择采伐木的结果计算采伐量。

第三阶段为定量阶段。自 20 世纪 50 年代末 60 代初开始。

随着电子计算机和数理统计方法在林业上的应用，在施行抚育采伐时，把注意力放在林分的生长效应上。根据林分的生长与立木密度之间的数量关系，在林分不同的生长阶段按经营目的研制出合理密度，以确定砍伐木或保留木的数量。

巩固训练

根据当地实际森林资源情况选取人工林或天然林进行抚育间伐的种类和方法的练习。

任务 3.3　抚育间伐技术指标

任务描述

该教学任务要求学生对现场拟抚育间伐林分进行调查，并采用定性和定量的方法确定出各种抚育间伐的开始期、抚育间伐强度和抚育间伐间隔期，并正确选择保留木和采伐木。

 任务目标

1. 能够正确确定抚育间伐的开始期。
2. 能够确定抚育间伐强度。
3. 能确定抚育间伐的间隔期。
4. 能正确确定砍伐木和保留木。
5. 会正确计算采伐强度。

 工作情景

（1）工作场地

林场或林区需要进行森林抚育的幼中龄林

（2）工具材料

地形图、罗盘、三脚架、围尺、皮尺、测高器、标杆、记录夹、计算器、三角板、镰刀、粉笔、厘米方格纸、经营数表、伐区外业调查表。

（3）工作场景

用多媒体展示天然或人工幼中龄林。天然林中树木生长状态多种多样，有的林木生长高大，树冠已处于主林冠层，但是树干弯曲变形，没有太大的培育前途。在其树荫下的经济价值比较高的树种，反而树干圆满、通直，受到了高大林木的压制。有的生长矮小的林木本来经济价值就不高，它的存在还争夺一些树形高大圆满、树干通直的林木的营养。怎么解决这个问题？由此引出透光抚育、生长抚育或卫生抚育的任务。

 知识准备

3.3.1　抚育间伐开始期

为使抚育间伐得到好的效果，各种抚育方式都包括以下几项技术要素：抚育间伐开始期、抚育间伐强度和抚育间伐重复期等。

抚育间伐开始期是指什么时候开始抚育间伐。开始太早，对促进林木生长的作用不明显，不利于优良的干形形成，不能用间伐材，也会减少经济收益；开始太晚，则造成林分密度过大，林木生长差，影响保留木的生长。因此，合理确定抚育间伐的开始期，对于提高林分生长量和林分质量有着重要意义。

抚育间伐开始期的确定，没有统一规定，一般应在林分分化剧烈，林木树冠和根系生长开始相互干扰时，根据经营目的、树种组成、林分起源、立地条件、原始密度、单位经营水平等因素加以确定。另外，还必须考虑可行的经济、交通、劳力等条件。具体确定可采取以下几种方法。

(1) 根据林分生长量下降期确定

林分直径和断面积连年生长量的变化，能明显地反映出林分的密度状况。因此，直径和断面积连年生长量的变化，可作为是否需要进行第一次抚育间伐的指标。当直径连年生长量明显下降时，说明树木生长营养空间不足，林分密度不合适，已影响林木生长，此时应该开始抚育间伐。当林分的密度合适，营养空间可满足林木生长的需要，则林木的生长量不断上升。据研究南方杉木在中上等立地条件下，4500株/hm^2，4年生为胸径生长最旺盛期，到5年生开始下降，6~7年生时明显下降；断面积生长量在5年生达到最高，于6~7年时开始下降。因此，可以将6~7年生作为该立地条件和造林密度下，杉木林进行首次抚育间伐的时间。

(2) 根据林木分化程度确定

在同龄林中林木径阶有明显的分化，当林分分化出的小于平均直径的林木株数达到40%以上，或Ⅳ、Ⅴ级木占到林分林木株数30%左右时，应该进行第一次抚育间伐。福建省杉木、马尾松被压木(Ⅳ、Ⅴ级木)株数占总株数20%~30%，福建柏、柳杉被压木株数占总株数15%~25%，可进行间伐。

(3) 根据林分直径的离散度确定

林分直径的离散度是指林分平均直径与最大、最小直径的倍数之间的距离。不同的树种，开始抚育间伐时的离散度不同。例如，刺槐的直径离散度超过0.9~1.0时，麻栎林的直径离散度超过0.8~1.0时，应进行第一次抚育间伐。

(4) 根据自然整枝高度确定

林分的高密度引起林内光照不足，当林冠下层的光照强度低于该树种的光合补偿点时，则林木下部枝条开始枯死掉落，从而使活枝下高增高。一般当幼林平均枝下高达到林分平均高1/3时(如杉木)或1/2时(福建柏、柳杉)，应进行初次抚育间伐。

(5) 根据林分郁闭度确定

这是一种较早采用的方法，用法定间伐后应保留的郁闭度为准，当现有林分的郁闭度达到或超过法定保留郁闭度时，即应进行首次间伐。一般树种间伐后应保留的郁闭度为0.7左右。如果林分的郁闭度达0.9(如杉木、福建柏、柳杉)或0.8(如马尾松)时，可进行首次间伐。

有时用树冠长和树高之比来控制(冠高比)。一般冠高比达到1:3时，应考虑进行初次抚育间伐。使用这种方式，必须区别喜光树种和耐阴树种，并且要有实际经验或以其他指标加以校正。

(6) 根据林分密度管理图确定

林分密度管理图是现代森林经营的研究成果，我国对杉木、落叶松等主要造林树种已建立了比较成功的林分密度管理图。在系统经营的林区，可用林分密度管理图中最适密度与同树种、同年龄、同地位级的实际林分密度对照，实际林分密度高于图表中密度时，表明现有林分应进行抚育间伐。

我国南方主要树种杉木、马尾松、建柏、柳杉首次间伐年龄见表3-6。

表 3-6　南方主要树种（部分）首次间伐年龄

经营类型	培育目标	经营水平	立地质量	杉木		马尾松		福建柏		柳杉	
				初植密度（株/hm²）	首次间伐年龄（年）	初植密度（株/hm²）	首次间伐年龄（年）	初植密度（株/hm²）	首次间伐年龄（年）	初植密度（株/hm²）	首次间伐年龄（年）
Ⅰ	大径材	集约	Ⅰ（2020~2018）	2505~3000	8~9	2505~3000	9~10	2505~3000	9~10	2505~3000	9~10
		一般	Ⅰ（2020~2018）	2505~3000	9~10	2505~3000	10~11	2505~3000	10~11	2505~3000	10~11
Ⅱ	中径材	集约	Ⅰ~Ⅱ（2020~2016）	2700~3000	8~9	3000~3600	11~12	2700~3000	10~11	2700~3000	10~11
		一般	Ⅰ~Ⅱ（2020~2016）	2700~3000	9~10	3000~3600	11~12	2700~3000	11~12	2700~3000	11~12
		集约	Ⅱ~Ⅲ（2016~2012）	3000~3600	9~11	3000~3600	12~13	3000~3600	10~11	3000~3600	10~11
		一般	Ⅱ~Ⅲ（2016~2012）	3000~3600	10~11	3000~3600	12~13	3000~3600	11~12	3000~3600	11~12
Ⅲ	小径材	集约	Ⅲ（2012~2010）	3600~4500	10~11	3600~4500	13	3600~4500	11~12	3600~4500	11~12
		一般	Ⅲ（2012~2010）	3600~4500	11~12	3600~4500	13	3600~4500	11~12	3600~4500	11~12

3.3.2　森林抚育间伐强度

3.3.2.1　抚育间伐强度的概念和表示方法

抚育间伐时采伐及保留林木的多少，使林分稀疏的程度称为抚育间伐的强度。不同间伐强度对林内环境条件产生的影响不同，反应在林木生长上也有不同的影响。确定适宜的采伐强度，可直接影响抚育间伐的效果，是抚育间伐技术中的关键问题。表示强度的方法有：

(1) 以株数表示

$$P_n = n/N \times 100\% \tag{3-7}$$

式中：P_n——株数强度；

　　　n——采伐株数；

　　　N——伐前林分株数。

用株数强度表示，计算比较简单，人工抚育间伐时，常用这种方法表示间伐强度。但反映不出间伐出材量，可能会产生以下问题：下层疏伐时是砍伐小径级的，上层疏伐时是砍大径级，机械疏伐时是大、小径级均砍，所以常常砍伐的株数的百分率相同，但伐后林分结构却有很大差异。所以一般只在透光伐幼林中和不需要计算材积的间伐中采用。

（2）以蓄积量表示

$$P_v = v/V \times 100\% \tag{3-8}$$

式中：P_v——蓄积强度；
　　　v——采伐木蓄积量；
　　　V——伐前林分总蓄积量。

材积强度可直接反映间伐材的数量，但计算材积比较麻烦，也不能说明采伐后林木营养面积的变化。因为同树种、同立地条件、同年龄时材积和断面积存在线性关系，所以有时可用断面积代替材积来计算间伐强度。

以上两种表示方法各有优缺点，在实际工作中为更好地说明抚育间伐强度，上述两种指标往往同时应用。

亦可以用采伐木的平均直径（d_2）与伐前林分平均直径（d_1）之比，即 $d = d_2/d_1$ 表示 P_v 与 P_n 之间关系。

$$P_v = d^2 \times P_n \tag{3-9}$$

当 $d>1$ 时，则按材积计算的强度大于按株数计算的强度，出现于采用上层疏伐法。
当 $d<1$ 时，则按材积计算的强度小于按株数计算的强度，出现于采用下层疏伐法。
当 $d=1$ 时，则二者相等，出现于采用机械疏伐法。
综合疏伐法时 3 种情况均可能出现。
在下层疏伐中，不同强度等级所反映的两种指标也不同。如：
弱度间伐强度：$P_n = 10\% \sim 25\%$，$P_v = 10\% \sim 15\%$。
中度间伐强度：$P_n = 26\% \sim 35\%$，$P_v = 16\% \sim 25\%$。
强度间伐强度：$P_n = 36\% \sim 50\%$，$P_v = 26\% \sim 35\%$。
极强度间伐强度：$P_n > 50\%$，$P_v > 35\%$。

3.3.2.2　抚育间伐强度的确定原则及分级标准

（1）抚育间伐强度的确定原则及依据

①确定原则。能提高林分的稳定性，不致因林分稀疏而招致风害，雪害和滋生杂草；不降低林木的干形质量，又能改善林木的生长条件，增加营养空间；有利于单株材积和林木利用量的提高，并兼顾抚育间伐木材利用率和利用价值；形成培育林分的理想结构，实现培育目的，增加防护功能或其他有益效能；紧密结合当地条件，充分利用间伐产物，在有利于培育森林的前提下增加经济收入。

②抚育间伐的确定依据。合理抚育间伐强度的确定应考虑以下因素。
　　a. 经济条件：主要指经营目的、交通运输、劳力、小径材销路等方面，如经营大径材，运输条件好，小径材有销路的情况下，可采用较大的间伐强度。
　　b. 树种特性：顶端优势明显的速生树种，可采用较大的间伐强度。
　　c. 林分年龄：壮龄期树木生长旺盛，抚育后恢复较快，可采用较大的间伐强度；中龄期树木生长减弱，间伐强度小些。
　　d. 立地条件：立地条件好，林木生长快，抚育后恢复快，间伐强度可大些。

(2)抚育间伐强度分级标准

间伐强度如采用每一次伐木的材积总数占伐前林分蓄积量的百分率表示,也可分为以下4级。

弱度:砍去原蓄积量15%以下。
中度:砍去原蓄积量16%~25%。
强度:砍去原蓄积量26%~35%。
极强度:砍去原蓄积量36%以上。

抚育间伐时,如采用各次采伐所取得的材积总数占主伐时蓄积量的百分率称为总强度,也可分为以下4级。

弱度:占主伐时林分蓄积量的40%~50%。
中度:占主伐时林分蓄积量的51%~75%。
强度:占主伐时林分蓄积量的76%~100%。
极强度:占主伐时林分蓄积量的100%以上。

3.2.2.3 抚育间伐强度的确定方法

抚育间伐强度确定的方法,比较理想的是应该通过长期的、不同抚育间伐强度的定位研究,制定出在一定立地条件下,与经营目的相适应的,以及各不同生长发育阶段林分应保留的最适株数,以此作为标准来确定现实林分的间伐强度。抚育间伐强度的确定方法分为定性间伐和定量间伐两大类。

(1)定性抚育间伐

根据树种特性、龄级和利用的观点,预先确定某种抚育间伐的种类和方法,再按照林木分级确定应该砍去什么样的林木,由选木的结果计算抚育采伐量。

①按林木分级确定抚育间伐强度。利用克拉夫特五级分级法,在下层疏伐中可确定哪一等级或某等级中的哪一部分林木应该砍掉,从而决定抚育间伐强度。通常强度级别可分为:弱度抚育采伐,采伐Ⅴ级木;中度抚育采伐Ⅴ级木Ⅳ$_b$级木;强度抚育采伐,砍伐全部Ⅳ级和Ⅴ级木。

②根据林分郁闭度和疏密度确定抚育采伐强度。遵照《森林抚育间伐规程》的规定,将过密的林木(林分郁闭度或疏密度要高于0.8)进行疏伐后,林分郁闭度下降到预定的郁闭度,一般间伐后林分郁闭度保留在0.6和疏密度保留在0.7以上。

不同的间伐强度,间伐后保留的疏密度如下:

弱度:0.8~0.9。
中度:0.7~0.8。
强度:0.6~0.7。
极强度:0.5~0.6。

(2)定量抚育间伐

根据林分的生长与立木之间的数量关系,在不同的生长阶段按照合理的密度,确定砍伐木或保留木的数量。有以下几种。

①根据胸高直径与冠幅的相关规律确定。树冠幅度的大小,反映林木的营养面积大

小，也影响了林木直径的大小。一般冠幅越大，胸径越大，胸径大了单位面积上的株数就少了。根据直径、冠幅和立木密度的相关规律，推算不同直径时的适宜密度，用此密度指标作为确定间伐强度的依据。因为林木直径便于测定，这种方法应用较为普遍。

②根据树高与冠幅的相关规律确定。间伐强度确定的合理，是指把过密的林木砍除后使留下的林木属合理保留株数。一株树占地面积大致与它的树冠投影面积相等，可用树冠投影面积代表一株数的营养面积。冠幅与树高的比值称为树冠系数。不少树种冠幅直径为树高的1/5，于是常用$(H/5)^2$代表近似的营养面积。那么单位面积上的合理保留株数为：

$$N_0 = 10\,000/(H/5)^2 = 250\,000/H^2 \tag{3-10}$$

式中：N_0——每公顷合理保留株数；
　　　H——林分优势木平均高。

采用下列公式求得抚育间伐强度：

$$P_n = (N - N_o)/N \times 100\% \tag{3-11}$$

式中：P_n——抚育间伐株数强度；
　　　N——现有林分株数；
　　　N_0——合理保留株数。

③用林分密度管理图。该图由等直径线、等树高线、等疏密度线、最大密度线和自然稀疏线组成，用来表示林分的生长与密度之间的密切变化关系，可作为定量抚育间伐设计的依据(图3-11)。

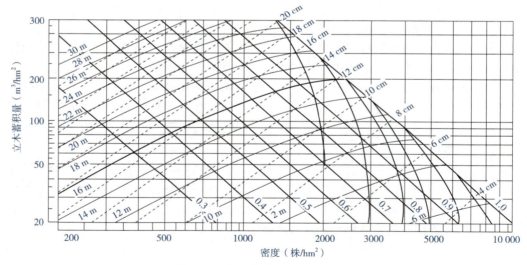

图 3-11　人工落叶松林密度管理图

a. 等直径线：平均直径相等情况下，平均单株材积或单位面积蓄积量随株数变化而变化的关系曲线。

b. 等树高线：上层高相等情况下，平均单株材积或单位面积蓄积随株数变化而变化的关系曲线。

c. 等疏密度线：森林经营中调节林分密度的线，以各等树高线的最大蓄积量为1沿各等树高线以10分的比数下降分别为0.9，0.8，0.7，…，将相同点连接成线而得。

d. 最大密度线：当林分在某一生长阶段中，平均单株材积最大、单位面积蓄积量最高、株数最多的关系曲线。

e. 自然稀疏线：林木株数随着林分的生长而日益减少过程的曲。

以某人工落叶松林为例：直径 $D=10$ cm，密度 $N=2500$ 株/hm²，要求下层疏伐后疏密度不低于 0.8。求单位面积蓄积量 M、疏密度 P、优势木高 H、间伐株数 n、间伐材积 m 和伐后直径 d。

查图 3-11 得：

根据给定的 D 和 N，在标有 10 cm 的等直径线与横坐标为，2500 株/hm² 的纵线相交处，按其纵坐标的刻度读得蓄积量 $M=2500$ m³/hm²。

为交点位于标有 0.9 的等疏密度线与饱和密度线之间，所以按其疏密度刻度能够读出 $P=0.96$。

因为交点落在标有由于交点位于标有 12 cm 与 14 cm 的两条等树高线之间，按优势高增加的比例，可读取 $H=13.8$ m。

根据给定的保留疏密度 0.8 和查得的优势木高 13.8 m，在标有 0.8 的等疏密度线与图中的 13.8 m 的等树高线相交处，按纵坐标查出间伐后保留蓄积量 $M_1=126$ m³/hm²，按横坐标查得保留密度 $N_1=1650$ 株/hm²，按相邻等直径线的刻度查得间伐后的直径 11.8 cm。

根据抚育间伐前后的蓄积量与密度，求出间伐株数和材积，分别为：

$$n=N-N_1=2500-1650=850 \text{（株/hm}^2\text{）}$$
$$m=M-M_1=142-126=16 \text{（m}^3\text{/hm}^2\text{）}$$

南方主要树种（部分）人工林合理经营密度区间见表 3-7。

表 3-7 南方主要树种（部分）人工林合理经营密度区间

胸径	杉木		马尾松		福建柏		柳杉	
	下限	上限	下限	上限	下限	上限	下限	上限
6	3544	5317	2262	3449	4052	5889	3098	4525
7	3041	4562	1954	2980	3430	4985	2666	3896
8	2664	3996	1724	2629	2964	4307	2341	3419
9	2371	3556	1545	2355	2601	3780	2088	3050
10	2136	3204	1401	2137	2311	3358	1886	2755
11	1944	2916	1284	1958	2074	3013	1721	2514
12	1784	2676	1186	1808	1876	2726	1583	2313
13	1649	2473	1103	1682	1708	2483	1467	2142
14	1532	2299	1032	1574	1565	2274	1367	1996
15	1432	2148	971	1480	1440	2093	1280	1870
16	1344	2016	917	1398	1332	1935	1205	1759

现阶段各地相继编制了本地区主要树种的密度控制图。中国林业科学研究院刘景芳、童书振编制了应用范围较广的《实生杉木林林分密度管理图》（图 3-12）。该图与上述《人工落叶松林密度控制图》相似，由最大密度线、等树高线、等直径线、密度管理线以及自然

稀疏线组成，但采用了不同的数学模式。其中的最大密度线相当于饱和密度线；密度管理线相当于疏密度线，森林经营中可用以调节密度。

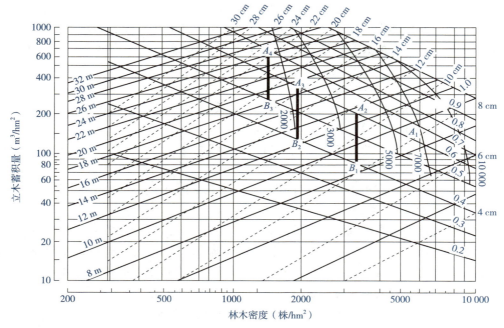

图 3-12　实生杉木林密度管理图

利用《实生杉木林密度管理图》，配合《杉木（实生）地位指数表》（表 3-8），可以确定抚育间伐的各项技术指标并进行抚育间伐设计(限于应用下层抚育法)。设计时将 0.4 密度管理线作为最低保留线，0.5~0.6 密度管理线作为开始间伐线。也就是说，林分生长达 0.5~0.6 密度管理线时，须进行抚育间伐，最迟不得超过 0.6 管理线，否则就会影响林木生长。抚育间伐以后不得低于最低保留线，否则，林分可能遭受破坏。

例如，某杉木实生林现有密度为每公顷 6000 株，林龄 5 年，上层高 4.5 m，规定上层高生长到密度管理线 0.6 时开始间伐，在 30 年生时进行主伐，求算始伐期、间伐次数、间伐强度，间隔期以及主伐时的上层高、平均直径，主伐与间伐材积。

根据林龄 5 年与 4.5 m 高，查地位指数表(表 3-8)可知属于 22 指数级。由密度管理图(图 3-12)查知，每公顷 6000 株与密度管理线 0.6 相当于 A_1 处时，其上层高为 8.7 m，直径为 8.3 cm，材积为 130 m³。又查知上层高 8.7 m 时，林龄为 7 年生左右。自 A_1 点沿着 8 m 等树高线的走向，下降到密度管理线 0.4 时，其交点 B_1 年的株数为 3500 株，材积 87 m³，直径 8.9 cm，则始伐年龄为 7 年，间伐材积为 130－87＝43 m³，材积间伐强度为 3/130＝33.1%；间伐株数为 6000－3500＝2500 株，株数间伐强度为 2500/6000＝41.7%。

当林分上层高又长到密度管理线 0.6 即 A_2 处时，开始进行第二次间伐，间伐后下降到 B_2 处。依上法可知 A_2 处的上层高为 13.2 m，直径为 11.5 cm，材积为 205 m³，林龄为 10 年。间伐后 B_2 处的直径为 12.9 cm，材积为 145 m³，株数为 2000 株，则第二次间伐年龄为 10 年，间隔期为 10－7＝3 年，间伐材积为 205－145＝60 m³，材积间伐强度为 60/205＝29.3%，间伐株数为 3500－2000＝1500 株，株数间伐强度为 1500/3500＝42.9%。

依上法查知，第三次间伐应在15年生时进行，其间隔期为15-10=5年，间伐材积为325-273=52 m³，材积间伐强度为52/325=16.0%，间伐株数为2000-1500=500株，株数间伐强度为500/2000=25.0%。

杉木生长的最快时期，一般为5~15年，此后生长将逐渐缓慢，并且每公顷株数已由原来的6000株，经三次间伐只保留1500株，自然稀疏已不太明显，故15年以后可停止间伐。经过这样的系统间伐，到30年生进入主伐，查指数表可知上层高能达到26 cm左右；查密度管理图上与1500株相当的A_4处，可知直径为22.4 cm，材积600 m³(主伐材积)，加上三次间伐材积共155 m³，总计可达755 m³。

密度控制图在我国正日益推广应用。各地都在编制适合本地区各树种的密度控制图，有的还将其改编为数表，以提高查图的精度。

表 3-8 杉木(实生)地位指数表

年龄	地位指数级								
	6	8	10	12	14	16	18	20	22
5	1.0	1.4	1.8	2.2	2.6	3.0	3.4	3.8	4.2 — 4.6
6	1.4	2.0	2.6	3.1	3.7	4.3	4.8	5.4	6.0 — 6.6
7	1.8	2.6	3.3	4.1	4.8	5.5	6.3	7.0	7.7 — 8.5
8	2.2	3.1	4.0	4.9	5.8	6.7	7.6	8.5	9.4 — 10.3
9	2.6	3.6	4.7	5.7	6.7	7.8	8.8	9.8	10.9 — 11.9
10	2.9	4.1	5.3	6.4	7.6	8.8	9.9	11.1	12.3 — 13.4
11	3.2	4.5	5.8	7.1	8.4	9.7	11.0	12.2	13.5 — 14.8
12	3.5	4.9	6.3	7.7	9.1	10.5	11.9	13.3	14.7 — 16.1
13	3.8	5.2	6.7	8.2	9.7	11.2	12.7	14.2	15.7 — 17.2
14	4.0	5.6	7.2	8.7	10.3	11.9	13.5	15.1	16.7 — 18.3
15	4.2	5.8	7.5	9.2	10.9	12.6	14.2	15.9	17.6 — 19.2
16	4.4	6.1	7.9	9.6	11.4	13.1	14.9	16.6	18.4 — 20.1
17	4.6	6.4	8.2	10.0	11.8	13.7	15.5	17.3	19.1 — 20.9
18	4.7	6.6	8.5	10.4	12.3	14.1	16.0	17.9	19.8 — 21.7
19	4.9	6.8	8.8	10.7	12.6	14.6	16.5	18.5	20.4 — 22.4
20	5.0	7.0	9.0	11.0	13.0	15.0	17.0	19.0	21.0 — 23.0
21	5.1	7.2	9.2	11.3	13.3	15.4	17.4	19.5	21.6 — 23.6
22	5.3	7.4	9.5	11.6	13.7	15.8	17.9	20.0	22.1 — 24.2
23	5.4	7.5	9.7	11.8	14.0	16.1	18.3	20.4	22.5 — 24.7
24	5.5	7.7	9.7	12.0	14.2	16.4	18.6	20.8	23.0 — 25.2
25	5.6	7.8	10.0	12.3	14.5	16.7	18.9	21.2	23.4 — 25.4
26	5.7	7.9	10.2	12.5	14.7	17.0	19.3	21.5	23.8 — 26.1
27	5.8	8.1	10.4	12.7	15.0	17.3	19.6	21.8	24.1 — 26.4
28	5.8	8.2	10.5	12.8	15.2	17.5	19.8	22.2	24.5 — 26.8
29	5.9	8.3	10.6	13.0	15.4	17.7	20.1	22.5	24.8 — 27.2
30	6.0	8.4	10.8	13.2	15.6	18.0	20.4	22.7	25.1 — 27.5

*适用范围：广东、广西、贵州、安徽、江苏等省(自治区)；福建的中心和一般产区；云南屏边地区；河南信阳地区；江西低丘陵区。

3.3.3 森林抚育间伐的间隔期

3.3.2.1 抚育间伐间隔期的概念

相邻两次抚育间伐所间隔的年限称为抚育间伐间隔期(重复期)。间隔期的长短主要取决于林分郁闭度增长的快慢,而林分郁闭度生长的快慢与抚育间伐强度、树种特性、立地条件、经营目的、经营水平等有关。

3.3.2.2 抚育间伐间隔期的确定因素

(1)树种特性及立地条件

一般来说,喜光、速生树种生长速度快,树冠扩展也较快、较大,间隔期宜短;林龄小的林分要比林龄大的林分间隔期短;壮龄期,林分生长旺盛,树冠恢复郁闭快,间隔期就短;中龄期,林分生长较减慢,间隔期可长些;立地条件好的林分,林木生长迅速,郁闭快,间隔期也短。

(2)抚育间伐强度

每次间伐强度直接影响着间隔期长短,大强度的抚育间伐后,林木需要较长时间才能恢复郁闭,间隔期相应也长些。透光伐,间隔期短;疏伐、生长伐间隔期较长。可以用式(3-12)确定间隔期。

$$N = V/Z \tag{3-12}$$

式中:N——间隔年数;
V——采伐蓄积;
Z——材积连年生长量。

(3)林分生长量

年平均生长量大,抚育间伐间隔期短些;反,间隔期可长些。

(4)经济条件

交通方便、劳力充足、缺柴少材、经济条件较好的地方,可执行低强度、短间隔期的抚育间伐,有利于培养干形、充分利用地力,容易提高总产量;反之,交通闭塞、劳力缺乏、间伐材无销路、经济条件不好地方,要求采用强度大而间隔期长的抚育间伐。

确定间隔期的方法一般可有材积生长量、郁闭度、树高和直径增长、密度管理图等。如我国南方的杉木林抚育间伐间隔期一般为5~6年。

3.3.2.3 间隔期林分因子变化规律

(1)林分各径级分布的变化

同一种抚育间伐方法,径级的分布范围,随着间伐强度的增加而减小。间伐后至下一个间伐前的整个间隔期内,林分径级接近于常态曲线。

(2)林分平均直径的变化

抚育间伐后,伐去了一定数量的不同直径的林木,因而改变了整个林分的平均直径大小。如果砍伐木平均直径小于伐前林分平均直径,则间伐后整个林分平均直径将增加,说明采用了下层疏伐法;当砍伐木平均直径大于伐前林分平均直径,则间伐后整个林分平均直径将减小,说明采用了上层疏伐法;当砍伐木平均直径等于伐前林分平均直径,则间伐后整个林分平均直径基本不变,说明采用了机械疏伐或综合疏伐法。

间伐后林分平均直径可按以下公式计算:

$$D = [(D_1^2 - D_2^2 \times P)/(1-P)]^{1/2} \qquad (3-13)$$

式中:D——保留木的平均直径,cm;
  D_1——间伐前林分平均直径,cm;
  D_2——砍伐木的平均直径,cm;
  P——按株数抚育间伐的强度,以占原株数的百分数表示。

3.3.2.4 抚育间伐结束期及季节

抚育间伐的结束期一般要进行到主伐利用前的一个龄级为,例如,杉木大约在主伐前的5年左右;落叶松人工林采伐龄为51年,则最后一次间伐时间确定在40年左右进行。

抚育间伐后施工季节,从全国来说,全年都可进行,但最好在休眠期。我国北方以冬季为好;南方则以秋末冬初至早春树液流动前(休眠期)进行为好。但需要对采伐木剥皮利用的地方,可在生长季内进行;对萌芽力强的树种,为了抑制萌条旺盛生长,在北方宜在春夏之交,在南方宜在夏季。

 任务实施

3.3.4 确定林分抚育间伐技术指标实训

3.3.4.1 实施过程

(1)确定下层抚育采伐对象

认真查阅各小班档案的林分情况,如符合下层抚育条件则到现地进行踏查,如果档案记载和现地情况基本一致,可组织学生进行下层抚育间伐各技术要素确定。

(2)抚育间伐首伐期确定

可根据自然整枝高度进一步确定是否进行抚育间伐。林分充分郁闭后,林冠下部光照微弱,使林木枝下高不断上升,当平均枝下高达到林分平均高的1/3时,可进行首次间伐。

(3)确定抚育采伐强度

采用株数强度和蓄积强度同时控制采伐量,抚育采伐后单位面积株数不低于林分适宜保留株数的下限,当株数强度和蓄积强度不能同时满足森林经营技术规程的规定时,以蓄

积强度为准,根据《森林经营技术规程》规定,下层抚育采伐的蓄积强度不允许超过25%(辽宁地方标准要求),其他地方按当地标准。

(4) 确定砍伐木

根据"四看四留"原则确定砍伐木:一看树冠、二看树干、三看树种、四看株距,砍劣留优、砍弯留直、砍密留匀、砍病腐留健壮,确定完成后根据《森林经营技术规程》中一般用材林主要树种(组)抚育采伐适宜保留株数表,验证确定的砍伐木数量是否合理,如不合理要现地抹号或增号,直至保留木的株数符合《森林经营技术规程》要求。下层抚育法要求采伐后的林分平均胸径不低于伐前林分平均胸径。

3.3.4.2 提供成果

每人提交林分抚育间伐各项技术要素确定方案及相关调查表格。

> **拓展知识**

基于小班区划经营的综合抚育采伐技术

基于小班区划经营的综合抚育采伐技术对我国现阶段森林经营具有广泛适用性。本文从经营小班区划、经营小班调查、观测区建立、经营小班设计、综合抚育采伐作业要求等环节论述其技术要点,旨在为解决森林采伐、抚育和更新等问题,实现森林可持续经营提供理论依据和实践指导。

抚育采伐是培育森林的一项关键性措施,既是培育森林的方法,又是获得木材的手段。森林经营必须利用抚育采伐完成对森林的改良,提高林分质量,最终获得既丰产又优质的林分。而基于小班区划经营的综合抚育采伐技术不是一般的小班区划,也不是采伐方式的变化,它是在区划经营小班的基础上,对不同的经营小班采取相应的采伐、抚育、更新等措施,做到因林因地制宜、综合经营、最大限度地发挥林地生产力,实现林地产出量最大化的目标。因此,基于小班区划经营的综合抚育采伐不是小班的简单区划,也不是一般采方式的选择,而是一种森林经营与利用的综合技术。

(1) 小班区划经营与综合抚育采伐的含义

小班区划经营中的小班,不是规划设计调查中的经理小班,也不是作业调查设计中的作业小班,它是有固定的、永久性的土地规划单位即经营小班,是以地形、地物和地类界限作为区划的基本因素,由一个或几个林分特点相似的、相邻的调查小班组成,有固定的面积、明显的周边界限,相同或相似的林分,以主要是有利于采取相同的经营措施为出发点。因此,它是以经营小班为单位而进行组织经营,在经营周期内,对经营小班的各项经营技术,分别作出调查设计,提出审批与组织实施的设计材料,在调查设计的同时,对经营小班作出外业的区划,形成固定不变的长期经营小班。综合抚育采伐是经营小班确定之后,因其有固定不变的地理位置和周边界限,相同或相似的林分特点,这就有利于进一步采取相应的经营措施。主要包括,定期检查小班经营活动后的小班因子变化,掌握林分状态,便于森林资源管理,可以提出经营小班的技术体系,落实经营技术,实施集约经营,增强森林经营主动性和意识性,要采取相应的具体作业措施,重点解决经营小班的采伐、抚育和更新的问题。

(2)技术提出背景

1949年以后,随着指导思想和林业政策的变化,森林采伐方式经历了一系列变革。以东北林区为例,先后经历了径级择伐、皆伐、采育择伐、大强度择伐、低强度择伐等方式。由于过度的采伐利用,20世纪80年代中期,林业出现了"两危",即资源危机和经济危困,再采用皆伐和大强度的择伐已不适宜。随着对森林经营意识的不断提高,在森林可持续经营和生态系统经营思想指导下,1998年开始实施天然林资源保护工程,基本上采用了抚育伐和低强度择伐的方式。同时,20世纪80年代末,一些国有林区的林业局针对如何经营好现有林,提出就一定林分而言,应采取采伐、抚育、更新演替一体化,区划小班适合这种措施的运用。借鉴联产承包责任制的做法,黑龙江省穆棱林业局等一些林业局提出了"区划管理,承包经营"的做法,而这一做法得到实施的条件就是区划经营小班。

(3)技术要点

①经营小班区划。经营小班区划是指在作业区和林班区划的基础上,把一个经理小班或某些林学特征相似的几个相邻经理调查小班,补充区划为一个小班,使区划的经营小班不仅具有林学上的特征,而且具有经营上的特点,从而构成一个森林生态系统的基本经营管理单位#区划的内容主要包括:土地类别、林分类型、林种划分、优势树种、坡度级、珍贵树种和经济植物、经营距离及走向、经营目标、出材率等。

②经营小班调查。经营小班区划后,就需要对区划的经营小班进行调查。调查方法一般采取实测,在预定范围内或通过机械布设样地,样地的定位采用手持罗盘走向、测绳定距、GPS卫星定位仪定位。调查内容主要包括-地况调查,如地形、土壤、地位级、林下植被等。林况调查,如树种、林龄、郁闭度、疏密度、立木形质、胸径、树高、生长量等。天然更新调查,如分层、主林层、演替层、更新层调查。检尺径以下幼树苗调查,林隙调查,经营状况调查,如路况调查、经营立木调查、关键树调查、经营管护状况调查等。

③建立观测区。为了观测林分的变化状况,在区划小班时相应设立观测区,以备观测,每个区划的经营小班因林分类型少不同,设立的观测区也不同。如黑龙江省穆棱林业局按6种类型设立观测区,即针叶混交林、针阔混交林、云冷杉林、阔叶混交林、关键树(红松、东北红豆杉)混交林、经济林。一般性的观测项目有:林分结构动态变化调查、林分生长量调查、林分环境调查(如关键树、灌木、藤本及草本)等。观测样地经营措施与区划的经营小班一致,调查资料要设立永久性专门档案,在下一次调查时进行补充,不断完善,以备长期观测与研究使用。

④经营小班设计。经营小班设计与一般伐区调查设计不同,它具有综合性,兼顾采伐、抚育、造林及经营。把当前的森林采伐利用同未来的森林可持续经营结合起来,同时,它也将森林经营与管护结合起来#经营小班设计中的主要指标和相关措施如下:

a.确定经营目标:在调查的基础上,要对区划的经营小班做出目标规定。例如,某经营小班以培育大径材为主要目标，在综合抚育采伐中就应采取采伐成过熟林木、清除病枯木、间密留稀等措施。某小班为下次采伐创造条件，就应伐除中下层、团状丛生木，以及影响目的树种生长的小乔木。

b. 确定采伐方式：经营小班的采伐方式应为综合抚育采伐，主要是针对不同的林分状况和经营目标，以及我国采伐限额制度的要求。例如，以择伐为主，则选择低强度的采伐方式，以生长伐为主，则采用抚育采伐的方式。采伐方式确定之后，相应确定采伐量、采伐强度、被伐木、集材道、集材方式，以及木材核算价格、成本和费用等。

c. 确定采伐量：采伐量如果确定的准确，不仅能取得一定的经济效益，而且有利于森林的可持续经营。但目前采伐量的确定主要执行采伐限额制度。在制定5年期的年采伐限额时，没有从林分的状况和经营能力来考虑，而是从总生长量和经济上的需要去考虑。因此，这种限额制度并不适应现有林的经营。要合理地确定采伐量，必须从区划经营小班入手，先确定经营小班的采伐量，然后确定企业的年采伐量，实现良性循环和可持续经营、经营小班采伐量的确定要充分考虑生长量、生长率、采伐周期、林分状况、经营能力、综合采伐作业质量等。

d. 确定采伐木：采伐木的确定是经营小班设计的关键环节，也是最为重要的过程。首先，确定保留木，主要是母树、关键树、优势木等，并用绿色标记，这是对过去先确定采伐木的调查设计方法的一种改变，这样既确定了经营目标，又体现了生态优先的原则，也为保留木的安全和生长提供了保证；其次，确定必伐木，例如枯立木、病腐木、没有培育前途的孤立木等，并用红色标记。再次，确定可伐木，主要依据林分状况和经营目的，从保留木和必伐木以外的林木中选取，并现场砍号做标记，这部分采伐木是经济材的主要部分，是真正意义的综合抚育采伐。

e. 确定森林更新：森林更新是区划经营小班、综合抚育采伐的重要内容。也是这种方法的优势所在，在区划、抚育采伐的同时，对森林某些区域进行更新，使林地得到充分利用。确定森林更新的主要内容包括：更新面积、更新数量、更新树种、更新方法、更新苗木等。

综合抚育采伐作业要求，进行综合抚育采伐时，生产方式采用原木生产，集材方式主要是畜力集材，采用专业作业队进行采伐，归楞、装车采用移动式机械和人力相结合；作业季节安排在冬季，其他季节不利于保护环境，清理伐区采用散铺，伐区剩余物部分实行专门收捡，专门加工，木材运输统一调度，作业各环节一律承包到具体人员，落实相应责任。

基于小班区划经营的综合抚育采伐技术在生产实践中取得了显著效果，将对我国的森林经营，特别是国有林区森工企业的森林经营产生深远的影响。固化了森林经营的最基本单位，使森林经营措施得到统一、综合运用，为严格执行森林经营方案提供技术手段；调整了林分结构，提高了林地生产力，为森林实现可持续经营提供物质基础；增强了森林经营能力，提高了经济效益，加强了森林生态建设，为森林生态系统经营提供有效途径。同时，在经营实践中还应注意和解决如制定可操作性的技术细则、重视各环节专业人员的培训、规范作业过程的管理、加强经营小班的区划等问题。

巩固训练

根据当地实际森林资源情况选取人工混交林或天然混交林进行林分综合抚育的练习。

任务3.4 抚育间伐设计与施工

任务描述

该任务要求确定出林分当中需要进行抚育间伐的小班,并进行外业调查,确定出抚育间伐强度,完成内业工作及记载表的填写,最后完成抚育间伐施工相关工作。任务实施过程中的一切技术标准参照《森林经营技术规程》《森林采伐作业规程》和《标准地调查技术规则》(DB/T 2100B650017)。

任务目标

1. 会根据林分生长状况确定抚育采伐的种类和方法。
2. 会运用克拉夫特五级分级法对林木进行分级。
3. 会运用三级木分级法对林木进行分级。
4. 会计算抚育采伐的株数强度和蓄积强度。
5. 能正确确定抚育采伐的采伐强度。
6. 会正确确定采伐木并合理造材。
7. 会整理抚育间伐作业设计外业调查数据并填写标准地内业记载表。
8. 会进行抚育采伐施工。
9. 会编写森林抚育间伐作业设计方案。

用多媒体展示没经过抚育间伐、林木开始分化、已出现树木自然死亡的林分照片,这些枯死的林木都已经没有了利用价值,如何才能有效地利用上这些林木,以此为切入点,进行师生互动,引出抚育间伐这个工作任务。

知识准备

森林经营作业设计又称森林经营施工设计,是各类经营作业设计在施工前对应施工地段进行全面调查研究,并在此基础上对作业量、施工措施、作业设施以及投资收益等方面进行的全面设计。森林经营作业设计包括抚育间伐设计、林分改造设计、主伐更新设计。

抚育间伐设计属于森林经营作业设计中的一种类型,是对未成熟而满足抚育条件的林分进行的采伐设计。抚育间伐设计的程序主要分为准备工作、外业调查、内业计算与设计、文件编制、评审报批等阶段。

3.4.1 准备工作

3.4.1.1 调查设计队伍的组织建设及培训

调查设计队伍一般由5~6人组成,原则上由具有调查设计资格的单位承担或负责组织。调查设计队成立后要组织人员学习有关方针政策、科技文献、技术规程、统一技术标准、调查设计内容和方法,明确任务和要求。

3.4.1.2 资料搜集

收集有关调查设计资料和图面材料,熟悉了解作业区森林资源、地形地势和自然、社会经济条件等情况。

(1) 自然条件资料

作业设计区的地理位置、地形、地貌、坡度、坡向、土壤类型、水文条件、气候特征、气象条件、森林植被类型及分布、土地利用、荒山荒地、交通、自然灾害等方面的资料。

(2) 社会经济情况资料

项目设计区的人口及劳动力现状、农民收入、经济来源、经济构成、农村能源,以及农林业在当地国民经济中所占的比例等资料。

(3) 技术资料

与森林经营作业设计有关的标准、技术规程,以及林业工程成熟技术、建设模式等资料。

(4) 管理资料

与森林抚育间伐作业、林分改造作业和主伐更新作业有关的法律法规、政策、管理办法及以往森林经营工作所取得的成功经验和存在主要问题等。

(5) 图面资料

国家新编地形图、土地利用图、土壤类型图、植被分布图、水系分布图或水土流失情况图和其他有关调查、区划、规划的图面资料,有条件的地方可以搜集和采用卫片、航片。调绘底图要求采用比例尺不小于1:25 000的地形图或航片平面图。

(6) 森林资源规划设计调查成果资料

应为作业设计期最近5年内的调查成果,5年以上的调查成果应进行补充调查。

3.4.1.3 物质准备

准备调查、测量所需仪器、工具、表格。编制外业调查与内业调查设计用表格,校验GPS等调查设计仪器。生活物资准备,准备外业调查交通工具。

3.4.1.4 现场踏查

初步确定作业范围、境界线;核对林况、地况和森林资源;初步确定作业顺序,山楞、房舍、设施位置,以及集、运材线路。

3.4.1.5 制定实施作业设计的技术方案和工作计划

安排工作项目、地点、人员、进程和完成任务的时间等。

3.4.2 外业工作

作业设计外业调查工作是内业设计的基础,外业工作包括区划测量、作业小班调查、作业设施选设。

3.4.2.1 区划与测量

在现场踏查基础上,对作业区、林班、作业小班进行区划与测量。实际工作中可利用二类清查资料,为保证准确率也可再实测一下小班面积。

(1) 区划

作业区的区划　作业区是年度作业的设计单位,作业区的大小应根据年度生产任务量的要求和可能来划定,可以是一个林班,也可以是几个林班。在山区,作业区的区划均采取自然区划法,即按自然地形、山势(山脊、河流、道路)、运输系统划分,以便有利于组织生产,在作业区内区划林班和小班。

①林班的区划。林班是统计单位,也是永久性经营管理单位,一般面积控制在 100~200 hm^2,区划方法同上。林班区划可利用原国家资源清查所确定的境界线范围,一般不改变原来的境界线。

②作业小班的区划。作业小班是落实具体经营措施、施工的基本单位,通常在林班内区划,一般 3~15 hm^2,如果森林资源清查区划的小班能满足作业设计的需要,就不必重新区划小班。

依据:能引起经营措施改变的,如林权、组成、林型、年龄、起源、郁闭度、坡度、坡向等。

(2) 测量:用罗盘仪实测

①作业区测量。用闭合导线双向测量。

②作业小班测量。闭合导线单向测量用罗盘仪测定方位角和倾斜角,用测绳量距或视距,坡度在 5 度以上斜距要改算水平距。小班闭合差不大于 1/100。成图比例尺为 1:5000 或 1:2000。用求积仪(方格纸)求算作业小班面积。

在作业区内,不需要作业部分,其面积超过 0.2 hm^2 要在图上目测勾绘位置,并在设计备注栏内注明,面积小于 0.2 hm^2 只在设计备注栏内注明即可。(如有可利用测量数据标志可利用)

在区划作业小班的同时,需要对作业小班提出初步的经营措施意见,作为作业小班调查前的参考。

3.4.2.2 作业小班调查

对主伐作业小班,实行全林每木调查,其他作业小班采用标准地法。

(1) 标准地选设

在作业小班内,选择有代表性的地段设置方形或带状标准地。

①标准地面积。为保证调查精度,标准地的总面积不能太小,抚育间伐和林分改造的调查面积不少于作业小班面积的2%,每块标准地不少于0.1 hm²。

②数量及分布。标准地数量可1块,也可几块。标准地的分布:一种是在作业小班内机械设置(如块状标准地坡的上中下都要设);另一种是经过充分踏查后,选出有代表的地段设置。带状标准地应通过全小班且有代表性地段,其带数以满足调查面积为好。

③标准地设置。长方形标准地,采用罗盘仪测角,双向观测,测绳量距,闭合差要求在1/200以下,四角埋标记,标明界外树。带状标准地用罗盘仪定向,用测绳标定中心线,按标准地面积确定带宽,带长通过全小班为宜。

(2)标准地调查

①每木检尺。凡有保留木,先确定砍伐木然后才检尺,分别树种、砍伐木、保留木记载于"每木调查记录",采用正字计数。以实足5 cm为起测直径,按2 cm整化,周界上的林木采取舍西北取东南,要注意不要重测和漏测。在标准地内按对角线实测15~25株的树高和胸径(按各径阶株数比例分配,一般每径阶层1~5株,中央3~5株),绘制树高曲线(树高按1∶100、胸径按1∶5比例),要求直径、树高均保留一位小数。生长级按克拉夫特五级分级法进行分级。

②林分因子调查和测算。各因子调查和测算方法如下。

a. 郁闭度:在标准地内用皮尺或测绳沿对角线方向,拉一条长50 m的直线(立木分布不均匀的林分应长些),量测出树冠在直线上的垂直投影长度,垂直投影长度与直线之比,便是郁闭度。除皆伐外,其他作业的采伐小班还应测出伐后郁闭度。

b. 林木株数:依据每木调查材料,分别树种统计各径阶株数,计算每个树种的总株数,各树种总株数之和就是标准地总株数。根据标准地的面积可以推算出每公顷林地的株数,同时还可根据每木调查材料计算出采伐株数和保留株数。

c. 断面积:根据径阶株数和径阶值查圆面积表,求得某树种某径阶断面积和断面积合计。各树种断面积相加,即得标准地断面积合计。以此推算出每公顷断面积合计。

d. 平均胸径:平均直径是以优势树种断面积之和除以相应的株数。求出平均断面积,以此断面积反查圆面积表即可求出平均直径。

e. 平均树高:根据平均直径在树高曲线上查出林分平均树高,也可根据胸径实测3~5株优势树种高求其平均值。利用树高曲线也能查出径阶高。

f. 蓄积量:分别树种按径阶和径阶树高查二元材积表求得标准地蓄积,推算每公顷蓄积,推算小班蓄积。

g. 树种组成:根据标准地内各树种蓄积与标准地总蓄积之比,确定系数写出组成。

h. 平均年龄:选伐一株优势种的标准木或利用附近新伐根来计算和确定年龄或查造林档案确定。

i. 采伐强度:按株树、材积两个指标计算,人工林以株数为主,天然林以材积为主。

j. 材种出材量:调查材种出材量可采用如下3种方法。

方法一:标准地内所有砍伐木都砍到,实际造材,并进行原木检尺,查原木材积表,便可得出标准地的材种出材量和总出材量出,推算全林出材量。

方法二:径级标准木法(辽宁地区常用)。有采伐木的径阶,每径阶伐一株标准木,计算材种出材量,推算径级出材量,推算全林。

方法三:平均标准木法。根据砍伐木平均直径选出 3~5 株标准木造材计算材种出材量和总出材量,(精度低一般不用)

k. 树种出材率:某树种砍伐木的出材量与该树种砍伐木材积的百分比。

l. 总出材率:总出材量与砍伐木总材积之比。

③标准木选伐。为了解林分生长过程,常选几株标准木进行树干解析,临时标准地可在标准地内选,固定标准地不能。

④其他因子调查。

a. 地形、地势:主要记载海拔、坡度、坡向、坡位。

b. 地被物:包括下木、灌木、草本植物,记录种类、盖度(用百分数表示)及分布。

c. 土壤:记载土壤名称、土层厚度(造林小班须详细调查)。

d. 林分特点:记载林分起源、卫生状况、林分生长特点及分布等。

e. 经营措施:根据林分特点初步确定采取何种经营措施。

⑤森林更新调查。主伐更新、林分改造设计中的小班进行更新调查。方法是在标准地内设置样方或样带,分别幼苗、幼树计数,统计后评定更新等级作为设计更新措施的依据。

3.4.2.3 作业设施的选设

根据作业的需要可设计有关的简易设施。

(1)集运材线路选设

依据区内地形地势交通条件、集材设备及当地集材经验确定集材方式;充分利用原有林道、林区公路、干支线,力求线路少、集运材路线短、集运量大、工程量少、易施工、线路安全、经济实惠。

(2)楞场(集材点)的选设

根据产量、运输条件确定山场集材点和中间集材点,满足下列条件:地势平坦、排水良好、与集运材线路相连,面积与作业区出材量相适应,尽可能缩短集材距离,避免逆坡集材。

(3)工棚房舍的设置

房舍应设计在交通方便、靠近水源、干燥通风、生活方便的地方,结合工作量及长远规划综合考虑房舍的面积及质量结构。

3.4.3 内业设计

内业设计是在上述一系列调查的基础上进行的,内业工作是作业设计的最后环节,必须认真仔细地对待,最后提出作业设计书面材料,设计工作才全部结束。

内业设计应贯彻有关林业方针政策及技术规程、经济核算、生产定额等规定,使之符合客观实际,才能在生产中发挥应有的指导作用。内业设计的主要内容如下。

(1)外业调查材料的整理

外业调查结束后,首先对外业调查资料进行全面的整理与汇总,核对,确认图表相符、资料齐全、内容完整,计算无误后方可进行。具体内容包括:图表材料检查,求算面积、林分调查因子的核算,计算材种出材量和出材率,统计作业区内各作业小班的面积和蓄积,将整理出来的各项因子填入相应的表格。

小班面积求算,实测的小班以实测水平面积为准;勾绘的小班采用求积仪器、方格纸或网点板量算面积,两次求积面积相差不应大于1/50,合格后取平均值。小班面积以公顷为单位,保留一位数小数。

(2)设计各作业小班的作业方式和技术措施

根据各类经营措施的有关规定和技术要求,按照各小班的林分特点和立地条件,因地制宜确定作业方式和技术措施。具体设计内容如下:

①设计主伐的小班。应确定主伐类型、主伐方式、采伐强度、采伐量、清场方法等,填入森林主伐(更新采伐)、抚育采伐、改造作业设计一览表。

②设计抚育间伐的小班。应确定抚育间伐的种类、方法、采伐强度、采伐量、清场方法等,填表同上。

③设计林分改造的小班。应确定林分改造的方法、采伐强度、采伐量、清场方法等,填表同上。

④设计主伐、林分改造需人工更新的小班。应确定更新造林的方法、树种、密度、混交方式、整地方法和苗木规格、造林时间、幼抚次数等,填入更新、补植、幼抚作业设计一览表。

(3)计算各项作业用工量和物质需要量

根据各项作业任务,工程数量及有关的技术经济定额,分别计算劳力、运力及种苗和其他物质的需要量,分别填入相应的表格内。

(4)设计简易作业设施

根据外业调查和测量材料,对集材道、林道、山楞场或集材点,临时房舍等确定规格标准、数量、质量要求,计算工程量和需用物资量,同时确定修建日期。对常年的林道、公路及永久性房屋修建均不包括在此设计范围内,应单项设计,上报审批,以上设计成果填入作业设施一览表。

(5)设计各项作业的施工计划

根据各项作业的任务、季节要求以及劳力来源确定施工和完成时间。

(6)计算各项作业的费用与经济效益

编制投资概算与效益估算表。

$$收益 = 木材收入 + 林副产品收入 \tag{3-14}$$

$$支出 = 生产费用 + 税金 \tag{3-15}$$

生产费用包括:设施费、采伐费、运输费、苗木费、整地费、造林费、幼林抚育费、设计费。

税金:包括育林基金和税金。

(7)绘制作业设计图

根据外业调查资料和原有林相图绘制,比例尺可按具体情况与要求选定一般1:5000或1:10 000。图内应绘制作业区周界、作业小班界,以及明显地物、山脉、河流、道路等,并将集材道、楞场、临时房舍等绘在图上,以图例表示。小班面积以公顷为单位,并从沟口向沟里顺序在图上进行作业小班编号(或按原小班编号)。

林班和小班注记:

林班:$\dfrac{工区名-林班号}{面积}$

小班:$\dfrac{小班号-森林类别(符号)}{小班面积}$

用符号表示森林类别:

S:商品林

G:国家生态公益林

G_0:没确定的国家公益林

G_1:确定的国家公益林。

D:地方公益林

不同作业小班用不同颜色表示,图中还必须标明集运材线路、分布,以及其他作业设施位置

(8)作业说明书编写

作业设计说明书是概述作业设计成果的重要文字材料,要简单明了,使人看了以后对作业情况有大概的了解。主要内容包括:

①基本情况。简述作业区或伐区的范围、森林资源状况、所在地自然条件和社会经济状况(包括劳力、运力、交通状况等),以及进行作业的必要性与可行性分析。

②技术措施。分别作业项目,说明所采取的主要技术措施。

③作业量。分别作业项目说明作业面积,采伐量,出材量,以及作业进度安排。

④作业设施。说明作业期间所需各种设施的数量、规格、设置位置,以及建成日期。

⑤劳力安排。说明完成作业及各种设施所需要的劳力和运力,并提出解决办法。

⑥收支概算及效益估算。说明完成作业所需总的经费投资及其计算依据;产品收益及收支盈亏状况,以及作业设计实施后可能带来的效益。

⑦其他。提出施工应注意事项及建议。

任务实施

3.4.4 抚育间伐设计实训(以透光抚育为例)

3.4.4.1 外业部分

(1)定量确定是否需要进行透光抚育

首先调阅林分档案,了解林分基本情况,重点了解当前处于幼龄林阶段的林分,同时看其是否曾进行过首次透光抚育,如果没有,需要了解造林年份并查阅《森林经营技术规程》关于主要树种(组)抚育采伐开始期和间隔期,看其是否达到抚育采伐开始期,达到需

进行现地踏查,并进行外业调查,定量确定是否需要进行透光抚育;否则,不需要。如果曾经进行过透光抚育,则需要了解上次透光抚育进行的年份,并查阅《森林经营技术规程》主要树种(组)抚育采伐开始期和间隔期,看其是否达到再次抚育采伐的间隔期,达到,组织人员进行现地踏查,并进行外业调查,定量确定是否需要进行透光抚育。当定量确定确实需要进行透光抚育时,即可组织人员进行相关外业调查,然后进行内业设计,上报林业主管部门等待批复,在得到批复后进行透光抚育施工,具体流程为如下。

可以采用的方法包括:①根据林分生长量的变化确定;②根据林木分化程度确定;③根据林分直径离散度确定;④根据自然整枝的高度确定;⑤根据郁闭度来确定;⑥根据林分密度管理图来确定。

本设计根据林木分化程度确定是否需要进行透光抚育,即在林分郁闭后,居于上层林木因受光充分,生长迅速,处于下面的林木得不到充分光照而生长衰弱,出现林木分化,当林分中Ⅳ、Ⅴ级木的数量达30%左右时,林分需要进行首次间伐。

①标准地设置。在需要进行抚育的小班中,选择具有代表性的地段设置临时标准地,总面积为小班面积2%,形状为正方形或长方形,单个标准地面积不小于0.1 hm²,小班面积过小时可将整个小班设为标准地。

②标准地调查。

在标准地内进行每木检尺,并将检尺结果填写在每木调查表(附表6)。

在标准地内进行土壤质地、土层厚度、植被、下木等因子的调查,并将调查结果填写在林分因子调查表(附表5)。

用测高器和围尺分别径阶实测15~20株林木的树高和胸径,并将结果记录在测高记录表(附表10)。

③定量确定是否需要进行透光抚育。

根据标准地调查数据,径阶按2 cm整化,统计各径阶林木株数,计算标准地林木平均直径。

$$\overline{D} = \sqrt{\frac{\sum n_i d_i^2}{\sum n_i}} \quad (3\text{-}16)$$

式中:$\overline{D}$——标准地平均胸径;

n_i——各径阶林木株数;

d_i——径阶值。

计算标准地小径木直径,统计小径木株数,计算小径木百分比。

$$小径木直径 = 0.8 \times \overline{D} \quad (3\text{-}17)$$

当$\dfrac{n}{N} \geqslant 30\%$时需要进行首次抚育间伐;否则,不需要。

其中:n——标准地小径木株数;

N——标准地林木总株数。

(2)小班面积测定

小班面积可以采用闭合导线测定。操作步骤为:①选点符合原则;②进行往返量距,且往返量距相对误差不得超过1/250；③进行正反方位角测定，且正反方位角限差不能超过30′；④在二类调查区划小班基础上，实测面积与原面积误差不得超过±5%；⑤测量精度要求≤1/100。将测量结果记入罗盘仪导线测量记录表(附表18)。

(3) 林木分级

林木分级采用克拉夫特五级分级法。将结果记入林木分级表(附表7)。

(4) 确定砍伐木

在设置好的标准地内根据"四留四砍"原则确定砍伐木，对确定的砍伐木进行标记，并将结果记入采伐木确定表(附表9)。

(5) 确定透光抚育采伐强度

抚育采伐强度确定有定性和定量两种方法

①定性确定方法。方法包括：按林木分级确定抚育间伐强度；根据林分郁闭度和疏密度确定抚育采伐强度。

②定量确定方法。方法包括：根据胸高直径与冠幅的相关规律确定；根据树高与冠幅的相关规律确定；用林分密度管理图确定。

抚育采伐强度表示可以用株数、断面积和蓄积量3种方式来表示。

以株数强度表示：

$$P_n = \frac{n}{N} \times 100\% \qquad (3\text{-}18)$$

式中：n——采伐株数；

N——伐前林分株数。

以蓄积量(或断面积)强度表示：

$$P_v = \frac{v}{V} \times 100\% \quad 或 \quad P_g = \frac{g}{G} \times 100\% \qquad (3\text{-}19)$$

式中：V——伐前林分总蓄积量；

v——采伐木总材积；

g——采伐木总断面积；

G——伐前林分总断面积。

透光抚育是在林分幼龄阶段实施的抚育采伐措施，由于胸径较小，基本不存在蓄积量，因此在本设计中采用株数强度确定抚育采伐强度，具体步骤如下：

在步骤(4)确定砍伐木基础上，计算保留木的平均胸径，然后依据《森林经营技术规程》一般用材林组要树种(组)抚育采伐适宜保留株数表，查出对应胸径的适宜保留株数，如保留木株数在查得的适宜保留株数范围内，说明确定的砍伐木合理，否则需要现地抹号或增号进行调整，再次计算调整后的保留木平均胸径，再次据《森林经营技术规程》一般用材林组要树种(组)抚育采伐适宜保留株数表，查出对应胸径的适宜保留株数，以此类推，直至保留木株数在查得的适宜保留株数范围内。要求保留木平均胸径不能低于伐前林分平均胸径。

3.4.4.2 内业部分

(1) 绘制小班平面图并计算面积

在厘米方格纸上按照1∶1000的比例尺根据罗盘导线测量外业数据绘制小班面积图,并计算面积。同时将图转绘到森林采伐作业设计实测图(附表17)。

(2) 填写森林经营作业设计呈报书——标准地调查薄

将外业调查数据如实填入标准地调查薄(附表20)。

(3) 计算采伐强度

株数强度计算:根据标准地中确定的砍伐木的数量和标准地中林木的数量计算株数强度。

以 P_n 表示株数强度:

$$P_n = \frac{n}{N} \times 100\% \tag{3-20}$$

式中:n——采伐株数;

N——伐前林分株数。

(4) 填写森林经营作业设计呈报书中的其他表格

①将林分因子调查表(附表5)中的数据转录到标准地调查薄(附表20);

②将每木调查表(附表6)和采伐木确定表(附表9)中的数据转录到每木调查记录(1)(附表23)和每木调查记录(2)(附表24);

③将测高记录表(附表10)中的数据转录到测高记录与树高曲线图(附表25)。

④将罗盘仪导线测量记录表(附表18)中的数据转录到罗盘导线(GPS)测量记录表(附表26)。

(5) 绘制作业小班在林班中的位置图

用铅笔按新区划的经营小班界线或原森林二类调查绘制的《林相图》的小班界,作业区界线,林班界线转绘到作业小班在林班中的位置图(附表19)。注意整幅图的布局要合理。

3.4.5 抚育间伐施工实训

3.4.5.1 施工前准备

准备工作包括以下内容。

(1) 学习抚育采伐文件和作业设计

应该组织间伐生产人员学习有关森林抚育间伐的政策、技术文件、设计原则。要求明确任务和技术要求,掌握作业区的情况,做到标准统一,质量达标。

(2) 组织专业队

要组成专业队,通过培训才能从事间伐施工生产。打号员由技术员担任。在大规模生产中,培训技术骨干是保证间伐质量的重要方法。伐木、打枝、造材、归楞等专业人员,落实质量、任务承包。

(3) 工具、物资准备

根据生产任务,做好生产工具、生活物品、医务、后勤方面的准备工作。生产作业开始前,完成工棚、房舍的维修和重建。

(4) 安全教育

职工、专业队都要进行劳动保护教育,生产安全教育,制定安全公约和奖惩制度,严格执行,保证生产任务完成。

3.4.5.2 采伐木确定

(1) 采伐木确定原则

选定采伐木是否得当,它决定着林分的发展方向和发展速度,对整个抚育间伐的质量和效果具有决定性的影响。只有正确选定采伐木,才能保证达到抚育间伐的预期目的。

①淘汰低价值的树种。天然混交林中,首先应该淘汰低价值的非目的树种,保留经济价值高的目的树种。但有符合下列条件者应酌情保留非目的树种:

a. 如果生长不好的主要树种或实生树和生长好的非目的树种或萌芽树两株距离较近彼此影响发育,则应伐去前者,而保留后者。

b. 如伐去非目的树种,而造成林间空地,引起禾本科杂草的滋生和土壤干燥,导致林地生产力降低时,应适当保留。

c. 为了改良土壤,立地条件较差的纯林中的阔叶树,应该保留,力求维持混交林状态;对促进培育木干形生长有利的辅助木,应保留,如橡林中的槭、榆等混生树种。

②砍去品质低劣和生长落后的林木。保留生长快、高大、圆满通直、无节或少节、树冠发育好的林木,而应砍去双杈木、多梢木、大肚木、老狼木,以及弯曲、多节、尖削度大、生长弱、偏冠等品质低劣和生长势弱的林木,提高森林生产率和改善林木品质。

③改善森林卫生环境。将已感染病虫害的林木尽快除去。枯梢或凋落、树干表面有羽化孔及因病虫害而引起树皮表面有异常的植株,也应酌情砍除。如果林分受病虫害危害较重,一次采伐的强度应控制在郁闭度不低于0.6。

④维护森林生态系统的平衡。为了给在森林中生活的益鸟和益兽的饲料基地和栖息繁殖场所创造有利的条件,应该保留一些有洞穴但没有感染病害的林木,以及筑有巢穴的林木。对于林下的下木也应尽量保留,为鸟兽提供丰富的饲料来源和栖息的场所。

⑤根据不同林种,实现培育目的。林种不同选木对象不同。例如,为了增加林分的多样化和美化,奇形树木,双杈木、弯曲木、偏冠木等应加以保留。防护林中,主要是清除枯立木、病腐木。兼顾抚育间伐的经济利益。

(2) 选木的方法和步骤

①用材林树种选木。落叶松林的间伐选木标准:通过抚育间伐应尽量增加阔叶树种的比例,形成落叶松为主的针阔混交林。

• 砍伐落叶松Ⅳ、Ⅴ级木。

• 砍伐雪压、雪折的弯弓木、折损木(不管什么树种)。

- 砍伐密集处的白桦次要树种。
- 砍伐分叉、折顶的落叶松。
- 看强度是否达到，如未达到，还可砍去部分落叶松Ⅲ级木。

②其他林种的选木。

农田防护林的选木：

- 上、中、下层都选砍伐木，但多砍些中、下层林木。
- 砍伐木包括下层灌木，创造半透风结构的合理透风系数。
- "保优去劣"仍然适用在防护林的选木中。
- 以砍小留大为主，病害木、风害木、雪害木等最先伐除。
- 不同树种有砍伐争议时，砍伐寿命短和更新力弱的树种。
- 护牧林的结构紧密一些为好，所以中、下层应少砍伐。

水土保持林的选木：

- 最先砍伐出现在各层的枯立木，维持林冠郁闭度不减小。
- 砍伐出现在各层的病害木、虫害木、风害和雪害木。
- 砍伐过密处的Ⅳ、Ⅴ级木和落后木，不能产生林窗。
- 对分杈木、弯曲木以及低价值树种，只在不降低郁闭度时才能砍伐。

能源林的选木：

- 根据需要的小径材规格决定砍伐对象，如用于农具。
- 根据需要的小径材径级决定砍伐数量、砍伐次数。
- 属于无性起源的树种，在伐桩上定株时，砍伐上部萌条。
- 讲究平茬技术，保护更新能力，一般只砍伐1~3次。

③不同抚育间伐种类的选木。

透光伐的选木：

- 砍伐对象首先是杂灌木和高草类。
- 其次砍伐次要树种和遮光林木，但要控制郁闭度。
- 往往不是单株砍伐，以带状、块状、穴状割除。
- 非目的树种有时全部伐除(压抑下层目的树种时)。

生长伐的选木：

- 砍伐木只限定在乔木层，多用于用材林。
- 只在经过竞争分化后的林分进行，要利用有益竞争。
- 注意干形培育，讲究抚育方法和林木分级。
- 追求林木高产，控制郁闭度严格，砍伐次数多。

④不同抚育间伐方法的选木。

下层抚育的选木：

- 人工林中多用克拉夫特五级分级法进行分级，砍伐Ⅳ、Ⅴ级木为主。
- 天然林中多用生长分级分为3级，砍伐Ⅲ级木为主。
- "砍小留大"是下层抚育中的重要标准，不能变动。
- 阔叶林中的下层抚育，采用什瓦帕哈的林木分级法为好，也是砍弱、小木。

- 砍伐枯立木、病害木、虫害木、风害木和雪害木。
- 纯林中，尤其在针叶纯林中，不砍混生(混交)树种。

上层抚育的选木：
- 将林木分为目标树、辅助树和有害树三类，砍伐对象主要为有害木。
- 砍伐站杆、病害木、风害木、雪压木、雪折木。
- 砍伐次要树种，下层为进展种时，多砍衰退种。
- 砍伐散生木、残留母树(可分几次砍伐)。
- 砍伐霸王木，这类林分多为外力干扰下形成的，往往有残留霸王木。
- 在郁闭度的控制下，砍伐分权木、弯曲木、折顶木等。

综合抚育的选木：
- 先把林分分为植生组，在植生组内再分为目标树、辅助树和有害树。
- 砍伐对象、砍伐顺序近似上层抚育，只是砍伐木均匀分布在各层。
- 在纯林中，尤其针叶纯林中采用综合抚育时，不要砍除阔叶散生树。

机械抚育的选木：机械抚育是隔行或隔株机械地砍除林木，是机械选木，实质上没有选木问题。

3.4.5.3 采伐木标定

标定采伐木是施工前完成的技术性工作，不允许不打号采伐，不允许非打号员打号。这项工作是以标准地采伐中确定下来的采伐木标准，由确定的间伐强度，在生产作业区全面进行的。生产作业中属临时打号，用色笔、粉笔、砍号、号印都可以。砍号只能刮破树皮，不能砍伤木质部。

3.4.5.4 采伐作业

(1) 伐木

采伐前先选好树倒方向，除掉被伐木基部妨碍作业的灌木，打出安全道。打号林木按预定的方向伐倒，不要伤害保留木。伐木时，端平锯，先锯下口，后锯上口，尽量降低伐根，以不高于 10 cm 为原则。

(2) 打枝

树干基端向梢头打枝。人站在树左侧打右面的枝，站在右侧打左面的枝。打枝要贴近树干，打出平滑的"白眼圈"；不允许逆砍和用斧背砸。

(3) 造材

坚持合理造材，节约木材，增加出材量。下锯前量出长度、看好弯曲、分权处，按材种规格造材。这项工作由造材员进行。

(4) 集材、归楞

间伐生产中我国多用人力、畜力集材。集材平车是南方林区常用的集材工具。山区坡陡，间伐中有时人力集材造短材背下山。归楞要分别树种、材种，将大小头分开整齐堆放，为检尺、装车创造方便。

3.4.5.5 间伐场地清理

抚育间伐以后,对留在伐区上的枝杈、梢头、树皮及病腐木等所有剩余物,加以清理的工作称为伐区清理。采伐剩余物如果不及时清除而留在伐区上,时间长了,会引起病虫害的发生和蔓延,并且给伐区周围的林分带来严重危害。同时,采伐剩余物干燥后,又会增加了森林火灾的危险。所以应及时清理伐区,可以改善迹地的卫生状况,减小火险等级,同时通过伐区清理的一些措施,还可以改善土壤的物理和化学性质。

清理方法主要有运出利用法和腐烂法。大量的采伐剩余物,在有条件的地区,运出林外加以利用,是提高森林资源利用率和节约木材的重要途径之一。除作能源材、脚手架、小木桩和各种原料外,用机械压碎、干燥、压缩和物理化学综合加工等方法造成块状燃料,不仅发热力高,而且体积小,便于运输并节省运费。腐烂法是将采伐剩余物截成段置于林地任其腐烂,可以提高土壤有机质的含量,改善土壤结构和提高土壤肥力;减弱林地土壤水分的蒸发和阻拦地表径流。具体操作有堆腐法、平铺法、带腐法等。

以上介绍几种方法各有优缺点。为了把迹地清理工作做好,清理工人应固定下来,使其专业化,以便熟中生巧,既省钱又达到较好效果。假定清理工人不能全部固定,也应做到小组长固定或主力队员固定。

> **拓展知识**

抚育间伐与生物多样性

森林生物多样性在一定程度上是衡量森林质量的重要指标,丰富的生物多样性同时也是生态系统稳定的基础,会促进生态系统功能的优化,而抚育间伐与森林生物多样性存在密切的关系。

(1) 抚育间伐对林内植物的影响

国内外普遍关注森林的稳定性问题,尤其是人工林的稳定性问题,人工林长期生产力能否维持是当前人工林研究上的一个重要方面,盛炜彤等认为,应通过"森林自肥能力"以及采取生物学方法来维护地力,而抚育间伐作为森林持续经营的有效途径,对林下灌木和植被的影响主要体现在林下植被的物种多样性和生物量两个方面,这两个方面是人工林生态系统的一个重要组成部分,在促进人工林养分循环和维护林地地力方面起着不可忽视的作用。杨承栋对林龄为20年的杉木林进行不同强度抚育间伐,4年后调查表明,抚育间伐能促进杉木人工林林下植被发育,对改善土壤物理、化学和生物学特性效果显著,由此得出抚育间伐是恢复杉木人工林地的重要途径。

抚育方式和强度对植物种类的丰富度、密度和盖度影响很大。研究表明,影响林下植物物种多样性的因子在一般情况下间伐强度越大植物的种类越丰富,密度和盖度也越大,不同的间伐强度除了对植物种类有较明显的影响外,对于植物结构也有较大的影响,低强度间伐造成的植被结构无明显垂直分化,基本是单层的;而中强度间伐的植被结构是复层的,有明显的垂直分化。因此提高间伐强度,不仅可以增加林下草本和灌木的种类,而且也可以提高每个物种的高度和盖度,增加其出现的株数。

（2）抚育间伐对动物的影响

有关抚育间伐对动物的影响，张荣等（2003）进行过综述，认为森林中野生动物是依赖森林生物资源和环境条件取食、栖息、生存和繁衍的动物群，是森林生物重要组成部分之一，森林抚育会引起森林结构的变化，而森林结构决定森林野生动物的种类、数量和分布。野生动物的栖息地状况与林地的生态因子密切相关，而林分生态因子是由林分结构来决定的，野生动物的种类和数量同一系列的林分结构相关联，一些野生动物喜欢密度大、未间伐的林分，但在林分密度大、郁闭度高的幼龄林进行抚育间伐是必需的。但在不同地区或森林类型，采用不同的抚育方式，对不同动物类群的影响可能不同。

一般而言，一些野生动物的种群动态与林分年龄没有关系，而对适合其生存的森林生态特征有关。由于抚育间伐改善了保留木的光照和水分条件，从而能使得保留木尽快生长，而大的树枝为鸟类和其他一些野生动物的筑巢和繁衍提供了较好的场地。据 Hayes 对大西洋北部的野生动物的研究得出，间伐减少了林中竞争树种的死亡率，形成多层郁闭林，增加了西点林鸮、斑海雀和斑啄木鸟等的种群数量。但也有学者认为抚育对鸟类和小动物无明显影响或降低鸟类的种类和数量。

（3）抚育间伐对微生物的影响

土壤微生物和土壤酶在森林枯落物分解、土壤腐殖质的合成、土壤养分循环及物质和能量代谢过程中起重要作用。有关抚育对林内土壤微生物和土壤酶影响的国内外研究较少，Mihail 调查抚育间伐后斯洛伐克的 33 年山毛榉林分中的微生物，结果发现木腐菌在疏林地实体数量最多，其次是重伐区，未疏伐林地最少，并且在重伐区发现大量的菌根菌。国内一些学者对不同林龄林分的林下植物多样性变化和微生物与酶的动态变化做了研究。焦如珍等通过对江西分宜不同林龄杉木人工林下的微生物数量和酶的活性研究结果表明，土壤微生物总数在杉木林的中龄林时期种类和数量最低，而在杉木幼林和成熟林时期最高；土壤酶的活性也与此结果一致，此种结果与抚育后的杉木人工林发育中群落结构和植物多样性变化有关。多样研究表明，林下植被变化与土壤中微生物的种类和数量以及酶的活性还需进一步的深入研究。

> **巩固训练**

选取需要进行抚育间伐的杉木林采用生长抚育中的下层抚育法进行抚育间伐设计并提交作业设计成果。

任务 3.5 几种林分抚育间伐

任务目标

1. 会根据林分生长状况确定抚育采伐的种类和方法。
2. 会进行大径材培育的设计与施工。

3. 会进行公益林抚育间伐设计与施工。
4. 会进行短周期工业原料林抚育。
5. 会进行生物质能源抚育。
6. 会计算抚育采伐的株数强度和蓄积强度。
7. 能正确确定抚育采伐的采伐强度。
8. 会正确确定采伐木并合理造材。
9. 会整理抚育间伐作业设计外业调查数据并填写标准地内业记载表。
10. 会进行抚育采伐施工。

任务描述

该任务要求针对四种不同类型的森林：生态公益林、大径材、短轮伐期工业原料林和生物质能源林进行外业调查，确定出抚育间伐强度，完成内业工作及记载表的填写，最后完成抚育间伐施工相关工作。任务实施过程中的一切技术标准参照《森林经营技术规程》《森林采伐作业规程》和《标准地调查技术规则》（DB/T 2100B650017）等相关标准。

工作情景

用多媒体展示不同类型的森林，例如针叶林、阔叶林，或者不同用途的森林，这些不同的森林在抚育间伐时采用的方式方法、标准等是否一样，如果不一样有什么不同，以此为切入点，进行师生互动，引出不同类型森林如何进行抚育间伐这个工作任务。

知识准备

3.5.1 生态公益林抚育

生态公益林是指为维护和改善生态环境，保持生态平衡，保护生物多样性等满足人类社会的生态、社会需求和可持续发展为整体功能，主要提供公益性、社会性产品或服务的森林、林木、林地。

改善生态环境是关系中华民族生存和发展的长远大计，也是防御旱涝等灾害的根本措施。生态公益林建设是生态建设的重要举措，是遏制生态恶化的主要途径之一。然而，要使生态公益林尽快发挥应有的作用，生态公益林营造林工作重心必需向着工程化、规模化、集约化、标准化方向发展，如何确保各项林业重点工程的建设质量，提高建设成效，已成为生态林建设的重要任务。国家颁布的生态公益林建设系列标准，是各地生态公益林建设的重要指导性文件。

3.5.1.1 生态公益林林分抚育

生态公益林的林分抚育主要是针对一般保护地区的生态公益林而进行的必要的森林抚育活动。特殊保护地区的生态公益林不允许进行任何形式的抚育活动，重点保护地区的生态公益林抚育必须进行限制。生态公益林的抚育以不破坏原生植物群落结构为前提，其主要目的是提高林木生长势，促进森林生长发育，诱导形成复层群落结构，增强森林生态系统的生态防护功能。

(1) 抚育林分条件

①防护林。目的树种多、有培育前途，并且抚育不会造成水土流失和风蚀沙化的防护林分，符合下列情况之一时应列为抚育对象。

　a. 郁闭度0.8以上；林木分化明显；林下立木或植被受光困难。

　b. 遭受病虫害、火灾及雪压、风折等严重自然灾害，病腐木达10%的林分。

②特用林。有培育前途，抚育不会造成特种功能降低，并符合下列情况之一的林分应列为抚育对象。

　a. 林分密度大，竞争激烈，分化明显，影响人们审美和休闲游憩需求的林分。

　b. 林木生长发育已不符合特定主导功能的林分。

　c. 遭到病虫害、火灾及雪压、风折等自然灾害，病腐木达5%的林分。

(2) 林分抚育方法

①定株抚育。对幼龄林在出现营养空间竞争前进行定株抚育。按不同生态公益林的要求分2~3次调整树种结构，进行合理定株。伐除非目的树种和过密幼树，对稀疏地段补植目的树种。封山育林和飞播造林形成的幼龄林必须进行定株抚育。

②生态疏伐。生态疏伐是指为使森林形成林冠梯级郁闭，林内大、中、小立木都能直接受光，诱导形成复层异龄林，增强森林生态系统的防护功能而进行的一种综合抚育方法。

对坡度小于25°、土层深厚、立地条件好，兼有生产用材的防护林采用生态疏伐(或综合抚育法)。先将彼此有密切联系的林分划分成若干植生组(树群)，然后按照有利于林冠形成梯级郁闭，主林层和次主林层立木都能直接受光的要求在每组内将林木分为目标树、辅助树和适量的草本、灌木与蔓藤。

一次疏伐强度为总株数的15%~20%，伐后郁闭度应保留在0.6~0.7。未进行过透光伐的飞播林，首次疏伐每公顷保留3500株以上或伐后郁闭度控制在0.7~0.8。

天然次生林生态疏伐强度用单位面积立木株数作为控制指标。立地条件较好的地段保留株数可以适当小些；反之，则大些。适宜保留密度见表3-9。

表3-9　辽宁生态公益林主要树种(组)抚育采伐适宜保留株数表

树　种	径　阶(cm)					
	6	8	10	12	14	16
红　松	2100~2550	1650~1950	1200~1440	990~1200	810~990	720~810
硬阔林	2550~3030	1650~2040	1200~1500	960~1200	810~960	750~840
针阔混交林	2100~2520	1590~1710	1020~1230	840~1020	810~960	750~840

③卫生伐。卫生伐是为了改善林分的卫生状况而进行的一种抚育方法。坡度大于25%的防护林原则上要进行卫生伐，伐除枯立木、风倒木、病害木。

④景观疏伐。景观疏伐是指对风景林按森林美学的原理，改造或塑造新的森林景观，

创造自然景观的异质性的一种抚育方法。风景林按森林美学的原则进行景观疏伐，改造或塑造新的景观，创造自然景观的异质性，维护生物多样性，提高旅游和观赏价值。

3.5.1.2　林带抚育方法

(1) 林带抚育条件

①农田、牧场的防护林带。符合下列情况之一的列为抚育对象。

a. 林带密度大，竞争激烈，林带郁闭出现挤压现象。

b. 林带结构不符合防护要求。

c. 遭受病虫害、火灾及雪压、风折等现象，但受害木少于20%。

②护路护岸林带。符合下列情况之一的列为抚育对象。

a. 杂草、灌木、藤蔓等明显影响目的树种生长的。

b. 密度大、竞争激烈、严重影响林木生长的。

c. 对交通安全构成威胁的。

d. 林相残破、景观效应差的。

e. 遭受病虫害、火灾及雪压、风折等自然灾害，但病腐木少于20%的。

(2) 林带抚育方法

①以耕代抚。在林粮间作区对农作物精耕细作的同时，间接地对林木进行了除草、松土、施肥等，能有效促进林木生长，又省工、省力，并可获得早期效益。

②间伐。在不影响林带结构和防护效益的前提下，按去劣留优、去弱留强、去小留大的原则对林带进行抚育间伐。具体操作时可根据林带实际情况选用以下方法。

a. 株间间伐：又称隔株间伐，即隔一株伐一株的机械抚育法。主要适用于路、渠和农田三边隙地的单行或双行林带。

b. 行间间伐：又称隔行间伐，即隔一行伐一行的机械抚育法。主要适用于一般风沙区的三行以上的宽林带，成行伐除密度过大的树行。

c. 行株间伐：隔一行伐一行，并在保留行内隔一株去一株的机械抚育法。适用于初植密度偏大的宽林带。伐后宽林带郁闭度控制在 0.6~0.7；林带疏透度约 0.4，并保持原有的林带结构。对郁闭的中龄林与近熟林禁止实行强度间伐。

③修枝。林带间伐时配合进行人工修枝。通过合理修枝调整林带疏透度、促进林木生长、提高防护效益。幼龄林阶段修枝高度不超过 1/3，中龄林阶段修枝高度不超过树高 1/2，修枝后林带疏透度大于 0.4。

④卫生伐。伐除枯立木、风倒木、病害木。

3.5.2　大径材抚育

以生产大径材为培育目标，通过定向培育，在一定的期限内能够达到预期林木径级和规模产量的林分称为大径木林。另一种为在近熟林阶段实施一种抚育采伐方法称为大径材抚育，在生长抚育之后继续疏开林分，促进保留木直径生长，加速工艺成熟，缩短主伐年龄。大径材培育的方法与生长抚育相似。因此，大径材抚育有时也可同生长伐合成同一范畴来探讨。大径材培育就是强度大的生长伐，有时可达30%~50%。这种抚育间伐只能在林地土壤条件良好、不会引起水土流失的条件下进行。有时是为促进立木结实，将来实施天然更新。

随着社会经济的发展和人口的急剧增加，木材的需求量正呈现逐年递增的趋势。与此同时，全球森林面积正以每年0.4%的速度锐减。进入21世纪以来，木材资源已成为世界性的战略资源，面临着更为严峻的形势。我国是人均占有森林（木材）资源很少的国家，严重少林缺材、森林资源消耗量大，森林分布不均、生态与经济矛盾比较突出。当前，如何充分发挥和利用好的水热自然条件，有效调整和解决好人工林激增带来的林种、树种和材种结构以及生态结构等一系列矛盾与问题，科学、优质、高产、高效地发展商品林，在林业分类经营战略中占有至关重要的地位。进行大径材抚育能加速木材的材积生长量，这对解决我国生态与经济发展矛盾问题有着重要的作用。在我国南方地区，以杉木、毛竹为主的大径材培育、抚育技术在生产上广泛应用，北方地区则以落叶松为主。

3.5.3　短周期工业原料林抚育

短周期工业原料林与速生丰产用材林同义，是为了区别于20世纪80~90年代营造的以杉、松为主的速生丰产用材林而采用的称呼。它是指在高生产力的立地条件下，通过良种壮苗和集约化经营措施为制浆、造纸、人造板等林产工业和建筑、家具、装修等行业提供原料或大径级用材的林分。它具有单位面积投入高、培育周期短（短轮伐期）、单位面积产量高（每年每亩蓄积生长量大于1 m^3）、比较效益显著等特点，其建设按市场化机制运作，即以企业或个人为实施主体，以追求经济效益最大化为经营目标，以销定产、定向培育为经营方向，以市场融资为主要投资来源，以政府突出协调和服务职能为管理方式。

我国学者愚夫(1987)指出，工业原料林的出现，由于其高度集约，可以在较短的周期内提供大量的木材，可减轻天然林负载的强大压力，缓和生态与经济之间的矛盾，对维护生态平衡起积极作用。他还指出，传统林业一个致命的弱点是生产周期长，资金周转慢，缺乏对投资的吸引力。短周期工业原料林一举解脱了传统林业经营的困境，赋予林业新的生机，把生产周期、总产出提高到与农林相竞争的水平上，因而增强了林业对投资的吸引力。

大力发展速生工业原料林，增加森林后备资源，是解决木材供需矛盾的根本出路，是实施天然林保护工程和生态环境建设的必然选择，是实现建立发达林业产业目标的关键，是解决林农争地的有效手段，是林业对外开放，走向市场的前提条件，也是调整林业产业结构，实现林业分类经营的重要途径。

(1)国内外研究现状

随着以木材为原料的林产工业企业和木材加工业生产规模的日益扩大，工业原料用材已成为我国森林资源消耗的重要组成部分，快速增长的原材料需求与资源匮乏间的矛盾也日益突出。短轮伐期工业原料林就是为满足林产加工企业木材原料需求而营建的特定林种，它的主要特点在于：一是定向性强，是针对企业的生产加工需要而进行的有别于一般营造林技术的定向培育；二是速生高效显著，以较少的土地，在较短的周期内，通过高投入、集约经营的手段，实现高产出目标，从而减轻社会用材需求对承担生态工程的森林的压力。因此，发展短轮伐期工业原料林是现代林业的重要内容，是林业实施分类经营，进一步完善两大体系建设的重要方面，也是我国众多木材加工企业可持续发展的有力保障，更是实现林业三大效益最优化的重要措施。

国外对短轮伐期工业原料林培育研究技术较早。1964年，美国学者Young首先提出工业原料林短轮伐期和全树利用的概念；1966年，Mealpine提出了短轮伐期的可能性。1970年以来，美国、加拿大、法国、德国、苏联、日本、刚果、印度、巴基斯坦、阿根廷等先后对杨树、桉树、美国梧桐等20多个树种进行工业用材定向培育技术研究。1990年以来，世界各国特别是加拿大、瑞典、美国、日本、巴西、意大利等国对工业原料林定向培育技术研究从定性研究转为定量研究，从单学科的研究转为多学科、多层次的深入研究，并着重研究了工厂化育苗、遗传控制、立地评价、生长规律、效益计算、地力恢复、经营模型、采伐和机械化营林作业等，筛选出适合不同立地条件生长的优良品种，使工业原料林栽培面积迅速扩大，其大面积年生长量由20世纪60年代中期的 $12 \sim 15 \ m^3/hm^2$ 提高到目前的 $30 \sim 60 \ m^3/hm^2$。

目前，世界工业原料林栽培正围绕着定向、速生、高产、优质、稳定及高效六个目标重点攻关，主要通过定向培育、集约栽培措施（立地控制、密度控制、施肥等）使工业原料林生长速度加快，轮伐期缩短，以获取较高的经济效益。

在可持续发展战略的理论指导下，世界各国对短轮伐期工业原料林的培育技术进行了深入的研究、试验及实际应用。普遍采用的技术措施主要包括立地控制、遗传改良、密度控制、地力维护，并实行生态系统管理。

施肥是工业原料林经营中地力维护的主要技术措施。如巴西的短轮伐期桉树林，为了维持地力的长久生产力，规定在采伐后3年待枝叶落地腐烂后才准许更新造林；造林中还以基肥和追肥的形式，施用以磷肥为主的N、P、K复合肥。据报道，施肥一般能提高林木生产量5%~10%，有的甚至更高。总支，选用高生产力的种植材料和立地，采用维护地力的措施，通过多种形式提高人工的生物多样性，使其达到稳定而高产，达到定向培育目的。

林分密度是影响工业原料林生产力的重要因素，密度控制主要决定于所要培育的材种，同时也要考虑到抚育施工和营林成本。密度大小影响林木的胸径、树高、材积和生物量的生长。

工业原料林主要考虑生物量要大，而纸浆材要求的尺寸比锯材要小，因此，培育不同材种通常采用不同的密度，而且轮伐期也不同。工业原料林往往采用高密度，以取得最大的干物质生物量。如加拿大白杨造林，株行距 $0.3 \ m \times 0.9 \ m$；巴西的桉树原料林采用 $2 \ m \times (2 \sim 2.5) \ m$ 的株行距，中间经过2~3次间伐，终伐时每公顷保留300~375株，轮伐期为15~30年。

密度对胸径的生长效应最大，影响有两种情况。一是林分郁闭前，密度对胸径生长基本上没有显著影响，而立地条件、苗木质量、造林技术和管理是影响胸径生长的主导因子；二是随着林龄的增加，林分郁闭度逐渐增加，这时胸径逐渐受到林分密度的制约，郁闭度越大，影响越大。

密度对高生长的影响是复杂的。英国学者 Hamifon et al.（1974）总结全英国 6 个树种 134 个系列的密度试验材料，其结论是"有越密越高的趋势"；苏联林学家对欧洲松造林密度试验结果得出"在一定较稀密度范围内，由稀到密对高生长有促进作用，而在过密的状态下，密度对高生长又起抑制作用"；我国的杨树、落叶松等的密度试验，都证明稀植的人工林具有较大的树高生长量。1967 年丹麦学者分析了世界各国（未包括中国、日本及苏联）针叶树密度试验的结果，他的结论是在一定密度范围内，在多数情况下，树高生长随密度加大而下降。结论不一的主要原因是立地条件的不同，树种生物学特性的不同，林分年龄和密度范围不同所致。

我国的短轮伐期工业原料林培育研究始于 20 世纪 70 年代中后期，南京林业大学首先在我国黄海、淮海平原和长江中下游引种成功黑杨派 3 个无性系（I-72/58、I-69/55、I-63/51 杨）；其后，中国林业科学研究院进行了 I-214 杨等 4 个品种短轮伐期的生物量对比试验，广东桉树试验，研究主要涉及遗传选择、立地条件、密度控制以及不同培育目标的主伐年龄等短伐期栽培体系。

我国与工业原料林最为密切的相关工业是造纸业，人造板（胶合板、刨花板、纤维板等）制造业。为了满足这些产业对木质原料量大、价低、质好的需求，经过 30 多年的试验研究和生产实践，我国也选出和引进了适于速生工业原料林栽培的柠檬桉、雷林 1 号及窿缘桉等桉树优良品种和 I-72 杨、I-69 杨、I-63 杨、I-214 杨等杨树优良无性系，以及杉木、马尾松、落叶松、湿地松、火炬松等优良种源。

(2) 发展趋势

短轮伐期工业原料林的发展在理论和时间上还存在一定的问题，但建设包括工业原料林在内的速生丰产林建设，仍是当今世界林业发展的一个重要趋势。

近年来，世界各国特别是加拿大、瑞典、美国、日本、巴西、意大利等均已从森林培育技术的定性研究转入定量研究，从单学科的研究转入多学科、多方面和多层次的深入研究，并着重研究了工厂化育苗、遗传控制、立地评价、生长模型、效益评估、地力恢复、造林（或经营）模式，采伐和机械化营林作业等；我国在学习国外经济的同时，发展了适于我国实际的人工林培育科技，通过多年的研究和实践，我国在杨树、泡桐、桉树等树种的短轮伐期定向培育技术上已经日趋成熟。

随着科技的发展，社会经济环境的变化，工业原料林发展体现了以下几种趋势：一是工业原料林基地化、规模化建设的步伐加快；二是造林树种的生长率越来越高，轮伐期越来越短；三是经营目标日益明确，持续经营措施将得到加强。因此，以经济效益目标为核心，辅之以持续的生态经济措施，是当今短轮伐期工业原料林定向培育发展的新趋势。但是短轮伐期工业原料林的发展通常选择较在地形较为平坦，立地条件较为优化的地方实施的，而在山地条件下如何培育速生工业原料林，如何缩短培育周期，实现短轮伐期方面尚无成熟技术。

从总体看，遗传控制、立地选择与经营模式的选择是研究与推广应用的焦点，而高效地开展速生工业原料林培育研究与技术推广应用是解决木材原料问题的根本。

3.5.4 生物质能源林抚育

生物质是通过光合作用而形成的各种有机体,包括所有的动植物和微生物。而所谓生物质能就是太阳能以化学能形式贮存在生物质中的能量形式,即以生物质为载体的能量。它直接或间接地来源于绿色植物的光合作用,可转化为常规的固态、液态和气态燃料,取之不尽、用之不竭,是一种可再生能源,同时也是唯一一种可再生的碳源。很多国家都在积极研究和开发利用生物质能。

生物质能蕴藏在植物、动物和微生物等可生长的有机物中,它是由太阳能转化而来的。有机物中除矿物燃料以外的所有来源于动植物的能源物质均属于生物质能,通常包括木材、森林废弃物、农业废弃物、水生植物、油料植物、城市和工业有机废物、动物粪便等。地球上的生物质能源资源较为丰富,而且是一种无害的能源。地球每年经光合作用生产的物质有 1730×10^8 t,其中蕴藏的能量相当于全世界能源消耗总量的 10~20 倍,利用率不到 3%。依据来源的不同,可以将适合于能源利用的生物质分为林业资源、农业资源、生活污水和工业有机废水、城市固体废物和畜禽粪便等五大类。

林木生物质能源是通过植物光合作用而贮存于植物中的太阳能,是一种可再生能源,它包含薪炭林、在森林抚育和间伐作业中的零散木材、残留的树枝、树叶和木屑等;就其能源当量而言,仅次于煤、石油、天然气。在我国的生物质能源中,林木生物质能源占有十分重要的地位。加快发展林木生物质能源是有效补充我国能源供给、改善和保护生态环境的战略举措,对维护我国能源安全,改善能源结构将发挥重要作用。

目前,我国林木生物质能主要有 3 种利用方式,即生物质固体燃料利用、生物质液态燃料利用和生物质气体燃料利用。其终端产品主要有五类:一是利用油脂转化为生物柴油;二是木纤维转化燃料乙醇;三是木质加工固体燃料;四是木质转化成燃料气体;五是木质燃料发电。

我国发展林木生物质能源有以下几个主要优势:

(1)林木生物质能源培育潜力巨大

同其他生物质能源相比,林木生物质能源资源发展不占用耕地,发展空间广阔。目前,我国尚有 7661.5×10^4 hm^2 宜林荒山荒地,可拿出一部分发展能源林。此外,还有大量的盐碱地、沙地以及矿山、油田等复垦地,这些不适宜农业生产的边际土地大都适宜种植特定能源树种。如在盐碱地上可种植柽柳,在沙地上可种植能多次平茬利用的柠条、沙柳等灌木。这些边际土地资源,经过开发和改良,可以变成发展林木生物质能源的"绿色油田""绿色煤矿",用以补充我国未来经济发展对能源的需求。

(2)适合发展林木生物质能源的树种丰富

我国适合规模发展林木生物质能的树种资源,仅乡土树种就多达几十种。这些树种有的适合作为燃料用于发电,如刺槐、黑荆树、柠条、沙棘、柽柳等;有的适合开发生物柴油,如麻风树、黄连木、乌桕、文冠果、油桐、石栗树、光皮树等。

(3)林木生物质能的资源比较丰富

根据我国林业经营现状,可以获得的林木生物质资源的途径和来源为能源林、灌木林、森林抚育间伐的树木、苗木截杆部分、经济林修剪和城市绿化修枝物、油料树种果实和林业"三剩"物(采伐剩余物、造材剩余物和加工剩余物)等。按照相关的技术标准测算,每年可作为能源利用的生物量为 30 000×10⁴ t 以上。按照相应的热当量换算后。加工后的 5 t 林木生物质可替代 1.5 t 原油,可以说,林木生物质能源是我国未来能源的一个重要补充。

(4)我国生物质能源开发已初具规模

目前,我国生物质能源开发已形成一定规模,沼气发酵技术相当成熟,燃料乙醇技术、生物柴油研发与产业化、生物质固化成型技术、生物质发电技术均已形成规模。2020年,生物质能合计可替代化石能源总量约 5800×10⁸ t,年减排二氧化碳约 1.5×10⁸ t,减少粉尘排放约 5200×10⁸ t,减少二氧化硫排放约 140×10⁸ t,减少氮氧化物排放约 44×10⁸ t。这足以说明,在不久的将来,生物质能源将在整个能源产业中扮演越来越重要的角色。

任务实施

3.5.5　公益林抚育实训(以林分抚育为例)

3.5.5.1　外业部分

首先调阅林分档案,了解林分基本情况,看其是否处于中龄林或近熟林阶段,同时了解上次抚育采伐的年份,并查阅《森林经营技术规程》主要树种(组)抚育采伐开始期和间隔期,判断其是否达到抚育采伐的间隔年限,然后进行现地踏查,了解当前林分的郁闭度状况、林木分化状况、林下立木或植被受光状况或遭受病虫、火灾、雪压、风折等自然灾害状况,定量确定是否需要进行抚育采伐。当定量确定确实需要进行生态疏伐时,即可组织人员进行生态疏伐设计,然后进行内业设计,上报林业主管部门,在得到批复后在进行生态疏伐施工。

抚育采伐可采用的方法:天然次生林同时是复层异龄林的采用综合抚育法。

(1)定量确定抚育采伐对象

在林分的郁闭度较大、林木分化明显、林下立木或植被受光困难时,可采用定量测定林分当前郁闭度,郁闭度超过 0.8,需要进行抚育;否则,不需要抚育。

在林分遭受到病虫、火灾、雪压、风折等严重自然灾害时,可采用定量调查病腐木数量,计算其占林分总株数的百分数,达到 10%以上,需要进行抚育采伐;否则,不需要抚育。

本设计假定为第一种情况。

①标准地设置。在需要进行抚育的小班中选择具有代表性的地段设置临时标准地,总面积为小班面积2%,形状为正方形或长方形,单个标准地面积不小于 0.1 hm²,小班面积过小时可将整个小班设为标准地。

②标准地调查。具体调查内容如下。

a.郁闭度调查:采用投影法调查林分郁闭度。在设置好的标准地四边每隔 5 m 钉一木桩,以各木桩为界,用测绳将标准地划分为 5 m×5 m 的方格。从一端开始,逐株用皮尺测量每株树干中心距二条测绳的垂直距离,绘图人在方格纸上按 1∶100 的比例尺用黑点标明该林木的干基位置。测量人继续按四个方向测定树冠边缘与树干基部中心的距离(可用一根竿子、使眼、竿顶和树冠边缘保持在一条直线上,然后将竿子垂直落下所立的位置与树干中心的距离作为这个方向的树冠半径),绘画人根据 4 个方向所测的树冠半径,对照树冠的实际形态,在方格纸上将树冠的边缘部分勾绘出来(如 2 株树木重叠时,可将下面树木与上面树木的重叠部分用虚线表示),如此逐株逐带地将整个标准地的树冠投影绘制完成,构成林冠水平投影图。再用数方格的方法(或用求积仪)累计全部树冠的投影面积,并将此面积与标准地面积相比,求算出林分的郁闭度。

b. 在标准地内进行每木检尺,并将检尺结果填写在每木调查表中(附表 6)。

c. 在标准地内进行土壤质地、土层厚度、植被、下木等因子的调查,并将调查结果填写在林分因子调查表中(附表 5)。

③定量判定是否需要进行抚育采伐。林分郁闭度值超过 0.8,需要进行抚育采伐;否则,不需要抚育采伐。

(2) 小班面积测量

小班面积可以采用罗盘仪闭合导线法进行测量,将测量结果记入罗盘仪导线测量记录表(附表 18)。

(3) 林木分级

先将彼此有密切联系的林木划分成若干植生组,然后按照有利于林冠形成梯级郁闭,主林层和次主林层立木都能直接受光的要求,在每组内将林木分为目标树、辅助树和适量的草本、灌木与藤蔓。具体分级标准如下:

①目标树。树干通直圆满,天然整枝良好,树冠发育正常,生长旺盛,有培育前途的林木。

②辅助树。有利于促进优良木天然整枝和形成良好干形的,对土壤有保护和改良作用的,以及伐除后可能出现林窗或林中空地的林木。

③草本、灌木与藤蔓。

将分级结果记入林木分级表(适用于三级木分级法)(附表 8)。

(4) 确定砍伐木

本着为使森林形成林冠梯级郁闭,林内大、中、小立木都能直接受光,诱导形成复层异龄林,增强森林生态系统生态防护功能的原则进行确定砍伐木。

砍伐对象主要有:害木;其次砍伐站杆、病害木、风害木、雪压木、雪折木;再次砍伐次要树种,下层为进展种时,多砍衰退种;然后砍伐散生木、残留母树;最后砍伐霸王木;在郁闭度控制下,砍伐分杈木、弯曲木、折顶木等;草本、灌木与藤蔓如不影响保留木生长,则不进行砍伐或割除。

对砍伐木进行标记,并将结果记录在采伐木确定表中(附表 9)。

(5) 树高胸径测量

首先在小班内选择各径阶的径阶标准木,中央径阶选择 3~5 棵,两侧径阶选 1~2 棵,使其呈现正态分布,然后用测高器和围尺分别径阶实测 15~20 株径阶标准木的树高和胸径,并将其记入测高记录表(附表10),最后在厘米方格纸上绘制树高曲线图。

(6)定量确定抚育采伐强度

生态疏伐强度的控制采用株数强度进行控制。

①首先根据标准地每木检尺数据计算采伐后的林分平均胸径,再依据林分平均胸径查《森林经营技术规程》中的生态公益林主要树种(组)抚育采伐适宜保留株数表验证砍伐木确定是否合理,如果保留木数量正好在查得的适宜保留株数范围内,则确定的砍伐木合理;否则,不合理,需进行现地抹号或增号调整,直至达到依据《森林经营技术规程》中的生态公益林主要树种(组)抚育采伐适宜保留株数表规定的范围。

②计算抚育采伐株数强度。

以 P_n 表示株数强度:

$$P_n = \frac{n}{N} \times 100\% \tag{3-21}$$

式中:n——采伐株数;

N——伐前林分株数。

(7)出材率调查

采用标准地法,即将标准地内的砍伐木全部采伐,然后进行打枝、造材,计算出材率。

①砍伐。采伐前先选好树倒方向,清理掉被伐木基部妨碍作业的灌木,打出安全通道。伐木时,端平锯,先锯下口,后锯上口,尽量降低伐根,以不高于10 cm为宜。

②打枝、造材。坚持合理造材,节约木材,增加出材量。下锯前量出长度、看好弯曲、分杈处,按材种规格造材。将造材结果记入标准地造材记录表(附表11)。

3.5.5.2 内业部分

(1)绘制小班平面图并计算面积

在厘米方格纸上按照1:1000的比例尺根据罗盘导线测量外业数据绘制小班平面图并计算面积。同时将图转绘到森林采伐作业设计实测图(附表17)。

(2)填写森林经营作业设计呈报书——标准地调查簿

将外业调查数据如实填写标准地调查簿(附表20)。

(3)绘制树高曲线

根据标准地调查结果,在厘米方格纸上绘制树高曲线并将树高曲线图转绘至测高记录与树高曲线图(附表25)。

(4)采伐强度和采伐量计算

①株数强度计算。根据标准地中确定的砍伐木的数量和标准地中林木的数量计算株数强度。

以 P_n 表示株数强度:

$$P_n = \frac{n}{N} \times 100\% \tag{3-22}$$

式中:n——采伐株数;

N——伐前林分株数。

②标准地采伐量计算。标准地的采伐量就是标准地中确定的砍伐木的总蓄积,本任务采用了标准地法进行材种出材量调查,所以计算出砍伐木的总蓄积即求出标准地采伐量。具体步骤为:

a. 通过每株砍伐木实际胸径和树高,查二元立木材积表,求算该砍伐木的材积。

b. 标准地的采伐量即等于小班内所有砍伐木的材积之和。

将结果填写在林分因子调查统计表(附表21和附表22)。

(5)出材率计算

①标准地砍伐木出材量。根据标准地外业调查记载表——造材记录表数据查材积表,求算各砍伐木的出材材积,砍伐木材积之和即为标准地砍伐木的出材量。

②标准地砍伐木蓄积。通过砍伐木胸径和砍伐木树高,查二元立木材积表,求算对应树种的蓄积,该树种砍伐木的蓄积之和即为该树种砍伐木的蓄积量,所有树种的砍伐木蓄积之和即为标准地砍伐木蓄积。

③求算出材率。将①和②求算出的数据代入公式,即可求得出材率。

$$出材率 = \frac{标准地砍伐木出材量}{标准地砍伐木蓄积} \times 100\% \tag{3-23}$$

将结果填写在林分因子调查统计表(附表21和附表22)。

(6)填写"森林经营作业设计呈报书"中的其他表格

将"标准地外业调查记载表"中的相关数据转录到"森林经营作业设计呈报书"中。

(7)绘制作业小班在林班中的位置图

用铅笔按新区划的经营小班界线或原森林二类调查绘制的《林相图》的小班界,作业区界线,林班界线转绘到作业小班在林班中的位置图(附表19)。注意整幅图的布局要合理。

3.5.5.3 生态疏伐施工

(1)标定采伐木

生态疏伐是本着使森林形成林冠梯级郁闭,林内大、中、小立木都能直接受光,诱导形成复层异龄林,增强森林生态系统生态防护功能的原则确定砍伐木。因此,砍伐对象首先为有害木;其次是站杆、病害木、风害木、雪压木、雪折木;再次是次要树种,下层为进展种时,多砍衰退种;然后是散生木、残留母树;最后是霸王木;在郁闭度控制下,郁闭度达不到要求需要砍伐分杈木、弯曲木、折顶木等;草本、灌木与藤蔓如不影响保留木生长则不进行砍伐或割除。

标定采伐木不允许不打号采伐,不允许非打号员打号。用粉笔或镰刀砍号都可,砍号只可刮破树皮,不能砍伤木质部。

(2)采伐

从采伐前选好树倒方向,除掉被伐木基部妨碍作业的灌木,打出安全道。打号林木按预定的方向伐倒,不要伤害保留木。伐木时,端平锯,先锯下口,后锯上口,尽量降低伐根,伐根高度要不高于10 cm。

(3) 打枝、造材

从树干基端向梢头打枝。人站在树左侧打右面的枝,站在右侧打左面的枝条。打枝要贴近树干,打出平滑的"白眼圈"。不允许逆砍和用斧背砸。

合理造材,节约木材,增加出材量。下锯前量出长度,看好弯曲、分叉处,按材种规格造材。这项工作由造材员进行。

(4) 集材、归楞

抚育采伐生产中我国多采用人力、畜力集材。

归楞要分别树种、材种,将大小头分开整齐堆放,为检尺、装车创造便利。

(5) 场地清理

可以采用的方法:利用法、堆腐法、散铺法、带腐法、火烧法。本设计采用散铺法。

3.5.6 大径材抚育实训(以日本长白落叶松为例)

3.5.6.1 外业部分

首先调阅林分档案,了解林分基本情况,对于幼龄阶段的林分看其是否曾进行过透光抚育,如果没有,需要了解造林年份,并查阅《森林经营技术规程》主要树种(组)抚育采伐开始期和间隔期,看其是否达到抚育采伐开始期,达到需进行现地踏查,并进行外业调查,定量确定是否需要进行首次透光抚育;进行过透光抚育的,需要了解上次抚育进行的年份及强度,并查阅《森林经营技术规程》主要树种(组)抚育采伐开始期和间隔期,看其是否达到再次抚育采伐的年限,达到年限的组织人员进行现地踏查,并进行外业调查,定量确定是否需要进行采伐抚育。当定量确定需要进行采伐抚育时,即可组织人员进行抚育采伐设计,上报林业主管部门等待批复,在得到批复后进行抚育采伐施工,具体流程如下:

(1) 定量确定抚育采伐开始期

可以采用林分生长量的变化、林木分化程度、林分直径离散度、自然整枝的高度、郁闭度、林分密度管理图等方法来确定。本设计采用林木分化的胸径离差和枯死枝高度与平均胸径比,建立林木分化度数学模型,通过计算林木分化度确定幼林首次抚育间伐开始时间。

①标准地设置。在需要进行抚育的小班中选择具有代表性的地段,设置临时标准地,面积为小班面积2%,形状为正方形或长方形,单个标准地面积不小于 0.1 hm^2,小班面积过小时可将整个小班设为标准地。

②标准地调查。

a. 在标准地内进行每木检尺,并将检尺结果填写在每木调查表中(附表6)。

b. 在标准地内进行土壤质地、土层厚度、植被、下木等因子的调查,并将调查结果填写在林分因子调查表中(附表5)。

c. 用测高器对标准地内每株林木枯死枝高度进行实测,并将结果记录。

③定量确定是否需要进行初次抚育间伐。

a. 首先计算标准地内林木平均胸径,方法如下:

根据标准地调查数据,径阶按 2 cm 整化,统计各径阶林木株数,计算标准地林木平均直径。

$$\overline{X} = \sqrt{\frac{\sum n_i d_i^2}{\sum n_i}} \tag{3-24}$$

式中：$\overline{X}$——标准地平均胸径；
　　　n_i——各径阶林木株数；
　　　d_i——径阶值。

b. 将计算出的标准地林木平均胸径值和标准地每木检尺得到的每株林木胸径值代入建立好的林木分化度数学模型,计算林木分化度。

$$FH = \sqrt{\frac{S}{N-1}} + \frac{2h}{\overline{x}} \tag{3-25}$$

式中：FH——林木分化度；
　　　S——样地内最大林木胸径与样地内每一株林木胸径的离差平方和,即 $S = \sum_{n=1}^{i}(X_z - X_i)^2$,$X_z$ 为样地内最大林木胸径值,X_i 为样地内每一株林木胸径值；
　　　h——样地内林木平均枯死枝高度；
　　　$\overline{x}$——样地内林木平均胸径。

c. 人工林林木分化度 $FH \geqslant 5$ 时即应进行第一次抚育间伐,当林木分化度 $FH \geqslant 7$ 时,幼林生长已经明显受到抑制,应立即加强抚育管理。

(2)小班面积测定

小班面积测定可以采用罗盘仪闭合导线法进行测量。将测量结果记入罗盘仪导线测量记录表(附表 18)。

(3)林木分级

在设置好的标准地内采用克拉夫特五级分级法对林木进行分级。将分级结果记入林木分级表(适用于克拉夫特五级分级法)(附表 7)。

(4)保留木选择

落叶松大径木培育由于采用非等强度抚育间伐,即在落叶松幼林郁闭后,到主伐利用前,抚育间伐采用弱、强、弱、强的技术方法,最后一次强度抚育后的 20~40 年间,实行 0 抚育,林木保留密度为主伐保留密度。

因此在选择保留木时,首先根据林分平均胸径查《日本落叶松和长白落叶松速生丰产大径木林培育技术规程》落叶松速生丰产大径木林适宜保留密度表,确定当前胸径下的适宜保留密度,然后根据"留优去劣,密间稀留"的原则进行抚育。如果是初次弱度抚育,伐除全部非目的树种和目的树种中没有培育前途的林木,伐除全部藤本植物和灌木；如果是首次强度抚育,伐除全部Ⅳ、Ⅴ级木和少部分Ⅲ级木；如果是持续弱度抚育,伐除超弯、腐朽、纵裂、双头等有缺陷的林木,以及处于林冠下层的Ⅳ、Ⅴ级木；如果是最终强度抚育,伐除超弯等有缺陷的林木和胸径小于平均胸径 2/3 的林木,对生长势较高的优势木可以按植生组方式保留。

保留木确定后,对砍伐木进行标记,将结果记录在采伐木确定表中(附表9)。

(5) 树高胸径测量

首先在小班内选择则各径阶的径阶标准木,中央径阶选择3~5棵,两侧径阶选1~2棵,使其呈现正态分布,然后用测高器和围尺分别径阶实测15~20株径阶标准木的树高和胸径,并将其记入测高记录表(附表10),最后在厘米方格纸上绘制树高曲线图。

(6) 定量确定生长抚育采伐强度

在步骤4保留木选择基础上,计算保留木的平均胸径(落叶松大径木培育采用下层抚育,选木后保留木平均胸径不能小于伐前林分平均胸径),然后依据《日本落叶松和长白落叶松速生丰产大径木林培育技术规程》落叶松速生丰产大径木林适宜保留密度表,查出对应胸径的适宜保留密度,根据适宜保留密度进一步调整砍伐木数量,计算株数强度和蓄积强度,如果株数强度和蓄积强度均在《日本落叶松和长白落叶松速生丰产大径木林培育技术规程》非等强度抚育间伐技术指标规定范围内,认为砍伐木确定正确;如果株数强度在规定范围内而蓄积强度不在范围内时,需要进行现地抹号或增号,调整蓄积强度达到指标规定范围;如果株数强度不在范围而蓄积强度在范围内时,以蓄积强度为准,认为确定砍伐木合理。

① 蓄积强度计算步骤。

a. 计算采伐木总蓄积:查树高曲线,求算采伐木径阶对应的径阶平均树高,根据采伐木径阶和平均树高查二元立木材积表,求出该径阶和平均树高对应的立木材积,该立木材积乘以该径阶砍伐木株数,即得该径阶砍伐木的总蓄积,砍伐木的总蓄积为每个径阶砍伐木的总蓄积之和。

b. 计算伐前林分蓄积量:查树高曲线,求算标准地每个径阶对应的径阶平均高,根据径阶和径阶平均树高查二元立木材积表,求出该径阶和径阶平均树高对应的立木材积,该立木材积积乘以该径阶林木株数,即得该径阶林木的总蓄积,伐前总蓄积即为每个径阶林木的总蓄积之和。

将步骤a和b算出的数值代入上面蓄积强度表示公式即可求得蓄积强度。

② 株数强度计算步骤。

根据标准地中确定的砍伐木的数量和标准地中林木的数量计算株数强度。

$$P_n = \frac{n}{N} \times 100\% \tag{3-26}$$

式中:n——采伐株数;

N——伐前林分株数。

(7) 定量确定抚育采伐间隔期

如果在调阅档案时,了解到林分曾经进行过抚育采伐,按照《日本落叶松和长白落叶松速生丰产大径木林培育技术规程》规定,培育落叶松速生丰产大径木林抚育采伐间隔期为3~4年,则需要了解上次抚育间伐进行年份,看其是否达到该期限,达到,即组织人员进行相关外业调查,定量确定是否需要进行再次抚育间伐;否则,不需要。具体步骤如下:

在标准地每木检尺基础上，利用标准地检尺数据计算林分平均胸径，根据林分平均胸径值查《日本落叶松和长白落叶松速生丰产大径木林培育技术规程》落叶松速生丰产大径木林适宜保留密度表，如当前林分密度>当前林分平均胸径下适宜保留密度，需要进行抚育间伐；否则，不需要抚育采伐。

（8）出材率调查

采用径阶标准木法进行出材率调查。首先根据树高胸径测量得到的数据作树高曲线图，然后根据树高曲线图确定各径阶标准木树高，最后根据各径阶标准木树高和胸径确定标准木，伐倒标准木后进行造材。将造材结果记入标准地造材记录表（附表11）。

3.5.6.2 内业部分

（1）绘制小班平面图并计算面积

在厘米方格纸上按照1∶1000的比例尺根据罗盘导线测量外业数据绘制小班平面图并计算面积。同时将图转绘到森林采伐作业设计实测图（附表17）。

（2）填写"森林经营作业设计呈报书—标准地外业记载簿"

将外业调查数据如实填写在标准地调查薄（附表20）。

（3）绘制树高曲线

根据标准地调查结果，在厘米方格纸上绘制树高曲线并将树高曲线图转绘至测高记录与树高曲线图（附表25）。

（4）采伐强度和采伐量计算

①株数强度计算。根据标准地中确定的砍伐木的数量和标准地中林木的数量计算株数强度。

以 P_n 表示株数强度：

$$P_n = \frac{n}{N} \times 100\% \tag{3-27}$$

式中：n——采伐株数；

N——伐前林分株数。

②蓄积强度计算。根据标准地中确定的砍伐木的蓄积和标准地中林分蓄积计算蓄积强度。

以 P_v 表示蓄积强度：

$$P_v = \frac{v}{V} \times 100\% \tag{3-28}$$

式中：V——伐前林分总蓄积；

v——采伐木总蓄积。

③标准地采伐量计算。标准地的采伐量就是标准地中确定的砍伐木的总蓄积，本任务采用了径阶标准木法进行材种出材量调查，所以计算出砍伐木的总蓄积即求出标准地采伐量。具体步骤为：

a. 查树高曲线，求算每个径阶对应的径阶平均树高。

b. 通过径阶胸径和径阶平均树高，查二元立木材积表，求该径阶胸径和径阶平均树高对应的立木材积,用该立木材积乘以该径阶对应的砍伐木株数,即得该径阶砍伐木蓄积之和,累计各径阶砍伐木蓄积之和即得砍伐木的总蓄积,即为标准地采伐量。

将结果填写在林分因子调查统计表(附表21和附表22)。

(5) 出材率计算

①采伐木出材量。根据"标准地外业调查记载表—标准地造材记录表"中数据,求算径阶标准木材积,然后用径阶标准木材积乘以标准地该径阶立木株数,即为标准地该径阶立木材积,标准地内所有径阶立木材积之和即为标准地采伐木出材量。

②采伐木蓄积。根据径阶标准木胸径和标准木树高查二元立木材积表,求算该径阶标准木蓄积,该径阶标准木材积乘以该径阶砍伐木株数,即得该径阶蓄积,累计各径阶蓄积之和即得采伐木蓄积。

③求算出材率。将标准地采伐木出材量和标准地采伐木蓄积代入公式:

$$出材率 = \frac{采伐木出材量}{采伐木蓄积} \times 100\% \quad (3\text{-}29)$$

将出材率填写在采伐量及采伐强度统计表(附表22)。

(6) 填写森林经营作业设计呈报书中的其他表格

将标准地外业调查记载表中的相关数据转录到森林经营作业设计呈报书中。

3.5.6.3 大径材培育抚育采伐施工

(1) 绘制作业小班在林班中的位置图

要求:用铅笔按新区划的经营小班界线或原森林二类调查绘制的《林相图》的小班界,作业区界线,林班界线转绘到作业小班在林班中的位置图(附表19)。注意整幅图的布局要合理。

(2) 确定保留木,标定采伐木

落叶松大径木培育采用非等强度抚育间伐,因此在确定保留木,标定采伐木时,应遵循"留优去劣,密间稀留"的原则,如果是初次弱度抚育,伐除全部非目的树种和目的树种中没有培育前途的林木,伐除全部藤本植物和灌木;如果是首次强度抚育,伐除全部Ⅳ、Ⅴ级木和少部分Ⅲ级木;如果是持续弱度抚育,伐除超弯、腐朽、纵裂、双头等有缺陷的林木,以及处于林冠下层的Ⅳ、Ⅴ级木;如果是最终强度抚育,伐除超弯等有缺陷的林木和胸径小于平均胸径2/3的林木,对生长势较高的优势木可以按植生组方式保留,在确定保留木的基础上,并对砍伐木进行标定。

标定采伐木不允许不打号采伐,不允许非打号员打号。用粉笔,或镰刀砍号都可。砍号只可刮破树皮,不能砍伤木质部。

(3) 采伐

采伐前选好树倒方向,除掉被伐木基部妨碍作业的灌木,打出安全道。打号林木按预定的方向伐倒,不要伤害保留木。伐木时,端平锯,先锯下口,后锯上口,尽量降低伐根,伐根高度不高于10 cm。

(4) 打枝、造材

从树干基端向梢头打枝。人站在树左侧打右面的枝,站在右侧打左面的枝条。打枝要贴近树干，打出平滑的"白眼圈"。不允许逆砍和用斧背砸。

合理造材，节约木材，增加出材量。下锯前量出长度，看好弯曲、分叉处，按材种规格造材。这项工作由造材员进行。

(5) 集材、归楞

抚育采伐伐生产中我国多采用人力、畜力集材。

归楞要分别树种、材种，将大小头分开整齐堆放，为检尺、装车创造方便。

(6) 场地清理

可以采用的方法：利用法、堆腐法、散铺法、带腐法、火烧法。

本设计采用散铺法，即将采伐剩余物截成 0.5~1.0 m 的小段，均匀地散铺在采伐迹地上，任其自然腐烂。采用这种方法能防止土壤干燥和水土流失，有利于改良土壤，增加土壤肥力，能为种子更新创造有利条件；散铺时，应注意厚度适中，过厚时在干燥地带易分散，且易引发火灾，又容易成为病虫害的温床，在潮湿处容易引起沼泽化，影响天然更新及幼苗发育成长。过薄时则不起作用。这种方法适于土壤瘠薄干燥及陡坡、砂石质土的迹地上。没有利用价值的细小枝权可不加收集清理，任其散铺在地，或用移动式削片机就地加工成木片，散在林地上，作为改良土壤的肥料。

3.5.7 短周期工业原料林抚育实训（以北方杨树为例）

3.5.7.1 外业部分

首先，将 10 个小班的档案卡调出，认真研究其林分因子，如符合抚育条件，则到现地全面踏查，如果档案记载和现地大致相同，可组织人员进行抚育设计，假若不同，对于未进行过抚育间伐的林分，可根据林木分化程度来确定。林分内的立木株数按径阶分布的状况能够反映出林分的分化程度，以及立木之间的竞争关系。一般是密度越大，分化越强烈，小径木的数量越多，林分的生长受到抑制。通常以林分平均直径作为 1，将 0.8 以下者称为小径木，当小径木的株数占林分总株数的 1/3 左右时，可确定进行首次间伐。

具体做法是：设置标准地，在标准地内，从一角开始按 S 形路线，用轮尺逐株依次测定胸高直径，依 1 cm 一径阶（目测林木平均直径在 6 cm 以下用 1 cm 径阶，6 cm 以上为 2 cm 径阶），按径阶统计株数，查圆面积合计表，得各径阶断面积合计，各径阶断面积相加得标准地总断面积，再除以标准地林木总株数得平均断面积，反查"直径-圆面积表"，得标准地平均直径。然后统计自然径阶（即林木直径与林分平均直径的比值，平均直径为1.0）0.8 以下的株数（小径木），求其与标准地总株数的比值，如已达 1/3，即可进行首次间伐。

如果曾经进行过抚育间伐，可根据上次的间伐量来确定是否需要进行再次间伐。合理的间伐应是每次间伐的材积不超过间隔期内总的生长量，而间隔期内的总的生长量可看成是间隔年份与每年平均增长量的乘积，那么，用每次间伐的材积除以每年平均增长的材积，便可求出间伐的间隔年数。即：

$$N = V/Z \tag{3-30}$$

式中：N——间隔期；
V——间伐材积；
Z——每年平均增长材积。

(1) 小班面积测定

小班面积测定可以采用罗盘闭合导线法测量。将测量结果记入罗盘仪导线测量记录表（附表18）。

(2) 确定抚育采伐强度

采用株数强度和蓄积强度同时控制采伐量，抚育采伐后单位面积株数不低于林分适宜保留株数的下限，当株数强度和蓄积强度不能同时满足《森林经营技术规程》（DB21/T 706—2013）的规定时，以蓄积强度为准，根据《森林经营技术规程》（DB21/T 706—2013）规定，杨树工业原料林抚育的蓄积强度不允许超过50%。

①设置标准地。设置临时标准地，选择标准地的基本要求如下：

a. 标准地要有充分的代表性，不能跨林分、小河、道路以及伐开的调查线，而且应离开林缘。

b. 标准地形状应为规则的几何图形——正方形或矩形。森林抚育间伐在小班中设置的标准地面积应为小班面积2%，但不应小于0.1 hm²，当小班面积过小时可将整个小班看成标准地。

c. 用罗盘仪测方位角，用皮尺或测绳量距，在坡地上量距应改换成水平距。境界测量的闭合差不得超过1/200，临时标准地应伐开四周边界以能通视为原则。对测线外的树木，在面向标准地的一面标出明显记号。

d. 标准地四角应埋设标桩，在林分因子调查表（附表5）中绘制标准地位置略图。

②标准地调查。在设置好的标准地中进行土壤质地、土层厚度、植被、下木等因子的调查，并按实际情况填写林分因子调查表（附表5）。

③每木检尺。在标准地中进行每木检尺，将检尺数据以"正"字记入每木调查表（附表6），计算该小班林分的平均胸径并填入表中。

$$\overline{D} = \sqrt{\frac{\sum n_i d_i^2}{\sum n_i}} \qquad (3\text{-}31)$$

④定量确定是否需要进行抚育间伐。根据标准地林木株数推算每公顷林木株数，根据林分平均胸径和每公顷林木株数查《森林经营技术规程》中的工业原料林主要树种（组）抚育采伐适宜保留株数表，计算该小班是否需要进行抚育间伐。

⑤树高胸径测量。按径阶用测高器和围尺测定树高和胸径。主要树种选取15~20株。实测每株数的树高和胸径，中央径阶需测3~5株，其他径阶1~2株。记入测高记录表（附表10）。

⑥确定抚育采伐方法（确定砍伐木）。根据"四看四留"原则确定砍伐木：一看树冠，二看树干，三看树种，四看株距；砍劣留优，砍弯留直，砍密留匀，砍病腐留健壮。确定完成后根据《森林经营技术规程》中的工业原料林主要树种（组）抚育采伐适宜保留株数表验证确定的砍伐木数量是否合理，如不合理要现地抹号或增号，直至保留木的株数符合

《森林经营技术规程》中的相关要求,要求采伐后的林分平均胸径不低于伐前林分平均胸径,将结果记入采伐木确定表(附表9)。

⑦验证采伐的蓄积强度。现地计算采伐的蓄积强度是否超过50%,如果超过,要现地抹号,直至蓄积强度合理为止。

根据标准地中确定的砍伐木的蓄积量和标准地中林木的蓄积量计算蓄积强度。

$$P_v = \frac{v}{V} \times 100\% \qquad (3-32)$$

式中:v——采伐木总蓄积量;
V——伐前总蓄积量。

(3)材种出材率调查(砍伐与打枝、造材)

采用径阶标准木法:首先根据树高胸径测量得到的数据作树高曲线图,根据树高曲线图确定各径阶标准木树高,根据各径阶标准木树高和胸径确定标准木,伐倒标准木后造材。

①砍伐。采伐前先选好树倒方向,除掉被伐木基部妨碍作业的灌木,打出安全通道。伐木时,端平锯,先锯下口,后锯上口,尽量降低伐根,以不高于10 cm为宜。

②打枝、造材。坚持合理造材,节约木材,增加出材量。下锯前量出长度、看好弯曲、分杈处,按材种规格造材。将造材结果记入标准地造材记录表(附表11)。

3.5.7.2 内业部分

(1)绘制小班平面图并计算面积

在厘米方格纸上按照1∶1000的比例尺根据罗盘导线测量外业数据绘制小班平面图,计算面积。并将图转绘到森林采伐作业设计实测图(附表17)。

(2)填写标准地调查薄

将外业调查数据如实填写在标准地调查薄(附表20)。

(3)计算采伐强度和采伐量

①株数强度计算。根据标准地中确定的砍伐木的数量和标准地中林木的数量计算株数强度。

$$P_n = \frac{n}{N} \times 100\% \qquad (3-33)$$

式中:n——采伐株数;
N——伐前林分株数。

②蓄积强度计算。根据标准地中确定的砍伐木的蓄积量和标准地中林木的蓄积量计算蓄积强度。

$$P_v = \frac{v}{V} \times 100\% \qquad (3-34)$$

式中:v——采伐木蓄积量;
V——伐前总蓄积量。

标准地的采伐量就是标准地中确定的砍伐木的总蓄积量。

（4）转绘树高曲线

根据标准地调查结果，在厘米方格纸上绘制树高曲线，并将树高曲线转绘至测高记录与树高曲线图（附表 25）。

（5）填写标准地内业记载表中的其他表格

将计算的结果和其他外业调查相关数据填入森林经营作业设计呈报书中的其他表格，在填写过程中要细致认真，做到数据转录无误。

①将标准地造材记录表（附表 11）的原始数转录到造材记录表（附表 15）和标准地材种出材量统计表（附表 16）。

②将每木调查表（附表 6）和采伐木确定表（附表 9）的原始数据转录到每木调查记录（1）（附表 23）和每木调查记录（2）（附表 24）。

③将测高记录表（附表 10）的原始数据转录到测高记录与树高曲线图（附表 25）。

④将罗盘仪导线测量记录表（附表 18）的原始数据转录到罗盘导线（GPS）测量记录表（附表 26）。

（6）绘制作业小班在林班中的位置图

①用铅笔按新区划的经营小班界线或原森林二类调查绘制的林相图的小班界，作业区界线，林班界线转绘到作业小班在林班中的位置图（附表 19）。注意整幅图的布局要合理。

②给作业小班着色，以表示作业小班在作业区的位置，对作业方式不同的小班应上不同颜色。

③按各级界线的规定（粗细、长度、虚实），给小班界线、作业区界线，林班界线着墨。

④按小班、林班的注记要求给小班、林班注记。林班注记方法为：分子写林班号、场名（或村名），分母写林班面积。

⑤在图上用符号绘制集材点、临时房舍的位置。

⑥绘制图名、图例、指北针、比例尺、编写绘制人员、绘图时间等。

⑦绘制图廓线，对图面进行全面清绘。

（7）成果提交

每人提交杨树工业原料林抚育森林经营作业设计呈报书一份。

3.5.7.3 杨树工业原料林抚育采伐施工

（1）施工前准备工作

操作要求与标准如下：

①学习森林抚育间伐的政策、技术标准、设计原则，熟悉作业区的情况。

②学习生产安全知识，制定安全生产奖惩制度，严格执行，保证生产任务顺利完成。

③根据采伐任务准备好采伐工具、生活物品、医疗用品等必需品。

（2）采伐作业

按照杨树工业原料林抚育设计中确定的采伐作业方案进行采伐。

①采伐。采伐前选好树倒方向，清理掉采伐木基部妨碍作业的灌木，打出安全道。打号林木按预定的方向伐倒，不要伤害保留木。伐木时，端平锯，先锯下口，后锯上口，尽

量降低伐根,以不高于 10 cm 为原则。

②打枝。树干基端向梢头打枝。人站在树左侧打右面的枝,站在右侧打左面的枝条。打枝要贴近树干,打出平滑的"白眼圈"。不允许逆砍和用斧背砸。

③造材。合理造材,节约木材,增加出材量。下锯前量出长度,看好弯曲、分叉处,按材种规格造材。

(3)集材、归楞

抚育采伐生产中可采用人力、畜力集材;归楞时要分别树种、材种,将大小头分开整齐堆放,为检尺、装车创造方便。

(4)间伐场地清理

抚育间伐后,对留在伐区上的枝杈、梢头、树皮及病腐木等所有剩余物进行及时的清理,可以改善迹地的卫生状况,减免火灾发生,同时通过伐区清理的一些措施,还可以改善土壤的物理和化学性质。清理方法可以采用利用法或腐烂法。本次施工采用利用法,大量的采伐剩余物,运出林外加以利用,是提高森林资源利用率和节约木材的重要手段,可以将其做薪炭材、脚手架等,或采用物理化学方法进行再加工进行利用。

3.5.8　生物质能源抚育(以能源林为例——矮林经营技术)

以生产能源材为主要目的的矮林称之为能源林。能源林生产木材作燃料具有可再生性、产量高、污染小的特点。适于经营能源林的树种很多,许多阔叶树种都宜经营薪炭林,但以麻栎、青冈栎、蒙古栎、刺槐等树种较常见。

经营能源林,多采用一般矮林形式,即自根际附近截干,因为这样便于每年砍伐。能源林栽植密度较大,培育方法相对简单,如麻栎能源林每公顷接近 10 000 株,生长至 3~4 年时进行平茬,每墩留条 1~2 株,每隔 10~15 年采伐更新,如此循环往复。能源林生长衰弱后应及时进行母株更新。

能源林采伐年龄不严格,如兼获其他材种,应以工艺成熟龄为采伐年龄。如麻栎、青冈栎、蒙古栎不仅萌芽力强,而且木材致密、耐烧,多用来烧炭,炭的质量也较高,采伐年龄应以烧炭要求确定。铁刀木矮林,可以采薪,可以培育修房舍用的中小径材,可以经营用材林和防护林,采伐年龄应根据不同材种要求确定。

3.5.8.1　矮林的概念

矮林并非林内树木生长得不高而得名,而是指它的起源属于无性更新。通常人们按林分起源将森林分为乔林和矮林。以播种或植实生苗方法形成的森林,称为乔林;以无性更新方法(营养繁殖法)形成的森林,称为矮林。矮林在无性更新盛期和一定年龄以前,林木高度不一定低于同树种、同立地条件下的乔林,只是相对于乔林而称之为矮林。与乔林相比,矮林的主要特点是早期生长迅速但衰老快。

由于矮林在幼龄期生长迅速,林分达到最大平均生长量(以年平均值表示的林分的生长量,是林分蓄积量被林龄除求得)时期比乔林早,矮林中的树木成熟时容易树心腐朽,所以经营矮林往往用较短的伐期龄,培育小径材,以获得较高的产量和较好材质的木材。

矮林生产的木材质量往往不如同树种、同年龄的乔林，产量往往前几代的高于同年龄的乔林。矮林生产力降低，多见于多代萌生和老龄时期。

长期以来矮林生产的木材大多数是作能源材之用，近代由于煤、石油工业的兴起等，人们对经营矮林的重视程度有所降低。但近来有人将矮林木材用作纸浆材、人造板原料、生物质原料等，效果不错，因而激起了人们对矮林作业的兴趣，如美国联合野营公司已对20 000 hm² 的林地实行矮林作业。今后随着工业用材林的快速发展，纸浆林、生物质原料林等宜采用矮林作业，因为萌芽更新和萌蘖更新形成的矮林，前几代的生物产量往往比同树种、同年龄的乔林高。

3.5.8.2 矮林作业法与矮林的形成

矮林作业法指具有无性更新能力的树种组成的林分，采伐后实施利用母株的根蘖能力或伐桩的萌芽能力等无性更新方法形成新林的作业法。形成矮林可采用的无性更新方法很多如萌芽更新、萌蘖更新、压条更新、人工插条和埋干造林等。但常用的是萌芽更新和萌蘖更新形成矮林的作业方法，这两种方法通常采用直播造林形成第一代乔林苗木，到一定阶段将其砍伐，而后实施矮林作业法。

萌芽更新，是依靠伐根上的休眠芽或不定芽生长出萌芽条，发育成植株，实现更新。大多数阔叶树种均有这种萌芽力，如栎类。林木萌芽力的强弱既取决于树种，又取决于林木年龄。有萌芽能力的树种，其萌芽力总是在一定年龄时达到最强，往往在第四代、第五代开始减弱。绝大多数针叶树萌芽能力都很弱，只有少数例外。

根蘖更新，是由根部不定芽生成的植株形成新林。具有根蘖能力的树种在采伐后或损伤后，都可生出根蘖苗，如刺槐、山杨等都具有根蘖能力。特别是山杨具有非常强的根蘖能力，在块状皆伐迹地上，第一年平均每公顷即可发生健壮的山杨根蘖条40 000~80 000株，平均高可达1.5m。由根蘖形成的林木要比从伐桩上萌生形成的好得多，这些根蘖条几乎没有心腐病，间隔均匀，树干较通直。

矮林作业法一般要求林地比较肥沃，水分供应较好，以便频繁砍伐而不致引起地力衰退。但在造林难度大，需要防沙、固土、保水地区，也常采用矮林作业法，以达到既可发挥防护效益，又可获得经济收益的目的。另外，由于萌芽条易遭霜害，选择矮林作业法林地应尽量避开易遭霜害的地区。

3.5.8.3 经营矮林的技术措施

经营矮林的成败除与树种有关外，还取决于经营的技术措施。这些措施主要指采伐方式、采伐季节、采伐年龄、伐根高度、伐根断面。有人称之为五项关键技术。

(1) 采伐方式

皆伐是矮林经营的主要采伐方式。因为皆伐后迹地上光照条件比其他采伐方式都好，充足的光照可促使休眠芽和不定芽萌发，以形成量多质优的萌芽条。在矮林作业中采用皆伐时，其皆伐的各个技术指标的确定和在乔林作业中是类似的，只是由于不借助天然下种更新，因而伐区不一定成带状，伐区也可宽些。确定伐区方向和采伐方向，主要考虑保持水土、克服风害和维持森林环境的作用。

矮林采伐有时也用择伐方式。矮林择伐常用于立地贫瘠、有水土流失的山地，或由中性、耐阴树种形成的林分。喜光树种不适于采用择伐方式。因为择伐会使林内萌芽条得不到较好的生长发育而衰亡。萌芽力较强的树种，如柳树、杨树、桦木、刺槐、栎等形成的林分，适于皆伐；千金榆、椴等树种组成的林分可考虑择伐（要与立地、气候等条件综合考虑决定）；在护堤、护路、护岸林中，为维持防护作用和观赏价值，也可采用择伐。

矮林采伐可根据当地具体情况选用不同的方式。平原地区可采用割灌机作业，以提高采伐效率。山地、堤岸多采用手工作业。

（2）采伐季节

采伐季节的确定要遵循两个原则：一是在该季节采伐后产生的萌芽条数量多、质量好，能顺利实现更新；二是在该季节采伐有利于培养目标的实现。

矮林的采伐季节一般应选在树木休眠期，这是因为：一方面，此时树木储藏物质多，早春能很快产生萌芽条，新条的生长经过了整个生长季，到冬季来临时木质化程度高，可有效抵御冬季的严寒，减少冻害损伤，确保更新质量；另一方面，由于采伐是在非生长季进行，一切病菌的活动受到抑制，感染病害的可能性大大减少。如果在生长期采伐，不仅影响萌芽力，易感染病害，而且新条木质化程度不足，到冬天极易遭受冻害侵袭。

以特种经营为目的的矮林，如为了获取单宁，则生长季采伐为好，因为生长季树皮易于剥落，树皮中的单宁含量也较高。另外，还要注意不同树种、不同年龄采伐后萌芽条出现的时间和速度，以便采取措施，确保更新质量。幼树伐后出现萌芽条快，成年树木采伐后出现萌芽条较慢；林木采伐后一般2~4个月出现萌芽条，但成年橡树有时采后数年才萌发新条；柳树在采伐或平茬后，萌芽条几天后就可长出。

（3）采伐年龄

矮林的伐期龄往往依据培育目的而定，或依据矮林的生长发育规律而定。为获得编织条类的矮林，采伐年龄1~2年；生产农具柄或燃料用材，1~3年内采伐；生产小规格材的矮林，采伐年龄3~8年；立地条件好，培育较大径级用材的林分，可以其工艺成熟龄确定采伐年龄；经营能源林的矮林采伐年龄，应根据其数量成熟龄采伐。矮林的数量成熟龄比同树种乔林要小。从生长发育规律来看，矮林的伐期龄应选在萌芽力减弱前的时间。如采伐过晚，不仅林木生长慢，而且病腐率增高。

（4）伐根高度

确定伐根高度，要考虑多种因素。一般情况下，伐根高度为伐根直径的1/3为宜，这样以后可逐次略微提高，以便从新桩上再产生萌芽条。在一定高度范围内，伐根越高，萌芽条数目越多。但高伐根上的萌芽条不健壮，容易遭受风折、雪压等灾害，而且不能形成自己的新根。低伐根上发生的萌芽条较少，但可塑性大，生活力强，而且有自己的新根系。从发育阶段理论看，越靠近伐根下部长出的萌芽条，年龄上越年轻。

确定伐根高度时，要慎重考虑气候条件。在暖湿气候地区，伐根应稍高些，以使伐根保持合理的温湿条件；在干燥、风大、寒冷地区，伐根就应低些，并用土覆盖伐根断面，避免伐根顶端干枯、冻伤。

（5）伐根断面

伐根断面状况如何，看似小事，但对更新质量影响很大，不可小视。伐根断面要平滑微斜，以防雨水在上面停留引起伐根腐烂。伐根断面倾斜的方向，应避风、避光。直径大的伐根，其断面可向多个方向倾斜。伐根断面不能劈裂和脱皮，因为劈裂和脱皮的伐根不仅易干枯造成休眠芽死亡或不能正常萌发，而且劈裂处的萌芽条容易风折。另外，要想获得较多的萌芽条，可采用斧伐。据研究，斧伐伐桩萌芽条多于锯伐。

3.5.8.4 经营矮林的特殊形式

(1)头木作业

定期将距地面一定高度的树冠完全砍去利用，使之在砍伐断面周围萌发新枝条、形成新树冠，经过几次砍伐、几次伤口愈合，砍伐断面的愈伤组织逐渐增大成瘤状，形似人头，这种作业方法称头木作业。依据定义可知头木作业的采伐，不是自地面附近伐去树干，而是从树冠以下一定部位砍去树冠，留下全部或一部分树干。一般所留树干高度为1~4 m。

(2)截枝作业

截枝作业是在分枝上截断枝条利用。截枝作业和头木作业，以及中国南方的鹿角桩作业，都是矮林作业中的特殊形式。鹿角桩作业因多次砍伐分叉上的萌枝，使枝桩逐年增高，状似鹿角而得名。

头木作业和截枝作业，主要生产编织原料、栅栏杆、橡材、农具柄、能源材或用作饲料、肥料。另外紫胶的寄主树和提取樟脑的樟树林也采用头木作业。采伐间隔期较长的头木林也可以生产径级较大木材。头木作业和截枝作业的采伐年龄一般为1~10年，截枝作业短一些，头木作业长一些。为了培育较大径级的用材，一般要经过疏枝抚育措施。头木作业和截枝作业的林分，到母株生长势衰退时应及时进行母株更新。母株更新时期的长短，因树种和立地条件而异，但最晚不要等到母株空心或腐朽时再更新，以便利用母株的干材。

头木作业和截枝作业，适宜河岸、渠边防护林的经营；适宜在长期被水淹没的低洼地、河滩地上经营；也适宜易被牲畜啃伤的村旁、路旁和牧场林地的经营。行道树采用头木作业，不仅有方便交通、增加美观的作用，还可放慢树木生长速度减少更新次数，抑制树木根系生长，减少由于根系生长过快对路况的破坏。常见的头木作业和截枝作业用的树种有：柳、杨、榆、桑等。

> 拓展知识

近自然林业

(1)近自然林业的含义

"近自然林业"可表达为在确保森林结构关系自我保存能力的前提下遵循自然条件的林业活动，是兼容林业生产和森林生态保护的一种经营模式。它的经营思想是对前人盲目营造人工林的质疑和进行反思后的觉悟。在水土大量流失，环境严重污染，生态日益失衡的今天，人们对违反森林发展规律，片面追求木材生产目标而引起的恶果提出了警告。

"近自然林业"并不是回归到天然的森林类型，而是尽可能使林分的建立、抚育以及采伐的方式同潜在的天然森林植被的自然关系相接近。要使林分能进行接近自然生态的自发生产，以达到森林生物群落的动态平衡，并在人工辅助下使天然物种得到复苏，最大限度地维护地球上最大的生物基因库—森林生物物种的多样性。其经营的目标林为：混交林—异龄林—复层林，手段是应用接近自然的森林经营法。

（2）近自然林业的经营方法

近自然林业理论认为：森林生产的奥秘在于一切在森林内起作用的力量的和谐，尽可能地利用森林生产力，尽可能地保护和维持森林，并尽可能地多收获的回归自然思想，反对营造人工同龄纯林，主张利用天然更新经营混交林思想。用一句话说，就是森林经营应回归自然，应尊重自然规律，应利用自然的全部生产力。从20世纪50年代后期开始，德国林业以恢复600年前的森林组成为主要目标，开始了针叶林改造工程，近自然林业的理论与实践已被证明是极大的成功。

盖耶尔在其著作中指出，森林经营应回归自然，遵从自然法则，充分利用自然的综合生产力，使地区群落的主要乡土树种得到明显表现，尽可能使林分经营过程同潜在的天然森林植被的生长发育相接近，使林分生长能够接近生态的自然状况，达到森林群落的动态平衡，并在人工辅助下维持林分健康。1989年德国将"近自然林业"确定为国家林业发展的基本原则。

近自然经营就是基于森林本身的自然动力，在不破坏森林生态系统固有结构和功能的基础上，选择科学合理的抚育经营方式，按照森林本身的适应性，结合气候、土壤等环境因子条件而进行经营活动，实现可持续发展。我国是世界上人工林面积最大的国家，由于树种单一、结构简单、集中连片、形成大面积同龄纯林，出现了地力衰退、病虫害严重等一系列生态问题。由于林业生产周期长，需要决策者的耐心、勇气和智慧，结合各地的自然条件、林分状况和生产条件，采用近自然林业的经营方式，在保持森林群落的稳定和解决地力衰退问题的同时，实现森林的可持续经营。

（3）近自然林业在中国的应用与实践——中国多功能近自然森林经营法

①多功能近自然森林经营的含义。森林功能是指人们从森林生态系统中得到的效益，包括生态、经济和社会三个方面。森林具有多功能，《联合国千年生态系统评估报告》将其分为供给、调节、文化和支持等四大类。

供给功能：是指人类从森林生态系统中获得的各种产品，如木材、食物、燃料、纤维、饮用水，以及生物遗传资源等的直接需求；

调节功能：是指人类通过森林生态系统自然生长和调节作用中获得的效益，如维持空气质量、降雨调节、侵蚀控制、自然灾害缓冲、人类疾病控制、水源保持及净化等功能对社会经济发展的支持效益；

文化功能：是指通过丰富人们的精神生活、发展认知、大脑思考、生态教育、休闲游憩、消遣娱乐、美学欣赏以及景观美化等方式，而使人类从生态系统获得的体力恢复和精神升华等非物质的服务效益；

支持功能：是指森林生态系统生产和支撑其他服务功能的基础功能，如物质循环、能量吸收、制造氧气、初级物质生产、形成土壤等对生存环境的支持效益（陆元昌等，2010）。

多功能森林经营就是以在林分层次上同时实现这4类功能中的2个或以上功能为经营

目标的森林经营。

②我国的多功能林分作业法——三级结构体系。

一级：功能作业法，国家规划或行业规范。a. 一般皆伐作业法；b. 镶嵌式皆伐作业法；c. 带状渐伐作业法；d. 伞状渐伐作业法；e. 群团状择伐作业法；f. 目标树单株木作业法；g. 封育保护作业法。

二级：森林类型作业法，区域或省级规划。

三级：林分或小班作业法，县域规划或小班经营计划。

我国常用这7种作业法是从经营强度或说是人工林的近自然程度这个维度对森林经营技术做的第一级分类和设计。不同的作业法代表着不同的人工控制强度和人工林的近自然程度，是在人与自然关系之间的折中决策。纯粹种植业特征的人工商品林皆伐经营作业作业法本质上是农业耕作模式，因为忽视了森林的自然生态系统特征而不适宜大面积实施；只考虑自然生态服务功能的自然保护区管理或严格的公益林保护经营模式因为失去了森林经营的物质生产和经济收益目标，也不可能在大规模区域长期推行；另一方面，这种被动保护的模式使得人类失去了利用土地和森林的基本自然力量进行物质生产并通过科学经营的能动作用来促进森林生态系统功能快速提高的可能性。所以，这两部分内容在森林经营的整体空间中都只能保持在一个有限的范围之内。作业法（2）~（7）均衡了自然特征和社会需求，是新一代人工林多功能可持续森林经营的主流作业法，是兼顾林业生产及生态保护和环境建设的陆地生态系统经营的主体内容，是人与自然和谐发展的必然道路。

③多功能近自然森林经营的精神内涵。多功能近自然森林经营管理的理论和技术，本质上是要想把中华民族历史发展中一直倡导的"真、善、美"的传统文化理念具体地表达到林业经营的思想中，还要加上"适""神"来构成完整的从理论到技术的现代理念。"真"是指放弃基于农耕模式且完全由人工维持的森林经营体系而构建"天人合一"状态下的多功能近自然森林；"善"是按"天人合一"理论和谐处理人与自然的关系并在森林经营中充分利用自然的趋势和力量。"美"就是通过维持一定的森林近自然状态来保持人类生存环境和景观空间的自然特性，并维护和升华社会人文道德和森林文化。"适"就是细致认真地针对具体区域的树种和森林类型，研究森林经营从技术到工艺层次的林分作业法；"神"就是要创新：把貌似无关的要素按自然的规律组合在一起而产生新的系统功能！就是要有在学习借鉴基础上走出自己创新发展道路这样一种改革发展精神。

巩固训练

选取需要进行抚育间伐的针阔混交林采用生长抚育中的综合抚育法进行抚育间伐设计并提交作业设计成果。

复习思考题

一、名词解释

1. 抚育间伐；2. 林木分化；3. 间伐开始期；4. 下层抚育法；5. 抚育间伐强度；6. 间伐间隔期。

二、填空题

1. 抚育间伐的理论依据是（　　　）、（　　　）、（　　　）。
2. 透光抚育的方法有（　　　）、（　　　）、（　　　）。
3. 对林分实施合理的抚育间伐，减少单位面积上的株数，（　　　）树冠得以扩张。当林分恢复郁闭时林分的（　　　）与采伐前大致相同，而保留木的单株叶量却有（　　　）致其生长速度加快，因而可缩短林木（　　　）。
4. 抚育间伐强度的表示方法有（　　　）和（　　　）。
5. 下层抚育是砍除林冠下层的（　　　）、（　　　）以及个别处于林冠上层的弯曲、分叉等不良木。
6. 生长抚育有（　　　）、（　　　）、（　　　）、（　　　）4种。
7. 在综合抚育时，应先将在生态学上彼此有密切联系的林木划分成为（　　　）。
8. 抚育间伐检查的主要项目是（　　　）、（　　　）。
9. 抚育间伐场地清理主要方法有（　　　）、（　　　）。

三、单项选择题

1. 同龄林中间伐选用分级法为：（　　　）。
    A. 寺崎分级法　　　　　　　　B. 克拉夫特五级分级法
    C. 混交林分级法　　　　　　　D. 植生组的方法
2. 林木自然整枝的原因是（　　　）。
    A. 枝条太细了　B. 枝条太密了　C. 光照不足了　D. 上方光少了
3. 般间伐开始期是（　　　）。
    A. 郁闭前开始　B. 一郁闭就开始　C. 郁闭后开始　D. 郁闭度0.7开始
4. 上层抚育多应用在（　　　）。
    A. 混交林中　B. 针叶林中　C. 单层林中　D. 幼龄林中
5. 透光伐适用的林分年龄是（　　　）。
    A. 幼林时期　B. 中林时期　C. 近熟林时期　D. 主伐前一个龄级
6. 按林木分级只砍伐Ⅴ级木的抚育采伐强度是（　　　）。
    A. 弱度　　　B. 中度　　　C. 微强度　　D. 强度
7. 抚育采伐重复期短是（　　　）。
    A. 透光伐　B. 生长抚育　C. 大径材培育　D. 卫生伐
8. 树高和胸径生长落后、树冠窄小、受压挤林木是（　　　）。
    A. Ⅱ级　　　B. Ⅲ级　　　C. Ⅳ级　　　D. Ⅴ级
9. 将林木分成目标树、辅助树、有害树三级，一般适用的抚育间伐方法是（　　　）。
    A. 下层抚育　B. 上层抚育　C. 综合抚育　D. 机械抚育
10. 风害轻的间伐方法是（　　　）。
    A. 上层抚育　B. 综合抚育　C. 下层抚育　D. 机械抚育
11. $P_v<P_n$的间伐方法是（　　　）。
    A. 综合抚育　B. 机械抚育　C. 上层抚育　D. 下层抚育

12. 抚育间伐对木材节子的影响是(　　)。
    A. 节子减少　　B. 节子增加　　C. 节子变小　　D. 影响不大
13. 抚育间伐后林木的活枝下高(　　)。
    A. 降低一些　　B. 升高一些　　C. 不变　　D. 升高很多

四、多项选择题

1. 我国从 2009 年 11 月 1 日开始实施的《森林抚育规程》规定的抚育间伐种类是(　　)。
    A. 透光伐　　B. 生长伐　　C. 卫生伐　　D. 除伐
2. 生长落后林木的特征是(　　)。
    A. 生长孱弱　　B. 低矮　　C. 细高　　D. 枯黄
    E. 枝叶稀疏
3. 除草剂喷雾法用药注意事项是(　　)。
    A. 喷洒时喷头放低
    B. 为了防止重复喷洒,可以在除草剂中加染料以示区别
    C. 喷洒时必须露水已干
    D. 可在雨天喷洒

五、判断题

1. 抚育间伐是森林培育中的一项辅助工作。　　　　　　　　　　　　　　(　　)
2. 卫生伐只在遭受自然灾害的森林中进行,选择性地伐除已被危害、丧失培育前途的林木。　　　　　　　　　　　　　　　　　　　　　　　　　　　　(　　)
3. 合理的抚育间伐能够做到在不降低主伐量的前提下,可收获相当于主伐蓄积量30%~50%的间伐材,从而提高木材总利用量。　　　　　　　　　　　　(　　)
4. 透光抚育适宜的采伐季节是冬季。　　　　　　　　　　　　　　　　　(　　)
5. 使用化学药剂配制药液的水必须是清水。　　　　　　　　　　　　　　(　　)
6. 生长抚育是定期重复进行的。　　　　　　　　　　　　　　　　　　　(　　)
7. 混交林比纯林间伐更应及时。　　　　　　　　　　　　　　　　　　　(　　)
8. 人工林间伐开始期比天然林晚。　　　　　　　　　　　　　　　　　　(　　)
9. 珍贵树种赔钱也得间伐。　　　　　　　　　　　　　　　　　　　　　(　　)
10. 间伐强度与经济条件关系很大。　　　　　　　　　　　　　　　　　　(　　)

六、简答题

1. 简述抚育间伐的任务、作用、目的。
2. 透光抚育开始进行的条件有哪些?
3. 简述透光抚育的采伐对象。
4. 透光抚育清除非目的树种及杂草的措施有哪些?
5. 同龄林间伐要用哪种抚育法?为什么?
6. 间伐强度和间隔期是何关系?
7. 综合抚育的特点是什么?

8. 上层抚育适于什么林分？有何特点？
9. 抚育采伐选木原则是什么？
10. 抚育有几种方法？各适用哪些林分？

七、论述题

1. 杉木透光抚育总结出的"挨着别挤着，护着别盖着"的经验，其原理是什么？
2. 试论述生长抚育不同选木方法的适应林分及选木原理。

相关链接

森林资源是宝贵的自然资源，对环境和经济都有重要的影响。随着我国经济的高速发展和人民生活水平的提高，人们逐渐意识到资源可持续发展的重要性，森林抚育间伐工作逐渐引起重视。传统的抚育间伐技术已经不能顺应时代的要求，为了适应新时期下的新要求，我国专家学者不断研究，借鉴国外的先进技术和经验，引进了 GIS(geographic information system)技术。GIS 技术可以将空间数据和属性数据结合在一起，将大量的森林资源信息以可视化效果直观方便地表现出来。利用 ArcGIS 软件为森林抚育间伐规划设计进行数据科学化处理，可提高制图速度，制作出的图像也更加清晰美观，精度高，通过对图像分析得出的决策方案也更加合理，同时可以运用 GIS 的空间分析功能，为森林经营管理工作提供技术性的。

项目4 低效林改造技术

> **知识目标**

1. 了解低效林的相关概念，低效林形成的原因、种类及改造的意义。
2. 熟悉低效林改造的原则。
3. 掌握林分改造的相关管理工作。

> **技能目标**

1. 学会各类低效林的划分标准。
2. 学会低效林改造的调查方法。
3. 能够利用野外调查资料开展低效林改造作业设计工作。

> **素质目标**

1. 坚持实现生态环境质量持续改善，形成良好的生态环境观念。
2. 养成以发挥生态系统的自我修复能力为经营理念。
3. 具有林业法律观念和安全生产意识。

任务4.1 低效林改造基础

 任务描述

低效林改造作业设计的外业调查工作中，对各类低效林的判断和识别是极为重要的基础工作。该教学任务可以分阶段完成，首先在课堂上进行相关理论的讲解，充分利用多媒体课件展示各类低效林的图片，逐一讲解各类低效林的判别标准和依据，并分析其形成原因。然后，对于有条件的可到附近的实习林场进行现场调查和实际操作。

任务目标

1. 了解低效林的概念、类型。
2. 学会并掌握各类低效林的评判标准。

3. 了解低效林的成因。
4. 掌握低效林改造模式和作业方法。

 工作情景

某乡（镇）或林场，从森林资源规划设计调查（森林经理调查）的统计数据看，存在各类不同的低效林，森林的经济效益、生态服务功能和社会服务功能难以充分发挥，为了充分提高森林的各类效益，打算对该乡（镇）或林场的低效林进行改造，需对该乡（镇）或林场的低效林改造工程进行作业设计。

 知识准备

4.1.1 低效林改造的概念和种类

4.1.1.1 低效林的概念

低效林：受人为或自然因素影响，林分结构和稳定性失调，林木生长发育迟滞，系统功能退化或丧失，导致森林生态功能、林产品产量或生物量显著低于同类立地条件下相同林分平均水平，不符合培育目标的林分总称。

4.1.1.2 低效林的类型

低效林按起源可分为低效次生林和低效人工林。

低效次生林：原始林或天然次生林因长期遭受人为破坏而形成的低效林。根据其退化程度分为轻度退化次生林和重度退化次生林。

低效人工林：人工造林及人工更新等方法营造的森林，因造林或经营技术措施不当而导致的低效林。低效人工林分为经营不当人工林和严重受害人工林。

4.1.1.3 低效林的评判标准

（1）轻度退化次生林

受人为或自然干扰，林相不良，生产潜力未得到优化发挥，生长和效益达不到要求，但处于进展演替阶段，实生林为主，土壤侵蚀较轻，具备优良林木种质资源的次生林。同时具备以下所有条件的次生林即为轻度退化次生林。

①主要由实生乔木组成，林分生长量或生物量较同类立地条件平均水平低30%~50%。
②目的树种占林分树种组成比例的40%以下，生长发育受到抑制。
③天然更新的优良林木个体数量少，<10株/hm^2。
④土壤肥力和生态服务功能基本正常。

（2）重度退化次生林

由于不合理利用，保留的种质资源品质低劣（常多代萌生或成为疏林），处于逆向演替阶段，结构失调，土壤侵蚀严重，经济价值及生态功能低下的次生林。同时具备以下所有条件的次生林即为重度退化次生林。

①林木 90% 为多代萌生，林相残败，结构失调。

②缺乏有效的进展演替树种，天然更新不良，具有自然繁育能力的优良林木个体数量 <30 株/hm^2。

③林木生长缓慢或停滞，树高、蓄积生长量较同类立地条件林分的平均水平低 50% 以上。

④土壤肥力和水土保持功能明显下降。

(3) 经营不当人工林

由于树种或种源选择不当，能做到适地适树或其他经营管理措施不当，造成林木生长衰退，地力退化，功能与效益低下，无培育前途，生态效益或生物量(林产品产量)显著低于同类立地条件经营水平的人工林。具备下列条件之一的人工林即为经营不当人工林。

以物质产品为主要经营目的的人工林：

①生长缺乏活力，树高、蓄积生长量较同类立地条件林分的平均水平低 30% 以上。

②林木生长停滞，林分郁闭度低于 0.4 以下，无培育前途。

③林相残败，目的树种组成百分比占 40% 以下，预期商品材出材率低于 50%。

④能源林经过 2 次以上樵采、萌芽生长能力衰退。

⑤经济林产品连续 3 年产量较同类立地条件林分的平均水平低 30% 以上。

⑥经济林林木或品种退化，产品类型和质量已不适应市场需求。

以生态防护功能为主要经营目的的人工林：

①林分郁闭度低于 0.4 以下的中龄林以上的林分。

②林下植被盖度低于 30% 的林分。

③断带长度达到林带平均树高的 2 倍以上，且缺带总长度占整条林带长度比例达 20% 以上，林相残败、防护功能差的防护林带。

④受中度风蚀，沙质裸露，林相残败的防风固沙林。

(4) 严重受害人工林

主要受严重火灾、林业有害生物，干旱、风、雪、洪涝等自然灾害等影响，难以恢复正常生长的林分(林带)。具备以下条件之一的人工林即为严重受害人工林。

①发生检疫性林业有害生物的林分。

②受害死亡木(含濒死木)株数比重占单位面积株树 40% 以上的林分。

③林木生长发育迟滞，出现负生长的林分。

4.1.2 低效林形成的原因

低效林作为一种森林生态系统逆向演替形成的林分，其形成原因有很多，归纳起来可分为两大类，即自然地理因素和非自然因素。其中，自然地理因素是形成低效林的潜在因素，非自然因素是形成低效林的决定因素。

4.1.2.1 低效林形成的自然地理因素

在漫长的地质年代里，由于构造运动的作用，岩石种类和岩性很不相同，这就使一些地段容易受到侵蚀、土壤瘠薄，植被难以良好地生长。如四川三江流域(涪江、沱江和嘉陵江)

出露的岩石多为中生代侏罗系和白垩系的紫色砂页岩，其上发育的紫色土结构松散，可溶性物质含量高，易被水解溶蚀，所以在这种地表上生长的林木极易被破坏成为低效林。

4.1.2.2 低效林形成的非自然因素

现实森林中只有一部分演变成了低效林，这说明自然地理只是形成低效林的潜在因素，而人类活动使森林系统结构发生逆向演替，并沿着逆向继续发展，才是形成低效林的决定因素。

(1) 人为活动的干扰破坏

由于人口剧增，森林遭到严重破坏。过度的砍伐超出了森林生态系统的承受能力，形成低密度林分。反复砍伐则形成低灌林。不仅如此，人为的砍伐活动总是根据自己的需要伐优留劣，过度采伐优良林木，剩余的低劣林木最终形成残次林。

(2)违背了适地适树的原则

目前有相当一部分低效林是由于当初立地条件类型选择不当，从而形成了低效林。

(3)经营管理粗放

人工林的抚育管理是森林经营的重要环节。但目前一些地区人工林造林措施粗放，经营处于自然状态，这就很难形成优质林分。另外，负向经营即"砍大留小""伐优留劣"和"拔大毛"等，都使林分呈现"正常林→疏林→低效林→皆伐更新"的负向经营格局。技术薄弱、种苗质量和缺乏科学而有效的管理手段都会造成林分密度不合理，形成低效林。

4.1.3 低效林改造的方式

4.1.3.1 低效林改造的基本原则

由于低效林产生的原因不同，因而改造的方法也不一样。但不管是人工林还是天然次生林，对其改造都要遵循以下原则：

①立足森林资源培育，实现森林健康和可持续经营的原则。
②满足最佳经营目标，生态与经济效益兼顾，长期与中、短期利益结合的原则。
③因林施法、因地制宜、适地适树适种源的原则。
④尊重森林的生物合理性，利用自然内动力，促进自然反应力的近自然抚育经营原则。
⑤改造为主，培育与保护相结合的原则。
⑥以优良乡土树种为主，保护生物多样性的原则。
⑦统筹规划、循序渐进的原则。

这些原则各有侧重地提出了低效林改造的基本思路和方法，需要针对具体对象有机结合应用。

4.1.3.2 低效林改造的模式

(1) 带(块)状改造模式

划出保留带(块)与改造带(块)，伐除改造带(块)，在改造带(块)内整地造林的改造方法。保留带(块)与改造带(块)的尺度根据林分状况和立地条件而定。

(2) 群团状改造模式

被改造的林分内,有培育前途的目的树种成群团状或块状分布时,采取抚育措施,培育有前途的目标树,并对劣质和非目的树种林木生长的地块及林中空隙地,采取林冠下更新、空隙地造林的改造方法。

(3) 林冠下更新改造模式

以在林冠下植苗、直播或天然下种等方法进行森林更新,待更新层形成后再伐去上层非培育对象的林木的改造方法。耐阴或中性树种林冠下更新效果较好,郁闭度较低的林分也可采用一些喜光树种更新。

(4) 抽针补阔模式

在改造的林分中,伐除部分针叶树木,并于空隙处补植阔叶树苗,达到改善林分树种结构、培育针阔混交林的目的。此种措施主要适用于针叶纯林。

(5) 间针育阔模式

间伐部分针叶树木,采取森林抚育措施,培育林下已有的阔叶幼树,使之形成针阔混交林。此种措施主要适用于针叶林下有阔叶幼树(苗)更新的林分。

4.1.3.3 低效林改造的作业方法

(1) 封育改造

①适用对象。适用于有目标树种天然更新幼树幼苗的林分,或具备天然更新能力的母树分布,通过封育可望达到改造目的的低效林分。主要为生态地位重要、立地条件差的退化次生林。

②封育方法。对天然更新条件及现状较好的林分采取封禁育林,对自然更新有障碍的林地可辅以人工促进更新措施。

(2) 补植改造

①适用对象。适用于郁闭度低于0.4的低效林。如残次林、劣质林及低效灌木林。

②补植树种。采用乡土树种,通过补植形成混交林,应选择能与现有树种互利、相容生长,且具备从林下到主林层生长的基本耐阴能力的目的树种。

通常防护林宜考虑通过补植形成混交林,商品林根据经营目标确定补植树种。根据近自然经营的原则,满足经营作业需要的补植树种确定应首先是按典型先锋树种、长寿命先锋树种、机会树种或伴生树种、亚顶极群落树种、顶极群落树种这5个树种自然竞争演替序列的类型来划分和选择可用的补植树种,使得处于序列后期的树种可以补植或保留在序列前期的树种组成林分中,而不能反过来进行补植改造的设计和操作。

③补植方法。根据林地目的树种林木分布现状确定补植方法,通常有均匀补植(现有林木分布比较均匀的林地)、群团状补植(现有林木呈群团状分布、林中空地及林窗较多的林地)、林冠下补植(现有主林层为阳性树种时在林冠下补植耐阴树种)等。

④补植密度。根据经营方向、现有株数和该类林分所处年龄阶段合理密度而定,补植后密度应达到该类林分合理密度的85%以上。

(3) 间伐改造

①适用对象。适用于轻度退化次生林、经营不当人工林和严重受害人工林。

②改造方法。需要调整组成、密度或结构的林分,间密留稀,留优去劣,可采取透光伐抚育;需要调整林木生长空间,扩大单株营养面积,促进林木生长的林分,可采用生长伐抚育,选择和标记目标树,采伐干扰树;对病虫危害林通过彻底清除受害木和病源木,改善林分卫生状况可望恢复林分健康发育的低效林,可采取卫生伐。

③采伐强度和要求。按《森林抚育规程》(DB/T 15781—2015)中 7.1、7.3 和 7.4 的规定。

(4) 调整树种改造

①适用对象。适用于重度退化次生林和严重受害人工林,如需要调整林分树种(品种)的低效林纯林、树种不适林。

②调整树种。根据经营方向、目标和立地条件确定调整的树种或品种。生产非木质产品的商品林侧重于市场需求的调研分析确定,生产木质林产品的商品林应充分考虑立地质量和树种的生长特性。此外,防护林宜通过调整改造培育为混交林。

③改造方法。对针叶纯林采取抽针补阔、对针阔混交林采取间针育阔、对阔叶纯林采取栽针保阔,调整林分树种(品种)结构,选择和标记目标树,采伐干扰树。

④改造强度。根据改造林分的特性、改造方法和立地条件,按照有利于改造林迅速成林并发挥效益、无损于环境的原则确定。间伐强度不超过林分断面积的 25%,或株数不超过 40%(幼龄林)。

(5) 效应带改造

①适用对象。主要适用于林相残破的天然次生林和结构简单型的针叶纯林。

根据生态演替规律和生态位原理,在低效林内开拓效应带。效应带走向在坡度较大、水土流失较严重地区,应与等高线平行。效应带与保留带等宽,带宽(B)见式(4-1):

$$\frac{a}{2}+h\times\cot\theta<B<\frac{a}{2}+h\times\cot\varphi \tag{4-1}$$

式中:a——林木平均株距;

h——树冠长度;

θ——夏至正午时太阳高度角;

φ——夏至太阳平均高度角。

②改造方法。在开拓效应带时,要求保留目的树种的幼苗、幼树,同时对保留带进行抚育。在效应带和保留带上通过选择适宜的造林树种栽植人工更新层,使得生态效益得以充分发挥。

(6) 更替改造

①适用对象。严重受害人工林。

②更换树种。根据经营方向,本着适地适树适种源的原则确定。

③改造方法。将改造小班所有林木一次全部伐完或采用带状、块状逐步伐完并及时更新。一次连片作业面积不得大于 4 hm^2。通过 2 年以上的时间,逐步更替。

④限制条件。位于下列区域或地带的低效林不宜采取更替改造方式:

a. 生态重要等级为 1 级及生态脆弱性等级为 1、2 级区域(地段)内的低效林。

b. 海拔 1800 m 以上中、高山地区的低效林。

c. 荒漠化、干热干旱河谷等自然条件恶劣地区及困难造林地的低效林。
d. 其他因素可能导致林地逆向发展而不宜进行更替改造的低效林。

(7)综合改造

①改造对象。适用于不能通过上述单一改造方式达到改造目标的低效林的改造。

②改造方法。根据林分状况，采取封育、补植、间伐、调整树种等多种方式和带状改造、林冠下更新、群团状改造等措施，提高林分质量。

4.1.4 低效林改造实训

(1)实施过程

①根据教师提供的各类低效林的图片或视频资料、森林资源规划设计调查数据，在教师的指导下，分组讨论图片或视频资料展示的林分进行分析讨论。

②按照各类低效林的评判标准，对低效林进行分类。

③分析各类低效林的形成原因。

④提出每个低效林的具体改造模式。

⑤提出林分的具体改造的作业方法。

(2)技术要点

①各类低效林的评判标准是对低效林进行分类的依据，首先应熟悉各类低效林的评判标准，然后结合具体的林况进行准确的分类。

②低效林的形成原因分析是依据林分的现状，结合已掌握的林学知识正确分析。

③低效林改造模式的确定，要结合林况、地况和森林的培育目标来确定。

④低效林改造的作业方法的确定，首先要熟悉各类改造方法的适用对象才能准确把握。

⑤低效林的分类、改造模式和改造作业方法的确定是低效林改造外业调查的基础和后续作业设计的依据。

(3)成果提交

以组为单位，将上述讨论结果进行总结，并向全班进行汇报。

关于低效林改造的由来

低产林改造不是现在才有之，在我国古代的《园圃志》就有关于改造果树低产林技术的记载。数千年来，广大林农都在利用经济果木林的传统知识开展低产林改造，20世纪50年代，就有学者提出改造大面积皆伐后形成的残次林及小老头树的建议，60年代，提出过改造云南松弯扭木和地盘松的建议，70年代末，有学者提出改造部分受小蠹虫危害的云南松人工林的建议,曲靖海寨林场采用抚育间伐方法,在下东山林区改造了部分华山松低产人工林,收到了一定的成效。但毕竟这类实践活动都是小范围的,没有形成低产林改造的气候。

20世纪90年代,我国林业发展进入快车道,一些学者提出了"低产林改造问题",有学者提出:低产林为低价值林分,主要是稀疏的、残败的灌丛或缺少主要树种的杂木林等林分(西北林学院,1980);低产林是指生长差、质量低劣、不符合经营目的的、达不到生长指标的林分(廖金荣,1989);低产用材林是林木生长量和整个林分质量,因受不良因素影响,已达到无继续经营价值的用材林分(林业部,1995)。这些论述为低产林改造奠定了思想理论基础。随着"林业六大工程"的开展,低产林改造被逐步提上了议事日程,进入21世纪,我国林业进入转型期的关键时刻,并步入跨越式发展的新阶段,在国家层面,正式把低产林改造列入了议程,实施"林业六大工程",建成完备的森林生态体系。进一步实施好防护林建设,以及干热河谷、岩溶地区石漠化治理、低产林改造等生态建设项目,低产林改造正式列入了国家重点工程的内容之一。2005年云南省林业厅发布了《云南省林业厅关于开展低产林改造工作的意见》,在云南正式开启了低产林改造工作。2007年国家林业局发布了《低效林改造技术规程》(LY/T 1690—2007),规范了低产林改造工作。

随着低效林改造的理论研究、实践工作的不断深入,在2017年国家林业局修订发布了《低效林改造技术规程标准》(LY/T 1690—2017),规范了低效林改造工作,更强调了低效林改造的经济效益、生态效益和社会效益,突出了"绿水青山就是金山银山"的生态文明建设理念。

> **巩固训练**

①低效林类型的划分和评判标准、低效林的改造模式与作业方法是低效林改造小班外业调查的基础,在开展外业调查之前应该详细阅读教材上相关内容并进行总结。

②查阅相关文献和刊物,收集低效林改造方面的最新研究成果和相关政策规定,用新的低效林改造的理念、方式方法和传统方式进行比较,找出二者之间的差别。

③案例分析,由教师负责收集本区域内的各类低效林小班的案例,课前发给学生,提出学习要求,课堂上可以小组为单位进行汇报,最后由教师进行点评和讲解。

任务4.2 低效林改造作业设计与实施管理

任务描述

该教学任务分段完成,先在课堂上对低效林改造作业设计与实施管理的程序和方法进行讲解,并充分利用多媒体课件展示低效林改造作业设计的图片。对有条件到附近实习场地的,可进行现地调查,结合实地操作进行现场讲解;对于不具备实训条件的,可由教师提供相应的低效林改造调查的小班数据,在教师的指导下开展低效林改造作业设计工作。

任务4.2 低效林改造作业设计与实施管理

 任务目标

1. 了解低效林改造作业设计的程序和方法。
2. 掌握各类低效林改造小班外业调查的方法,如低效人工林、低效次生林小班,能正确并熟练地开展低效林改造小班外业调查工作。
3. 能利用低效林小班外业调查数据(或教师提供)进行整理和分析,结合相关政策、规定进行低效林改造作业设计,并掌握初步设计的能力。
4. 了解低效林改造的实施和管理要求。

 工作情景

某乡(镇)、某林场、或某村民委员会各类森林面积 25 000 hm^2,涉及用材林、防护林、经济林等林种,由于各种原因,林分质量较差,经森林资源规划设计调查,现有各类次生林约 3000 hm^2。为了让绿水青山变成金山银山,提高当地森林资源的质量,经上级主管部门批准,拟对这些次生林进行改造。如何进行低效林改造作业设计。

 工作情景

(1)工作地点

在教室或实训室讲授,多媒体演示低效林及低效林改造图片辅助教学。之后到实习林场(或民营林区)进行现场讲解与动手操作。

(2)工具材料

皮尺、围尺、测高仪、角规、测绳、铅笔、各种调查表格。

(3)工作场景

在实习林分内进行相关调查。可请林区技术人员现场讲解为主,进行少量操作练习。收集到相关信息资料后,让学生开始在林区技术人员和实训教师的指导下,根据技术规程和相关政策法规要求等,开展低效林改造作业设计工作。

 知识准备

4.2.1 低效林改造作业设计要求

4.2.1.1 设计单元与单位

低效林改造作业设计以小班为基本单元,以乡(镇)、林场(站、所)等经营单位为设计文件的申报单位。作业设计需经县级以上林业主管部门审核批准,并以此作为施工作业、施工监理和检查验收的依据。

4.2.1.2 设计时限

作业设计的时限是1个作业年度,在批复后至次年年底期间实施有效。

4.2.2 设计过程

4.2.2.1 资料搜集

包括自然概况、近期森林经理调查、营造林总体规划、林业专项调查、地形图、林相图及社会经济等材料。

4.2.2.2 外业调查

对拟改造小班的基本信息进行全面调查,收集森林资源、立地条件、森林病虫害、种质资源、保护物种、作业条件、经营目标等相关因子。

对拟改造小班的林分信息进行抽样调查,应分别小班面积设置 1~3 块面积为(20~30 m)×(30~40 m)的典型标准地或宽 20 m、长 50~150 m 的样带(≤1 hm² 以下 1 块,1.01~5 hm² 2 块,5 hm² 以上 3 块);对拟改造的林带应分别林带长度,设置 1~3 段长度为 20~50 m 的样带,进行林分因子、立地因子、病虫害、天然更新数量及分布、目标树数量等方面的调查。

4.2.2.3 改造林分评价

按照低效林判别标准,对低效林的成因、类型、规模、潜力等进行分析评价。

4.2.3 作业设计的内容

根据评价结果,结合现场预判分析,完成改造目标、方式和技术措施的设计。编制设计说明书,并绘制设计图件。作业设计应包括以下设计内容:

①改造区域自然环境和社会经济条件的调查与分析。

②改造区域森林资源的历史情况和现状的调查与评价。

③区域主要森林类型、立地类型的正常林分与低效林,在林分质量、生态功能、经济价值等方面的对比评价。用材林侧重于立地生产力评价,经济林产品侧重于产量、价值评价,防护林(带)侧重于防护功能评价。

④低效林类型、分布和面积。

⑤目标林分设计,规定最终状态主林层的树种组成比例、林分结构和功能目标(确定到小班)。

⑥低效林的改造方式和时间安排(确定到小班)。

⑦更新采伐和抚育间伐的采伐作业设计,包括采伐方式、对象、强度、株数、蓄积量、出材量、材种、伐区清理、病虫害处理及其他技术措施要求(确定到小班)。

⑧补植、更新、调整等营造林作业设计,包括种苗类型、林地清理、配置方式、作业时间、栽植技术、抚育管理等方面内容(确定到小班),具体要求见《林木种子质量分级》(GB 7908—1999)、《主要造林树种苗木质量分级》(GB 6000—1999)和《造林技术规程》

（GB/T 15776—2016）。

⑨用工量概算、改造费用概算、收支概算及物资消耗量计算（落实到小班）。

⑩生物多样性与环境保护措施（确定到小班）。

⑪施工作业管理与保障措施。

4.2.4 设计文件组成

4.2.4.1 作业设计说明书

主要包括以下几个方面内容：

①设计目的、指导思想、主要依据、基本原则。

②项目区概况。包括自然地理条件、社会经济条件、森林经营状况等。

③外业调查情况。主要说明外业调查的方法、作业区、作业小班划分方法以及改造模式和主要技术指标的确定依据和方法等。

④各项技术措施设计。包括各类型林分的主要特点、森林等级、采取的改造方法、措施、改造强度、作业面积比例、技术要求、树种选择、苗木（种子）等级和规格、作业后管理、林业有害生物防治，以及林地清理、整地、植苗、播种等技术要求。

⑤成本效益估算。包括采用的主要技术经济指标、说明及依据；消耗蓄积、出材量、用工量（人力、畜力、机械）情况；投入、产出情况比较分析等。

4.2.4.2 附图

①低效林改造作业区森林资源现状图（林相图），比例尺1∶10 000～1∶5000，体现区划、林种、树种等资源现状。

②低效林改造作业设计图，比例尺1∶10 000或1∶5000，体现改造方式、采伐、营造林等方面的作业设计。

4.2.4.3 附表

①低效林小班现状调查与改造设计表。

②低效林改造小班作业设计一览表。

③低效林改造投资概算表。

4.2.4.4 低效林改造作业设计报告框架

××县低产林改造规划设计框架

前　言　　　　　　　　　　　　　1.5　建设期
第一章　规划概要　　　　　　　　1.6　总投资
1.1　名称　　　　　　　　　　　　1.7　资金来源
1.2　责任单位　　　　　　　　　　1.8　主要技术经济指标
1.3　编制单位　　　　　　　　　　第二章　基本情况
1.4　规模和布局　　　　　　　　　2.1　自然地理概况

2.2 社会经济概况
2.3 森林资源现状
2.4 林业生产经营现状
2.5 商品林建设成就与存在问题
2.6 改造的必要性
2.7 存在的主要问题
第三章 低效林现状
3.1 低效林标准
3.2 低效林分确定方法
3.3 低效林分面积、蓄积统计
第四章 指导思想、原则与目标任务
4.1 指导思想
4.2 规划原则
4.3 规划依据
4.4 目标与任务
第五章 低效林改造方案
5.1 规模
5.2 布局
5.3 改造期限与年度安排
5.4 改造方式及技术措施
5.5 采伐作业规划
5.6 更新造林规划
5.7 立地类型划分
5.8 树种选择
第六章 建设重点
6.1 更替（含采伐与造林）
6.2 综合改造
6.3 调整
6.4 补植
6.5 抚育
6.6 封育
6.7 复壮
6.8 防火通道建设
第七章 投资估算与资金筹措
7.1 投资估算
7.2 资金筹措
第八章 效益分析
第九章 保障措施
9.1 组织措施
9.2 科技支撑措施
9.3 资金支持措施
9.4 管理措施
附表
1. 林业用地面积蓄积统计表
2. 低效林统计表
3. 低效林改造年度规划表
4. 低效林改造面积、蓄积分立地类型按改造方式统计表
5. 低效林改造补植、更替按树种需苗量需种量统计表
6. 低效林改造造林投资估算表
附图
低效林改造规划图
附件：

4.2.5 低效林改造施工管理

4.2.5.1 施工与监理

(1) 施工准备

①经审批的作业设计是施工的主要依据，经营单位根据设计的低效林改造小班、施工时间安排，组织施工员进行现场踏勘，核实作业地块、改造方式以及生物多样性与环境保护等技术措施要求，做好器具、材料的准备，并明确每个改造小班的作业指导人员。

②开展施工员的上岗培训，包括作业流程、改造方式、林木采伐、营造林等方面的技术要求。

③采取抚育间伐、择伐作业的改造小班，严格按照设计要求，对采伐木逐一进行标记。

④小班中有国家级保护物种的，应在施工卡片上注明保护物种名称、分布、保护措施等。

(2) 施工要求

①严格按照作业设计的区域范围、作业面积、改造方式、营造林方法、生物多样性与环境保护措施等要求开展施工。

②施工员在每个流程开始时进行现场示范与指导，让作业人员掌握有关技术要求。

③改造作业中消除的带病虫源的林木、枝杈，应及时就近隔离处理，防止病虫源的扩散与传播。

④改造过程中采用的种子、苗木均应达到国家标准规定的Ⅰ、Ⅱ级的要求。

⑤按照设计要求，保护好作业区内的国家级保护植物。

⑥做好作业小班、地段的林地清理、创造有利于保留木、新植树苗的生长环境。

⑦作业过程中做好护林防火与施工安全工作。

(3) 监理

低效林改造应实施监理制度，以保证作业过程中的过程控制与技术方法符合要求和施工作业的规范运行。

4.2.5.2 检查验收

(1) 检查验收方法

各省(自治区、直辖市)林业主管部门组织制定检查验收办法或细则，明确检查验收工作的组织及有关要求。

(2) 检查验收内容

根据设计文件组织检查验收。其主要内容包括：

①作业区的地点、范围、面积。

②改造方式。

③采伐作业实施情况。

④营造林作业实施情况。

⑤生物多样性与环境保护执行情况。

⑥病虫害防治等森林保护实施情况。

⑦其他改造技术要求的执行情况与效果。

⑧改造作业综合评价。

4.2.5.3 监测与档案管理

(1) 监测评价

实施低效林改造的林地应纳入森林资源监测体系，定期进行调查，掌握林地的动态变化，总结不同改造方式、技术措施的成效与经验。

(2) 档案管理的内容

档案管理的内容：

①作业设计说明书、图件、表册及批复文件等。

②调查设计卡片。

③小班施工卡片。

④施工监理卡片与报告。
⑤检查验收调查卡片与报告。
⑥财务概算、决算报表。
⑦改造前后及施工过程的影像资料。
⑧监测记录与报告。
⑨其他相关文件、记录及技术资料。

(3) 档案管理体系

①经营单位档案管理。实施低效林改造的经营单位，应建立专项技术档案，落实专人管理，以小班为基本单元建档（表4-1），类型包括纸质和电子档案2种，并纳入信息化管理。

②主管部门档案管理。县、市、省级林业主管部门也应建立专项技术档案，县级档案以经营单位为基本单位建档，市、省级以县为基本单位建档，落实专人管理。

林业主管部门宜侧重于电子信息档案的建立，主要管理设计文件、批复及各项总结报告。

表 4-1 低效林小班现状调查与改造设计表

改造单位（乡镇）		林班号（村）		小班号	
图幅号		分类经营区划		小班面积（hm²）	
林分现状	起源		林种		经营目标	
	林分组成		主要树种			
	林层		林龄		每公顷株数	
	郁闭度		植被覆盖度		林木分布状况	
	混交类型		树种适宜度			
			生长指标				
	树种	平均树高（m）	平均胸径（cm）	蓄积量（m³/hm²）	经济树种产品	年产量（kg/hm²）	品质
	主要病虫害		受害木数量（株/hm²）		死亡濒死木数量（株/hm²）	
	具有天然更新能力的树种		天然更新面积(hm²)		天然更新分布	
	其他说明					
立地条件	地貌类型		海拔		坡位	
	坡度		坡向		土壤类型	
	土层厚度(cm)		pH值		土壤质地	
	地下水位(m)		侵蚀类型			
类型与成因	低效林类型		主要成因			
	林分评价					

(续)

改造设计	改造年度		改造面积		改造方式		
	改造功能定位(主导功能和辅助功能)						
	目的树种及组成比例		目标直径		林分结构		
	改造方法		补植树种		补植株数		
	保留树种		保留数量		目标树密度(株/hm²)		
	采伐树种		采伐数量		采伐蓄积量(m³)		
	其他措施设计						
	其他设计说明						
作业要求	树种配置要求						
	水土保持措施						
	病(虫)源木处理						
	土壤改良措施						
	珍稀物种保护						
	环境保护措施						
备注	1. 除表中林分现状所列因子外,对评判低效林或改造设计有指示或参考价值的信息; 2. 根据低效林评判标准进行林分评价; 3. 根据改造方式确定的其他改造措施						

调查者: 　　　　　　　　设计者: 　　　　　　　调查设计日期: 　　年　　月　　日

 任务实施

4.2.6 低效林改造作业设计与实施管理实训

4.2.6.1 实施过程

第一步:收集以往森林资源调查、规划设计、低效防护林改造规程、社会经济情况等资料,资料信息以现有文字资料为主,同时采取访谈等方式进行收集。资料信息收集在教师指导下完成,如时间等条件不允许,可由学生收集一部分,其余由教师提供。

第二步:开展改造小班的外业调查,根据小班面积大小,设置1~3块面积0.06 hm²的典型标准地,调查林分生长状况和立地条件因子等,并填写相关调查表格。此过程在熟悉森林资源调查的教师指导下完成,相关调查表格由教师提前准备。

第三步:根据林分的年龄、郁闭度、生长状况等特点和地形地势、坡度、土壤等条件,结合当地的社会经济技术条件,确定林分的改造方式方法。此过程在实习指导教师和林区技术人员共同指导下完成。

第四步:根据调查资料提出低效林改造初步设计。此过程在林区技术人员和实习指导教师共同指导下完成。

第五步:编制改造作业设计表,主要内容包括改造方式方法、面积、立木因子、出材量、作业设计的数量、工具及种苗等物资需要量、造价、劳力需要量、作业所需费用等。此过程在林区技术人员和实习指导教师共同指导下完成。

第六步：编制作业设计说明书，内容包括设计原则和依据、作业区的基本情况，各改造类型的技术措施，改造作业的施工安排，人员组织与物资需要量，设施的修建及财务评价等。此过程在林区技术人员和实习指导教师共同指导下完成。

归纳总结：低效林改造作业设计是一个需要很长时间的过程，本次实训只是整个作业过程中的一个调查与设计环节。这次实训主要要求学生学习掌握以下技术要点：资料信息收集的方法；资料信息的处理分析技术；森林资源野外调查技术；相关政策法规的理解掌握；文字编写能力；作业设计编写、统筹能力。

4.2.6.2 成果提交

每个学生提交一份的实训体验报告，每个小组提交一套低效林改造设计文本，要求文本比较齐全，技术要点写清楚，框架基本完整。

> 拓展知识

低产林改造案例
——江城哈尼族彝族自治县勐烈镇桥头村哈苗村民小组
中低产林改造作业设计简介

（1）项目区基本情况

项目区江城哈尼族彝族自治县（以下简称江城县）勐烈镇桥头村位于该乡的东部，西部与桥头村相接，北部接大新村，东部接国庆乡，南部与牛倮河村相接。桥头村土地总面积 3048 hm²。其中：林业用地面积 2552.6 hm²，森林覆盖率 83.5%。桥头村 2009 年底有 9 个村民小组，总人口 1501 人，全村农民人均纯收入 1200 元。

（2）业主简介

业主（个体）×××，经过集体林权制度改革后对发展林业产业有了一个全新的认识，并对营林造林工作有着丰富的实践经验，决定将拥有的低产林林地实施改造种植桉树。

（3）改造地块规模与布局

江城县勐烈镇桥头村哈苗村民小组中低产林改造面积 425 亩，根据调查结果，中低产林改造工程涉及江城县勐烈镇 50 林班，区划 2 个作业小班。

改造地块大多地处山体的中上部，海拔 1110~1280 m，土壤类型多为赤红壤，土层厚层。平均坡度 24°，面积 425 亩，活立木总蓄积 3702 m³，株数 22 342 株，具有自然繁育能力的优良树种西南桦仅为 776 株，平均每公顷 3 株西南桦；按《低产用材林改造技术规程》（LY/T 1560—1999）中的中低产林评判标准，每公顷小于 27 株，属于劣质林。

该作业区经过多次民用材采伐和商业性采伐，经济价值较高的西南桦树种所剩无几，采伐后没能及时更新，优质种质资源濒临枯竭，形成了以低价值阔叶树种为主的林分。

（4）改造原则

①坚持分类经营分区施策的原则。

②坚持政府引导，主体明确，群众自愿的原则。
③坚持资源保护与产业发展并重，推进地方经济发展和农民增收的原则。
④坚持因地制宜，适地适树，依靠科技、集约经营的原则。
⑤坚持科学规划，按项目管理，规范操作，注重环境保护的原则。

（5）改造对象

本作业设计主要根据公司工业原料林建设的需要，对天然林中的残次林、劣质林和灌木林，实施中低产林改造。

（6）林地清理作业设计

本设计实行县—经营单位—作业区—小班四级区划，根据作业区内林地的权属、地类、优势树种、起源、地形地势、立地条件等因子的不同区划中低产林改造作业小班，作业区的林班沿用二类调查的林班，不再进行重新区划。

此次外业调查结果为：符合中低产林改造地块涉及勐烈镇 50 林班 2 个作业小班，规划面积 425 亩，活立木蓄积量 3702 m^3。

①林地清理原则。

a. 根据改造地块立地条件和林分特点，在有利于森林资源管理和伐区作业的前提下，合理区划伐区，选择适宜的调查方法，确保蓄积量调查精度。

b. 因地制宜地确定清理方式，做到有利于森林更新，方便木材生产，充分发挥森林的生态效益，经济效益和社会效益。

c. 坚持合理采伐，合理造材，充分利用采伐剩余物，提高森林资源利用率。

②清理面积与清理方式。所有规划的小班都为块状皆伐清理，但在林地清理过程中需要保留的珍贵树种木荷、西南桦中幼树已在林木采伐作业设计中进行了详细规划，共保留189 株，林地清理面积 425 亩。

③清理蓄积与材种出材量。本项目的实施，共需清理林木蓄积 3702 m^3，其中西南桦357 m^3，栎类 2043 m^3，其他阔叶树 1302 m^3，综合出材量 3317 m^3（经济材 313 m^3、薪材3004 m^3）、废材 385 m^3。

④林地清理工艺设计。林地清理工艺流程为：伐木→打枝→造材→集材→归楞→装车→运输。

伐木：采用油锯进行伐木，严格执行采伐操作规程，首先清理选定采伐木根部的杂草灌木，控制树倒方向，尽量避免砸伤保留树木，伐根高度控制在 5 cm 以下；

打枝：大枝杈可用油锯打枝，小枝杈用砍刀或小斧砍除，打枝应尽量贴近树皮；

造材：根据市场和木材加工的需要选择造材长度，做到合理造材，严禁超长短尺；

集材：根据伐区地形、地势采用人力顺坡集材方式进行集材作业，严禁横山滚；

归楞：在方便装车的地段设置楞场，将原木按材长不同分别归楞；

装车：采用结构高台和利用道路边坡进行人力装车作业；

运输：先用农用车或拖拉机进行短途运输，在长年公路附近设置临时贮木场，再用较大载重量车辆运输到目的地。

⑤用工量测算。根据江城县现行工价项目区作业条件测算用工量，采伐作业生产成本139 元/m^3，共生产木材 3317 m^3，需生产费用 461 063 元，折合 9221 个工日。

⑥保留林带与树种。在改造小班内的箐沟两侧设置30 m原生植被隔离带,保留带与小班边界已用红色油漆在非采伐木树高1.5 m处以符号"×"为标志进行了标注,标注面朝向作业区,严禁越界采伐;本次中低产林改造作业设计的外业调查采用样带调查方法,在样带调查过程中未发现有红椿、楠木、木姜子、铁力木等国家保护树种,在林木清理过程中如发现上述树种,应予以保护,严禁采伐。

⑦伐区清理。采伐时充分利用森林资源,要合理造材,不得人为降低木材标准,小头直径6 cm以上、长度1 m以上的要全部生产运出伐区利用,不能用的枝杈、梢头清理后沿等高线带状铺放,严禁火烧。

⑧附属设施。附属设施工程主要是林区公路修建工程,本项目共需新建林道4 km。

(7)更新(造林)设计

①立地条件概述。根据云南省立地分类系统及江城县2005年森林资源调查规划设计结果,项目区只涉及1个土壤亚类,即赤红壤土,海拔在1110~1280 m,平均坡度24°,坡向有阴坡1种,坡位中上部,土层厚度均为厚层;立地类型为:阴坡厚层赤红壤土立地类型。

②改造时间、方式和方法。具体要求如下。

改造时间:2010年3月—2012年12月。

改造方式:更替改造。

改造方法:完全改造。

③树种选择。根据立地类型及树种生态学特性和生物多样性以及适地适树的原则结合江城县物候条件及市场需求,选择目前生长速度较快的桉树作为勐烈镇桥头村民小组大丫口中低产林改造工程的造林树种。

④造林典型设计。根据中低产林改造作业区的立地条件,确定培育树种为桉树,培育目标为速生丰产原料林。

⑤造林技术设计。具体要求如下。

造林方式:人工造林。

造林方法:植苗造林。

造林密度及配置:造林株行距,桉树采用2 m×3 m,每亩111株,采用混交方式采取与保留的木荷、西南桦幼树自然混交,造林时沿等高线成品字形配置。

林地清理:采用带状清理,带宽50 cm;清理时应保留林地上生长的木荷、西南桦等干形好的幼树和箐沟两边各30 m的原生带。

整地:采用穴状整地,规格30 cm×30 cm×30 cm,要求2010年4月中旬以前完成。

栽植:采用苗高15~20 cm、根径3 mm以上的扦插苗或组培苗,栽植时拆除容器,并做到苗正,根系舒展,栽植深度适中,回填表土肥沃土,回填土以穴内不积水为宜。

造林时间:造林时间为改造年的5月初至7月底,并以5月中旬至7月中旬最为适宜,苗木容易成活,延长了苗木生长期,在苗木冬季休眠之前能形成较为发达的根系,确保造林质量。

造林质量:要求造林当年成活率在90%以上,树高2.0 m以上,造林后第3年保存率在85%以上。

幼林抚育管理：造林后及时进行除草、扶苗、除蔓、除萌发的灌丛，采取刀抚与锄抚结合，连续抚育3年，造林当年适时抚育。造林地安排专人看管，对缺塘进行补植补造，防止人畜破坏。

检查验收：为确保造林质量，造林施工单位在施工期间，要根据造林施工设计逐项对照进行作业，发现问题及时纠正。施工完成后对株行距、苗木质量、作业质量等各项作业进行全面自查。造林1年后对造林成活率进行检查，合格的由检查验收组签发检查验收合格证。

⑥苗木供需设计。具体要求如下。

种苗需要量：需桉树扦插苗47 175株。

种苗来源：桉树种植所需苗木要求较高，且品系繁多，根据普洱市桉树育苗的实际情况，建议采用云景林纸桉树苗圃的扦插苗。

苗木质量标准：2~3个月的扦插苗，苗高15~20 cm，地径3 mm以上，根系成团好，木质化程度高，主杆明显无叉枝，生长健壮，无病虫害，无机械化损伤的苗木。

(8) 其他工程设计

病虫害防治：植苗前用防治白蚁药浸泡树苗，严格按使用说明书规定比例配制药液。

护林防火：桉树定植后到林分郁闭期间，林内草本植物生长旺盛，冬季易发生火灾，防火期内应派专人进行防火。

附属工程：附属工程主要是公路建设与维护，已在林地清理中进行了规划与设计，不再重复设计。

监测标准地的设置：在改造地块作业区内，设置1~2个方形标准地，指定专业技术人员定期观测林木生长状况，为中低产林改造提供科学数据。

(9) 用工量测算

根据江城县项目用工量实际，参考有关指标计算本年度中低产林改造建设用工量，本项目造林作业总用工量为2338个工日，其中林地清理234个工日，占总用工量的10%，整地421个工日，占总用工量的18%，植苗421工日，占总用工量的18%，施肥210个工日，占总用工量的9%，抚育管护842工日，占总用工量的36%，病虫害防治210工日，占总用工量的9%。

(10) 经费概算

本项目共需清理林木蓄积量3702 m^3，综合出材量3317 m^3，按目前采伐价格指标计算，每立方米采伐价格为75元，倒运费20元/m^3，装卸费10元/m^3，其他费用10元/m^3，运输费24元/m^3，本项目共需采伐费用计461 063元。

营造林费用：改造造林425亩，按桉树中低产林改造造林树种单位投资模型表，每亩需投入资金411.7元，本项目共需投入造林资金174 973元。

附属设施工程主要是林区道路修建，按目前价格指标计算，新建公路1万元/km，老林道维修3000元/km，本项目新建公路4公里，维修林道0公里，附属工程建设需投入资金40 000元。项目总投资(含设计费)678 161元，详见中低产林改造收支概算表(略)。

本改造项目共需投入资金678 161元。市财政补助经费17 000元，资金缺口661 161元，由项目建设单位(业主)从木材销售收入和自有资金中进行配套投入。

(11) 保障措施

组织机构：江城县林业局成立了中低产林改造领导小组及办公室，指定一名副局长领导协调全县的中低产林改造工作。

技术措施：以县中低产林改造办公室为主要技术支撑，提高中低产林改造工作的科技含量，严格按工程造林验收标准进行质量检查，确保工程质量。

项目区不属于水土流失严重地区，土壤腐质土和土层较厚，但项目实施第1年，原生植被有不同程度的破坏，新造林地尚未郁闭成林，为减少雨水冲刷，造林配置方式采用品字形配置；中低产林改造地块严禁炼山，无法运出的剩余物及枝权截断后沿等高线铺放。桉树属于目前生长速度最快的树种，造林1年后可郁闭成林，因此对项目区环境的影响较为短暂。各作业小班之间留有保护带，有利于项目区生物多样性的保护。

巩固训练

①低效林改造实训应对以往低效林改造效果进行收集，除了对现有文字资料信息进行收集外，还应采取对林区技术人员的访谈，对照教材上的改造理论进行分析总结。

②查阅相关文献和刊物，收集低效林改造方面的最新研究成果和相关政策规定，用新的低效林改造的理念、方式方法和传统方式进行比较，找出二者之间的差别。

③案例分析，由教师负责收集本区域内的低效林改造作业设计的案例，课前发给学生，提出学习要求，课堂上可以小组为单位进行汇报，最后由教师进行点评和讲解。

复习思考题

一、名词解释

1. 低效林；2. 低效次生林；3. 低效人工林；4. 低效林改造；5. 综合改造。

二、填空题

1. 低效人工林分为（　　）和（　　）。
2. 低效次生林分为（　　）和（　　）。
3. 低效林按起源可分为（　　）和（　　）。
4. 低效林改造的工作流程：按照（　　）、（　　）、（　　）和（　　）等的流程进行。
5. 低效林作业设计文件组成包括：（　　）、（　　）和（　　）。

三、判断题

1. 轻度退化次生林的评判标准之一是其组成树种均为多代萌生林。（　　）
2. 轻度退化次生林的评判标准之一是：目的树种占林分树种组成比例的40%以下，生长发育受到抑制。（　　）
3. 某天然次生林，经调查，天然更新的优良林木个体数量少于40株/hm^2，因此，该次生林从天然更新的角度看，应为轻度退化次生林。（　　）
4. 某经济林，连续3年的产品产量较同类立地条件林分的平均水平低30%以上，应确定为经营不当人工林。（　　）

5. 某经济林林木和品种退化，产品类型和质量已不适应市场需求，应确定为经营不当人工林。( )

6. 某能源林已经过 2 次以上樵采，萌芽生长能力出现明显衰退，应确定为经营不当人工林。( )

7. 某用材林，林分郁闭度低于 0.4，无培育前途，可确定为经营不当人工林。( )

8. 某用材林，其目的树种组成比重占 40% 以下，预期商品材出材率低于 50%，因而可定为经营不当人工林。( )

9. 某人工起源的防护林，经调查，林分郁闭度低于 0.4，其龄组为近熟林。该林分应确定为经营不当人工林。( )

10. 某人工起源的防护林，其林下植被的盖度低于 30%，因此，该林分应确定的经营不当人工林。( )

11. 某人工起源的防护林，因遭受森林病虫害，其死亡木株数达到 50%，该林分应确定为严重受害人工林。( )

四、简答题

1. 低效林改造有何意义？
2. 低效林改造应遵循的原则？
3. 轻度退化次生林的评判标准是什么？
4. 重度退化次生林的评判标准是什么？
5. 经营不当人工林及其评判标准？
6. 严重受害人工林的评判标准有哪些？
7. 低效林改造过程中需要采取哪些保护措施？
8. 低效林改造作业设计的程序是什么？
9. 低效林改造在施工中有什么要求？

五、论述题

1. 论述我国低效林产生的主要原因及治理对策。
2. 论述低效林改造在我国的现实意义。

项目5 森林主伐与更新

知识目标

1. 熟悉国家等各级林业主管部门森林主伐与更新的有关政策、法律、法规和标准。掌握森林主伐与更新作业的基本理论知识。
2. 了解森林主伐更新的概念，熟悉采伐与更新的关系。
3. 掌握皆伐更新、渐伐更新、择伐更新的种类与方法。
4. 了解不同主伐更新方式的选用条件及优缺点。
5. 掌握主伐伐区调查设计的质量标准和方法。
6. 了解森林采伐作业的生产过程。
7. 熟悉伐区质量检查和验收标准。

技能目标

1. 能正确理解国家等各级林业主管部门有关森林主伐与更新方面的政策、法律、法规和标准。
2. 能收集有关森林主伐更新作业设计的技术资料，正确填写技术档案。
3. 能对不同类型的森林采用相应的主伐方式和方法进行经营作业。
4. 能掌握森林主伐更新作业设计技能：伐区调绘、伐区调查、编制各类伐区作业设计表、绘制伐区设计图。
5. 能掌握森林伐区调查设计材料的编制技能，解决工作中的一般技术问题。
6. 能熟悉和进行伐区质量检查和验收。

素质目标

1. 贯彻生态环境保护意识，坚持生态环境保护和经济发展辩证统一。
2. 坚定践行"两山"理论，积极推进生态文明建设。
3. 具有较强创新精神和创业能力，为乡村振兴，推进美丽中国建设作贡献。

任务5.1 森林皆伐更新

任务描述

该教学任务分两段完成,先在教室或实训室进行理论讲解,并用多媒体课件展示森林主伐更新作业现场工作情景图片和作业设计成果,而后到实训场地,进行现场调查、实地操作。

任务目标

理解森林采伐与更新的关系;理解森林皆伐更新的概念,熟悉确定皆伐更新林分的一般标准,掌握森林皆伐更新的种类与方法,掌握森林皆伐更新作业设计的程序,完成森林皆伐更新的设计,理解森林皆伐更新的优点与缺点。

工作情景

(1) 工作地点

教室、实训室、实训场所(林场、民营林区等成熟的用材林作业区)。

(2) 工具材料

①工具。以组为单位配备1套罗盘仪、测高器、皮尺、花杆、视距尺、围尺、钢卷尺、角规、指南针、砍刀、三角板、绘图直尺、锄头、土壤刀、工具包、计算器、讲义夹、铅笔、刀片、透明方格纸等。

②材料。资料收集:以组为单位收集基础数据,包括原有森林资源规划设计调查成果、近年来的采伐作业调查设计数据和森林资源档案,1:10 000的地形图和林业基本图、林相图、森林分布图、森林经营规划图、山林定权图册及各种专业调查用图等;森林总采伐量计划指标、伐区森林资源调查簿、森林资源建档变化登记表、森林采伐规划一览表、伐区调查设计记录用表、测树数表(二元材积表、直径—圆面积表、立木材种出材率表)、采伐作业定额参考表、各项工资标准、森林采伐作业规程、森林采伐更新管理办法、本省区伐区调查设计技术规程等有关技术规程和管理办法等;作业区的气象、水文、土壤、植被等资料;作业区的劳力、土地、人口居民分布、交通运输情况、农林业生产情况等资料,林业科学研究的新成就和生产方面的先进经验。

准备主伐作业设计内外业用表:以组为单位准备土壤调查记录表、植被调查记录表、全林、标准带每木调查记录表、树高测定记录表等作业调查记录表;以个人为单位准备标准地(带)调查计算过渡表、伐区调查设计书、伐区调查设计汇总表、伐区调查每木检尺登记表、林木每公顷蓄积量和出材量统计表、采伐林分变化情况表、准备作业工程设计卡、小组调查和工艺(作业)设计卡等内业计算、设计表。

(3) 工作场景

在教室或实训室进行任务描述和相关理论知识讲授,多媒体演示辅助教学;再到实训场所(林场、民营林区等成熟的用材林作业区),选择集中或分散的皆伐更新成熟林面积在9 hm² 以上的林分(能容纳40~50人活动)，按4~5人一组，以小组为单位在指导教师和技术人员讲解与指导下进行动手操作，如选定调查区域、确定调查方法、分工合作等；然后在实训室进行内业计算和设计，提交皆伐更新作业设计成果，最后由指导教师对各项任务进行评价和总结。

知识准备

5.1.1 森林主伐更新概述

5.1.1.1 森林主伐更新的概念

培育森林的目的在于获取木材、林副产品和发挥森林的多种效能。当森林达到成熟年龄以后，林木的生长速度和质量将逐渐降低，防护作用也趋于减弱，应及时将老林砍伐利用并培育出生长率更高的新林分。

森林主伐更新是指当森林达到成熟时，对成熟林木进行采伐利用的同时，培育起新一代幼林的全部过程。在生产实践中，常把这一过程分为两部分：为获取木材而对用材林中成熟林和过熟林分或部分成熟林木所进行的采伐作业，称为森林主伐；森林采伐后，通过天然或人工方法，使新一代森林重新形成的过程，称为森林更新。森林主伐的目的：一是取得木材，满足国民经济各部门需求；二是改善森林的各种有益效能，如水源涵养、保土防蚀等。森林达到成熟年龄以后，木材的生长量和质量下降，森林的防护效能也开始减弱，因此，这时就需要通过主伐取得木材加以利用或通过主伐改善森林的防护效能，实际上两者是不可分的。因为对成熟林木进行采伐利用时，为了扩大再生产，达到永续利用的目的，必须培育新一代幼林。采伐利用成熟林木，是森林更新的一个组成部分。采伐必须更新，更新需要采伐，两者密切相关。所以"主伐"与"更新"可理解为同义语，因此常将两者合称为森林主伐更新。

5.1.1.2 森林主伐更新的方式

(1)森林主伐的方式

森林主伐常采取不同的方式。所谓主伐方式就是在预定要进行采伐的森林地段内，根据森林更新的要求配置伐区，并在规定的期限内进行采伐的方法和过程。所谓伐区，就是同一年度内用相同采伐类型进行采伐作业的、在地域上相连的森林地段，指具体的采伐小班。森林主伐的方式最常用的有3种类型：皆伐、渐伐和择伐。

(2)森林更新的方式

①伐前更新和伐后更新。根据更新与采伐成熟林木的先后，可将它分为伐前更新和伐后更新。伐前更新是在林冠下进行更新，是指林下幼树达到一定年龄、一定数量后，才伐尽全部成熟林木；伐后更新是指伐尽全部成熟林木后，在采伐迹地上进行更新。

②人工更新、天然更新和人工促进天然更新。根据人为参与更新的程度，可将森林更新分为人工更新、天然更新、人工促进天然更新。一般为了提高森林更新的质量和缩短更新期，应多采用人工更新；在能保证森林天然更新获得成功的林分，可采用天然更新，以便充分利用自然力，节省劳力和资金；由于受自然力的限制，当采用天然更新难以获得满

意的幼林时，必须进行人工促进更新，进行补播、补植、整地松土、除去竞争植物等。

(3) 森林主伐更新的方式

森林主伐更新方式是指在预定采伐的地段上，根据森林更新的要求，按照一定的方式配置伐区，并在规定的期限内进行采伐和更新的整个程序。更新方式决定着主伐的形式和内容，这是人类在掌握了天然更新规律的基础上，作为定向控制的管理过程而提出来的积极措施。主伐方式根据更新方式的不同，基本上可归纳为皆伐更新、择伐更新和渐伐更新3种类型。

①皆伐更新(伐后更新)。一次性采伐全部成熟林木，采取天然更新或人工更新。更新发生在森林采伐后的迹地上。

②择伐更新(伐前更新)。单株或群状伐去已达成熟的林木，林地上仍保留一定数量的林木。更新在林冠下进行，在全部成熟林木采伐完毕以前更新已经完成。

③渐伐更新(伐中更新)。在较长期间内分若干次伐去伐区边的林木，利用保留木下种并为幼苗提供遮阴条件。林木全部采伐完毕后，林地也先后更新，更新伴随着采伐且发生在采伐过程中。

在选择更新方式时，应当按照优先发展人工更新，人工更新、人工促进天然更新、天然更新相结合的原则，务必使更新与采伐紧密结合，做到更新跟上采伐、采伐与更新同时考虑。在采伐后的当年或者次年内必须完成更新造林任务。伐前更新做到采伐完成熟林木，新一代幼林已经形成。

更新跟上采伐，可以充分利用地力尽快培育后续资源，保证永续利用。同时新的采伐迹地更新容易，可以节省森林更新的劳力和资金。若更新跟不上采伐，不仅林地荒芜，浪费地力，失去了森林的各种有益效能，而且使迹地杂草、灌木丛生，增加更新工作困难，耗费较多资金。

在更新质量上。对人工更新，树种选择要适地适树，合乎经营要求，当年成活率应当不低于85%，3年后保存率应当不低于80%；对天然更新，每公顷要均匀保留目的树种幼树3000株以上，或幼苗6000株以上，更新均匀度不低于60%。人工促进天然更新，补植、补播后的成活率和保存率达到人工更新的标准；天然下种前整地的，达到天然更新标准。

5.1.2 森林皆伐更新概述

5.1.2.1 森林皆伐更新的选用条件

森林皆伐更新是将伐区上的林木在短期内一次伐完或者几乎伐完(后者指保留有母树)，并于伐后采用人工更新或天然更新(母树或保留带天然下种)恢复森林的一种作业方式。因为是先采伐成熟林木，而后在迹地(已经完成采伐的伐区)上形成新林，所以这种作业方式的更新属伐后更新。森林皆伐更新的选用条件包括以下方面。

①皆伐最适用于全部由阳性树种组成的成、过熟同龄林。如樟子松林、落叶松林、油松林、马尾松林、云南松林等都可以选用皆伐。对于人工林，除有意诱导成复层异龄林的林分外，大部宜实行皆伐更新，特别是速生丰产林。

②对于耐阴树种组成的林分，在采取保留伐前更新幼树的前提下，可采用皆伐方式，皆伐后也能获得良好的天然更新。

③在预定进行人工更新的林分，或拟更换树种的林分，或准备利用萌芽更新和根蘖更新的林分，均宜采用皆伐。皆伐更新也是低产林分改造的措施之一，对于非目的树种占优而无培育前途的残林，及林木质量低劣难以培育成材的林分，为了引进优良树种，常采用皆伐更新。

④适于遭受自然灾害（如火烧、病虫、风折、雪折等）危害的林分。

⑤皆伐不适应沼泽水湿地的林分，不适应水位较高排水不良土壤上的林分。因为这里原有林木的生存和生长，可以蒸腾大量的水分，皆伐后蒸腾量大大减少，土壤会变得更湿，造成天然更新、人工更新都很困难。

⑥在山地凡陡坡和容易引起土壤冲刷或处在崩塌危险地段的林分，严禁皆伐。为了保护山区的生物资源，珍稀鸟兽经常栖居的地方，应禁止皆伐。

⑦森林火灾危险性大的地域，如沿铁路和公路干线两侧，也不宜选用皆伐。这里应建立一个异龄林保护带，避免因皆伐带来大量易燃的采伐剩余物。

⑧水源涵养林、水土保持林、护岸林、护路林以及其他具有重要防护意义的林分，不应采用皆伐。

皆伐迹地一般采用人工更新，但在目的树种天然更新有保障的皆伐迹地，可采用天然更新或人工促进天然更新。皆伐迹地上形成的森林一般为同龄林。

皆伐具有采伐方式简单、采伐时间短、出材相对集中、便于进行机械化作业、木材生产成本较低等特点。皆伐在实践中被广泛应用。但皆伐后环境变化剧烈，森林的防护作用在采伐后的一定时间内受到较大的削弱。

5.1.2.2　森林皆伐更新的方式

根据伐区面积的大小，分为大面积皆伐和小面积皆伐；根据伐区形状的不同，可分为带状皆伐和块状皆伐；根据伐区排列方式的差异，可分为间隔带状皆伐、连续带状皆伐、品字形皆伐。间隔带状皆伐根据伐区宽度相等与否，又分为等带间隔皆伐和不等带间隔皆伐等。

（1）带状皆伐

带状皆伐的具体程序是：将伐区划分成狭长的地带，先皆伐一至数带，由未采伐带的林木施行侧方下种，待成苗后，再皆伐其他带，直至全林完成更新为止。此法适用于坡度较缓（<25°），集中成片的成过熟林地区。为保证天然更新的顺利进行，应掌握带状皆伐的一些基本技术环节。

①伐区的形状。决定伐区形状要考虑三方面因素，即有利于提高林墙传播种子的效果、有利于对成长起来的幼苗幼树的庇护、有利于水土保持和维护森林环境。在较平坦地区，通常将伐区规划成长方形，山地有时采用梯形。长边为伐区长度，短边为伐区宽度，一般伐区的长度与林班内成熟林分的长度相等，并尽量与林道成直角。根据伐区宽度可将伐区分为窄伐区（<50 m）、中等宽度伐区（50～100 m）和宽伐区（>100 m）三类。伐区的宽度应根据树种及立地条件的不同而不同。既要为森林更新创造条件，又要便于伐材与集

材。种子小而轻、并有翅或绒毛、常可散落到很远的地方、幼苗生长快、抵抗不良环境能力强的树种，如桦木、山杨等，可采用较宽的伐区。而松、云杉、冷杉等树种，种子飞散距离较近，这类树种的伐区应窄些。

另外，还要考虑地形、土壤、气候等条件。在易引起水土流失的山区、洼地应采用窄伐区，在气候干旱、土壤瘠薄、立地条件差的地区，伐区亦宜窄些。

②伐区的面积。根据我国《森林采伐作业规程》(LY/T 1646—2005)规定，皆伐面积限度见表5-1。各地森林资源和立地条件不一样，可结合本地情况，规定适合本地区的采伐面积。如辽宁规定皆伐伐区一般不超过 3 hm^2，立地条件好的可扩大到 10 hm^2；河南要求皆伐伐区一般不超过 2.5 hm^2；黑龙江规定皆伐伐区面积最大可达 20 hm^2；广西则规定一般用材林连片皆伐最大面积不超过 20 hm^2，短轮伐期工业原料林的皆伐面积由林木所有者自主确定，特种用途林和防护林更新连片皆伐面积最大不超过 3 hm^2。

表5-1 皆伐面积限度表

坡度(°)	≤5	6~15	16~25	26~35	>35
皆伐面积限(hm^2)	≤30	≤20	≤10	≤5(南方) 北方不采伐	不采伐

③伐区方向。伐区方向就是伐区的长边方向。在地势平缓的林区，伐区方向应与种子散落期的主风方向垂直，这样一是为了天然下种，二是为了减少风害；在山区，伐区方向一般应平行于等高线，以减少地表径流，有利于防止水土流失，这样的伐区俗称横山带；在坡度比较缓、坡长比较短的丘陵，为了便于采伐作业，伐区方向也可考虑垂直于等高线设置，这样的伐区俗称顺山带；若为了既便于采伐作业，又避免造成严重的水土流失，可将伐区方向规划成与等高线成一定的交角，这样的伐区称为斜山带。在河流旁、道路旁的林区，伐区方向应垂直于河岸和道路，以减免因采伐对森林护路、护岸作用的破坏，有时还要留出护路护岸的保留带。

④采伐方向。采伐方向是指伐区采伐的先后顺序指向。采伐方向要和伐区方向同时考虑。为了使伐区能获得充分的种子和避免幼苗、幼树受强风危害，在一般情况下，采伐方向总是与伐区方向垂直，并与当地主风向相反；在山地条件下采伐方向应由山坡上部向下采伐，以防止水土流失和损伤苗幼树；缓坡、短坡可由下而上，以便利森工采伐为主。垂直于河流两岸的伐区，采伐方向应与水流方向相反；当旱风侵袭成为森林更新的障碍时，为保护幼树，伐区方向应与旱风方向垂直，采伐方向则与旱风方向相反；在干旱地区，为了使伐区免受强烈日光的照射，伐区方向可为东西向，采伐方向则应自北向南；在冷湿地区，为了使伐区尽可能多地接受阳光，伐区方向可为南北向。

⑤相邻伐区的采伐间隔期。相邻两个伐区所间隔的采伐年数称为伐区采伐间隔期，亦称采伐间隔期。采伐间隔期的长短，影响取得木材的速度，进而影响工效和木材成本。但确定采伐间隔期首先要考虑的、也是最重要最应该考虑的是森林更新。为了发挥相邻的未采伐伐区上的林木对已采伐伐区的庇护和下种作用以及减少水土流失，应在一个伐区采伐以后，与其直接相连的伐区需要相隔一定的年限才能采伐。一般不能采伐完前一个伐区紧接着就采伐后一个伐区。从实现更新角度考虑：如果采用天然下种更新为主，采伐间隔期

要等于一个种子年的周期。种子年周期指相邻两个种子年间隔的长短。种子年是种子产量高、质量好的年份，又称大年、丰年。一般松类树木种子年为3~4年，云杉、冷杉为4~5年。如果采用人工更新，则要看播种或栽植苗木需要林墙庇护程度和水土流失的危险性来决定间隔年限，需待幼林成活率达到要求或幼林郁闭后才能采伐相邻伐区。更新困难的地区和树种则需要更长的时间，但一般不超过一个龄级期。我国《森林采伐更新管理办法》规定：对保留的林带、林块，待采伐迹地上更新的幼树生长稳定后方可采伐。通常情况下，北方林区采伐间隔期为3~5年，南方为2~4年。

⑥伐区的排列方式。伐区的排列方式是指前一伐区与后一伐区连接的顺序，通常有间隔式带状皆伐和连续式带状皆伐两种形式。

a. 间隔式带状皆伐：又称交互带状皆伐，是将预定要采伐的成熟林，区划为若干个带状伐区，在同一时间内，每隔一个伐区，采伐一个伐区。先采伐的伐区称采伐带，它们统称为第一组伐区；后采伐的伐区称保留带，它们统称为第二组伐区（图5-1）。若干年后当采伐带更新完毕，形成新一代幼林时，再采伐剩余的保留带。当作业区为一条山沟，伐区配置在沟谷两侧的坡面上时，采伐带宜按坡面交错相间排列（图5-2），这样可以减缓环境条件的变化。

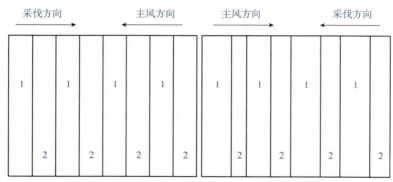

（a）等带间隔皆伐（伐区宽度相等）　　（b）不等带间隔皆伐（第一列伐区较宽，第二列伐区较窄）

1. 为第一次采伐的伐区（采伐带）；2. 为第二次采伐的伐区（保留带）。

图5-1　间隔带状皆伐示意图

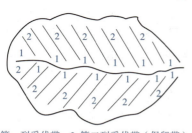

1. 第一列采伐带；2. 第二列采伐带（保留带）。

图5-2　山沟间隔式带状皆伐示意图

采伐带与保留带等宽的称等带间隔皆伐；不等宽的称为不等带间隔皆伐。不等带间隔皆伐是等带间隔皆伐的一种变形，如图5-1所示。实际工作时，根据林分的状况，可将第一组伐区设计得宽些、第二组伐区设计得窄些；也可相反，将第一组规划得窄些、第二组规划得宽些。

这种方法，第一组伐区的每个采伐带，因有两面保留带天然下种、庇护幼林，天然更新效果较好，鉴于此间隔带状皆伐的保留带又称作林墙。意为保留带就像林墙一样对采伐带起到保护作用。第二组伐区采伐后，因没有林墙下种和庇护，天然更新比较困难，常采用人工更新。另外第二组伐区在第一组伐区采伐后突然暴露，易造成风折、风倒，在采伐保留带时，常会损伤第一组伐区上的幼树,影响更新质量,这些问题需引起注意。

b. 连续式带状皆伐:新伐区紧靠前一个伐区设置,即是将预定要采伐的成熟林,规划成若干个伐区,从一端开始采伐,按顺序每次采伐一个伐区,直至全林采伐完毕[图5-3(a)]。这种方式的优点是伐区规划简单,对林墙下种和幼苗保护有利,能继续发挥森林的防护作用,亦有利于采伐集材,缺点是采伐速度缓慢。但采伐期限过长,如1 km长的成熟森林,伐区宽度按规定设计为100 m,采伐间隔期为3年,则需30年才能伐完。连续带状皆伐优越性不如间隔带状皆伐,现应用得较少。

为了加快采伐速度,缩短采伐更新期限,常在大面积成熟林区,将林分规划为若干个采伐列区(通常每个列区为3个以上伐区)[图5-3(b)]。在各采伐列区中,同时进行连续带状皆伐。即在所有采伐列区中伐区顺序号一样的同时采伐,且依次采伐,当第一个伐区达到满意的森林更新以后,紧接着采伐第二个伐区,依此类推,直至采伐更新完毕。

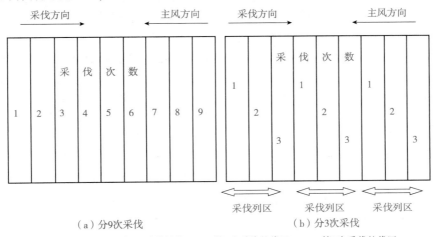

(a) 分9次采伐　　　　　　　　(b) 分3次采伐

1. 第1次采伐的伐区;2. 第2次采伐的伐区;3. 第3次采伐的伐区;…9. 第9次采伐的伐区。

图5-3　连续式带状皆伐示意图

(2) 块状皆伐

块状皆伐是我国目前应用较广泛的一种主伐方式。它是一种小面积皆伐,适宜地形复杂的山区或者不

同年龄的林分成片状混交的条件下采用。它的伐区形状不规则、伐区面积大小不一定相等,伐区形状、伐区面积常根据地形条件而确定,往往以一个山脊,一条山沟为界,但每个伐区的面积大都不超过5 hm²。在立地条件好,土地肥沃,森林恢复快的地方,伐区面积可扩大到10 hm²。伐区形状可近方、近长方、近台形、近扇形等。伐区的排列方式最好是品字形,品字形排列方式有利于森林更新,也能减缓水土流失现象。但在地形复杂的山区实行块状皆伐,有时很难规整地划分伐区,在这种情况下,要求同一次采伐的块状伐区,较均匀地分散在预定要采伐的森林中。

如我国南方山区总结出的隔沟沟状小块皆伐,即交互带状或块状相结合排列伐区(图5-4),是适应南方山区地形起伏、沟坡交错的特点,将每个坡面划分成几个伐区,每个伐区尽量包括小山沟及其两侧,伐区呈不规则块状,面积3~5 hm²。大沟两面坡的各个伐区尽量按品字形交错排列,采伐列区中分两组采伐,采伐间隔期2~4年,山脊保留宽10~

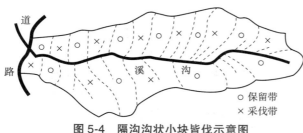

图 5-4 隔沟沟状小块皆伐示意图

20 m的防护林带,以尽量减少环境的剧烈变化,有利于保持水土和天然更新。有时要因地势设置伐区,顺其自然而成为交互带状或块状相结合的排列方式。实行块状皆伐,当先采伐的块状伐区的更新幼树郁闭成林以后,方可采伐邻近的块状伐区。

5.1.2.3 森林皆伐迹地的更新

(1) 天然更新

当种子具有一定的借风传播能力,且种子在自然状态下能够长成树木,宜采用天然更新。皆伐迹地天然更新,主要是依靠天然下种实现更新,俗称"飞籽成林"。

①天然更新的种源。来自邻近伐区:主要靠风传播,一般是靠近林墙的地方种子数量多,越向伐区中心数量越少。更新幼苗也是离林墙越近越密,越远越稀。东北的落叶松、樟子松,南方的马尾松、云南松及其他种子有一定传播能力的树种均适用这种更新办法。

a. 来自采伐木:当采伐作业在合适的年份(种子年)、合适的时间(种子成熟期)时,采伐时大量种子从树上脱落,客观上起到天然下种的作用。这种办法适用于各种喜光树种,更新幼苗一般比较均匀一致。

b. 来自地被物:森林土壤和枯枝落叶层中经常储存有大量的种子。有些树种种子能在地被物内保存数年仍不失发芽力。如油松、云南松林地上经常有较多种子。红松种子可在枯枝落叶层内保留 2~3 年,甚至更长时间,而不失发芽能力。成熟木采伐后,这些种子在环境条件改变了的情况下,很容易萌发长成新一代树木。

②保证更新成功的措施。具体措施如下。

a. 保留母树:中国《森林采伐更新管理办法》中规定:皆伐后依靠天然更新的,每公顷应当保留适当数量的单株或者群状母树。当母树完成下种更新任务后,应及时伐除,越早越好。因为早伐除,不需遮阴的幼树可得到较充足的光照,有利于生长。伐除保留母树的时间,应视具体情况而定,一般须经过 1~2 个种子年后伐去。选留母树的条件是:无病、少节、抗风力强;树冠扩展,具有丰富结实能力;干形、冠形优良,生长发育好;优先保留稀有、珍贵树种。保留母树的数量,优良母树(树冠扩展的)分布比较均匀时,每公顷要有 8~10 株,如树冠较小或分布不匀时,则要 15~20 株,如果留群状母树(每群 3 株左右),可留 3~5 群。

b. 采伐迹地清理和整地:森林采伐、集材后,堆积着大量的采伐剩余物,加上灌丛、杂草都是更新的障碍,所以及时清理显得非常重要。清理的方法可以将枝杈堆集于低洼处,或伐区为坡地时,将枝杈截断散铺于地面,有条件者可将枝杈运出利用。此外,林地还覆盖着较厚的枯枝落叶层,同样也阻碍着更新的顺利进行。促进更新采用整地的办法,通常有两种:一是人力或机械整地,二是火烧整地。火烧整地一般结合清理迹地,火烧枝杈堆,这种办法通常也能取得良好效果。但火烧整地如技术不当或控制不严,都会导致严重后果,必须经小范围试验取得经验后,才可在大范围中应用。

c. 保留前更幼树：成熟林的林冠下，常有较多的幼树。采伐之后保留下来的前更幼树，由于得到充足光照，生长良好。因此保存幼树是一项重要更新措施。如东北地区的落叶松和樟子松都是喜光树种，皆伐后幼树得到解放，生长加快，平均年生长量比林冠下提高2~4倍。这不仅可保证天然更新获得成功，而且可以大大缩短森林培育期。大兴安岭地区把这种皆伐上层林木、保留前更幼树获得更新的办法，称为保幼皆伐法。

d. 补植与补播：当更新效果不理想时，即单位面积上的幼树株数太少或分布不均时，应采用人工促进天然更新措施，及时进行补植与补播，使之达到更新要求的密度，促使尽快郁闭成林。

(2) 人工更新

如果树种天然更新能力弱或林分需要更换树种，则应实行人工更新。

人工更新通常采用的方法有：植苗更新和直播更新。通常比较稳妥和最常用的是植苗更新。植苗更新具有节省种子，保存率高，幼林郁闭早，抚育管理较容易，且成林、成材较快等优点。中国南方杉木林早在800多年前就有皆伐后人工更新的记载：种植在山区的杉木林，当采伐之后的第二年，放火烧山，用牛耕犁土壤，将烧成的草木灰翻入土内，增进土壤的肥力，然后进行插条造林。

保障人工更新成功的措施包括：

①皆伐迹地的更新应充分利用新迹地杂草、灌丛较少和土壤疏松的条件，及时采用人工更新，最好当年采伐当年更新，最迟应在第二年更新。

②采用人工更新必须根据立地条件类型、树种特性，要做到"适地适树"，以确保成活、成林、成材。人工更新树种的选择，应根据需要，根据立地条件及树种习性确定。一块迹地由于造林技术不当，连续植苗3~4年仍未成活的事例经常发生。过去出现一些更新失败的事例，其中有相当一部分是没有根据采伐迹地的土壤、气候等条件选择更新树种，例如，将不耐旱的树种栽植在干燥的山脊上，将要求空气湿度大的树种栽在空气湿度低的地区。

③人工更新要把握好更新季节。在北方林区，绝大部分地区适于春季更新。春季更新宜早不宜迟，因为北方地区春季，气温上升快，苗木发芽迅速，需水量骤增，一定要尽快在解冻时的最短期内更新，做到顶浆栽植（即当土壤化冻到15~20 cm栽植），稍一拖延就会降低成活率。在南方林区虽然更新基本不受季节限制，也要根据温度、降水等气象条件选择适宜时间，如在降水前栽植成活率一般比较高。

④人工更新在栽苗顺序上要做到"五先五后"：先沟外后沟内，先栽已整地后栽现整地，先阳坡后阴坡，先栽萌动早的树种后栽萌动晚的树种，先小苗后大苗的办法。

⑤人工更新应注意培植针阔混交林。纯林容易发生病虫害。针叶纯林发生森林火灾的可能性大，并且发生森林火灾后扑灭的难度大。有报道针叶纯林还容易使土壤恶化、肥力衰退。在我国东北的寒温带针叶林区，更新的树种一般以落叶松、红松、樟子松、油松、云杉等针叶树为主，以水曲柳、黄波罗、核桃楸等硬阔叶贵重树种为辅。在南方林区，更新的树种针叶树有马尾松、黄山松等，阔叶树有栎、樟树等。混交方式宜采用块状或带状混交较为方便，多样树种成块或成带混植不仅提高了抗御病虫害的能力，还能出产多样的木材，而且提供了各种野生动物的栖息条件。

5.1.3 森林皆伐更新的优缺点

5.1.3.1 森林皆伐更新的优点

①皆伐作业在时间上和空间上都很集中，适于机械化作业，节省人力、财力，降低生产成本。

②皆伐不需要像渐伐和择伐那样进行选择采伐木和确定采伐强度等复杂的工作，而是一次将伐区上的林木伐光，是三种主伐更新方式中最简便易行的一种。并且伐木和集材、运材比较便利，不考虑损伤幼树。

③皆伐更新期短，在多数情况下形成同龄林，且林相比较整齐，树木干形圆满，木材的材质较高。

④皆伐改变了迹地光照条件，有利于休眠芽萌发和不定芽形成，宜于进行萌芽和根蘖更新。

⑤皆伐便于林分改造和引进新树种。北方的落叶松人工林、南方的杉木人工林宜于采用皆伐方法，伐后可更换新品种。

⑥速生丰产林普遍适宜采用皆伐更新。

5.1.3.2 森林皆伐更新的缺点

①皆伐后迹地小气候条件发生显著变化，尤其是温度变幅增大，增加了幼苗、幼树遭受日灼和霜冻危害的可能性。

②皆伐不利于保持水土，伐后能降低森林涵养水源能力。

③皆伐更新后林相单调，从风景美化角度看，比其他采伐方式显得逊色。

④不宜于耐阴树种林分、异龄林、混交林采用。

⑤一次将林木伐尽或几乎伐尽，干扰了森林群落的生态平衡，影响了野生动物的栖息和野生植物的繁衍，不利于生物多样性保护。

任务实施

5.1.4 森林皆伐更新伐区宽度、伐区方向和采伐方向的确定

5.1.4.1 实施过程

(1) 观察地形，确定皆伐类型

地形平坦、整齐，或坡度平缓，宜采用带状皆伐；地形不整齐或不同年龄的林分成片状混交，宜采用块状皆伐。将确定结果填入森林主伐更新设计表。

(2) 确定更新类型

如果林分的主要树种是适地适树的优良树种，可确定采用天然下种更新；如果需更换

树种，可确定采用人工更新。

（3）测成熟树木平均高，采集树种并观察检验种子的飞行能力

种子小而轻且具飞行构造，成熟树木较高，带状皆伐伐区宽度可设计为 50~100 m，块状皆伐伐区的面积可适当大些；如种子较大或无飞行构造，成熟树木较低，带状皆伐伐区宽度可设计为 25~50 m，块状皆伐伐区面积可适当小些。另外设计伐区宽度时要考虑伐区面积因素。我国采用的皆伐，伐区面积一般不超过 5 hm^2。将伐区宽度、长度、面积填入森林主伐更新设计表。

（4）确定伐区方向和采伐方向

用指南针判定方向，查当地种子飞散期主风方向，设计带状皆伐伐区方向与采伐方向。为了使伐区能获得充分的种子，及避免幼苗、幼树受风的危害，伐区方向应与采伐方向互相垂直，并且采伐方向与主风方向相反。将该设计标在林地地形图上、填入森林主伐更新设计表。

（5）调整伐区方向和采伐方向

设计带状皆伐伐区方向与采伐方向时，还应参考当地自然条件及利于采伐作业等，权衡利益关系与利益程度进行适当调整：当旱风侵袭成为森林更新的障碍时，则伐区方向应与旱风方向垂直，且采伐方向与害风方向相反；如该地经常干旱，为了使伐区免受强烈日光的照射，伐区方向可为东西向，采伐方向则为自北向南；在冷湿地区，为使伐区尽可能多地接受阳光，伐区方向可为南北向；在山区，可根据水土保持、利于采伐作业、利于种子散播的多方面要求，可将伐区分别设计为横山带、顺山带、斜山带；为便于采伐作业，伐区方向可考虑与林道相垂直，这样既方便搬运木材，且搬运木材时不必通过其他林地或已更新的幼林地，既可保护林地、保护幼树，又可提高效益。将调整情况填入森林主伐更新设计表。

（6）归纳总结

实习时要边观察、边测量、边讨论、边记录。

5.1.4.2 成果提交

每人交一份皆伐伐区宽度、伐区方向、采伐方向的设计方案。要求技术要点写清楚，理论依据写明白，文图并茂。

5.1.5 森林皆伐更新作业

5.1.5.1 实施过程

（1）准备工作

① 业务培训、人员组织。根据学生业务水平和身体素质，合理调配实训小组人员组成，每组 4~5 个人，选出 1 人任小组长，组内人员进行合理分工，制定工作计划。每班配备 1~2 名实训指导教师，进行实训动员和业务培训。

② 收集资料。调查前应以组为单位收集各类资料：1∶10 000 的地形图（森林资源调查

成果地形图)和林业基本图、山林定权图册、伐区采伐规划图、森林总采伐量计划指标、年度资源消耗计划、伐区森林资源调查簿、森林资源建档变化登记表、森林采伐规划一览表、伐区调查设计记录用表、测树数表(二元材积表、直径—圆面积表、立木材种出材率表)、采伐作业定额参考表,各项工资标准、森林采伐作业规程等有关技术规程和管理办法等;作业区的气象、水文、土壤、植被等资料;作业区的劳力、土地、人口居民分布、交通运输情况、农林业生产情况等资料。

③准备主伐作业设计内外业用表。以组为单位准备罗盘仪导线测量记录表、土壤调查记录表、植被调查记录表、全林、标准带每木调查记录表、树高测定记录表等作业调查记录表;以个人为单位准备标准地(带)调查计算过渡表、伐区调查设计书、皆伐伐区调查设计汇总表、伐区调查每木检尺登记表、林木每公顷蓄积量和出材量统计表、采伐林分变化情况表、准备作业工程设计卡、小组调查和工艺(作业)设计卡等内业计算、设计表。

④选择主伐实验林。选择集中或分散的皆伐更新成熟林面积在 9 hm^2 以上的林分(能容纳 40~50 人活动),每个小组负责 1~3 个小班的伐区调查和设计。

(2)伐区调查外业工作

①现场调查。首先对所调查的伐区进行现场踏查,根据实习地区已有的地形图或林相图,将伐区的境界初步地勾绘出来,让同学明确伐区范围、边界;核对林况、地况和森林资源,进行林分因子、森林蓄积量和材种出材量、伐前更新、林地状况、土壤、植被、采伐剩余物等调查;并指导学生初步明确作业区、楞场、工棚、房舍等位置、集材与运材路线,制定实施采伐作业设计技术方案和工作计划。

伐区形状:观察作业地点的伐区形状,确定该作业区属于块状皆伐,还是带状皆伐。

伐区方向和采伐方向:通过查询气象资料或访问群众,了解当地的主风方向;分析该地的伐区方向和采伐方向的设置是否有利于森林更新、水土保持和采伐作业。

邻近伐区采伐间隔期:访问林场技术干部,了解预先规划的采伐间隔期,判断设计的合理性。

伐区排列方式:通过访问技术干部,了解该林场计划实话皆伐作业的地域、该伐区的配置及采伐顺序间隔排列还是作连续排列,并分析这两种排列方式的利弊和实施要点。

②伐区面积调查。可采用罗盘仪实测或地形图实地调绘的办法,有条件的可采用 GPS 进行测量。

罗盘仪实测:适用自然地形不明显(主要指坡度平缓,或坡面较大且坡度一致)或面积较小的作业小班。在通视条件较好的地区,可沿小班界线进行闭合导线测量;在通视条件较差的地区,可采用折线测量的方法沿道路等可通视的线路测量小班控制点,测定小班控制点后计算各点坐标,用 GPS 平台绘制小班图形和计算小班面积。

1:10 000 地形图调绘:自然地形明显或面积较大的作业小班,采用 1:10 000 比例尺的地形图实地调绘小班范围,按照最近森林资源规划设计调查区划的小班、作业小班调绘,如小班界线一致,则不须重新勾绘;若小班界线图上最大偏差超过 2 mm 或由于小班地类变化而不能满足伐区调查设计时,则应重新勾绘。小班界线勾绘图上最大允许误差为

2 mm，小班面积调查精度要求达95%以上。小班面积求算可采用求积仪法、网格法（面积求算两次，其差值：5 hm² 以上的不超过 1/50，5 hm² 以下的不超过 0.1 hm²，符合精度要求后，可取两次平均值，否则应再次量算）或 GIS 技术。

GPS 绕测法：适用地形比较开阔、卫星信号较强、沿小班界线可以通行的小班。进行面积调查时，采用手持 GPS，打开面积测算模块，沿小班周界绕走一圈即可得到小班面积。或者测定小班界线的拐点处经纬度值，以各拐点经纬度为坐标，通过计算机即可准确勾绘小班界线和计算其面积。

③小班蓄积量调查。蓄积量调查以作业小班为单位，可采用全林调查法、标准地调查法。小班蓄积量调查精度达90%以上。

全林调查法：适用于面积较小和林相变化大的作业小班。即对小班内所有的采伐木，测定每株树木的胸径、材质等级，按径阶进行记录统计，并进行汇总计算小班蓄积量。每木检尺按林层、树种和径级分别进行，不能重测或漏测，因此必须按一定顺序进行。一般采用"之"字形从左到右，从上到下进行，并把检尺结果用"正"字法记录在伐区调查每木检尺登记表中。胸径测量精度要求：胸径大于或等于 20 cm 的树木，测定误差不大于2%，胸径小于 20 cm 的树木其测定误差不大于 0.5 cm。每个小班胸径测定误差超出允许误差的株数不能大于检尺木总株数的 5%。胸径单位为厘米（cm），小数点后保留一位。树高测量，每个径阶测选测 1~3 株树高。树高测量误差应不大于 5%，每个小班树高测定误差超出允许误差的株数不能大于树高测量树木总株数的 5%。树高单位为米（m），小数点后保留一位。

标准地调查法：适用于林木分布均匀，林相整齐、面积较大的同龄林。当林相变化不大时，标准地可设置为面积不小于 400 m² 的块状标准地。块状标准地应按小班均匀设置在各典型地段。当林相变化较大时，标准地可设置为带宽不小于 6 m、长度不小于 70 m 的带状标准地。主伐调查的标准地面积要求：天然林不少于小班面积的 5%，人工林不少于小班面积的 3%。

标准地测量一般采用罗盘仪定向、测量角度，用皮尺或测绳量距。坡度大于 5°时，应将斜距改算成水平距。标准地周界测量闭合差不超过 1/200。带标准地设置应考虑样带经过该小班有代表性地段，一般宜从下坡向上坡呈对角线向上延伸，采用罗盘仪定向，测绳（或皮尺）量距，以测绳为中线，两侧各 3~5 m 宽，边界不用伐开，用尺杆控制宽度即可，但标准地的起点和终点要设立标记，便于查找。

对于皆伐作业的小班，标准地的调查按照全林调查方法对标准地内的林木每木检尺，按径阶、材质等级分类登记，测定各径阶平均高。按树高直径二元立木材积表和出材率计算标准地蓄积量和出材量，以推算小班蓄积量及出材量。

④采伐木标号。对周界木和保留木进行标号。

⑤其他因子调查。天然更新调查：在森林蓄积量调查的同时，调查森林采伐前天然幼苗和幼树情况。进行森林更新调查时，设置样方进行调查，分幼苗、幼树计数，统计后按"幼树天然更新等级评定标准"评定更新等级（表5-2），作为设计更新措施的依据。

表 5-2　幼树天然更新评定标准表

等级评定	每公顷幼树数量（株）	幼树树高				频度(%)
		≤30 cm	31~50 cm	≥51 cm	不分树高组	
良好		≥5001	≥3001	≥2501	≥4001	≥80
中等		3001~5000	1001~3000	501~2500	2001~4000	51~79
不良		≤3000	≤1000	≤500	≤2000	≤50

伐区剩余物调查：可在调查林木蓄积量时，选取样木进行实地造材，以测算各种剩余物的数量。条件不允许的地区，可以借用条件相似的其他单位的有关数据进行推算。

林况其他因子调查：与蓄积量调查一并进行。伐区林况因子调查包括林分类型、起源、林层、树种组成、林龄或龄组、平均直径、平均树高、郁闭度、树冠幅、蓄积量、出材量、生长量等项目，其中各项林况因子调查的方法，除有明确要求外，其余参照森林资源规划设计调查方法。

⑥伐区现场照相。伐区整体林分现状照片 2~3 张，标准地照片 2~3 张（全林调查时为伐区内部林分现状照片）。

(3) 内业工作

①计算小班面积。

②计算标准地和小班平均胸径。

标准地平均胸径：以每木检尺的结果为基础，计算方法有径阶加权法和断面积法两种。径阶加权法是将测量得到的各径阶值与株数的乘积相加，用总株数来除，所得商数即为平均胸径。断面积法是根据每木检尺得到的株数和断面积，计算出检尺木的平均断面积，再根据断面积推算树木直径。在实际工作中，常采用断面积法进行求算。按下式计算标准地平均断面积：

$$\overline{D} = \sqrt{\frac{\sum n_i d_i^2}{\sum n_i}} \tag{5-1}$$

小班平均胸径：将所有标准地按径阶-株数整理后用断面积法计算。

③计算平均树高。根据每木检尺调查表，以实测各径阶平均高和平均胸径，采用手描法或通过建立数学模型绘制用树高-胸径曲线图，然后从树高曲线图上查取各径阶树高和标准地平均树高。

④计算采伐量。

全林实测法：按各树种径阶和径阶平均树高，查各省、自治区、直辖市的《二元立木材积表》，得各树种径阶单株材积，然后计算小班总蓄积量和采伐蓄积量。其中：

$$小班总蓄积量 = \sum 各径阶检尺株数 \times 径阶单株材积 \tag{5-2}$$

$$小班采伐木蓄积量 = \sum 采伐林木各径阶检尺株数 \times 径阶单株材积 \tag{5-3}$$

皆伐小班的蓄积量即为小班的采伐量。

标准地调查法：按径阶查立木材积表各径阶单株木材积，然后计算标准地蓄积、采伐蓄积量，再根据标准地蓄积量推算小班蓄积量。其中：

$$标准地总蓄积量 = \sum 各径阶的检尺株数 \times 径阶单株材积 \quad (5\text{-}4)$$

$$标准地采伐木蓄积量 = \sum 采伐木各径阶的检尺株数 \times 径阶单株材积 \quad (5\text{-}5)$$

$$小班总蓄积量 = 标准地单位面积蓄积量 \times 小班面积 \quad (5\text{-}6)$$

$$小班采伐木蓄积量 = 标准地单位面积采伐木蓄积量 \times 小班面积 \quad (5\text{-}7)$$

⑤计算出材量。应分别树种,由出材量计算基础单位(径阶),综合或折算为伐区总出材量。

全林实测法:

$$小班出材量 = \sum 采伐木各径阶用材树蓄积量 \times 径阶经济材出材率 +$$
$$\sum 采伐林木各径阶半用材树蓄积量 \times 径阶经济材出材率 \times 50\% \quad (5\text{-}8)$$

标准地调查法:

$$标准地出材量 = \sum 采伐木各径阶用材树蓄积量 \times 径阶经济材出材率 +$$
$$\sum 采伐木各径阶半用材树蓄积量 \times 径阶经济材出材率 \times 50\% \quad (5\text{-}9)$$

$$小班出材量 = 标准地单位面积出材量 \times 小班面积 \quad (5\text{-}10)$$

各树种材种出材量测算精度要求:在蓄积量测定精度基础上不得有误;设计的总出材量经过合理造材检验,精度应高于90%;分项出材量不低于85%。

⑥森林更新设计:执行《森林采伐作业规程》(LY/T 1646—2005)、《造林技术规程》(GB/T 15776—2016)进行森林更新设计。科学确定更新方式、更新树种、造林密度、造林类型。

a. 确定更新顺序、更新方式及比重:皆伐的林地视伐区更新调查的幼苗幼树状况而具体确定:林地有均匀分布目的幼树,每公顷3000株以上,采伐后未炼山,能保证更新成功的,可采用天然更新;林地均匀分布目的幼树,每公顷1500株以上,或在疏林地采伐迹地上,每公顷生长有健壮的目的幼树1200株以上,分布均匀,通过抚育等人为措施有希望成林的,可采用人工促进天然更新;达不到人工促进天然更新的,可采用人工更新。

b. 确定更新树种:根据国民经济发展和社会生态效益等需要,结合立地环境条件设计适宜的树种。

c. 造林密度和造林类型设计:造林密度设计原则:用材林在造林后较短时间内都郁闭成林。根据立地条件、经营目的,进行合适的造林类型设计。

d. 按不同更新方式,确定主要技术措施:当采取人工更新方式时,应设计造林树种的的比重、整地时间、方式和规格、造林密度、配置及株行距、造林方法和季节、幼林抚育管理措施、种苗需要量和工作量等。当采取人工促进天然更新方式时,应设计人工促进更新的措施(如松土、除草、割灌、补播、补植等)、抚育管理措施、种苗需要量和工作量。当采取天然更新方式时,应设计保证天然下种或萌芽的措施和抚育措施等。

e. 确定人工更新的更新年限,计算平均年度更新工作量。

f. 确定更新的劳动组织、机械类型和数量。

g. 计算投资和单位成本。

(4)编制森林皆伐更新作业设计成果

①编写皆伐伐区调查设计说明书。说明书的主要内容包括:前言(介绍采伐小班位置、

调查设计内容、调查设计人员组织、调查时间安排等)、调查设计的依据、伐区概况、调查设计要点(调查内容、调查设计方法)、调查结果、伐区生产工艺设计(伐区设计方式、伐区生产工艺设计)、更新设计、采伐效益估算、对施工单位的要求等。

②编制皆伐伐区调查设计表。各省、区根据森林资源状况和对设计要求的不同,编制了不同的调查设计表,但总的内容是相似的。如皆伐伐区调查设计汇总表、伐区调查每木检尺登记表、林木每公顷蓄积量和出材量统计表、人工更新一览表、人工促进天然更新一览表、种苗需要量表等(表5-3至表5-16)。

③皆伐伐区调查设计相关材料。包括:申请单位或个人的营业执照或身份证复印件;林木所有权证明;伐区界线确认书;县级人民政府或县级林业行政主管部门规定的其他材料。

④制作皆伐伐区调查设计附图。包括:皆伐伐区在县域内的位置示意图、皆伐伐区调查设计图(应标明伐区位置、四至界线,用表格形式表注林班号、小班号、采伐树种、林龄、采伐面积、采伐蓄积、出材量等内容。采用罗盘仪实测面积时用大于1:5000比例尺的底图;采用1:10 000比例尺地形图调绘面积的,要将有关部分描绘或剪接成图;采用GPS测定面积的,要使用GPS技术在大于1:10 000比例尺的地形图上绘制伐区调查设计图)、伐区现状图(伐区现场照片:伐区整体林分现状照片2~3张,标准地照片2~3张,全林调查时为伐区内部林分现状照片)。

(5)归纳总结

认真按照技术标准和调查方法规定,对调查设计说明书及图表进行认真计算、记载和核校,消除差、错、漏项现象。

5.1.5.2 成果提交

每人应交出一份完整的森林皆伐更新作业设计成果,包括标准地调查材料、作业设计表、图面材料、附件和设计说明书等部分,文、表、图清楚,装订顺序符合规范要求。

表5-3 罗盘仪导线测量记录表

工区:　　　　林班:　　　　小班:　　　　　　　　　年　月　日

测站	测点	前视方位角	后视方位角	平均方位角	倾斜角	距离(m)			备注
						斜距	平距	平均平距	

观测者:　　　　　　　　　量距者:　　　　　　　　　记录者:

表 5-4　标准地测量记录表

标准地号			标准地面积	
标准地所在地				
标准地测量记录				
测　站	方位角	倾斜角	斜　距	平　距
闭合差			精　度	

标准地草图

北
↑

调查者：　　　　　　　检查者：　　　　　　　调查日期：　　　　　年　　月　　日

表 5-5　林分因子调查记录表

剖面号_____　地类_____　剖面位置_____
部位及特征_____
群丛名称_____　总覆盖度_____
土壤名称_____　土层厚度_____
母质母岩_____

土壤调查	层次	深度(cm)	湿度	颜色	质地	结构	紧实度	植物根	层次过渡情况	新生体	侵入体

幼树	
下木	
地被物	

地形地势	地貌类型	海拔	坡向	坡位	坡度

林分特点	

调查者：　　　　　　　检查者：　　　　　　　调查日期：　　　　　年　　月　　日

表 5-6　伐区调查每木检尺登记表

_____县(林场)林场_____乡(分场)_____村(林站)_____林班_____小班_____作业小班，面积_____。
(一)小班因子调查：林种_____，优势树种_____，起源_____，林龄_____，郁闭度_____，采伐方式_____，采伐次数_____，平均冠幅_____，散生木数_____，散生木蓄积量_____，天然更新等级_____，更新方式_____，更新树种_____，更新时间_____。
(二)标准地林木检尺登记：标准地号_____，标准地面积_____。

树种	径阶	检尺木类型	株数划计			株数合计	实测						平均	
			用材	半用材	薪材		1		2		3		胸径	树高
							胸径	树高	胸径	树高	胸径	树高		
	合计	保留木												
		采伐木												

调查员　　　　　　　　　　　　　　　　　　　　　　　　　　年　月　日

表 5-7　平均胸径计算表

径阶	株数	断面积(m²)	断面积合计(m²)	计算结果
				$\bar{g} = \dfrac{G}{N}$
				$D_g = \sqrt{\dfrac{4}{\pi}\bar{g}}$
				或　$D_g = \sqrt{\dfrac{\sum n_i \cdot d_i^2}{\sum n_i}} = \sqrt{\dfrac{\sum n_i d_i^2}{N}}$
总计				

表 5-8　树高曲线图

各径阶平均树高(曲线值)	
径阶	径阶平均高

表 5-9　林木每公顷蓄积量和出材量统计表

_____县(林场)林场_____乡(分场)_____村(站)_____林班_____小班,标准号_____,标准地面积_____。

树种	径阶	检尺木类型	平均		检尺株数				蓄积量				出材率（%）	出材量
			胸径	树高	合计	用材树	半用材树	薪材树	合计	用材树	半用材树	薪材树		
	合计	保留												
		采伐												
	公顷	保留												
		采伐												

统计员：　　　　　　　　　　　　　审核人：　　　　　　　　　　　　年　月　日

表 5-10　皆伐伐区调查设计汇总表

县(林场):

乡（分场）	村（林站）	林班	小班	林种	树种	起源	林龄(a)	郁闭度	平均		天然更新等级	公顷蓄积(m³)	采伐				迹地更新		
									直径(cm)	树高(m)			面积(hm²)	株数(株)	蓄积(m³)	出材(m³)	方式	树种	时间
合计																			

统计员：　　　　　　　　　　　　　　　　　　　　　　　　　　　年　月　日

注：1. 本表用于每次伐区调查设计结果的统计汇总，也可作为申请采伐的统计报表。
　　2. 采伐面积和采伐株数可根据实际情况任意选填一项。

表 5-11　人工更新一览表

林班	土地种类	播种造林				播种造林				执行情况
小班		主要树种	整地面积			主要树种	整地面积			
			机械	畜力	人力		机械	畜力	人力	

表 5-12　人工促进天然更新一览表

林班 小班	土地种类	优势树种	人工促进措施面积				整地方式	执行情况

表 5-13　种苗需要量表

林班号 小班号	小班面积（hm²）	作业种类	作业方式	造林或更新树种	种子需要量(kg)	苗木需要量(千株)	种苗规格

表 5-14　_____更新造林设计、投资概算表

| 乡 | 村 | 林班 | 小班 | 小班面积（hm²） | 更新造林设计 | | | | | | | 更新造林投资 | | | | | | |
					林种	树种	造林方式	整地方式	整地规格	株行距	公顷用种苗量	种苗等级	合计	林地清理费	整地费	种苗费	定植费	补植费	抚育费
合计																			

表 5-15　国有林木采伐申请审批表

申请采伐林木单位				林权证号	
申请单位			身份证号码		联系电话	
采伐	地点					
	采伐四至	东：	南：	西：	北：	
	GPS 定位					
	面积		起源		森林类别	二级林种
	树种		林龄		蓄积或株数	出材量
	采伐		采伐	主伐	采伐方式	采伐强度
	期限	年　月　日至　年　月　日				
更新	树种		面积或株数		方式	完成时间 年 月

(续)

负责伐区调查设计单位意见		单位(章)　　　　签名：　　　　　　年　月　日
申请采伐林木单位意见		单位(章)　　　　签名：　　　　　　年　月　日
核发林木采伐许可证单位意见	林政资源管理机构意见	经公示无异议。根据来林政字【　　】号文件和伐区调查设计说明书,该地方符合林木采伐条件。拟同意申请办理林木采伐许可证,呈领导审批。 单位(章)　　　　签名：　　　　　　年　月　日
	领导审批	单位(章)　　　　签名：　　　　　　年　月　日

表 5-16　集体(个人)林木采伐申请审批表

申请采伐林木单位或个人				联系人			
联系电话			林权证号	县级政府规定的权属证明材料		林木所有权证明	
采伐	地点						
	采伐四至	东:　　　南:　　　西:　　　北:					
	面积			起源			
	森林类别			二级林种			
	树种		林龄(年)	蓄积或株数		出材量	
	采伐用途	商品	采伐类型	主伐	采伐方式	皆伐	采伐强度(%)	
	期限	年　月　日　至　　年　月　日					
更新	树种		面积或株数	方式		完成时间	
负责伐区调查设计单位意见		落在商品林区(非抵押贷款林地),经伐区调查设计,该伐区林木符合采伐条件,同意呈报县林业局审批。 单位(章)　　　　签名：　　　　　　年　月　日					

(续)

乡镇林业站意见		单位(章)	签名：	年 月 日
核发林木采伐许可证单位意见	林政资源管理机构意见	经公示无异议。根据来林政字　　号文件和伐区调查设计说明书，该地方符合林木采伐条件。拟同意申请办理林木采伐许可证，呈领导审批。		
		单位(章)	签名：	年 月 日
	领导审批	单位(章)	签名：	年 月 日

附：

伐区界线确认书

　　＊＊伐区位于＊＊村＊＊林班＊＊小班境内，小地名为＊＊。其中＊＊林班＊＊小班：东至路、南至路、西至路、北至水沟。＊＊林班＊＊小班：东至山沟、南至＊＊，西至路、北至路。＊＊林班＊＊小班：东至＊＊林地、南至灌木林地，西至灌木林地、北至灌木林地。

业主签名：
调查设计负责人签名：
年　　月　　日

林木所有权证明

＊＊林业局：

　　＊＊申请的采伐地点位于＊＊林班＊＊1小班，总面积为＊＊公顷，树种为＊＊，林种为①(1商品林√、2生态公益林、3退耕还林、4残次林)林龄为＊＊年，系①(1村集体分给的责任承包山；2②　　　于20　年承包我村的林地；3②　　　于20　年承包我村的林地转让给　　的流转林地)，目前尚未办理林权证，但权属清楚，没有纠纷。

　　特此证明

村民小组长：(签字)
年　　月　　日

村民委负责人：(签字)
年　　月　　日

　　填写说明：①只需在所对应的数字上面打钩，②填写林木所有权姓名或者是承包方姓名及其承包时期。

> **委托书**
>
> 根据《广西壮族自治区伐区调查设计技术规程》要求和上级下达木材生产计划，本人有林地面积＊＊hm²，地点位于＊＊林班＊＊小班内，申请进行速生桉全伐。特委托＊＊计队对该伐区进行伐区调查设计。并在领取设计成果时缴纳设计费。非设计原因造成无法采伐的，设计费不再退还。设计费按马尾松、杉15元/m³；桉、湿地松10元/m³缴纳。
>
> 委托人：
>
> 年 月 日

拓展知识

现代主流森林经营模式

森林多效益主导利用模式—分类经营：以新西兰、澳大利亚、法国等为代表。该经营模式是以国家森林分类的尺度，对全国的森林进行宏观的战略性经营管理。新西兰和澳大利亚大力发展人工林，进行集约经营，充分发挥其经济效益，兼顾生态效益和社会效益的发挥；同时注重保护和发展天然林，充分发挥其生态效益和社会效益，兼顾其经济效益。法国则是采取将国有林划分为三大模块的经营模式：木材培育林、公益森林和多功能森林。我国实行的分类经营，是将森林分为商品林与公益林的"二分法"。

（1）森林多效益一体化经营模式—近自然经营

德国是主推森林三大效益一体化模式的代表国家，强调生态造林，遵循适地适树的原则，大力开展乡土树种造林。其近自然林要求混交、持续、与环境相适应，造林密度因地制宜；目标树经营是其主要特征，围绕目标树提高经营作业效益；严格控制采伐量，不超过生长量的70%，皆伐作业面积不能大于2 hm²，带宽不能大于50 m，带长不能大于600 m；要求伐后及时更新，在天然更新不足的情况下，采取人工促进天然更新或人工更新。

（2）森林生态系统经营模式

森林生态系统经营模式以美国为代表的国家所实行的一种经营模式，是在景观水平上维持森林全部价值和功能的战略。生态系统经营是一个复杂的动态概念，难以用明确而简洁的定义描述，以至于在这个概念提出后的很长一段时期内，以务实为特征的欧洲近自然森林经营学术界对此未作出太多响应。目前，关于生态系统经营的实证研究多数是从群落演替或景观恢复措施上进行，缺乏大范围森林经营实例，这也是生态系统经营存在的问题和面临的批评，即在对生态系统整体运行机制和经营结果缺乏充分认识的情况下，要在大范围内按生态系统经营概念设计和实施森林经营，显然是不理智的，因此，人们又提出了"适应性经营"，认为它是实现生态系统经营的一条途径，可在执行生态系统经营计划的过程中及时发现问题，并提出相应的改进方法。

巩固训练

小面积皆伐(简易皆伐伐区)调查设计

在广西,皆伐林木连片面积 3 hm² 以下,工业原料林中的速生桉、速生相思、大叶栎连片 7 hm² 以下的伐区;非林地上的伐区,进行简易伐区调查设计。

(1)小面积皆伐工作方案

确定工作方案,内容包括任务范围、任务目标、工具材料、人员分工、技术培训、安全生产、外业调查、森林主伐作业等,做好主伐更新施工前的一系列准备工作,查阅资料,自主学习,针对某树种小面积皆伐制定全面周密的工作计划,并按照计划完成准备工作。确定符合主伐条件的小班,再进行外业实测和主伐更新措施设计,计算林分蓄积量、出材率和出材量,实施主伐更新作业。

(2)确定主伐更新对象

对于林分或优势树种(组)达到主伐年龄的单层同龄林采用全小班皆伐、块状皆伐或带状皆伐。在地形复杂坡度较大的山坡地,可设计不规则的伐区。在地形比较平坦的地段,根据小班面积与形状设计带状或块状伐区。采伐年龄执行《森林资源规划设计调查主要技术规定》。

(3)面积调查

伐区面积调查可采用罗盘仪实测或地形图实地调绘的办法,有条件的可采用 GPS 进行测量。

①罗盘仪实测。适用自然地形不明显(主要指坡度平缓,或坡面较大且坡度一致)或面积较小的作业小班。在通视条件较好的地区,可沿小班界线进行闭合导线测量;在通视条件较差的地区,可采用折线测量的方法沿道路等可通视的线路测量小班控制点,测定小班控制点后计算各点坐标,用 GPS 平台绘制小班图形和计算小班面积。

②1∶10 000 地形图调绘。自然地形明显或面积较大的作业小班,采用 1∶10 000 比例尺的地形图实地调绘小班范围,按照最近森林资源规划设计调查区划的小班、作业小班调绘,如小班界线一致,则不须重新勾绘;若小班界线图上最大偏差超过 2 mm 或由于小班地类变化而不能满足伐区调查设计时,则应重新勾绘。小班界线勾绘图上最大允许误差为 2 mm,小班面积调查精度要求达 95% 以上。小班面积求算可采用求积仪法、网格法或 GIS 技术。

③GPS 绕测法。适用地形比较开阔、卫星信号较强、沿小班界线可以通行的小班。进行面积调查时,采用手持 GPS,打开面积测算模块,沿小班周界绕走一圈即可得到小班面积。或者测定小班界线的拐点处经纬度值,以各拐点经纬度为坐标,通过计算机即可准确勾绘小班界线和计算其面积。

(4)小班蓄积量调查

蓄积量调查以作业小班为单位,可采用全林调查法、标准地调查法。小班蓄积量调查精度达 90% 以上。

①全林调查法。适用于面积较小和林相变化大的作业小班。即对小班内所有的采伐木，测定每株树木的胸径、材质等级，按径阶进行记录统计，并进行汇总计算小班蓄积量。每木检尺按林层、树种和径级分别进行，不能重测或漏测，因此必须按一定顺序进行。一般采用"之"字形从左到右，从上到下进行，并把检尺结果用"正"字法记录在伐区调查每木检尺登记表中。胸径测量精度要求：胸径大于或等于 20 cm 的树木，测定误差不大于 2%，胸径小于 20 cm 的树木其测定误差不大于 0.5 cm。每个小班胸径测定误差超出允许误差的株数不能大于检尺木总株数的 5%。胸径单位为 cm，小数点后保留一位。

树高测量：每个径阶测选测 1~3 株树高。树高测量误差应不大于 5%，每个小班树高测定误差超出允许误差的株数不能大于树高测量树木总株数的 5%。树高单位为米(m)，小数点后保留一位。

②标准地调查法。适用于林木分布均匀，林相整齐、面积较大的同龄林。当林相变化不大时，标准地可设置为面积不小于 400 m² 的块状标准地，块状标准地应按小班均匀设置在各典型地段。当林相变化较大时，标准地可设置为带宽不小于 6 m、长度不小于 70 m 的带状标准地。主伐调查的标准地面积要求天然林不少于小班面积的 5%，人工林不少于小班面积的 3%。

标准地测量：一般采用罗盘仪定向，测量角度，用皮尺或测绳量距。坡度大于 5°时，应将斜距改算成水平距。标准地周界测量闭合差不超过 1/200。带标准地设置应考虑样带经过该小班有代表性地段，一般宜从下坡向上坡呈对角线向上延伸，采用罗盘仪定向，测绳(或皮尺)量距，以测绳为中线，两侧各 3~5 m 宽，边界不用伐开，用尺杆控制宽度即可，但标准地的起点和终点要设立标记，便于查找。

标准地的调查：对于皆伐作业的小班，在标准地内，按照全林调查方法，对标准地内的林木每木检尺，按径阶、材质等级分类登记，测定各径阶平均高。按树高直径二元立木材积表和出材率计算标准地蓄积量和出材量，以推算小班蓄积量及出材量。

(5) 其他因子调查

①天然更新调查。在森林蓄积量调查的同时，调查森林采伐前天然幼苗和幼树情况。

进行森林更新调查时，设置样方进行调查，分幼苗、幼树计数，统计后按"天然更新等级评定标准"评定更新等级，作为设计更新措施的依据。

②伐区剩余物调查。可在调查林木蓄积量时，选取样木进行实地造材，以测算各种剩余物的数量。条件不允许的地区，可以借用条件相似的其他单位的有关数据进行推算。

③林况其他因子调查。与蓄积量调查一并进行。伐区林况因子调查包括林分类型、起源、林层、树种组成、林龄或龄组、平均直径、平均树高、郁闭度、树冠幅、蓄积量、出材量、生长量等项目，其中各项林况因子调查的方法，除有明确要求外，其余参照森林资源规划设计调查方法。

(6) 伐区现场照相

伐区整体林分现状照片 2~3 张，标准地照片 2~3 张(全林调查时为伐区内部林分现状照片)。

(7) 内业计算

①计算小班面积。

②计算标准地和小班平均胸径。具体方法见 5.1.5 森林皆伐更新作业。

③计算平均树高。根据每木检尺调查表，以实测各径阶平均高和平均胸径，采用手描法或通过建立数学模型绘制用树高-胸径曲线图，然后从树高曲线图上查取各径阶树高和标准地平均树高。

④计算采伐量。方法具体见 5.1.5 森林皆伐更新作业。

⑤计算出材量。方法具体见 5.1.5 森林皆伐更新作业。

(8) 采伐工艺设计

要求做到定向伐木，保证安全，保护好母树、幼树、保留林分及珍稀树种，严格控制伐桩高度，树木伐桩高不得超过 10 cm。

(9) 选定集材方式

根据采伐单位生产技术水平和伐区实际特点选择适宜的集材方式，用一种集材方式不能完成集材作业时，可设计几种集材方式，进行接力式集材。集材方式分为：

机械集材：包括拖拉机集材、索道集材等。

自然力集材：包括滑道集材、水力集材等。

人力集材：包括人力板车集材、人力肩扛集材等。

(10) 道路、楞场和集材道的设计

根据伐区地形地势特点，设计必需的道路、集材道和楞场，道路以人行道或板车道为主，集材道应离开河道并尽量建在山脊上，楞场最大面积不超过 900 m^2。

(11) 伐区清理和恢复

①伐区清理。凡可制成长度 2 m、小头直径 6 cm 以上规格材的，木材宜全部运出利用，每公顷丢弃木材不得超过 0.1 m^3。对伐区残留物和造材剩余物要及时清理，能利用的枝杈及其他剩余物必须运离山场加以利用，不能利用的剩余物则根据伐区地形状况和更新要求选择归堆、归带、散铺、火烧等适宜方式进行清理。

②伐区恢复。对可能发生冲刷的集材道和容易出现水土流失的地段，要采取防护措施；不再利用的道路和临时性原木桥涵等，要予以关闭或拆除；楞场的木材剩余物必须清理干净，疏松土壤以恢复地力。

(12) 更新造林设计

根据现有林木生长状况，规划伐后更新树种、更新方式、更新时间及更新造林技术。更新造林技术按相关树种造林技术标准执行，做到适地适树、细致整地、精心栽植、适时抚育。

(13) 成果编制和提交

每人提交一份简易皆伐伐区调查设计成果。成果材料包括：

①简易伐区调查设计表见表 5-17。

②皆伐伐区调查设计表包括伐区调查每木检尺登记表（表 5-6）、林木每公顷蓄积量和出材量统计表等表（表 5-9）、皆伐伐区调查设计汇总表（表 5-10）。

表 5-17 简易伐区调查设计表

设计编号：

调查人员：				设计人员：		
伐区调查							

县(市、国有林场)：		乡镇(分场)：	村(工区)：	林班：	小班：
小地名：		伐区四至　东至：	西至：	南至：	北至：
林木所有者姓名：		单位：			
面积：　　hm²	地类：	权属：	坡向：	坡度：　°	坡位：
海拔：　　m	母岩：	土壤：	土层厚：　cm	森林类别：	
二级林种：	公益林保护等级：		林龄：	龄组：	郁闭度：
起源：	树种：	平均胸径：　cm	平均高：　m	每公顷蓄积量：　m³	
每公顷株数：　　株		伐区蓄积量：　m³	伐区株数：　　株		

采伐设计				
采伐类型：	采伐方式：		采伐强度：　%	
采伐面积：　hm²	采伐蓄积：　m³	规格材出材量：　m³	非规格材：　m³	出材率：　%
伐后每公顷保留木：　　株			伐后保留郁闭度：	
采伐时间：		伐木方法：	集材方式：	

更新设计			
更新时间：		更新面积：　hm²	更新树种：
更新方式：		整地方式：	整地规格：　cm
造林密度：　　株/hm²		株行距：	苗木规格：	用苗量：
抚育措施：		更新责任人：	
其他说明：			

③简易伐区调查设计附图。包括：皆伐伐区在县域内的位置示意图；伐区调查设计图，应标明伐区位置、四至界线，用表格形式表注林班号、小班号、采伐树种、林龄、采伐面积、采伐蓄积、出材量等内容。采用罗盘仪实测面积时用大于 1∶5000 比例尺的底图；采用 1∶10 000 比例尺地形图调绘面积的，要将有关部分描绘或剪接成图；采用 GPS 测定面积的，要使用 GPS 技术在大于 1∶10 000 比例尺的地形图上绘制伐区调查设计图；伐区现场照片：伐区整体林分现状照片 2~3 张，标准地照片 2~3 张(全林调查时为伐区内部林分现状照片)。

(14) 皆伐施工

①确定伐木作业顺序。在伐木作业开始之前，首先要确定伐木作业的顺序。从便于集材的方面考虑，一般应从靠近装车场一边开始，由近及远采伐。对于一个采伐号来讲，首先采伐集采道上的树木，然后采伐集材道两侧的树木，最后采伐"丁字树"。在采伐集材道两侧的树木时，在集材道的两边，每隔十几米远留一棵生长健壮的采伐木作为"丁字树"，

用来控制集材道的宽度不再扩大，特别是在集材道的拐弯处，更应保留"丁字树"。在伐木过程中，还要根据树木的生长状态和树木之间相互影响的情况来确定采伐顺序。一般来讲，在眼前的一些树木，应当先采前边，再采后边的。但如果好树病腐树并存、大树小树相间，则应该先采伐病腐树，后伐健壮树；先采小树，后采大树。在伐区里由于林木茂密，时常出现树木搭挂现象，为了杜绝这一现象的出现，伐木时，首先要采伐造成树木搭挂的那棵"迎门树"。当遇到个别树木倾斜方向与周围其他树木相反，而且又不能使他按照大部分树木的倾向伐倒时，为了避免先伐这棵树，树冠倒在其他树木下面，影响其他树木的采伐，则应以这棵树为中心，以它的树高为半径，先采伐这个距离范围内的树木，再采伐这棵树。

②选择树倒方向。正确选择树倒方向有利于安全生产，提高劳动生产率，减少木材损伤，有利于打枝、集材等生产工序的顺利进行，还能防止砸伤母树和幼树，有利于森林更新。一般情况下，伐倒木总的树倒方向是根据集材方式来确定的。当使用拖拉机、牲畜集材时，为了减少绞集或装卸的障碍，应使集材道上的树木沿着集材道方向伐倒；集材道两侧的树木，则要求和集材道成 30°~45°角按"人字形"（小头朝前）或"八字形"（大头朝前）。伐倒木的大小头方向，也应根据集材方式来确定。拖拉机原条集材时，应小头朝前，这样可以减轻机身负荷。畜力集材时，则应大头朝前，这样可以减少地面对原木的摩擦阻力。

③采伐。采伐前选好树倒方向，清除掉采伐木基部妨碍作业的灌木，打出安全道。伐木时，端平锯，先锯下口，后锯上口，尽量降低伐根，以不高于 10 cm 为原则。

④砍伐与打枝、造材。采用径阶标准木法，伐倒标准木后造材。采伐前先选好树倒方向，清除掉被伐木基部妨碍作业的灌木，打出安全通道。伐木时，端平锯，先锯下口，后锯上口，尽量降低伐根，以不高于 10 cm 为宜。坚持合理造材，节约木材，增加出材量。下锯前量出长度、看好弯曲、分杈处，按材种规格造材。

⑤集材、归楞。拖拉机集材适合地势平坦或起伏不大的伐区，坡度在 25°以下，距离在 1000 m 以内，出材量大于 60 m³ 的伐区，这种集材方式机动灵活，生产工人少、劳动强度低，生产效率高，但受坡度限制，一般在冬季采用履带式拖拉机，春、夏、秋季适合采用胶轮式拖拉机；畜力集材适合平坦、地形起伏不大，坡度 16°以下距离 2000 m 以内的伐区。总之集材要在以营林为基础和确保安全的前提下，因林因设备因能力选择集材方式，以充分利用森林资源，降低成本，提高效率为最终目标。归楞时要分别树种、材种，将大小头分开整齐堆放，为检尺、装车创造方便。

⑥伐区清理。采伐后，对留在伐区上的枝杈、梢头、树皮及病腐木等剩余物进行及时的清理，可以改善迹地的卫生状况，减免火灾发生，同时通过伐区清理的一些措施，还可以改善土壤的物理和化学性质。清理方法有利用法、堆腐法、散铺法、带腐法和火烧法。

采用火烧法清理伐区时，把采伐剩余物堆积成堆，然后在适宜的季节用火烧掉。燃烧的地点：在湿润的土地上最好堆在高地上焚烧；在沙土上最好在低洼地上焚烧。在坡度大的坡地上不宜进行火烧清理，以免造成水土冲刷。火烧清理除一次堆烧外，还可以采取边烧边加的办法。焚烧地点最好靠近伐根，并离开母幼树、保留木和林墙。焚烧时要有专人看管，禁止在防火期进行焚烧。

⑦归纳总结。各人分别陈述工作情况，在工作过程中遇到了哪些问题，采取了哪些方

法来解决问题，林场负责人和教师根据工作表现和工作成果进行评价考核，并指出优点和不足，提出改进意见。个人和小组自行评价，组长对组员进行评价，组间进行互评，结合工作表现和工作成果，由教师作出最终的评价。

任务5.2　森林渐伐更新

任务描述

该教学任务分两段完成，先在教室或实训室进行理论讲解，并用多媒体课件展示森林渐伐更新作业现场工作情景图片和作业设计成果，而后到实训场地，进行现场调查、实地操作。

任务目标

1. 熟悉确定渐伐更新林分的一般标准。
2. 掌握森林渐伐更新的种类与方法。
3. 掌握渐伐更新的实施技术。
4. 能够完成森林渐伐更新的设计，会进行森林渐伐更新的评价。

工作情景

（1）工作地点

教室、实训室、实训场所（林场、民营林区等用材林作业区）。

（2）工具材料

①工具。以组为单位配备罗盘仪、测高器、皮尺、花杆、视距尺、围尺、钢卷尺、角规、指南针、手锯（或油锯）、砍刀、三角板、绘图直尺、量角器、锄头、土壤刀、工具包、计算器、计算机、讲义夹、文具盒、铅笔、刀片、透明方格纸、手工锯、斧头、砍刀、绳索等。

②材料。

收集资料：以组为单位收集图面资料，包括1∶10 000的地形图和林业基本图、林相图、森林分布图、森林经营规划图、山林定权图册及各种专业调查用图等；森林总采伐量计划指标、伐区森林资源调查簿、深林资源建档变化登记表、森林采伐规划一览表、伐区调查设计记录用表、测树数表（二元材积表、直径—圆面积表、立木材种出材率表）、采伐作业定额参考表、各项工资标准、森林采伐作业规程、森林采伐更新管理办法、本省区伐区调查设计技术规程等有关技术规程和管理办法等；作业区的气象、水文、土壤、植被等资料；作业区的劳力、土地、人口居民分布、交通运输情况、农林业生产情况等资料，林业科学研究的新成就和生产方面的先进经验。

准备主伐作业设计内外业用表：以组为单位准备罗盘仪导线测量记录表、土壤调查记录表、植被调查记录表、全林、标准带每木调查记录表、树高测定记录表等作业调查记表；以个人为单位准备标准地(带)调查计算过渡表、伐区调查设计书、伐区调查设计汇总表、伐区调查每木检尺登记表、林木每公顷蓄积量和出材量统计表、采伐林分变化情况表、准备作业工程设计卡、小组调查和工艺(作业)设计卡等内业计算、设计表。

(3)工作场景

在教室或实训室进行任务描述和相关理论知识讲授，多媒体演示辅助教学；再到实训场所(林场、民营林区等用材林作业区)，选择集中或分散的渐伐更新成熟林分(能容纳40~50人活动)，按4~5人一组，以小组为单位在实训教师和技术人员讲解与指导下进行动手操作，如选定调查区域、确定调查方法、分工合作等；然后在实训室进行内业计算和设计，提交渐伐更新作业设计成果，最后由指导教师对各项任务进行评价和总结。

 知识准备

5.2.1 森林渐伐更新概述

5.2.1.1 森林渐伐更新的概念

森林渐伐更新是在一定期限内(指一个龄级期以内)将伐区上的全部成熟林木分几次伐完，同时形成新一代幼林的主伐更新方法。渐伐更新法又称遮阴木法或伞伐法。顾名思义，更新是在一部分成熟木、近熟木树冠遮阴下进行的。前边的采伐除了有利于保留木的结实、天然下种和林下更新外，老林还能对幼苗起保护作用；当老林的遮阴对幼苗、幼树起妨碍作用时，才把所有剩余的成熟林木全部伐去。

渐伐的基本特征是：在采伐过程中留有较多的母树提供种源，更新效果比较好；渐伐最适合大多数林木均达到采伐年龄的同龄林(包括相对同龄林)中应用；渐伐以后，形成的林分基本上仍为同龄林，林木间年龄相差不超过一个龄级期。

5.2.1.2 森林渐伐更新的选用条件

①天然更新能力强的成、过熟单层林，应当实行渐伐。

②坡度陡、土层薄、容易发生水土流失的地方或具有其他特殊价值的成、过熟同龄林或单层林，以及容易获得天然更新林分，宜采用渐伐。

③渐伐对于幼年需要遮阴树种形成的林分最适宜。另外由于渐伐的采伐次数和采伐强度具有一定的灵活性，所以除强喜光树种外，其他树种形成的林分也可选用渐伐更新。

5.2.1.3 森林渐伐更新的方式

不同地区林况、气候、地形等自然条件不同，不同林分、不同树种更新要求也存在着差异，所以渐伐有多种采伐方式。

(1)按照采伐次数粗分

按照采伐次数可将渐伐分为典型渐伐和简易渐伐。

①典型渐伐。对于生长正常、林相较好、郁闭度较高的成熟林分宜采用典型渐伐。典

型渐伐分 4 次将成熟林木全部采伐完。这 4 次分别为预备伐、下种伐、受光伐和后伐（图 5-5）。每次采伐均应按一定的更新要求进行。

预备伐：在成熟林分中为更新准备条件而进行的采伐。应在郁闭度大、树冠发育较差的林分中进行，及林木密集而抗风力弱和活、死地被物层很厚妨碍种子发芽和幼苗生长的林分中进行。首先伐去病腐和生长不良的林木，目的是为促进伐区上保留的优良林木的结实和加速林地死地被物的分解，改善土壤的理化性质，为种子发芽和幼苗生长创造条件。一般伐去林木蓄积量的 25%~30%，采伐后林分郁闭度应降 0.6~0.7，如果成熟林林分平均郁闭度为 0.5~0.6，则不必进行预备伐。进行过系统间伐抚育的林分，到成熟期林分已适当疏开，也不必进行预备伐。

（a）为需要采伐更新的林分（未伐前林分）

（b）为预备伐后的林分

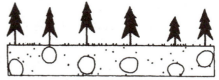
（c）为下种伐后的林分

（d）为受光伐后的林分

（e）为后伐后的林分

图 5-5 渐伐的林相

下种伐：预备伐几年后，为了疏开林冠促进结实和创造幼苗生长的条件而进行的采伐。下种伐最好结合种子年进行，这样可以使更新所需的种子尽量多地落在渐伐林地上。伐后可在林冠下进行带状或块状松土，增加种子与土壤的接触机会。

采伐强度一般为 10%~25%，伐后林分郁闭度应保持 0.4~0.6，以保护林冠下的幼苗免受高温、早晚霜和杂草的危害。如果伐前林分郁闭度只有 0.4~0.5，并且目的树种的幼苗、幼树已有足够数量，就可以不进行下种伐。预备伐到下种伐的间隔期，主要决定于树种的生物学特性，一般耐阴树种可长些（5~6 年），阳性树种可短些（3~4 年）。

受光伐：受光伐是给下种伐后生长起来的幼树增加光照而进行的采伐。下种伐之后，林地上逐渐长起许多幼苗、幼树，它们对光照的要求越来越多，但此时幼树仍需一定的森林环境给予保护，因此林地上还需保留少量的林木。采伐强度可为 10%~25%，伐后郁闭度保持在 0.2~0.4。这一期间采伐强度可以适当提高，因为保留较多林木至后伐时，对幼苗幼树的损害将会增加。从下种伐到受光伐的间隔期，如林下的幼苗、幼树为耐阴树种，生长缓慢，对高低温差等不良气候因素比较敏感，需要较长时间（4~6 年）；如林下的幼苗、幼树为喜光树种，抵抗力强，幼苗、幼树生长迅速，如油松、落叶松，间隔期可以短些（2~4 年），甚至可以将受光伐省略，直接进行后伐。

后伐：受光伐后 3~5 年，幼树由于得到充足的光照生长加速，这时老树继续存在，已经成为幼林生长的障碍，因此需要将林地上的所有老树全部伐去，这就是后伐。这次采伐不得延迟，因为新林逐渐接近或达到郁闭状态，且能抵抗日灼、霜冻和杂草的危害，已不需要老树的保护，且采伐推迟幼树越高，幼树在伐木、集材过程中受害越大。在北方，可考虑在冬季进行采伐，以减少对幼树的伤害。

渐伐的主要目的，在于保证森林更新获得成功。为了不使林下幼苗、幼树的生长条件发生急剧变化，并使幼苗、幼树得到保护，一般应按典型渐伐的 4 个步骤将成熟木采伐完并实现更新。但在有的情况下，不一定按部就班分 4 次采伐完成熟木。

②简易渐伐。在实际工作中，通常会对典型渐伐进行简化，省略掉其中的 1 次或 2 次采伐，而成为 2 次或 3 次采伐的简易渐伐。这要根据进行渐伐的林分状况和更新特点，决定采伐次数。如当林分郁闭度较低，林分已经开始大量结实，或者林下已生长大量目的树种的幼苗、幼树，这时就可将预备伐以至下种伐省去。当预备伐后林木较长时间不能大量结实，因而无法顺利地进行下种伐，而必须在林冠下进行人工更新时，也可以将下种伐省略，待人工更新幼树成活后，直接进行受光伐。同样，如果更新起来的幼树已经郁闭成林，或虽未郁闭，幼树已能抵抗裸露环境所带来的各种不良危害，也可以将受光伐省掉，直接地进行后伐。在上述情况下，不按照典型渐伐的 4 个采伐阶段逐次采伐，而以简易渐伐取而代之，不仅是非常必要和合理的，也可省工省力。另外，采伐次数越多，木材生产成本越高。所以，在实践中采用简易渐伐能够达到采伐更新目的时，就不采用典型渐伐。

我国《森林采伐作业规程》（LY/T 1646—2005）规定：渐伐一般采用 2 次或 3 次渐伐法。采伐年龄参照同一树种皆伐测算的主伐年龄。上层林木郁闭度小、伐前天然更新等级中等以上的林分，可进行 2 次渐伐：受光伐采伐林木蓄积量的 50%，保留郁闭度 0.4 左右；后伐视林下幼树的生长情况，接近或达到郁闭时，伐除上层林木。上层林木郁闭度较大，伐前天然更新等级中等以下的林分，可进行 3 次渐伐：下种伐采伐林木蓄积量的 30%，保留郁闭度 0.5 左右；受光伐采伐林木蓄积量的 50%，保留郁闭度 0.3 左右；后伐视林下幼树的生长情况，接近或达到郁闭时，伐除上层林木。

（2）按照采伐方式划分

按照伐区排列方式可将渐伐分为均匀渐伐、带状渐伐和群状渐伐 3 种形式。

①均匀渐伐。又称广状渐伐，它是在预定要进行渐伐的全林范围内，同时均匀地进行分次采伐。可根据林分的具体情况，选用 2 次、3 次或 4 次渐伐。均匀渐伐适用于面积较小地区，也常在亟需大量木材的地区及自然条件较好的林分中应用。带状渐伐和群状渐伐的基本原则与均匀渐伐相似。

②带状渐伐。带状渐伐是将预定进行渐伐的林分，规划成若干个带状伐区（若采伐森林面积大时，为了缩短采伐更新期，可规划成几个采伐列区）按一定方向分带采伐。在一个采伐列区上由一端开始，在第一个伐区上（即采伐基点）首先进行预备伐，其他带保留不动。几年以后，在第一个伐区上进行下种伐，同时在相邻伐区上进行预备伐。再经几年，在第一个伐区上进行受光伐的同时，于第二个伐区上进行下种伐，在第三个伐区上进行预备伐。以此类推，直至全林伐完为止，如图 5-6 所示。若希望加快采伐速度，可在采伐列区上设立若干个采伐基点，从采伐基点开始，同时进行采伐。采伐次数可根据具体情况，选用 4 次、3 次或 2 次渐伐。

与均匀渐伐相比，带状渐伐更有利于保持森林环境，也更有利于保持水土。带状渐伐由于有未采伐林分的侧方保护，在渐伐的伐区上进行第 1、2 次采伐以后，保留木风倒危险性大大减少；在进行下种伐的伐带上创造了较好的下种条件；为避免采伐时损伤幼苗，

1	2	3	4	1	2	3	4
2020A	2023A	2026A	2029A				
2023B	2026B	2029B	2032B	采伐	年度与	顺序同	甲区
2026C	2029C	2032C	2035C				
2029D	2032D	2035D	2038D				

采伐列区甲　　　　　　　　采伐列区乙

1. 预备伐；2. 下种伐；3. 受光伐；4. 后伐。

图 5-6　带状渐伐的采伐程序示意图

可以通过下种伐的伐带进行集材；带状渐伐能把大面积林地上的林木蓄积量分配在一个较长的时期内采伐；带状渐伐的真正目的，是为目的树种的更新提供必需的初始条件，既可提供适宜的光照促进更新，同时又可防止更新的幼苗幼树在过度裸露的条件下生长遭到危害，还可避免对幼苗幼树有危害作用的杂草的侵入。在中欧地区应用带状渐伐的较多，其重要目的之一，是对当地主要目的树种云杉、冷杉、山毛榉幼苗幼树提供良好的生长条件。

带状渐伐的伐区宽度、伐区方向，可根据坡向、坡度、受害风侵袭程度，以及幼苗幼树需要侧方保护的情况来确定。带宽以种子飞散距离为依据确定，一般为 1~2 倍树高，如果坡度过陡或风害严重，其宽度可窄些。通常要求伐区方向与害风方向垂直，采伐方向应与害风方向相反；在比较平缓地区，为避免强烈阳光的危害，可将伐区方向设置为东西向，从北端开始采伐；在山区，伐区一般应水平设置，采伐方向与集材方式均为由上而下；有时为了便于采伐作业，在无水土流失的情况下，也可顺山坡或斜山坡设置伐区，但不能由山坡下方向上推进。

③群状渐伐。采伐时，寻找具有幼苗、幼树的林中空地作为基点，由此向外扩大采伐，群状渐伐一般是将林冠已疏开、林木较稀疏、林下生长有幼苗幼树的地段作为基点，先进行采伐，然后由此向四周逐渐分次采伐，每公顷布设 3~4 个基点，至最后老林伐尽时，林地上出现一个或多个金字塔形的新一代幼林树群（图 5-7，图 5-8）。

施行群状渐伐的林地上，如果没有伐前更新的基点，也可以人工选择几个适当地点作为基点，并使这些基点能够均匀地分布于全林分内。这种方法更适合于耐阴树种，但不适对霜害敏感的树种，因为孔状的采伐点容易形成"霜洼地"（霜穴），使穴内幼苗幼树易遭受霜害。采伐过程是：先在 1 号采伐地段（采伐基点）首先进行后伐（实施二次渐伐时，则为第二次采伐），同时在相邻的 2 号采伐地带进行第一次采伐；几年以后，当 2 号采伐地带进行第二次采伐时，同时在 3 号采伐地带进行第一次采伐；依次由内向外扩展，直至采伐更新完毕。

群状渐伐的作业比较复杂，一般应用较少。

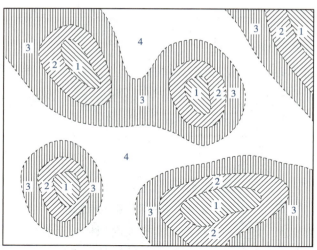

(在采伐段1号已有较多的前更幼树,故只需后伐)

采伐种类	采伐地段号			
	1	2	3	4
预备和下种伐相结合	各伐区采伐年度			
		2020	2025	2030
受光伐		2025	2030	2035
后伐	2020	2030	2035	2040

图 5-7 群状渐伐采伐顺序

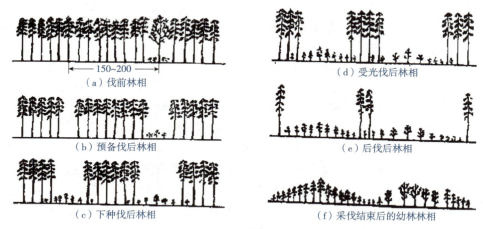

图 5-8 群状渐伐林相图

5.2.2 渐伐木确定

渐伐的采伐过程长、次数多,又要靠保留木天然下种实现更新,所以采伐时需要审慎地选择砍伐木和保留木。在选择采伐木时,应考虑以下几点:

①使生长发育健壮、具有优良遗传性状的树木能得到更多繁殖下一代的机会，避免生长发育不良、有病虫害、遗传性状差的树木繁殖后代，以提高幼林的质量。

②在混交林中，必须使主要树种特别是珍贵树种和稀有树种，得到繁衍和发展；要尽量抑制次要树种的繁殖，使新形成的幼林能尽可能多地增加主要树种的比例。

③使保留木均匀的散布在采伐地段，以便伐区内能普遍获得天然下种的种子，并给林冠下的幼苗、幼树以适度的庇护。

④照顾到木材生产的需要，要注意保留后期生长快的林木，以增加单位面积上木材产量。

前1~3次或1~2次采伐中都需考虑选木问题，选木采伐的顺序也要认真考虑，一般砍伐木顺序为：次要树种→病腐木、损伤木→过于庇荫妨碍种子发芽的灌木→偏冠、平顶、弯曲和易风倒的树木→树冠过于庞大和为保持均匀疏开树冠而位置不当的树木。从预备伐开始，结合每次采伐强度逐次砍伐上述各类树种，并照顾用材的要求。

5.2.3 渐伐更新技术

渐伐一般依靠天然更新获得新林。在天然更新难以获得预期的效果时，需采用人工促进更新的措施。如有些渐伐林分可能由于林冠疏开，以致杂草繁茂，阻碍了种子发芽和幼苗的生长；有时可能出现林冠下更新幼树分布不均，部分地区有缺苗现象；有时林下更新幼树的组成不符合森林经营要求等等。对于上述情况，可采取松土、整地、补播、补植等人工促进更新的措施。

在天然更新难以成功，或需要加速更新进程，或需要更换树种的渐伐林分，也可采用人工更新。采用人工更新的林分，通常宜进行二次渐伐，既第一次采伐后，在林冠下进行植苗，待上层林木的遮阴逐渐成为下层幼树生长的障碍时，即进行第二次采伐，伐尽全部上层成熟木。

全部采伐更新过程一般不超过1个龄级期。

5.2.4 森林渐伐更新的优缺点

5.2.4.1 森林渐伐更新的优点

①渐伐因有丰富的天然种源和上层林冠对幼苗的保护，所以森林更新一般既省力又有质量上的保证。目的树种种粒大，不易传播，或幼树需要老林庇护时，渐伐是最适宜的作业方式。

②渐伐在山地条件下，森林的水源涵养作用和水土保持作用不会由于采伐而受到很大影响，能保持森林环境的稳定性。渐伐适宜在自然条件不良地区、防护林、风景林、卫生保健林、草原林区应用。

③渐伐可以有效地利用优良林木增加优质木材产量。在第1、2次采伐以后保留下的优良林木，由于林冠疏开，能加速直径生长成为大径材。

④与择伐相比,由于渐伐主要用于单层林与同龄林,施工较简单。

⑤由于对成熟林木分几次采伐,每次采伐后的剩余物较少,林下有机物容易分解,既提高了土壤肥力,又减低了火灾发生的危险性。

⑥在容易获得天然更新,但土层浅薄,不宜采用皆伐的林分,可采用渐伐。采用皆伐,森林更新有困难的林分中,渐伐可以改善更新条件,获得合乎经营要求的幼林。在山地,特别在坡度较大的林分中,采用皆伐会导致水土流失,若采用渐伐,可以避免这种现象。

5.2.4.2 森林渐伐更新的缺点

①渐伐是分 2~4 次将成熟木砍完,采伐和集材时对保留木和幼树的损伤率较大。每次采伐前,要对集材道、采伐技术和集材技术认真研究,合理设置与选择,否则会使前更幼树由于遭受到严重破坏而不能成林。

②渐伐既需要选木,又需要确定各次的采伐强度,所以技术要求较高,采伐、集材费用较高,木材生产成本也较高。

③林分稀疏强度较大时(如简易渐伐),保留木由于骤然暴露,容易发生风倒、风折和枯梢等现象,尤以一些耐阴树种较为严重。

④渐伐不便于实行机械化。因为它的每次采伐不是要求注意保护保留木,就是要求注意保护幼树。所以施工速度较慢。

任务实施

5.2.5 简易渐伐的确定

5.2.5.1 实施过程

①目测预定进行渐伐的近、成熟林的林相,根据层次分布、树冠开张状况,初步划分典型渐伐区域与简易渐伐区域。

②在初步划分为简易渐伐的区域内打若干个标准地,在标准地上测量郁闭度,进行每木调查,计算林下幼苗幼树数量。

③如推算出该林分郁闭度为 0.6~0.7,结合目测,判定成熟林林冠已经疏开,林冠不仅具备了大量结实的条件,而且林下已经有一些小树长出,可确定该林分进行三次渐伐,即和典型渐伐比去掉预备伐。

④如某林分不仅成熟林林冠已经疏开,而且有些地方林木稀少,林间空地较多,郁闭度在 0.4~0.6,林下已有足够数量的幼苗幼树(以在该地该树种造林密度的 80%以上为准),可确定为二次渐伐,即和典型渐伐比去掉预备伐、下种伐。

归纳总结:渐伐分典型渐伐与简易渐伐。典型渐伐分 4 次采伐完采伐木,简易渐伐分两次采伐完成熟木。如采用简易渐伐能够完成森林更新,就不必采用典型采伐,这样可以节省成本、节约劳力、提高效益。可与渐伐伐区设计结合进行。

5.2.5.2 成果提交

每人写一份简易渐伐认定的实训报告。要求技术要点写清楚,理论依据写明白。

5.2.6 森林渐伐更新作业设计

5.2.6.1 实施过程

(1)材料准备

①上级机关对调查地区的计划指令,如上级下达的计划(设计)任务书、地区的林业发展规划和年度计划等。

②有关的林业方针、政策和法规,如森林法,森林采伐作业规程、采伐更新管理办法、总体设计规划等。

③历年经营活动分析资料。

④作业设计地区的自然条件(如地形地势、土壤、气象、水文、动物和植物等)和社会经济条件(如交通运输、设备、工具、劳动力、经费预算和人类活动等)的资料。

⑤作业设计地区的森林资源清查及有关专业调查材料。

⑥作业设施材料(如楞场、工棚、房舍和集运材线路等)。

⑦图面材料(如基本图、林相图、森林分布图、森林经营规划图及各种专业调查用图等)。

⑧林业科学研究的新成就和生产方面的先进经验。

(2)渐伐作业区调查

确定采用渐伐时,应设计伐后的更新要求、采伐次数、间隔期、每次采伐强度、树种和面积、集材方式、保留母树和保护幼树以及清理伐区的要求。

①了解作业区的森林类型和地形条件。以此确定在该地实施渐伐方式的合理性(渐伐作业的应用条件参见教材)

②调查渐伐作业的各项技术指标。带状渐伐的技术指标有(以二次渐伐为例):

a. 伐区方向和采伐方向:实习地点若风害严重,则伐区方向应与害风方向垂直,采伐方向与害风方向相反。实习地点若处于干旱地区,则伐区应东西设置,采伐方向由北向南。在山区,伐区一般应水平设置,采伐方向由上而下,以防止串坡木材破坏已更新的幼林。根据以上原则,判断伐区设置。

b. 采伐次数、顺序和间隔期:由于实习林分实施的是二次渐伐,故先在第一个伐区上进行下种伐;再经过几年,当第一个伐区幼林形成后,在第二个伐区进行后伐。两次采伐的间隔期不超过一个龄级期。

c. 采伐强度:第一次采伐量为林分蓄积量的50%,其余在下次采完。

d. 采伐木选择:第一次采伐应先伐除遭受病虫害的生长发育不良的林木,以及过熟大径木及树冠过于庞大的树木,在不影响应保留郁闭度的前提下,也可伐去部分良好的成熟木。凡树干通直、发育良好、生长健壮的林木,应保留到最后采伐,它们不仅可作为下种母树,而且能在伐后加粗生长。

③调查渐伐迹地更新情况。在渐伐迹地上,通常采用天然更新,但在某些情况下为了引入新的树种,也可应用人工更新。实行天然更新的渐伐伐区,应进行天然更新调查。

(3) 内业计算与设计

应根据外业调查和搜集到的本地区自然经济情况的材料,进行分析、整理、计算和设计。

①确定渐伐地点和配置主伐顺序。

②计算和确定采伐量。

③确定更新顺序、更新方式及比重。

④确定更新树种。

⑤按不同更新方式,确定主要技术措施。

当采取人工更新方式时,应设计造林树种的的比重、整地时间、方式和规格、造林密度、配置及株行距、造林方法和季节、幼林抚育管理措施、种苗需要量和工作量等。

当采取人工促进天然更新方式时,应设计人工促进更新的措施(如松土、除草、割灌、补播、补植等)、抚育管理措施、种苗需要量和工作量当采取天然更新方式时,应设计保证天然下种或萌芽的措施和抚育措施等。

⑥确定人工更新的更新年限,计算平均年度更新工作量。

⑦计算投资和单位成本。

⑧绘制伐区位置图、作业设计图。

⑨编制作业设计表:渐伐伐区调查设计汇总表、伐区调查每木检尺登记表、渐伐林分变化情况表、林木每公顷蓄积量和出材量统计表等。渐伐更新作业设计中的其他设计表,可仿照森林皆伐更新作业设计的表格编制。

⑩编写作业设计说明书:渐伐更新作业设计说明书可以依照森林皆伐更新作业设计说明书的规格、作业区的基本情况、渐伐更新技术措施设计、施工方面的说明以及设计经费概算等几个方面编写。作业设计说明书的主要内容包括:

a. 基本情况:简述作业区的范围、森林资源状况、所在地自然条件和社会经济状况(包括劳力、运力、交通状况等)以及进行作业的必要性和可行性分析。

b. 技术措施:说明作业所采取的主要技术措施。

c. 作业量:说明作业面积、采伐量、出材量,以及作业进度安排。

d. 作业设施:说明作业期间所需各种设施的数量、规格、设置位置以及建成期限。

e. 劳力安排:说明完成作业所需要的劳力和运力,并提出解决办法。

f. 收支概算:说明完成作业所需总的经费投资及其计算依据,产品收益及收支盈亏情况。

g. 提出施工应注意事项和建议。

归纳总结:认真按照技术标准和调查方法规定,对调查设计说明书及图表进行认真计算、记载和核校,消除差、错、漏项现象。

5.2.6.2 成果提交

每人应交出一份完整的森林渐伐更新作业设计成果,要求文、表、图清楚,装订顺序符合规范要求。成果内容包括：

①编写渐伐伐区调查设计说明书。

②渐伐伐区调查设计表。包括伐区调查每木检尺登记表(表5-6)、林木每公顷蓄积量和出材量统计表(表5-9)、渐伐林分变化情况表(表5-18)、渐伐伐区调查设计汇总表(表5-19)等。

③渐伐伐区调查设计相关材料。包括申请单位或个人的营业执照或身份证复印件、林木所有权证明、伐区界线确认书、县级人民政府或县级林业行政主管部门规定的其他材料。

④渐伐伐区调查设计附图。包括渐伐伐区在县域内的位置示意图、渐伐伐区调查设计图(应标明伐区位置、四至界线,用表格形式表注林班号、小班号、采伐树种、林龄、采伐面积、采伐蓄积、出材量等内容。采用罗盘仪实测面积时用大于1∶5000比例尺的底图；采用1∶10 000比例尺地形图调绘面积的,要将有关部分描绘或剪接成图；采用GPS测定面积的,要使用GPS技术在大于1∶10 000比例尺的地形图上绘制伐区调查设计图)、伐区现状图(伐区现场照片：伐区整体林分现状照片2~3张,标准地照片2~3张。全林调查时为伐区内部林分现状照片)。

表5-18 择伐、渐伐林分变化情况表

县(林场)：

乡(分场)	村(林站)	林班	小班	树种	采伐强度		疏密度		平均直径		平均树高		公顷蓄积		公顷株数	
					株数	蓄积	伐前	伐后	伐前	伐后	伐前	伐后	伐前	伐后	伐前	伐后

统计员： 审核人： 年 月 日

表5-19 择伐、渐伐伐区调查设计汇总表

县(林场)：

乡(分场)	村(林站)	林班	小班	林种	树种	起源	林龄	郁闭度	平均		天然更新等级	每公顷蓄积		每公顷株数		采伐强度		采伐面积	采伐		
									直径	树高		采伐	保留	采伐	保留	株数	蓄积		蓄积	株数	出材
合计																					

统计员： 审核人： 年 月 日

注：1. 本表用于每次伐区调查设计结果的统计汇总,也可作为申请采伐的统计报表。

2. 采伐面积和采伐株数可根据实际情况任意选填一项。

> 拓展知识

经营性大强度渐伐

(1) 经营性大强度渐伐的概念

经营性采伐是在年平均单位面积生产的木材销售收入最高，经济效益最大，林分还没有达到数量成熟年龄时进行采伐经营。所谓"大强度渐伐"是为了避免皆伐的缺点，维护森林的生态效益，保持森林的景观，促进天然更新，采取均匀渐伐的方式。为了减少中间环节的投入，提高经济效益，减少渐伐次数，加大渐伐的强度。这样就形成了经营性大强度渐伐。

(2) 经营性大强度渐伐的目的及意义

经营性大强度渐伐的目的是在保证维持林分的生态效益、促进林分的天然更新的前提下，最大程度地获取经济收入。它与一般的主伐不同，是在林分的中龄期或近熟期进行作业，它与抚育也不同，它不是以为保留木创造合理的营养空间，促进保留木单位面积生长量最大化为目的。

渐伐是主伐的一种方式，以前是在天然异龄复层林中进行，在人工同龄单层林中没有采用过。在河北省北部山区，一些坡度较陡的人工落叶松和油松林皆伐后，会对生态环境影响较大，人工更新也较困难，如果采用大强度渐伐的方式，保留一些优良的种树，通过人工促进的方式进行天然更新，这样即可避免皆伐后造成对环境的破坏，又能顺利的更新；还有森林公园、旅游景区附近的人工落叶松和油松林分，如果采用皆伐的方式，会破坏旅游景观，影响旅游观赏效果，采用大强度渐伐的方式，就可以即不破坏旅游景观，又能达到采伐利用的目的。在河北省北部山区人工落叶松和油松林分中，处在上述条件下，采用渐伐的方式进行采伐，对维护生态环境和林产品的利用都是有利的。

(3) 经营性大强度渐伐后的更新

渐伐后能否天然更新、应采取哪些人工辅助措施？渐伐后林分的郁闭度降低，林内光照充足，能够促进林木结实，为天然更新提供了足够的种源。同时由于光照充足改变林内空气和水分条件，加快林内枯枝落叶的分解，为种子落地发芽和幼苗的生长创造了一定的条件。对一些枯枝落叶较厚的林分，渐伐后为保证更新，可以采取人工辅助措施，进行人工破土使天然落种与土壤密接；对于结实较差的林分，采取人工撒种的方式促进其更新；采用以上辅助措施还达不到更新效果的，可以采取人工植苗促进其更新。为了保证幼苗成长使其更新成功，渐伐后要加强对林分的管护，防止人畜的危害。

(4) 渐伐强度

在保证生态效益和保护森林景观的情况下，为减少中间环节的费用，提高经济效益，在渐伐过程中，减少渐伐次数，加大渐伐强度，使多次渐伐变为两次渐伐来完成。渐伐强度由原来的25%左右，增加到50%以上，伐后林分的郁闭度0.3左右。

经营性大强度渐伐是随着林业发展，根据林分的经营目的，将渐伐的方法进行深入和拓展，应是林业发展的需要。

> 巩固训练

油松二次渐伐

（1）任务描述

选择达到主伐年龄的油松小班，进行外业调查，并确定出最后的主伐方式，并且计算材种出材率和出材量。任务实施过程中的技术标准均参照《森林采伐作业规程》（LY/T 1646—2005）、《森林经营技术规程》（DB21/T 706—2013）和《标准地调查技术规则》（DB/T 2100B650017）执行。

（2）任务目标

①能够根据油松的生长情况及森林经营技术标准确定是否需要进行主伐。
②能够根据油松的生长情况正确确定主伐更新的方式和方法。
③能够进行油松二次渐伐外业调查。
④能够进行油松二次渐伐设计内业计算。
⑤能按照二次渐伐设计文件进行采伐作业。

（3）制定工作计划

查阅资料，自主学习，针对油松二次渐伐制定周密可行的工作计划，并按照计划完成准备工作。

（4）外业部分

①确定主伐更新对象。对于天然更新能力强或需人工更新，但不宜采用皆伐作业的单层同龄林，中小径阶株数达不到林分总株数30%的异龄林，可以采用二次渐伐。第一次采伐的蓄积强度≤50%，采伐后及时进行冠下人工或人工促进天然更新，待天然更新或人工更新的幼树受到保留木控制时，进行第二次采伐，伐除全部上层林木。小班的档案卡调出后，认真阅读其林分因子，如符合主伐条件则到现地全面踏查，如果档案记载和现地大致相同，可组织人员进行主伐设计。

②小班面积测定。小班面积可以采用罗盘仪闭合导线法测量。将测量结果记入"表5-3 罗盘仪导线测量记录表"。

③小班因子及森林更新调查。在小班中进行土壤质地、土层厚度、植被、森林更新的调查，填写"表5-5 林分因子调查记录表"。进行森林更新调查时，设置样方进行调查，分幼苗、幼树计数，按"天然更新等级评定标准"评定更新等级，作为设计更新措施的依据。

④全林每木检尺。在小班中进行每木检尺，将检尺数据以"正"字记入"表5-6 每木检尺登记表"中，并计算该小班林分的平均胸径并填入"表5-7 平均胸径计算表"中。

⑤树高胸径测量并绘制树高曲线。根据平均直径测各径阶的树高，接近平均胸径的林木测5株，向两侧顺测5株、4株、3株、2株、1株，记入"表5-6 每木检尺登记表"。并根据调查结果现地绘制树高曲线图，见表5-8。

⑥标定采伐木。生长发育健壮，具有优良遗传性的林木宜保留；在混交林中，主要树种，珍贵树种宜保留；保留木要均匀地分布在采伐地段上；促进保留木加速生长，增加单

位面积产量的林木应保留。

二次渐伐在第一次采伐时尽量采弯曲木、无头木、雪压木、较小等级木及部分二级木，保留一、二级木。所以采用三级木分级法进行全林林木分级，在分级的过程中随即标定出采伐木，用粉笔在树皮上标定。为了保证第一次采伐的蓄积强度不大于50%，标定的采伐木尽可能均匀地分布在小班中。

⑦确定采伐强度。根据确定的采伐木数量，胸径，树高曲线，及全林检尺的结果，分别计算砍伐木蓄积量和小班林木蓄积量，并计算出采伐强度，如果采伐强度小于等于50%，则采伐木确定合理，如果蓄积强度超过50%，要现地抹号，直到蓄积强度达到合理范围。

⑧材种出材率调查。采用径阶标准木法计算材种出材率和出材量，伐倒标准木后进行打枝造材。

(5) 内业部分

①绘制小班平面图并计算面积。在厘米方格纸上按照1∶1000的比例尺根据罗盘导线测量外业数据绘制小班平面图并计算面积。同时将图转绘到森林采伐作业设计实测图上。

②将外业调查数据如实填写在"表5-4 标准地测量记录表"上。

③绘制树高曲线。根据小班调查结果，在厘米方格纸上绘制树高曲线，并将树高曲线转绘至"表5-8 树高曲线图"上。

④计算采伐量和出材率。查树高曲线，求算每个径阶对应的平均树高；通过径阶胸径和径阶平均树高，查二元立木材积表，求该径阶胸径和径阶平均树高对应的立木材积，用该径阶林木株数乘以该径阶对应的立木材积，即得该径阶所有林木的蓄积量，累计各径阶采伐木蓄积量之和即得小班采伐木的蓄积量，即为小班的采伐量。

$$出材率 = 标准地采伐木总出材量 / 标准地采伐木蓄积 \times 100\% \quad (5-11)$$

标准地采伐木总出材量：根据"表5-6 每木检尺登记表"查材积表，求算每个径阶标准木的出材量，乘以该径阶对应的砍伐木株数，即为该径阶砍伐木的出材量，累计每个径阶出材量之和即为标准地采伐木的总出材量。

标准地砍伐木蓄积量：查二元立木材积表，求算每个径阶标准木的伐倒木材积，伐倒木材积乘以该径阶对应的砍伐木株数，即得该径阶采伐木的蓄积量之和，累计每个径阶采伐木蓄积量之和即为标准地采伐木的蓄积量，填写在"表5-9 林木每公顷蓄积量和出材量统计表"上。

⑤填写标准地内业记载表中的其他表格。将计算的数据和其他外业调查相关数据，填入森林经营作业设计呈报书中的其他表格，在填写过程中要细致认真，做到数据转录无误。

⑥绘制作业小班在林班中的位置图。注意整幅图的布局要合理。

(6) 成果提交

每人提交油松二次渐伐森林经营作业设计呈报书一份（包括表5-6、表5-9、表5-18、表5-19等）。

(7) 二次渐伐施工

①确定渐伐的种类。渐伐的种类有均匀渐伐、带状渐伐、群状渐伐。辽宁省大部分地区都采用均匀渐伐，这次任务亦采用均匀渐伐。

②确定伐木作业顺序。在伐木作业开始之前，首先要确定伐木作业的顺序。从便于集材的方面考虑，一般应从靠近装车场一边开始，由近及远采伐。对于一个采伐号来讲，首先采伐集采道上的树木，然后采伐集材道两侧的树木，最后采伐"丁字树"。在采伐集材道两侧的树木时，在集材道的两边，每隔十几米远留一棵生长健壮的采伐木作为"丁字树"，用来控制集材道的宽度不现扩大，特别是在集材道的拐弯处，更应保留"丁字树"。在伐木过程中，还要根据树木的生长状态和树木之间相互影响的情况来确定采伐顺序。一般来讲，在眼前的一些树木，应当先采前边的，再采后边的。但如果好树病腐树并存、大树小树相间，则应该先采伐病腐树，后伐健壮树；先采小树，后采大树。在伐区里由于林木茂密，时常出现树木搭挂现象，为了杜绝这一现象的出现，伐木时，首先要采伐造成树木搭挂的那棵"迎门树"。当遇到个别树木倾斜方向与周围其他树木相反，而且又不能使其按照大部分树木的倾向伐倒时，为了避免先伐这棵树，树冠倒在其他树木下面，影响其他树木的采伐，则应以这棵树为中心，以它的树高为半径，先采伐这个距离范围内的树木，再采伐这棵树。

③选择树倒方向。正确选择树倒方向有利于安全生产，提高劳动生产率，减少木材损伤，有利于打枝、集材等生产工序的顺利进行，还能防止砸伤母树和幼树，有利于森林更新。一般情况下，伐倒木总的树倒方向是根据集材方式来确定的。当使用拖拉机、牲畜集材时，为了减少绞集或装卸的障碍，应使集材道上的树木沿着集材道方向伐倒；集材道两侧的树木，则要求和集材道呈30°~45°角按"人"字形（小头朝前）或"八"字形（大头朝前）。伐倒木的大小头方向，也应根据集材方式来确定。拖拉机原条集材时，应小头朝前，这样可以减轻机身负荷。畜力集材时，则应大头朝前，这样可以减少地面对原木的摩擦阻力。

④采伐作业。确定的采伐木，采伐前选好树倒方向，清理掉被伐木基部妨碍作业的灌木，打出安全道。打号林木按预定的方向伐倒，不要伤害保留木。伐木时，端平锯，先锯下口，后锯上口，尽量降低伐根，以不高于10 cm为原则。

⑤打枝。从树干基端向梢头打枝。人站在树左侧打右面的枝，站在右侧打左面的枝条。打枝要贴近树干，打出平滑的"白眼圈"。不允许逆采和用斧背砸。

⑥造材。合理造材，节约木材，增加出材量。下锯前量出长度，处理好弯曲、分叉部位，按材种规格造材。

⑦集材、归楞。生产中常采用的集材方式为畜力集材。畜力集材适合平坦、地形起伏不大，坡度16°以下距离2000 m以内的伐区。总支集材要在以营林为基础和确保安全的前提下，因林因设备因能力选择集材方式，以充分利用森林资源，降低成本，提高效率为最终目标。归楞时要分别树种、材种，将大小头分开整齐堆放，为检尺、装车创造方便。

⑧伐区清理。采用堆腐法进行伐区清理。采伐剩余物堆成小堆，任其自然腐烂。堆积时将粗大的枝杈堆在下面，细而小的枝杈堆在上面，堆好后，上面再用较大的枝杈或石头压好，以便使堆垛紧密，免于被风吹散和便于腐烂。堆的方向以横山堆积为宜，但不要影响小河、小溪的正常排水作用。垛的大小要适宜，过大会影响腐烂，过小会因枝杈过多而影响迹地更新，一般每公顷约150~200堆。堆的位置宜在林中空地、水湿地、岩石裸露的地方和伐根附近，要离开幼树幼苗和保留木。

(8) 二次渐伐的更新

①种植点配置。采用正方形配置,株行距为 2 m×2 m。

②整地。采用穴状整地的方式进行局部整地,一般采用圆形坑穴,穴径和穴深均在 30 cm 以上,大苗造林穴径和深度分别宜在 50 cm 以上。

③栽植。栽植过程中要做到苗干竖直,根系舒展,深浅要适当,填土一半后要提苗踩实,再填土踩实,最后覆上虚土。

④幼林抚育。造林后为了提高苗木成活率,有条件的话可以适当浇水,造林后应及时进行松土除草,与扶苗、除蔓等结合进行,对穴外影响幼树生长的高密杂草,要及时割除。抚育方式"221",连续抚育 3 年 5 次,头 2 年抚育 2 次,第三年抚育 1 次。松土要做到里浅外深,不伤害苗木根系,深度一般为 5～10 cm,根据需要采取适宜的除草措施。

(9) 归纳总结

每人分别陈述工作情况,在工作过程中遇到了哪些问题,采取了哪些方法来解决问题。教师根据工作表现和工作成果进行评价考核,并指出优点和不足,提出改进意见。

任务 5.3 森林择伐更新

任务描述

该教学任务分两段完成,先在教室或实训室进行理论讲解,并用多媒体课件展示森林择伐更新作业现场工作情景图片和作业设计成果,而后到实训场地,进行现场调查、实地操作。

任务目标

熟悉确定择伐与更新林分的一般标准,掌握森林择伐更新的种类与方法,掌握择伐更新采伐木的确定。会进行择伐采伐强度、间隔期、采伐年龄的确定与设计,能对择伐作业进行评价,理解择伐作业在生态公益林中的应用。

工作情景

(1) 工作地点

教室、实训室、实训场所(林场、民营林区等实行择伐的林分,且有部分刚采伐过、部分需采伐)。

(2) 工具材料

①工具。以组为单位配备 1 套罗盘仪、测高器、皮尺、花杆、视距尺、围尺、钢卷尺、角规、指南针、手锯(或油锯)、砍刀、三角板、绘图直尺、量角器、锄头、土壤刀、工具包、计算器、计算机、讲义夹、文具盒、铅笔、刀片、透明方格纸、手工锯一把、斧头、砍刀、绳索等。

②材料。

收集资料：以组为单位收集图面资料，包括1∶10 000的地形图和林业基本图、林相图、森林分布图、森林经营规划图、山林定权图册及各种专业调查用图等；森林总采伐量计划指标、伐区森林资源调查簿、深林资源建档变化登记表、森林采伐规划一览表、伐区调查设计记录用表、测树数表（二元材积表、直径—圆面积表、立木材种出材率表）、采伐作业定额参考表、各项工资标准、森林采伐作业规程、森林采伐更新管理办法、本省区伐区调查设计技术规程等有关技术规程和管理办法等；作业区的气象、水文、土壤、植被等资料；作业区的劳力、土地、人口居民分布、交通运输情况、农林业生产情况等资料，林业科学研究的新成就和生产方面的先进经验。

准备主伐作业设计内外业用表：以组为单位准备罗盘仪导线测量记录表、土壤调查记录表、植被调查记录表、全林、标准带每木调查记录表、树高测定记录表等作业调查记录表；以个人为单位准备标准地（带）调查计算过渡表、伐区调查设计书、伐区调查设计汇总表、伐区调查每木检尺登记表、林木每公顷蓄积量和出材量统计表、采伐林分变化情况表、准备作业工程设计卡、小组调查和工艺（作业）设计卡等内业计算、设计表。

（3）工作场景

在教室或实训室进行任务描述和相关理论知识讲授，多媒体演示辅助教学；再到实训场所，选择集中或分散的实行择伐的林分，且有部分刚采伐过、部分需采伐。按4~5人一组，以小组为单位在实训教师和技术人员讲解与指导下进行动手操作，如选定调查区域、确定调查方法、分工合作等；然后在实训室进行内业计算和设计，提交择伐更新作业设计成果，最后由指导教师对各项任务进行评价和总结。

知识准备

5.3.1 森林择伐更新条件及种类

5.3.1.1 森林择伐更新的概念

森林择伐更新指每隔一定的时期在林分中将单株或呈群团状的成熟木采伐，并在伐孔中更新，始终保持伐后林分中有多龄级林木的一种主伐更新方式。择伐更新作业用于形成或保持复层异龄林的育林过程。实行择伐的林分处在有规律地不断采伐、不断更新的过程中，林分的林相基本保持完整，林内始终保持有多龄级或各个龄级的林木，如图5-9所示。

图5-9 择伐林的林相

择伐更新的林分，林地上永远有林木庇护，土壤和小气候条件因采伐变化甚小，从而使森林的多种效能得以保持。择伐更新的采伐木多属处于林冠上层的成熟木，将其采伐后不仅提供了更新空间，为种子发芽、幼苗、幼树成林创造了条件，也使下层未成熟木获得充分光照，从而能够加速生长。但在采伐成熟木的同时，也必须伐掉病腐木、虫害木、弯曲木以及严重影响下层木生长的霸王木，以改善林中卫生状况，促使更新取得良好的效果、促进保留木的健康正常生长。

由于择伐更新是渐次连续进行的，林内的天然更新亦随之连续发生，因此，经过择伐的林分必定为复层异龄林。复层异龄林的形成与维持是择伐更新的基本特点。

理想的择伐，应该使每次择伐的采伐量相等。理想的择伐林分应当是各种年龄的林木都有的平衡分配状态的林分，即平衡异龄林。平衡异龄林是指由1年生苗木至达伐期龄的林木所组成，且各年龄的林木所占的面积相等的林分。这种林分又叫全龄林。在平衡异龄林内，虽然年龄小的林木株数多，年龄大的株数少，但由于随着年龄的增长，林木的胸径不断加大，而株数逐渐减少，从而使得各种年龄的林木所占的面积则几乎是相等的。这种理想的择伐林分，一定是在逐年进行采伐并且每次的采伐量基本相等的情况下才能形成。但实际上择伐并不是每年进行，且采伐量也并非每次都相等，从而使得伐后的林分一般并不具有真正意义的年龄平衡分配状态，常为不规则的异龄林。不过，这样的林分，通过长期有规则的择伐与更新，其年龄状况会越来越趋于平衡分配。

5.3.1.2 森林择伐更新的选用条件

除了强喜光树种构成的纯林与速生人工林外，其他林分都应大力提倡采用择伐。只是在有些条件下必须采用择伐，而在有些条件下，可以选用择伐，也可选用其他作业法。森林择伐更新的选用条件如下。

①择伐最适于由耐阴树种所形成的异龄林。无论是用材林、风景林或防护林等，均应根据林分培育目的，林分的年龄结构、层次结构与林分组成的特点，来确定采伐强度与合理选择采伐木。所采用的更新方式为天然更新。但在天然更新的幼苗幼树达不到更新标准时，应采取人工措施促进天然更新，进行补播补植等。

②由耐阴性不同的树种构成的复层林，针阔混交的复层林，以及有一定数量的珍贵树种的阔叶混交林，一般只能采用择伐。这些类型的林分采用择伐作业后，能使保留的目的树种生长得更好，择伐作业不但获得了木材，而且能较好地对保留木进行抚育。

③现在全国进行天然林保护，不但保护原始林，同时也大力保护次生林。但保护不等于禁伐，特别是对次生林中那些成熟的林分也应进行采伐，采伐方式主要是择伐。通过择伐既可获得木材等经济收益，又可提高林分质量，从而在更高层次上对森林起到保护作用。有些从事多种经营的次生林，可采用择伐与其他作业法相结合的方法对成熟的林分采伐、培育、利用。

④在陡坡、土层薄、岩石裸露、森林与草原的交错区、河流两岸、铁路与公路两侧的森林，无论是防护林或用材、防护兼用林，都只能采用小采伐强度的择伐，使森林能较好地发挥保护生态环境的作用，防止水土冲刷，防止林地沼泽化或草原化。

⑤自然保护区与森林旅游区的成熟的森林，为了维持其生物多样性、风景价值与生态

效能，需要采伐时，只适宜采用小强度的单株择伐。

⑥雪害与风倒严重地区的林分，采用择伐可以减轻自然灾害的发生，防止林地环境恶化。

⑦择伐不宜在由极阳性树种组成的林分、速生丰产林中采用。

5.3.1.3 择伐更新的方式

(1) 按森林经营的集约程度划分

就其经营的集约程度分为集约择伐法和粗放择伐法。

①集约择伐法。集约择伐为经营集约度高的择伐方法，它要求很高的作业技术与管理水平，适用于各种森林公园、风景林及防护林（水源涵养林、水土保持林、护坡林、护岸林等），适用于经营水平高的用材林。为了使一个林分的采伐量不超过间隔期内林木的生长量，并维持生态环境，应严格控制采伐强度，而且应将蓄积采伐强度与株数采伐强度结合起来考虑。它又可划分为单株择伐与群状择伐。

单株择伐：是在林地上伐去单株散生的已达伐期龄的林木和劣质的林木。采伐后，林地上所形成的每块空隙面积较小，因此只有较耐阴的树种才能得到更新。单株择伐虽然对森林环境的影响不大，但在每块空隙地上更新起来的新林木会受毗邻树木延伸树冠的压抑。

群状择伐：是在林分中采伐呈小团状或小块状的成熟木，每块可包括两株或更多的林木，团、块的最大直径可达周围树高的2倍。采伐团、块的大小可根据树种对光照的要求来确定，喜光树种可大些，耐阴树种可小些。在实行群状择伐的林分中，每一片块状林是由同龄的树木所组成，但从全林来看，仍是异龄的。此种择伐一般采用天然更新，但天然更新不良时，也可用人工更新措施加以辅助。

实行集约择伐，无论是单株择伐或群状择伐，采伐木的选择应本着"采大留小、采劣留优"的原则，并要维持各种大小林木的均匀分布。要严格掌握采伐强度，使采伐量与林木净生长量保持平衡。间隔期长短决定于采伐量与生长量。伐后林冠郁闭度要大于0.5，用材林可小些，防护林宜大一些。

②粗放择伐法。粗放择伐的采伐量较大，间隔期较长，偏重于当前木材的利用，至于采伐以后对森林的产量与质量的影响不多考虑。目前，在世界上一些国家的边远林区，由于交通条件的限制，所采用的径级择伐，即为一种粗放择伐。一些发达国家在南亚、南美、非洲等一些发展中国家购租林地经营森林，多采用粗放择伐法。他们往往施用很大的择伐强度，取材成为主要的目的，而且只采好的与大径级的林木，这势必对森林产生一些破坏作用。

径级择伐：径级择伐是根据对木材规格的要求，采伐规定径级以上林木的主伐更新方式。往往根据对木材的要求，决定最低的采伐径级，凡在最低采伐径级以上的林木就全部采伐，其他林木全都留下。这种择伐是一种很粗放的择伐方式，它往往是从森林工业的观点出发，只考虑取得一定规格的木材与经济收入，很少考虑采伐过后的林地状况，也很少考虑伐后的更新问题。在日伪统治时期的东北林区，就是采用这样的主伐方式，俗称"拔大毛"式的采伐。建国初期，为了获得急需的大量木材，对红松林、云杉林的采伐，也沿用了此种方法，采伐时常常是去大留小，采优留劣。径级择伐的后果多是不良的，伐后易引起林相残破，一般说来径级择伐的采伐强度为伐前林分蓄积的 30%～60%，甚至更高，伐后林分郁闭度较低。

采育择伐：采育择伐是我国东北林区为纠正 20 世纪 50 年代采用的，不利于森林更新的大面积皆伐和不合理的径级择伐而提出来的一种主伐更新方式。采伐过程中要考虑伐去病腐木、弯扭木、站杆与其他无培育前途的林木；要伐去原生次生林中的霸王树，解放被压木，为目的树种的中小径级林木和幼树生长创造条件。这种择伐的出发点是采伐与更新育林相结合，既可在单位面积上比较集中的取得较多木材，又能促使林木尽快生长，还要保证及时更新，有生产木材和培育森林二者兼顾的含义。这种择伐也曾称为采育兼顾伐，后因其仍属于择伐的范畴，因而改称为采育择伐。采育择伐伐后郁闭度维持在 0.4 以上，采伐强度低于伐前立木蓄积量的 60%。

（2）按森林经营目的和对采伐木的要求划分

根据经营目的和对采伐木的要求不同分为更新择伐法和经营择伐法。

①更新择伐法。更新择伐是以保证林分健康的发展，并获得良好的更新为主要目的，只采伐已经衰老、行将死亡的成熟木、过熟木，以及各径级的病腐木、虫害木和其他即将死亡的林木的主伐更新方式。这一采伐方法，基本按照树木自然衰老、自然更新的规律，只是在林木老死之前，将其采伐利用，同时注意改善林分的卫生状况，以利于更新。更新择伐的采伐量较小，采伐量与采伐时间均由林木成熟的程度、天然更新状况及森林需要抚育的程度来确定。通常只在不允许采用其他主伐方式的防护林、供旅游观赏的风景林以及其他具有特殊意义的林分中应用，以避免防护性能的减弱、观赏价值的降低。

②经营择伐法。经营择伐是以培育森林、维持森林环境为主要出发点而采伐利用成熟林木的主伐更新方式。它的采伐强度较小，通常为 30% 左右，采伐后郁闭度保留在 0.5 以上。实行经营择伐，对有珍贵树种的林分和采伐后容易引起岩石裸露、水土流失及更新困难的林分，其采伐强度不大于伐前蓄积量的 30%，伐后林分郁闭度保持在 0.6 以上。经营择伐采伐木的选择除成熟木外，还包括未成熟的病腐木、虫害木和无生长前途的林木；还要对过密处进行稀疏，伐去一些质量差的林木和次要树种。因此在预定采用经营择伐的林分，不必再进行抚育间伐。经营择伐的间隔期一般较短。

5.3.2 择伐木确定

如何选择采伐木决定着择伐作业的质量和效果。确定采伐木与留存木的重要性，在于它影响着采伐所得木材的材种和质量，影响着留存林木的生长速度以及森林更新后的树种组成。如果只采主要树种中大径级的优良木，而将病腐木、站杆木、虫害木、双杈木和次要树种的林木留下，虽可取得优质木材、降低采伐成本，但将降低伐后林分的质量和生长速度；如果尽伐主要树种，留下的全是次要树种，则更新后的林分将是以次要树种占优的低劣林分。合理的择伐应该是将采伐与育林紧密结合。在选择采伐木时，应遵循以下原则。

①在上层林内，除伐去符合择伐年龄的成熟木外，同时伐去影响幼壮龄林木生长的径

级较大的病虫害木、弯曲木、枯腐木和霸王树，形成有利于幼壮龄林木生长发育的伐后环境。

②在中层林内，应将濒死、枯立、干形不良或冠形不好的树木伐去，这类似于抚育间伐，以利于保留木的生长发育。中层林木是培育对象，在这一林层不可过度疏伐。

③在下层林内，伐去不能成材的受害木、弯曲木和多余的非目的树种树木，形成有利于中下层目的树种林木生长的良好条件，起到对幼苗幼树更好的庇护作用。

④在林木较稀的林分中，采伐强度可以小些，保留木的径级和年龄可以比一般林木稍大些，避免森林环境变化过大对林木生长产生的不利影响。

⑤无论是什么类型的林分，都要注意保护生物多样性，保留珍稀树种，保留有助于益鸟、益兽、珍稀动物栖息和繁殖的林木。

总之，首先确定保留木，将能达到下次采伐的优良林木保留下来，再确定采伐木；竹林采伐后应保留合理密度的健壮大径母竹。择伐采伐木的选择可以概括为"采坏留好、采老留壮、采大留小、采密留匀"。

5.3.3 择伐更新技术

5.3.3.1 择伐的采伐强度、间隔期与采伐年龄的确定

(1) 采伐强度

择伐的采伐强度是指每次的采伐量与伐前蓄积量的比值。一般由年生长量的大小和间隔期的长短来决定采伐强度的大小。年生长量大的林分每次采伐量可以大一些，即采伐强度就大一些；采伐强度又与间隔期的长短密切相关，间隔期短则采伐量宜小些，间隔期长则采伐量宜大些。

(2) 间隔期

间隔期是指相邻两次择伐之间所间隔的年数。择伐属不整齐乔林作业法，与整齐乔林作业法(皆伐作业法、渐伐作业法)比，没有轮伐期而有间隔期。择伐一般按6~10年的周期反复进行，这个周期就叫间隔期，也叫回归期或回归年。通常以年生长量去除一次采伐的采伐量，来算出择伐间隔期。这样做的目的就是要保持森林有稳定的蓄积量，不因采伐而使蓄积量减少。

(3) 采伐年龄

择伐虽无轮伐期，但可以规定采伐年龄。采伐年龄是指直径达到采伐要求的一定数量树木的平均年龄。

在对一个具体的林分确定采伐量与间隔期时，要参考林分的成熟木的数量、卫生状况、优势树种生长快慢、林分的郁闭度与立地条件等情况。当林分的立地好、郁闭度高、成熟木比例大、卫生状况不良、优势树种生长快，采伐量可以大些，反之则小些。采伐量大，间隔期就长。另外，生产单位的综合条件也影响采伐强度与间隔期，经济状况、技术力量、劳力等条件好的，采伐量宜小一些，间隔期宜短些，这样可以较好地保持森林环境，也有助于森林更新和更有效的利用地力。

我国《森林采伐作业规程》（LY/T 1646—2005）规定：凡胸径达到培育目的林木蓄积量占全林蓄积量超过 70% 的异龄林，或林分平均年龄达到成熟龄的成、过熟同龄林或单层林，可以采伐达到起伐胸径指标的林木；择伐后林中空地直径不应大于林分平均高，蓄积量择伐强度不超过 40%，伐后林分郁闭度应当保留在 0.5 以上；回归年或择伐周期不应少于 1 个龄级期，下一次的采伐量不应超过这期间的生长量；下一次采伐时林分单位蓄积量应高于本次采伐时的林分单位蓄积量。

各种防护林与风景林进行择伐时，采伐量宜小，并且以单株择伐为主，使其既改善林分状况，又能维持防护效能与观赏游憩价值，又加强对生物多样性的保护。

5.3.3.2 择伐的更新

择伐主要靠天然更新，并且以天然下种更新为主。因为择伐后形成的伐孔周围有大量的壮龄树，可以提供比较充足的天然下种所需的种子。择伐后林地上仍存在大、中、小各径级林木，在这些林木的庇护下，给伐孔更新地造成了种子发芽、幼苗、幼树生活的良好环境，所以常能获得比较满意的天然更新。有的树种具有萌芽性和根蘖性，老树伐后会产生萌芽更新苗与根蘖更新苗，这些苗木往往呈丛状或簇状分布，对此要进行定株，每丛或每簇只保留 1~2 株，这些苗木在周围林木的庇护下，也能健康生长。

由于受自然条件的限制，当采伐以后林冠下目的树种的天然更新不能令人满意，或林地条件较差如土层较薄、岩石裸露，或大量杂草侵入等，使天然更新受到影响时，就要采取人工整地、松土、补播种子、补植苗木以及除草、砍伐竞争植物等人工促进更新的措施，以保证森林更新的成功。当实行择伐的林分缺乏合乎经营要求的目的树种种源，特别是珍贵树种的种源时，可以人工引种，以优化更新林分的树种组成，提高林分质量。在阔叶林，特别是在次生阔叶林中进行择伐时，常需要人工引进针叶树种，以便培育合乎经营要求的针阔混交林。为了保证更新效果、保护幼苗幼树生长，在采伐时要严格控制树倒方向。集材时要尽量避免损伤中小径木与幼树。集材后要对迹地进行清理，按规定堆积枝杈或将枝杈运出利用。

5.3.4 森林择伐更新的优缺点

5.3.4.1 森林择伐更新的优点

相比皆伐和渐伐，择伐有许多优点，主要表现在以下方面。

①能长期不间断地发挥各种有益效能。实行择伐作业以后，森林始终保持着较完好的林相，从而能持续的维护森林环境，能较好地涵养水源，防止土壤侵蚀、防止滑坡与泥石流的发生。同其他采伐方式相比，择伐林的环境保护作用是最好的。

②有助于保护生物多样性。森林生态系统的平衡状态不会因采伐而受到破坏，森林中各种生物协调平衡，林内的各种动物、植物群落一般不会出现突发性的灾难，很少发生严重的灾难，生物种类不会减少。

③能充分利用森林的自然更新能力，大大降低更新费用。择伐的天然更新与原始林的

自行更新过程相似，林内存在着永久的母树种源，幼苗、幼树在老林的庇护下很容易获得成功。

④森林对光能的利用率高，林分的生产力较高、生物量大。伐后林分为多级郁闭，具有异龄多层的特点，对太阳辐射的总利用率高。

⑤具有旅游与保健价值。择伐林的林木具有大小参差不齐的多层性，并有单株与群团采伐后形成的林隙，因而风景和美化作用保持得好，旅游与保健价值更高。

⑥有利于森林资源可持续经营。由于择伐作业法始终是边采伐利用、边更新、边抚育，而成为在所有森林收获作业法中最适于走森林资源可持续经营之路的作业方法。

5.3.4.2 森林择伐更新和缺点

与皆伐和渐伐比，择伐也有一定的局限和不足，主要表现在以下方面。

①对采伐木的选择比较复杂、费劲，需要格外慎重，否则林分难以逐渐转为平衡异龄林或保持为平衡异龄林。

②由于伐木是在林分中进行，必须严格选择和掌握树倒方向，不然容易砸伤周围的保留木和幼树，容易产生树木搭挂现象。

③择伐的采伐木比较分散，难以发挥机械效能，伐木和集材的工作复杂、费用高，再加上采伐强度小、间隔期短，使得木材生产成本较高。

④择伐林分不适于选用喜光树种，虽然在大的伐孔中，喜光树种可以更新，但生长受限制，欲使成林成材难度大、效果差；择伐作业难以在速生丰产林中应用。

任务实施

5.3.5　采伐木选择与林隙更新实训

5.3.5.1　实施过程

①在需择伐的森林地段进行。首先根据林分属性（用材林、风景林等）及林内树种的工艺成熟龄、数量成熟龄、自然成熟龄确定采伐木，用粉笔在采伐木胸径处标上 2~3cm 高的圆环，使采伐时在各个方向均能清楚地看见，避免误采、漏采。接着在林分上层选择阻碍幼壮龄林木生长的径级较大的病虫害木、弯曲木、枯腐木和霸王树；在中层林内选择濒死、枯立、干形不良或冠形不好的树木；在下层林内选择不能成材的受害木、弯曲木和多余的非目的树种，树木均用粉笔标上采伐记号。整个选择过程要遵循以下几项原则：有利于森林健康生长；有利于森林更新和提高林分生产力；有利于保护生物多样性（注意保留珍稀树种、保留有助于益鸟、益兽、珍稀动物栖息和繁殖的林木）。

②在刚实施过择伐的森林地段进行观察，并讨论林隙概念。在林隙中实施人工更新，是择伐研究方面比较新的概念。近十几年来，我国的林业工作者对择伐的林隙更新研究取得了一些成果。林隙的概念 1947 年由英国人 Watt 提出。现在人们把林隙分为两类：一是冠林隙，指直接处于林冠层空隙下的土地面积，有人称之为实际林隙；二是扩展林隙，指

由冠层空隙周围林木树干围成的土地面积。创建林隙的林木称之为林隙形成木。林隙形成木的组成、直径、树高，影响着林隙的大小，影响着其周围的下层植物，从而影响林隙的更新。一般认为林隙的面积在 4~1000 m²。小于 4 m² 间隙与林分中的树枝间隙难于区分，故不做林隙处理；大于 1000 m² 当作林间空地看待。主要是林木的老熟枯死或各种自然因素破坏造成林木死亡所致。林隙的产生为森林更新、树木生长创造了条件。人为的干扰也可创建林隙。择伐的单株采伐或成团采伐，就可创建大小不同的林隙。

在林隙内由南向北存在微环境梯度。其中光是主导因素，光环境存在着南北不对称性。在林隙四周树高一定时，随林隙增大，光照由南向北的梯度增大，从而形成林隙中不同方位的气温、湿度、地温与土壤含水量的变化。因此，我们可利用林隙中不同方位微环境的变化，在人工更新中选择适宜的更新树种、大小不同的苗木，确定适宜的密度、合理的栽植点，以取得较好的更新效果，减少死亡率，提高生产力。

③分组选择不同地段的林隙，进行林隙内不同方位光照强度、气温、地温、空气湿度、土壤湿度的测量，做好记录。

④进行林隙更新设计。一般冠林隙宜栽较喜光树种和较大的苗木，冠林隙面积以外的扩展林隙宜栽较耐阴树种、较小的苗木；林隙南部宜栽耐阴树木，林隙北部宜栽较喜光树木。

⑤归纳总结。林隙更新的效果需经过一段时间确定。林隙更新的设计原则须进一步研究探讨，进行该实习可提前查阅近几年林业科技刊物关于林隙更新的文章，在实习时开展小组讨论。

5.3.5.2 成果提交

每人写一份林隙微环境状况调查及林隙更新设计讨论的实训报告。要求把调查方法和技术要点写清楚，调查和讨论结果写明白。

5.3.6 森林择伐更新作业设计实训

5.3.6.1 实施过程

(1) 材料准备

①上级机关对调查地区的计划指令，如上级下达的计划（设计）任务书、地区的林业发展规划和年度计划等。

②有关的林业方针、政策和法规，如森林法，森林采伐作业规程、采伐更新管理办法、总体设计规划等。

③历年经营活动分析资料。

④作业设计地区的自然条件（如地形地势、土壤、气象、水文、动物和植物等）和社会经济条件（如交通运输、设备、工具、劳动力、经费预算和人类活动等）的资料。

⑤作业设计地区的森林资源清查及有关专业调查材料。

⑥作业设施材料（如楞场、工棚、房舍和集运材线路等）。

⑦图面材料（如基本图、林相图、森林分布图、森林经营规划图及各种专业调查用图等）。

⑧林业科学研究的新成就和生产方面的先进经验。

（2）择伐作业区调查

①了解作业区的森林类型的地形条件。以此确定在该地实施择伐方式的合理性（择伐作业的应用条件参见教材）

②调查择伐作业的各项技术指标。择伐的技术指标有（以经营择伐为例）：

a. 择伐强度：鉴于经营择伐是在利用木材的同时，以培育森林和维持森林环境为主要出发点，因此，其采伐强度必须控制在伐前蓄积量的30%～40%，伐后林分郁闭度应保留在0.5以上。在实习现场量测林分伐前蓄积量，检查采伐量是否控制在上述标准之内。

b. 采伐间隔期：查询该场主伐设计资料，了解预定的间隔期，然后根据采伐量与生长量相等的要求，通过下式求得间隔的大致标准，并对照检验。

$$采伐间隔期 = \frac{采伐量}{年生长量} \quad (5\text{-}12)$$

通常，经营择伐的采伐间隔期为5～10年。

c. 采伐木的选择：择伐的主要采伐对象是已达成熟的林木，在生产上为了便于掌握，多用达到成熟时的林木径级作为确定采伐木的标准。

③调查择伐迹地的更新情况。择伐迹地以天然更新为主。有时为了促进林冠下目的树种的更新，应采取人工整地松土、补植苗木以及除草砍灌等人工促进更新的措施。当择伐更新的林分，缺乏目的树种种源时，可以人工引种珍贵树种，改变更新幼林的树种组成。

（3）内业计算与设计

应根据外业调查和搜集到的本地区自然经济情况的材料，进行分析、整理、计算和设计，具体内容如下。

①确定择伐地点和种类。

②计算和确定采伐量。

③确定更新顺序、更新方式及比重。

④确定更新树种。

⑤按不同更新方式，确定主要技术措施。

⑥确定人工更新的更新年限，计算平均年度更新工作量。

⑦计算投资和单位成本。

⑧绘制伐区位置图、作业设计图。

⑨编制作业设计表，包括择伐伐区调查设计汇总表、伐区调查每木检尺登记表、择伐林分变化情况表、林木每公顷蓄积量和出材量统计表等。择伐更新作业设计中的其他设计表，可仿照森林皆伐更新作业设计的表格编制。

⑩编写作业设计说明书。择伐更新作业设计说明书可以依照森林皆伐更新作业设计说明书的规格、作业区的基本情况、择伐更新技术措施设计、施工方面的说明以及设计经费概算等几个方面编写。作业设计说明书的主要内容包括：

a. 基本情况：简述作业区的范围、森林资源状况、所在地自然条件和社会经济状况（包括劳力、运力、交通状况等）以及进行作业的必要性和可行性分析。

b. 技术措施：说明作业所采取的主要技术措施。

c. 作业量：说明作业面积、采伐量、出材量，以及作业进度安排。

d. 作业设施：说明作业期间所需各种设施的数量、规格、设置位置以及建成期限。

e. 劳力安排：说明完成作业所需要的劳力和运力，并提出解决办法。

f. 收支概算：说明完成作业所需总的经费投资及其计算依据，产品收益及收支盈亏情况。

g. 提出施工应注意事项和建议。

归纳总结：认真按照技术标准和调查方法规定，对调查设计说明书及图表进行认真计算、记载和核校，消除差、错、漏项现象。

5.3.6.2 成果提交

每人应交出一份完整的森林择伐更新作业设计成果，包括标准地调查材料、作业设计表、图面材料、附件和设计说明书等部分，文、表、图清楚，装订顺序符合规范要求。成果内容具体包括：

①编写择伐伐区调查设计说明书。

②择伐伐区调查设计表。包括伐区调查每木检尺登记表（表5-6）、林木每公顷蓄积量和出材量统计表（表5-9）、择伐林分变化情况表（表5-18）、择伐伐区调查设计汇总表（表5-19）等。

③择伐伐区调查设计相关材料，包括申请单位或个人的营业执照或身份证复印件、林木所有权证明、伐区界线确认书、县级人民政府或县级林业行政主管部门规定的其他材料。

④择伐伐区调查设计附图，包括择伐伐区在县域内的位置示意图、择伐伐区调查设计图（应标明伐区位置、四至界线，用表格形式表注林班号、小班号、采伐树种、林龄、采伐面积、采伐蓄积、出材量等内容。采用罗盘仪实测面积时用大于1∶5000比例尺的底图；采用1∶10 000比例尺地形图调绘面积的，要将有关部分描绘或剪接成图；采用GPS测定面积的，要使用GPS技术在大于1∶10 000比例尺的地形图上绘制伐区调查设计图）、伐区现状图（伐区现场照片：伐区整体林分现状照片2~3张，标准地照片2~3张全林调查时为伐区内部林分现状照片）。

> **拓展知识**

桉树择伐培育复层异龄林

桉树人工林通过择伐培育复层异龄林，促进林分合理利用光照、水分和土壤养分，既可培育优质中大径材又可培育小径材，还可提高林地利用率、丰富森林资源，增加林农收入，是实现桉树科学经营和可持续发展的一种新模式。

（1）定义

桉树是指巨尾桉、尾巨桉、巨桉等。择伐培育复层异龄林是指已符合桉树短周期工业原料林主伐皆伐条件的桉树林不进行皆伐作业，而只对林分中的部分林木进行采伐，采伐后对保留木和萌芽条分别进行抚育管理，使林分形成异龄复层结构。

(2) 技术要点

①择伐起始年龄。需要考虑林分郁闭度达到 0.8~0.9，林龄选择 5 年生以上，直径生长量明显下降，自然整枝明显上升，并综合考虑经济效益、交通条件等社会因素。

②择伐强度。择伐蓄积量强度达到 70% 左右，伐后林分郁闭度大于或等于 0.3，保留木分布相对均匀。

③保留株数。每亩保留 25 株左右，最低每亩保留 20 株。

④择伐方法。遵循"采劣留优、采小留大、采密留均"原则，先确定保留木，将有生长优势的林木保留下来，再确定采伐木，实现森林采伐和森林培育有机结合。可采用株间择伐或隔行择伐，隔行择伐带宽不能大于林分平均高，如留两行采四行（不能多于 4 行）。

⑤择伐季节。择伐季节选择在林木生长速度渐缓的当年 9 月后至翌年 3 月前，即为秋末至初春。以防因强度择伐后遇台风引起保留木风折，也有利于春季伐根萌芽。

(3) 伐前、伐中、伐后管理技术

①伐前管理。林下植被茂密的林分，伐前应进行全面劈草或化学除草，劈草时草桩高度应低于 25 cm，注意保留比较有经济、生态价值的幼苗幼树，以利于自然形成混交林。化学除草应在采伐前 50 d 进行，以利杂草枯烂，便于伐区作业。

②伐中管理。采伐木伐根高度尽量低于 5 cm，最高不得超过 10 cm，以利于萌芽条从地表长出和便于培土作业，遇有枝杈叶盖住伐根时应及时拨开，以防伐根腐烂影响萌芽。

③伐后管理。

a. 伐后杂、灌、草处理：对于伐前未进行劈草的林分，采伐后应将伐区内影响桉树伐根萌芽的杂、灌、草等从基部砍倒，草桩高度不超过 25 cm，并将采伐剩余物及杂灌平铺在已砍伐树桩的行间。

b. 清除多余萌芽条：当萌芽条长到 1~1.5 m 时，每个伐根应保留上坡方向不同萌芽点的 1~2 株粗壮、贴近地面、无病虫害的萌芽条，其他萌芽点的萌芽条应以清除。

c. 萌芽条培土：以伐根为中心，50 cm 为半径的杂草连根全挖除，并深挖 20 cm，然后对伐桩外缘 10 cm 半径内进行培土，将伐根用土全部盖住，培土高度为 10 cm 左右。

d. 抚育管理：包括萌芽条施肥、保留木施肥和除草。

萌芽条施肥：在距伐桩 30 cm 的上坡方向或左右侧挖一条长 30 cm、宽 20 cm、深 25 cm 的施肥沟，将复合肥（含氮、磷、钾）500 g、钙镁磷 500 g，均匀施放在沟内并覆土，施肥量可依立地条件、经济条件而增减。

保留木施肥：保留木可与萌芽条同时进行施肥，在保留木每两株中间挖一条长 50 cm、宽 20 cm、深 25 cm 的施肥沟，将复合肥、尿素均匀施放在沟内并覆土。

除草：同一般桉树林分管理。

> **巩固训练**

天然林更新采伐

(1) 任务描述

选择部分小班林木平均年龄偏大，蓄积量增加已不明显，林下幼树丛生，郁闭度较大,需要进行主伐更新的异龄林,需要确定应采用那种主伐方式,更新应采用哪种方式,同时完成采伐相关调查及内业统计工作。任务实施过程中的技术标准参照《森林采伐作业规程》(LY/T 1646—2005)、《森林经营技术规程》(DB21/T 706—2013)、《标准地调查技术规则》(DB/T 2100B650017)执行。

(2) 任务目标

①能够根据树木的生长情况及森林经营技术标准确定是否需要进行主伐更新及其主伐更新的方法措施。

②能够完成林分更新调查并根据调查数据确定正确的更新方式。

③能够正确实测小班面积。

④能够根据技术标准合理确定采伐强度及采伐木。

⑤能够完成采伐量和出材率的调查与统计。

⑥能够按设计要求进行天然林更新采伐施工作业。

⑦能够熟练进行更新采伐相关内业统计与计算。

(3) 准备工作

调阅林分档案,了解林分基本情况,看其是同龄林还是异龄林,如是同龄林,需掌握主要树种平均年龄是否达到《森林经营技术规程》(DB21/T 706—2013)中各林种、树种(组)主伐更新年龄规定。符合条件,可进行更新采伐;否则,不能进行更新采伐。如是异龄林,需现地踏查并进行全林检尺,大径级立木蓄积占到总蓄积的70%~80%,可进行更新采伐;否则,不能进行更新采伐。对符合更新采伐条件的林分,进行更新采伐外业调查和更新采伐设计,上报林业主管部门等待批复,在得到批复后方可组织人员进行更新采伐施工。

本设计针对以柞树为主形成的异龄林进行设计。根据《森林经营技术规程》(DB21/T 706—2013)规定,异龄林更新采伐采用径级择伐,严格按起伐径级进行。

(4) 外业部分

①确定主伐更新对象。首先调阅林分档案,了解林分基本情况,重点是了解达到更新采伐年龄见《森林经营技术规程》(DB21/T 706—2013)附录C——各林种、树种(组)主伐(更新)年龄表,同时看其上次更新采伐进行的年份,是否达到再次更新采伐的间隔期(径级择伐的间隔期按《森林经营技术规程》规定为一个龄级期)。然后到现地踏查,了解林分现状和档案记载是否一致,确定和档案记载一致时,根据全林每木检尺数据计算大径级林木(胸径大于25 cm的林木)立木蓄积量和林分总蓄积量,判断大径级林木立木蓄积是否达到林分总蓄积量的70%~80%,达到,可进行更新采伐;否则,不需要。在调查过程中,将调查数据记录在"表5-7 伐区调查每木检尺登记表"。

②林分天然更新调查,确定更新方式。设置标准地,调查林分天然更新能力,调查方法按《标准地调查技术规则》(DB/T 2100B650017)执行。主要调查内容包括:树种、株数、树高、林龄、起源及生长状况。

可以采用的更新方式包括:天然更新、人工促进天然更新和人工更新。

生态公益林以天然更新和人工促进天然更新为主,人工更新为辅。具体采用哪种更新方式,应以调查数据为依据,根据条件判断采用那种更新方式。

a. 天然更新：适用于择伐或渐伐林地。要求合理保留母树，结合种子年进行采伐或根据树种的萌芽、萌蘖能力，在树液停止流动季节进行采伐。采伐后保留具有天然下种能力的母树≥60 株/hm²，且分布均匀，采伐后目的树种天然更新幼苗≥3000 株/hm²；

b. 人工促进天然更新：主要适用于择伐或渐伐的林地。要求采伐后目的树种天然更新幼苗 2000 株/hm² 以下，通过补植、补播适生树种 1000~1500 株(穴)/hm² 可成林；

c. 人工更新：不能天然更新和人工促进天然更新困难的林地应进行人工更新，更新后达到 1100~3300 株(穴)/hm²。成活率达到 85% 以上，保存率达到 80% 以上。

③小班面积测定。小班面积测定可以采用罗盘仪闭合导线法进行测量。将测量结果记入"表 5-3 罗盘仪导线测量记录表"。

④小班调查。在小班中进行全林每木检尺，将检尺数据以"正"字记入"每木调查表"（附表 2）中，并计算该小班林分的平均胸径并填入表中。

$$\overline{D} = \sqrt{\frac{\sum n_i d_i^2}{\sum n_i}} \qquad (5\text{-}13)$$

在小班中进行土壤质地、土层厚度、植被、下木等因子的调查，并按实际情况填写"林分因子调查记录表"（表 5-5）。

⑤树高胸径测定。首先在小班内选择各径阶的径阶标准木，中央径阶选择 3~5 棵，两侧径阶选 1~2 棵，使其呈现正态分布，然后用测高器和围尺分别径阶实测 15~20 株径阶标准木的树高和胸径并将其记入"伐区调查每木检尺登记表"（表 5-6），最后在厘米方格纸上绘制树高曲线图。

⑥确定采伐木。径级择伐是根据对木材规格的要求，采伐规定径级以上林木的主伐更新方式。往往根据对木材的要求，决定最低的采伐径级，凡在最低采伐径级以上的林木要全部采伐，其他林木全都保留。是一种很粗放的择伐方式，后果多是不良的，伐后林分郁闭度较低。易引起林相残破。

根据《森林经营技术规程》(DB21/T 706—2013) 规定，径级择伐平均择伐强度不超过伐前林分蓄积量的 25%，作业时优先保留黄波罗、刺楸等《森林经营技术规程》(DB21/T 706—2013) 附录 M 中规定的珍贵树种。

主要树种为柞树确定起伐径级为 47 cm，珍贵树种以外的树种，应同时遵循以下原则：

a. 在上层林内，除伐去符合择伐年龄的成熟木外，同时伐去影响幼壮龄林木生长的径级较大的病虫害木、弯曲木、枯腐木和霸王树，形成有利于幼壮龄林木生长发育的伐后环境。

b. 在中层林内，应伐除濒死木、枯立木、干形不良或冠形不好的树林木，以利于保留木的生长发育。

c. 在下层林内，伐去不成材的受害木、弯曲木和多余的非目的树种树木，形成有利于中下层目的树种林木生长的良好条件，起到对幼苗、幼树更好的庇护作用。

d. 同时要注意保护生物多样性，保留珍稀树种，保留有助于益鸟、益兽、珍稀动物栖息和繁殖的林木。

总之，采伐木的选择可以概括为："采坏留好、采老留壮、采大留小、采密留匀"。

⑦确定采伐强度。根据确定的采伐木数量、胸径树高曲线,及全林检尺的结果,分别计算采伐木蓄积和小班林分蓄积,并计算出采伐强度,如果采伐强度小于等于25%,采伐木确定合理,如果蓄积强度超过25%,要现地抹号,直到蓄积强度达到合理范围。

⑧出材率调查。采用径阶标准木法调查出材率。首先根据树高曲线图,确定各径阶标准木树高,然后根据各径阶标准木树高和胸径确定标准木,伐倒标准木后进行造材。

(5) 内业部分

①绘制小班平面图并计算面积。在厘米方格纸上按照1:1000的比例尺根据罗盘导线测量外业数据绘制小班平面图并计算面积。同时将图转绘到森林采伐作业设计实测图上。

②填写数据。将外业调查数据如实填写在"标准地测量记录表"(表5-4)。

③绘制树高曲线。根据小班调查结果,在厘米方格纸上绘制树高曲线,并将树高曲线转绘至"树高曲线图"(表5-8)。

④采伐强度计算。

蓄积强度计算:根据标准地中确定的采伐木的蓄积量和标准地中林木的蓄积量计算蓄积强度(P_v)。

$$P_v = \frac{v}{V} \times 100\% \tag{5-14}$$

式中:v——采伐木总蓄积;
V——伐前总蓄积量。

⑤采伐量和出材率计算。

小班采伐量计算步骤:查树高曲线,求小班中每个径阶采伐木对应的平均树高。通过小班中的采伐木胸径和采伐木平均树高,查二元立木材积表,可求得该径阶胸径和径阶树高对应的立木材积。采伐木的材积乘以每个径阶采伐木株数即为每个径阶的采伐木蓄积量。小班采伐量即等于小班内每个径阶采伐木的蓄积量之和。

标准地采伐木总出材量计算:根据"每木检尺登记表"(表5-6)查材积表,求算每个径阶标准木的出材材积,乘以该径阶对应的采伐木株数,即为该径阶采伐木的出材材积,累计每个径阶出材材积之和即为标准地采伐木的总出材量。

标准地采伐木蓄积量计算:查二元立木材积表,求算每个径阶标准木的单株材积,单株材积乘以该径阶对应的采伐木株数,即得该径阶采伐木的蓄积之和,累计每个径阶采伐木蓄积之和即为标准地采伐木的蓄积量。

$$出材率 = \frac{采伐木出材量}{采伐木蓄积} \times 100\% \tag{5-15}$$

将求得的出材率填写在"林木每公顷蓄积量和出材量统计表"(表5-9)。

⑥填写标准地内业记载表中的其他表格。将计算的数据和其他外业调查相关数据,填入森林经营作业设计呈报书中的其他表格,在填写过程中要细致认真,做到数据转录无误。

⑦绘制作业小班在林班中的位置图。注意整幅图的布局要合理。

⑧更新造林作业设计。根据小班因子调查情况、小班面积及采伐强度设计更新造林的树种、密度、需苗量及整地方法、造林时间等内容。

（6）成果提交

每人提交油松二次渐伐森林经营作业设计呈报书一份（包括表5-6、表5-9、表5-18和表5-19等）。

（7）更新采伐施工

①采伐木标定。采伐木确定后要进行标记，不允许不打号采伐，不允许非打号员打号。用粉笔，或镰刀砍号都可。砍号只可刮破树皮，不能砍伤木质部。

②采伐。采伐前选好树倒方向，清除掉被伐木基部妨碍作业的灌木，打出安全道。打号林木按预定的方向伐倒，不要伤害保留木。伐木时，端平锯，先锯下口，后锯上口，尽量降低伐根，伐根高度要不高于10 cm。

③打枝、造材。从树干基端向梢头打枝。人站在树左侧打右面的枝，站在右侧打左面的枝条。打枝要贴近树干，打出平滑的"白眼圈"。不允许逆砍和用斧背砸。合理造材，节约木材，增加出材量。下锯前量出长度，看好弯曲、分叉处，按材种规格造材。这项工作由造材员进行。

④集材、归楞。抚育采伐生产中多采用人力、畜力集材。

归楞要分别树种、材种，将大小头分开整齐堆放，为检尺、装车创造方便。

⑤伐后清林。采用堆腐法进行清理，即将采伐剩余物堆成小堆，任其自然腐烂。堆积时，应将较粗大的枝杈堆在下面，细而小的枝杈堆在上面，堆好后，上面用较大的枝杈或石头压好，以便使堆垛紧密，免于被风吹散和便于腐烂。堆的方向以横山堆积为宜，但不要影响小河、小溪的正常排水作用。垛的大小要适宜，过大会影响腐烂，过小会因枝杈堆过多而影响迹地更新，一般每公顷约150~200堆。堆的位置宜在林中空地、水湿地、岩石裸露的地方和伐根附近，要离开幼苗幼树及保留木。

⑥伐后更新。主要靠天然更新，以上方天然下种在伐孔上更新为主；受自然条件的限制，目的树种的天然更新不理想时可采用人工促进天然更新；在缺乏目的树种种源，特别是珍贵树种可人工引种，阔叶林可引进针叶树、诱导成针阔混交林。

辽宁省一般采用人工促进天然更新的方式进行更新，具体步骤如下：

种植点配置：按照造林设计进行种植点的定点。

整地：采用穴状整地的方式进行局部整地，一般采用圆形坑穴，穴径和穴深均在30 cm以上，大苗造林穴径和深度分别宜在50 cm以上。

栽植：栽植过程中要做到苗干竖直，根系舒展，深浅要适当，根土坯密接，填土1/2后要提苗踩实，再填土踩实，最后覆上虚土。

幼林抚育：造林后为了提高苗木成活率，有条件的话可以适当浇水，造林后应及时进行松土除草，与扶苗、除蔓等结合进行，对穴外影响幼树生长的高密杂草，要及时割除。幼抚方式"221"，连续抚育3年5次，头2年抚育2次，第3年抚育1次。松土要做到里浅外深，不伤苗木根系，深度一般为5~10cm，根据需要采取适宜的除草措施。

（8）归纳总结

每人分别陈述工作情况，在工作过程中遇到了哪些问题，采取了哪些方法来解决问题。教师根据工作表现和工作成果进行评价考核，并指出优点和不足，提出改进意见。

任务 5.4 森林主伐作业管理

 任务描述

该教学任务分两段完成,先在教室或实训室进行理论讲解,并用多媒体课件展示主伐作业现场工作情景图片和伐区调查设计成果,然后到实训场地,进行现场调查,并进行实地操作。

 任务目标

1. 掌握森林主伐伐区调查设计的内容和方法,完成森林主伐更新的设计。
2. 熟悉森林采伐作业的工序以及技术和安全要求。
3. 熟悉伐区质量检查和验收的程序、标准和内容。

 工作情景

(1) 工作地点

教室、实训室、实训场所(林场、民营林区等成熟的用材林作业区)。

(2) 工作准备

①工具准备。以组为单位配备 1 套罗盘、测高器、皮尺、花杆、视距尺、围尺、钢卷尺、角规、指南针、手锯(或油锯)、砍刀、三角板、绘图直尺、量角器、锄头、土壤刀、工具包、计算器、讲义夹、文具盒、铅笔、刀片、透明方格纸、斧头、绳索等。

②材料、资料收集。以组为单位收集图面资料,包括 1∶10 000 的地形图和林业基本图、林相图、森林分布图、森林经营规划图、山林定权图册及各种专业调查用图等;森林总采伐量计划指标、伐区森林资源调查簿、森林资源建档变化登记表、森林采伐规划一览表、伐区调查设计记录用表、测树数表(二元材积表、角规断面积速见表、立木材种出材率表)、采伐作业定额参考表、各项工资标准、森林采伐作业规程、森林采伐更新管理办法、本省区伐区调查设计技术规程等有关技术规程和管理办法等;作业区的气象、水文、土壤、植被等资料;作业区的劳力、土地、人口居民分布、交通运输情况、农林业生产情况等资料,林业科学研究的新成就和生产方面的先进经验。

准备主伐作业设计内外业用表。以组为单位准备罗盘仪导线测量记录表、土壤调查记录表、植被调查记录表、全林、标准带每木调查记录表、树高测定记录表等作业调查记录表;以个人为单位准备标准地(带)调查计算过渡表、伐区调查设计书、伐区调查设计汇总表、伐区调查每木检尺登记表、林木每公顷蓄积量和出材量统计表、采伐林分变化情况表、准备作业工程设计卡、小组调查和工艺(作业)设计卡等内业计算、设计表。

(3) 工作场景

在教室或实训室进行任务描述和相关理论知识讲授,多媒体演示辅助教学;再到实训场所(林场、民营林区等成熟的用材林作业区),选择集中或分散的主伐更新成熟林面积在

9 hm² 以上的林分(能容纳 40~50 人活动),按 4~5 人一组,以小组为单位在实训教师和技术人员讲解与指导下进行动手操作,如选定调查区域、确定调查方法、分工合作等;然后在实训室进行内业计算和设计,提交主伐更新作业设计成果,最后由指导教师对各项任务进行评价和总结。

 知识准备

5.4.1 主伐伐区调查设计

伐区是指同一年度采用相同采伐类型进行采伐作业的,在地域上相连的森林地段,是森林采伐作业设计、施工、管理和监督的基本单位。伐区的位置和面积根据一定时期内森林资源分布状况、木材采伐任务、地形条件,作业季节以及运材道路等情况加以确定。

主伐前,要深入伐区进行调查,根据调查获得的森林数量、质量和立地条件,进行森林采伐利用和森林更新方案设计,编制出调查设计文件,作为制定计划和指挥生产的依据。这项为伐区生产进行的调查设计工作,称为伐区调查设计。

伐区调查设计的内容,主要包括伐区区划和测量、伐区调查、生产工艺设计和伐后更新及管理措施设计四部分内容。

5.4.1.1 伐区区划和测量

伐区调查设计实行伐区(林班)、作业区、采伐小区三级区划,或作业区、采伐小班二级区划。伐区周界应在 1 m 宽的林带内作标志,伐区标桩上注明伐区号。伐区面积测量可采用不小于 1∶10 000 比例尺的地形图勾绘,精度要求 95% 以上;根据实测结果绘制平面图,计算伐区和采伐小班面积。各采伐小班面积之和与伐区面积的误差不超过 ±1/100。

5.4.1.2 伐区调查

以采伐小班为单位进行伐区调查。调查内容主要包括地形地势、土壤、林分因子调查、林木蓄积量、材种出材量调查、特殊保留木(如珍稀树种、母树等)调查、更新调查、下层植被调查、已有木材集采运条件调查等。

蓄积调查在林分内采用全林实测法或标准地或机械抽样调查法推算;林带采用抽取标准段或者标准行进行调查设计。其他因子调查参照《森林资源规划设计调查主要技术规定》等相关规程。

5.4.1.3 伐区生产工艺设计

(1)确定主伐方式

根据森林经营目的、林分特征、树种更新特点及经济条件,按照有利于水土保持和方便木材生产的要求,因林因地制宜地选定主伐方式。

(2)采伐强度设计

对渐伐和择伐要进行采伐强度设计。计算采伐强度时,应包括预计在采伐作业中保留木的损伤比率部分,以保证伐后留有足够的保留木和郁闭度。对小班内所确定的采伐木应作标记。

(3) 采伐工艺设计

要求做到定向伐木,保证安全,保护好母树、幼树、保留林木及珍稀树种。严格控制伐桩高度,一般不超过 10 cm。

(4) 集材方式设计

根据采伐单位生产技术水平和伐区实际特点选择适宜的集材方式,用一种集材方式不能完成集材作业时,可设计几种集材方式,进行接力式集材。集材方式有:机械集材(包括拖拉机集材、索道集材等)、自然力集材(包括滑道集材、水力集材等)、人力集材(包括人力板车集材、人力肩扛集材和畜力集材等)。

(5) 道路、楞场和集材道的设计

根据伐区地形地势特点,设计必需的道路、楞场和集材道。集材道应远离河道、陡峭和不稳定地区并尽量建在山脊上。应尽量缩小楞场面积,以减少对伐区林地的破坏,楞场最大面积不超过 900 m^2。

(6) 伐区清理与恢复措施设计

① 伐区清理。对采伐残留物和造材剩余物要及时清理,能利用的枝杈及其他剩余物必须运离山场加以利用,每公顷丢弃木材不得超过 0.1 m^3,不能利用的剩余物则根据伐区地形状况和更新要求选择归堆、归带、散铺、火烧法等适宜方式进行清理。

② 伐区恢复。对可能发生冲刷的集材道和易出现水土流失的地段,要采取防护措施;不再利用的道路和临时性原木桥涵等,予以关闭或拆除;楞场木材剩余物必须清理干净,并疏松土壤以恢复地力。

(7) 生产组织设计

生产组织设计包括工序安排、生产设备要求、人员配备、劳动组织和生产进度安排等。

5.4.1.4 伐后更新及管理措施设计

成片皆伐时,要通过调查林冠下幼树天然更新状况,评定天然更新等级,并根据立地条件类型,规划伐后更新树种、更新方式、更新时间等。渐伐时,要根据林冠下幼苗幼树的更新情况,确定渐伐的次数、强度及下次渐伐的时间,以保证天然更新成功。择伐时则根据现有林木生长状况、林分培育目的等提出伐后经营管理意见和措施。

伐区调查设计成果应分别伐区和不同采伐类型单独编制和办理审批手续。伐区调查设计文件包括伐区调查设计说明书、伐区调查设计表和伐区设计图。伐区调查设计文件一式二份,调查设计单位盖章、调查设计人员签字后,作为申请林木采伐许可证、组织采伐作业的依据。

伐区调查设计文件经批准下达后,调查设计单位或人员应根据林木采伐许可证和伐区设计文件的要求,会同采伐单位深入现场进行伐区拨交。伐区拨交手续要有文字记载,以便备查。伐区拨交的内容包括:采伐的地点、四至界线、采伐方式、采伐面积、采伐蓄积、采伐强度、采伐木标记,道路、楞场、集材道的设置,集材方式,伐区清理及其他需要说明的情况等。

5.4.2 森林采伐作业

森林采伐作业是从伐区中获取木材的生产作业。采伐林木应按照相关法律法规办理林木采伐许可证。林木采伐许可证的内容包括采伐地点、方式、林种、树种、面积、蓄积量（株数）、出材量、期限和完成更新造林的时间等。森林采伐作业工序主要包括伐木、打枝、造材、集材、装车、伐区清理等。

5.4.2.1 伐木作业

伐木作业是把立木从根基部锯断，使其倒地的作业过程。伐木是一项繁重、危险的作业。伐木作业的质量不仅影响森林资源的利用率和伐区的更新，而且影响伐木者的人身安全和集材机械的生产效率，因此，掌握正确的伐木技术是伐木作业的关键。

(1) 确定伐木顺序

从作业范围看，一般应从装车场（楞场）开始，向远处采伐。

对于一个采伐号，伐木顺序是：一采集材道上的树木；二采集材道两侧的树木；三采"丁字树"，伐木时从集材道一侧逐次向里采伐。在采伐集材道两侧树木的同时，在集材道两旁，每隔十几米选留生长健壮的被伐木作为"丁字树"，用来控制集材道的宽度不再扩大，尤其在集材道转弯的地方必须留有"丁字树"。

大径木与小径木相邻，先采小径木。健壮木与病腐木相间，先伐病腐木。这样可防止大径木砸伤小径木，伐健壮木震倒病腐木而造成伤人事故。如果小径木并不影响大径木的伐倒，也没有被砸伤的危险时，先伐大径木为好，以免小径木垫伤大径木。

(2) 选定树木伐倒方向

正确选择和掌握树倒方向是伐木作业的重要问题。合理的树倒方向，可以减少集材作业的阻碍，充分发挥集材机械设备的效率；可以避免伐倒木交叉重叠，为打枝作业创造有利条件；还可以防止砸伤母树和幼树，为森林更新创造有利条件；另外控制好树倒方向，还有利于安全生产。

一般来说，树木的伐倒方向受到下列条件的影响。

①集材方式。在采伐树木时，总的树倒方向要求是：集材道上的树木沿集材道伐倒，集材道两侧的树木，以集材道为准，树倒方向应与集材道成 30°～45°角按"人"字形（小头朝前）或八字形（大头朝前）倒向集材道，伐倒木要求平行、均匀分布（图 5-10）。为了避免伐木时砸伤其他树木和摔伤树干，避免集材的时候发生横绞、减少绞集和装载时的障碍，可以采取以下做法：离集材道近的树，放倒角度应小些；离集材道远的树，放倒角度应大些。

另外，伐倒木的大头、小头方向也要根据集材方式来决定。拖拉机原条集材时，为减少机身上的负荷，伐倒木小头倒向集材道；绞盘机和索

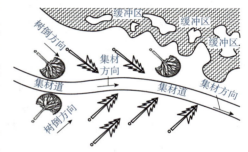

图 5-10 采伐带树木倒向图

道原条集材时，为了避免木材大头触地增加集材阻力，也应当小头朝前；畜力集材时，为了减少木材与地面的摩擦阻力，以大头朝前为宜。若是伐倒木集材时，为了便于捆索和避免枝杈插入地内，则应大头朝前。

如果按集材要求，伐倒木有发生搭挂、砸伤其他树木或摔伤树干等的可能时，那么应按照集材要求倒向稍微偏左或偏右一些确定倒向。

②自然倒向。树倒方向分为自然倒向和控制倒向。自然倒向是树木在自然条件下树冠重心偏向某一方所形成的倒向；控制倒向是伐木时按生产要求由伐木工人所控制的倒向。有时两者一致，有时两者不一致，有时甚至根本没有自然倒向（如生长在平坦地上的矗立树），因此，伐木时为了正确掌握树倒方向，首先要根据树木的生长形态和树冠重心垂直于地面的位置，判断自然倒向，然后再按生产要求控制倒向。

伐木前，伐木者应认真观察被伐木树冠形状、树干是否腐朽、倾斜、弯曲、风向和风力，判断树木的自然倒向；根据上述诸因素和周围其他树木的位置，有无挂枝、枯枝和其他危险因素，正确选定树木伐倒方向。

树木生长形态一般分为直立树、倾斜树和弯曲树 3 种；按其生长健康程度又可分为健全树、病腐树和枯立木 3 种。

a. 直立树：指树干通直，垂直于水平面的树木。对这类树木的自然倒向，应根据树冠重心偏离的方向判断。

b. 倾斜树：倾斜树（一般称为"切身树"）的主要特征是树冠重心垂线距离树干的中心线较远。树木倾斜越大，重心线和树根中心的距离越远，树冠偏向一方的力越大，因此，按自然倒向采伐倾斜树时，倒向容易掌握，而按与树木倾斜相反的方向采伐，就感到困难，有时甚至不可能。

c. 弯曲树：指树干弯曲的树木。树木弯曲的形状多种多样，大致可分单向弯曲和双弯曲 2 种，可根据树干弯曲倾向的最大弯度和树冠重心倾向的最大程度判断。

健全树、病腐树和枯立树倒向的判断，也和前 3 种树倒向的判断方法一致。但病腐树由于树干腐朽，在采伐时容易突然倒下；枯立树无枝叶，倒向容易不正，事先一定要认真判断，并在采伐时采取相应措施，避免发生危险。

③伐倒木要尽量避免的几种倒向。

a. 避免倒在伐根、岩石、倒木或凸凹不平的地面上，以减少树干摔断、砸伤保留木、搭挂现象。

b. 避免横山倒，以免造成伐倒木交叉重叠，为集材创造有利条件。

c. 避免倒向林墙、腐朽木和枯立木等。

(3) 遵守伐木原则

林木采伐必须遵守以下原则：

①降低伐根。降低伐根是充分利用森林资源、节约木材的重要措施之一，且树木根部材质较好，利用价值较大。降低伐根还能保证作业安全，因为树在倒下时，树干脱离伐根，滑倒地面的距离越低，就越不容易发生跳动和打摆现象。另外，降低伐根还可减少集材作业的阻碍，提高集材效率。

根据《森林采伐更新管理办法》的规定，伐根高度不得超过 10 cm。在国家规定的原则下,伐根高度应根据每棵树木根系生长的具体情况决定。一般来说,根系没有裸露在地面的树,可齐地或距地面 5 cm 以下的位置下锯;有树腿的树可以在树腿与树干交界处的适当位置下锯,但最好先将树腿砍去,然后再开锯,这样既可以提高伐木效率,又可以降低伐根高度。允许的伐根高度,各省(自治区)按本省(自治区)规定执行。

②减少木材的损伤。在采伐作业中,尽量减少木材损伤是保证原木质量,提高出材率的重要措施。在伐木过程中,必须保证伐倒木的干材完整,避免摔伤、砸伤、劈裂、抽心等现象发生,最大限度地降低木材损伤率。

③保护母树、幼树和林墙。伐区内的母树、林墙是森林更新种子的主要来源,必须保护好母树和林墙。在采伐作业中保护好幼树,可以为森林更新创造有利条件,否则,就要增加对森林更新的投资,延长更新年限。依靠天然更新的,伐后林地上幼苗、幼树株数保存率应当达到 60% 以上。

④伐倒规定范围内的所有树木。在伐木过程中,只采好的不采坏的、只采大的不采小的(皆伐时)、只采近的不采远的等不合理做法,是违反国家"合理采伐,合理造材,合理利用"方针的,这会使森林资源得不到充分利用,也给森林更新和经营管理造成困难。因此,在采伐时,必须把规定采伐范围内的树木和在采伐过程中被打伤的树木一律伐倒,不能遗留在伐区内,其中包括病腐木、秃头木、朽木、价值较低的树种等。

(4)伐木方法

开始伐木前,应对树干的弯直、树冠重心的偏正、树干倾斜的大小和方向、集材的方向等进行全面观察,然后确定被伐木的控制倒向和应采取的伐术技术措施,再根据树根的生长情况确定下锯位置。一般按锯下楂(锯下口)、挂耳子、锯上楂(锯上口)、加楔、留弦等几个步骤伐木。但在伐木时,上述步骤不一定都采用,比如当确定被伐木没有劈裂危险时,可不必采用挂耳子。伐木时应先锯下口,后锯上口。下口应抽片,上口应留弦挂耳(图 5-11)。现将上述步骤分述如下:

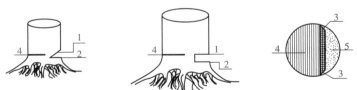

1.锯下楂(上锯口);2.锯下楂(锯下口);3.挂耳子;4.锯上楂;5.留弦。

图 5-11 伐木示意图

①锯下口。锯下口就是在预定树倒方向一侧的根部,锯两个锯口,并抽出中间的木片。为了使被伐木倒向指定方向,避免根部木材遭到抽心、劈裂等损失,并保证作业安全,必须在预定树倒的一面锯下口。在任何情况下,绝对不允许无楂伐木(俗称大抹头)。下口距地面越低,伐木时越安全,而且根部木材能得到充分利用。如果下口过高,树在倒下时,树干下端可能会滑向一侧,以至树倒方向改变,往往会发生技术事故。

一般锯口的深度应为树木根部直径的 1/4~1/3。倾斜树、枯立木、病腐树和根径超过 22cm 的树木,下口的深度应为树木根径的 1/3。下口开口高度为其深度的 1/2。下口的深度和高度(两锯口的间距的大小)对树木倾倒和工作安全很重要。如果伐木时锯下口的深度和高度不足,树木倾倒时,容易产生根部劈裂或下口顶在伐根上(俗称顶楂)等现象。如果下口深度过大,就要增加下口的高度,从而使伐根过高,造成木材损失。抽片或砍口应达到下口尽头处。伐根径 30cm 以下的树,宜开三角形下口,其角度为 30°~45°,深度为根径的 1/4。

②挂耳子。就是下口锯好后,在下口两侧或一侧锯个锯口,把边材锯断。前者称为挂双耳,后者称为挂单耳。挂耳子是为了防止木材劈裂,因为边材比较坚韧,不易折断,而心材比较脆弱,容易折断,把下口的两侧或一侧的木纤维锯断后,树倒时就不会劈裂了。伐木时应该挂单耳还是挂双耳,要根据被伐木的生长情况和树倒方向来决定,采伐自然倒向和控制倒向一致的倾斜树时,一般要挂双耳;采伐自然倒向和控制倒向不一致的倾斜树需要借向时,则应挂单耳。向左借方向的,挂在右边;向右借方向的,要挂在左边。

③锯上口。上口锯口的位置是在下口的对面与下口的上锯口平行,如图 5-1 所示。上口锯口不能低于下口的上锯口,否则,容易使树倒方向不正。锯上口时要使锯板保持水平,并和树干的纤维垂直。伐木时,如果树木直径小于锯板长度,可以站在面对树倒方向的左侧,从左向右,用一扇面式的动作把上口锯完。在被伐木直径大于锯板长的树木时,可以用逐次切入法和转锯法。逐次切入法,就是在第一次下锯的导锯板已经全部进入树干截断一部分木材后,把锯从锯口中抽出来,另找一支点再行下锯,如此循序切削至树倒为止。转锯法就是在第一次下锯的导板锯入树干后,并不把锯板从锯口中抽出来,而是边削边转移交点,围绕树干逐次切削,直到树倒为止。用转锯法伐木,伐根茬面平齐,但对伐木技术要求较高。

④加楔。锯上楂时如果发生夹锯现象,待锯板全部进口后,可以在上口打楔子。在打楔子时不能硬打(特别是冬季),以防楔子蹦出伤人,打楔子不仅能消除夹锯现象,也能起到推树作用,有利于控制树倒方向,但要防止过早地把树推倒。否则,往往造成树木劈裂事故。

⑤留弦。伐木时在上口和下口之间留下一条不锯透的木材带。弦的位置、形状和大小,要根据树倒方向决定。被伐树的自然倒向和控制倒向一致,即不需要借方向时,要留出一条等宽的弦;需要借方向的树,哪边留弦多,树就往哪边倒。正确留弦是控制树倒方向的重要措施,既能使树倒得稳,延缓被伐木倾倒时间,有利于伐木工人的安全作业,也能防止扭楂、后坐等事故的发生。留弦厚度随树木径级大小而增减,大树多留,小树少留,以树木能够倒地为限,但留弦厚度不应小于直径的 10%。

为了防止木材劈裂,在树将要起身(树倒)之前,必须控制留弦,加快锯截。树起身时,应立刻把锯抽出,躲入安全道。采伐生长不正常的树木时,应当特别注意安全作业,除要求正确判断树木的自然倒向外,还应根据每棵树生长的具体形态和材质情况采取相应的措施,否则,容易发生事故。

(5)确保安全生产

采伐作业是在山场露天条件下进行的。由于树干体大笨重,采伐和运输都不方便,加之劳动条件较差,这就要求采伐工人在生产中,坚决贯彻"安全为了生产,生产必须安全"的原则,严格遵守操作规程,以防发生事故。

①伐木前的安全准备工作。在开始伐木之前,必须把被伐木周围 1~2 m 的藤条、灌

木和树根上萌生的枝条、苔藓等影响工作的障碍物全部清除；伐除"迎门树"（被采木树倒方向的障碍树）；冬季作业还应清除或踩实积雪。但对伐木影响不大的幼树，应当尽量保留，以有利于森林更新。同时，在消除其他障碍物时，也要注意不要砸伤或压伤周围的幼树。

为了使伐木工人在树倒时能方便而安全地躲避可能发生的危险，需要在树倒方向的反向左右两侧（或一侧），按一定角度（30°~45°）开出长不小于 3 m，宽不小于 1 m 的安全道，并清除安全通道上的障碍物，铲除或踩实积雪，如图 5-12 所示。采伐病腐木、枯立木等危险树木之前，应仔细观察，确认无折断或枝杈坠落危险时，再进行作业。确认危险区内无其他作业人员后方可开始伐木。

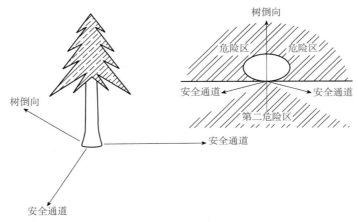

图 5-12 被采木树倒方向

②伐木时的安全生产要求。伐木工人之间和伐木工与其他工种工人之间要保持一定的安全距离，最低不小于 50 m。在一个采伐号内只能有 1 台油锯工作。使用油锯时，伐木工人不应一人单独作业。伐木时，助手不应在另一树下清理作业场地。伐木工人和助手不应在同一棵树上同时锯上口和砍下口；伐木时应喊山，并喊出树倒方向。树木叫楂（即根部发出木丝的折断声）并开始倾倒时，伐木工应停止锯切，看一下助手是否站在安全位置，并注意观察树冠走向，有无滚楂、反楂、枝杈反弹危险，同时移开油锯迅速沿安全道退到安全地点。树木倒地时要注意观察树干根断动向；在疾风、骤雨、浓雾、大雪的天气都不能伐木。采伐逆风倒的树木，如果看见小枝被风吹动，应当停止伐木，否则容易发生危险。

③使用油锯的要求。

a. 油锯应处于良好技术状态，并按规定对油锯进行保养和维修。

b. 添加燃油后，应擦净机器表面油渍，油锯启动应在距离加油点 3 m 以外的地方进行。

c. 启动油锯时，锯链不应与地面、石块、枝杈或藤条等物体接触，导板附近不应有人。

d. 携带油锯短距离转移时，发动机可怠速运转，但离合器应分离彻底，并应防止身体与锯链和排气管接触；转移距离较远时，发动机应熄火，并卸掉锯链或加锯链防护套。

e. 不应在发动机着火情况下添加燃油和检查、修理，挂卸锯链。

④特殊情况处理。树木搭挂时，应由现场安全技术人员指挥并及时进行处理，不应私自摘挂或把搭挂树遗留在伐区；不应采取伐倒支撑树或树砸树的方法处理树木搭挂；条件允许，应采用机械摘挂，机械与搭挂树应保持25 m以上的安全距离，绞集时人应站在安全位置。用人力摘挂时，应采取可靠的安全措施，不应上树摘挂和进入搭挂树周围危险区作业。树木坐殿时，伐木工人不应私自离开，应及时采取措施使其倒地。不应把坐殿树遗留在伐区。

5.4.2.2 打枝

打枝是除掉伐倒木枝杈和梢头的作业，是树木伐倒后的第一道工序。

(1) 打枝的方式

打枝分人力打枝和机械打枝。人力打枝的主要工具是打枝斧，有时斧锯并用。机械打枝有油锯打枝和打枝机打枝。油锯打枝时要用轻型油锯。预计今后将广泛使用打枝-造材联合机或伐木-打枝联合机或伐木-打枝-造材联合机进行打枝作业。

(2) 打枝的地点

打枝作业的地点与所采用的生产工艺有关。原木与原条集材的，打枝作业在伐区采伐地点进行；伐倒木集材、原木或原条运材的，打枝作业在伐区楞场进行；伐倒木运材的，打枝作业在贮木场进行。

(3) 打枝的技术要求

打枝作业的好坏，不仅直接影响木材产品的质量，而且对集材、装车、归楞等作业都有很大影响。打枝时，将伐倒木的全部枝杈从根部开始向梢头依次打枝至6 cm处；树干上的全部枝杈都要紧贴树干表面砍(锯)平，不得深陷下去损伤木材，也不许留茬凸起，要打出一个"白眼圈"。

伐区就地造材时，枝杈需全部打掉。原条集材时，在距梢头30~40 cm处留1~2 cm，1~2个枝杈槌，便于捆木。支在地上或插入地里的枝杈可等原条集运到装车场后再打掉。

打枝时应从伐倒木的根部开始向梢部进行，斧子砍出的方向要和树枝伸出的方向一致，这样可避免损伤木材。如果枝杈粗大，应从不同方向下斧，即先立砍一斧，再平砍，以免斧身被夹住。过于粗大的枝杈，可用油锯截断。

(4) 打枝的安全要求

人力打枝特别要注意安全。打枝工在现场作业要戴安全帽。打枝时，首先要选好站立的位置，一般应站在伐倒木的一侧打另一侧的枝杈，以防斧头砍伤腿部。如遇到特别粗大的树木，必须站在同一侧或需要站在树干上操作时，要注意站稳，斧子也要掌稳握牢，以免造成人身事故。

横山倒的木材，打枝工要站在木材的上坡面，以免木材滚动伤人。打枝工不得站在树干滚动方向、悬空树干上和直径小于40厘米的伐倒木上打枝。遇大径级木，可站在树干上打，但需防止滑倒和跌伤。打枝时遇到压弯的小树，要站在弓弦内侧砍弓背，以免被树干弹伤。伐倒木重叠、交错时，一般应先打上层后打下层枝杈，打下层枝杈时，要特别注意树有无突然下沉或滚动的可能，也要注意下面被压弯的枝杈当砍断时是否会突然挺直伤人。对局部悬空的或者成堆的伐倒木,应采取措施,使其落地后再进行打枝作业。

在同一株伐倒木上,不准有两个人或多人同时打枝,以免互相影响,或者斧子从手中滑出伤人。打枝人员、清林人员作业时,距离应保持5 m以上。在流水作业的情况下,打枝工应和伐木工保持50 m的安全距离。

5.4.2.3 造材

造材是按照国家规定的木材标准和立木的形态特征,将原条截造成不同等级和用途的原木的作业。造材时必须考虑树身缺陷,量材使用,合理造材,做到材尽其用,提高出材率和木材售价。

(1)合理造材的原则

①量尺造材。根据质量和测量的要求,充分利用原条的全部长度,提高造材率;

②材尽其用。优材优造、劣材优造。贯彻"三先三后"的原则,先造特殊材,后造一般材;先造长材,后造短材;先造优材,后造劣材。并且做到优材不劣造,坏材不带好材,提高经济材出材率。

③需求原则。在符合国家木材标准的前提下,按用材部门提出的要求进行造材。

(2)合理造材的方法

①正常健全的原条造材。正常健全原条是指树干通直,尖削度小,节子小而少,无病腐等其他缺陷,这种原条应优先造成特殊用材,然后造一般加工用材。根部尽量造长材,梢部造电柱、桩木、枕木、坑木等。

②多节子原条造材。节子对木材分级有很大的影响。据统计,区分木材的等级,有70%~90%取决于节子。节子在树干上的分布是不均匀的,梢部节子最多,中部节子比较少,但死节和漏节往往这一部分较多,靠近树干根部节子很少或根本没有。造材时把节子(活节、死节)最多、直径最大的部分尽量造成直接使用的原木和枕资。造加工用原木时,根据节子的密度和尺寸的大小,在提高材质的原则下,应将节子分散在几段原木上或集中在一根原木上。

③腐朽原条造材。腐朽是木材最严重的缺陷,树干的外伤、漏节、夹皮、偏枯等是树木内、外腐的外部特征。带病腐的原条,总的造材原则是:尽量把病腐部分集中在一段原木上,不能好材带坏材或坏材带好材,这样做都在不同程度上浪费了木材。

④虫眼和裂纹原条造材。

a. 有虫眼时,根据虫眼和密集程度,适当集中在一根原木上或分散在几根原木上,并尽量造成对虫眼限制较宽的材种,如多造一些5 m长的枕资或一般用材。

b. 裂纹造材时,一般造成对裂纹不限或允许限度内的材种。尽量缩短裂纹长度,避免因裂纹降级。对不影响等级的要造成6 m或8 m长材。对不符合等级标准的,把裂纹部造在一根短木上,以便提高下一段原木的等级。

⑤干形缺陷造材。

树干的形状弯曲、尖削、扭转和双桠等属于干形缺陷,这些缺陷影响材质,应合理造材。应合理造材。弯曲原条造材时见弯取直,在弯曲处造材,使大弯变小,小弯变了。尖削度大的部位造短材。带扭转纹的原条(纹理不直)造成直接使用的原木。双桠原条造材时在双桠处截齐,造成双心材。

(3) 合理造材的操作技术要求

造材工人应严格按量材员的划线标志下锯,不应躲包让节,锯截时锯板应端正,并与原条轴线相垂直,防止锯口偏斜。不应锯伤邻木,不应出劈裂材。

(4) 原木检尺与分级

原木检尺与分级是检量原木的尺寸和缺陷以确定其材积和等级的计量作业。

① 原木检尺。

a. 原木长级:在直接使用原木中,长级规定为不超过 5 m 的,按 0.2 m 进级,不足者舍去;超过 5 m 的,按 0.5 m 进级,不足者舍去;加工用原木长级规定按 0.2 m 进级,不足者舍去。长级的公差为:直接使用原木,材长不超过 5 m 的,允许公差为 ±3 cm;材长过 5 m 的,允许公差为 ±10 cm;加工用原木,材长不超过 2.5 m 的,允许公差为 ±3 cm;材长超过 2.5 m 的,允许公差为 ±6 cm;加工用原木的后备长度由各省(自治区、直辖市)根据运输条件自行规定。

b. 原木长级量测:如果原木的端面偏斜,则原木的实际长度以最小长度为准;原端部有斧口砍痕时,如果减去斧口砍痕量得的断面短径不小于检尺径时,材长仍自端头起;如小于检尺径,材长应扣除小于检尺径部分的长度;对弯曲原木,材长以其直线距为准;原木端头有水眼,应扣除水眼至端头的长度。具体标准按《原木检验》(GB/T 144—2013)执行。

c. 原木径级:按产品标准的规定,原木直径按 2 cm 进级,不足 1 cm 舍去,满 1 cm 进级。

d. 原木径级量测:原木径级是通过原木小头断面中心量得的最短直径,经进舍后的尺寸。检尺时尺杆要与树干轴线垂直,不得沿截面偏斜方向检量。量取的直径不包括树皮的厚度。对特殊形状原木的检量方法,按《原木检验》(GB/T 144—2013)执行。

② 原木分级。决定原木等级的主要因子是木材缺陷,木材产品的缺陷主要有:

a. 天然缺陷:如节子、斜纹理以及因生长应力或自然损伤而形成的缺陷。木节是树木生长时被包在木质部中的树枝部分。原木的斜纹理常称为扭纹,对锯材则称为斜纹。

b. 生物危害缺陷:主要有腐朽、变色和虫蛀等。

c. 干燥及加工引起的缺陷:如干裂、翘曲、锯口伤等。

缺陷降低木材的利用价值。为了合理使用木材,通常按不同用途的要求,限制木材允许缺陷的种类、发展程度、分布范围和数量,将木材划分等级使用。腐朽和虫蛀的木材不允许用于结构,因此影响结构强度的缺陷主要是木节、斜纹和裂纹。

个别种类的缺陷,其影响是相对其用途或客观要求而定的,在某一用途中为缺陷,而在另一用途中可能是优点。例如扭转纹会降低木材的顺纹抗拉、抗压强度和抗弯强度,当作为结构材使用时,必须在材质标准中限制木材纹理的扭转程度,以保证结构物的安全,但具扭转纹的木材,却有可能生产出花纹美丽的特种细木工制品和单板,使木材利用价值提高。前者属缺陷,后者则成为优点。因此,正确评价各种缺陷对不同用途的木材材质的影响,是制定各有关用材的材质标准,确定木材等级,合理利用木材的重要依据。

5.4.2.4 集材

集材是将分散于林地的原木、原条或伐倒木汇集于伐区楞场、装车场、运材道路旁或小河边的作业过程。集材的搬运距离较短，一般几百米，最多一两千米，不需修建正规道路。如集材设备不能到达树木伐倒地点，则必需事先按趟载量的木材集中于集材道旁，称归堆或小集中。有时由于地形条件，需要两种集材方式顺序进行，则后续的一种称为二次集材。

由于木材体大笨重，地面不平，特别在高山陡坡、沼泽地带，以及泥泞季节，条件更为恶劣。因此集材在整个采伐作业中是最繁重的一环，其费用约占伐区作业总费用的60%~70%。集材时一般是沿地面拖曳，对地面、保留的林木和生态环境会带来一定的破坏，影响林木生长和更新。因此选择集材方式，既要尽量提高集材的效率和降低生产费用，又要考虑营林的需要。

(1) 集材方式的划分

按木材在集材中的形态可将集材分为以下 3 种方式：

① 原木集材。树木伐倒后经过打枝、造材，然后再进行集材作业。

② 原条集材。树木伐倒后只经打枝，不经造材，直接进行集材作业。造材作业放到山下贮木场进行。

③ 伐倒木集材。树木伐倒后既不打枝，也不造材，带树冠进行的集材作业。

原木集材多用在集材机械动力小的伐区和搬运条件不太好的伐区；原条集材和伐倒集材多用在伐区内运搬条件好，集材机械动力大的林场。实践证明，伐倒木集材是一种好的方式，它可以减少采伐工作量，由于打枝和造材集中在山下楞场进行，可实现机械化和提高工作质量，改善劳动条件，并充分利用森林资源。

按集材使用的动力可将集材分为以下方式：

① 人力集材。木材短小者一人肩扛，长大者由两人分担，于木材前端（大头）钉以钉环，穿以绳索，绕成绳圈，以担杠穿入，两人担起前行，后端则拖于地上滑行。这种方式在福建称担筒，广西称为拖山。在陡坡地带短距离集小径木或中等原木时，有时仍用人力或沿山坡滚下或滑下，称溜山或串坡。广东有的林区还用手推胶轮车集材。

② 畜力集材。用马、骡、牛、象等畜力沿地面拖曳木材。寒冷地区多用马，温带、热带多用骡、牛和象。这种集材方式在我国 20 世纪 50 年代广泛使用，以后随着机械化的发展，日渐减少，至今仍有许多林业单位在农闲季节，组织农村劳力利用畜力集材。

③ 滑道集材。利用山地自然坡度和木材自重沿槽道自动滑下。一般适用于 6°~30° 的坡度。滑道的种类有土滑道、竹滑道、木滑道、水滑道、冰雪滑道和塑料滑道等。滑道集材在我国东北及西南林区曾被广泛应用，以后因拖拉机和索道集材的不断发展才逐渐减少。

④ 拖拉机集材。为目前各国应用最广泛的一种集材方式。拖拉机集材按运搬木材所处的状态分为全载式、半悬式、全拖式 3 种。全载式即木材全部装在拖拉机上集材；半悬式即原条的一端搭在拖拉机上，另一端拖在地上集材；全拖式即拖拉机不承担重量，靠其索引拖集木材。我国东北林区从 20 世纪 50 年代初开始采用半悬式小头朝前的原条集材，并

已成为我国主要的集材方式。

⑤绞盘机集材。利用绞盘机的牵引索通过集材杆上的滑轮牵引木材。绞盘机集材按木材所处的状态也可分为全拖式集材、半拖式集材、悬空式集材3种。

⑥架空索道集材。利用绞盘机的牵引索,并借其动力或木材重力,通过架空钢索和吊运车将木材悬空运送到伐区楞场。架空索道集材是当前高山林区应用较多的一种集材方式。

⑦空中集材。利用起升和运行装置将木材在空中运行的集材方式。主要有气球集材和直升机集材两种。

⑧联合机集材。将集材、伐木、打枝、造材一起由联合机完成。如伐木归堆联合机、伐木集材联合机、伐木打枝造材集材联合机等。

(2)集材方式对营林和生态环境的影响

沿地面集材时,常破坏地表,压实土壤,影响下种更新,引起水土冲蚀。影响程度视集材设备和木材对地面的压力和通过次数而异。畜力集材由于每趟集材量不大,集材距离较短,对地表和幼树损坏不大,只需将土壤翻松,就有利于下种。拖拉机集材因其自身和所集木材较重,对地面和幼树破坏较大,常将土壤压实,雨季引起冲刷,履带可能损伤立木根部。绞盘机集材对林地及更新影响最大,但用轻型绞盘机则影响小些。架空索道集材因木材悬空运行,对林地和幼树破坏很小。位于溪流岸边的伐区,常因集材使泥沙、采伐剩余物掉入水中,发生淤积、污染水源,影响鱼类养殖和景观。集材过程中土壤被压实后使土壤中氧含量减少,集材机械内燃机排出的废气中的有害气体,对林木生长均略有影响。

(3)集材方式的选择

选择集材方式的主要因素是林区自然条件和林分特点。所选集材方式既要适应伐区地形,又要对林地和林木损坏最小,并且成本最低。

采用移动式机械,如拖拉机集材时,木材随集材机械一起移动,不受距离和方向的限制,机动灵活,不需要复杂的装置,工艺简单,还拖拉机并可进行其他作业。但这种方式受地形限制,一般坡度超过25°时即不适用,对地表和林木有损害,且消耗功率较大。用固定式机械设备,如绞盘机和架空索道集材时,可充分利用其动力,不需整修集材道,受地形土壤条件限制小,可在地形起伏较大和沼泽地带以及出材量较大的伐区使用。但集材距离和方向受限制,安装和转移设备费工。滑道集材设备简单,不需动力,可就地取材,成本较低。但木材损耗大,破坏地表严重(土滑道)。空中集材不破坏林地林木,但成本太高,除不能采用其他集材方式的特殊情况外,尚难推广。联合机集材,木材一般不在地面拖曳,对林地破坏小,减少工序,在不超过10%的坡地皆伐时最有利。畜力集材时林地和幼树损坏小,有利于更新,适用于平缓地带中小径木短距离集材,特别是零散地块和伐区边角地段的集材。

5.4.2.5 伐区清理

又称采伐迹地清理,俗称清林,指在森林采伐、集材之后,将迹地上遗留的枝杈、废材、倒木、打伤木等剩余物及时清理的措施。迹地清理可减少森林火灾的危险性,改善林地卫生情况，减少病虫害的滋生，改良林地土壤理化性状，给森林更新创造有利条件。根据迹地的林况、地况、采伐方式等条件，一般宜在采完一定面积后进行清理。清理时要将风倒木及该集未集的采伐木运出迹地。长度 2 m、小头直径 6 cm 以上的木材宜全部运出利用。

伐区清理的方法，应根据林分的自然条件(林况、林地)、采伐方式和经济条件而定，一般采取以下几种方法：

(1)利用法

把采伐迹地上粗细枝杈、半截头、小径木等经过挑选，分别归堆，然后运到贮木场，根据其可利用程度、用途、分别造成小杆、小原木或其他加工，这是一种最合理最经济的清理办法。在少林或靠近村落及有条件的地方，应该首先采用这种方法。

(2)堆腐法

将采伐剩余物截短堆成小堆，任其自然腐烂的办法。在潮湿地、水湿地和火灾危险性小的地方，幼树较多的皆伐迹地上可采用这种方法，此法经济易行，在生产实践中广泛应用。

(3)带腐法

将采伐剩余物堆成带状，任其自然腐烂的方法，在皆伐迹地可采用此法。它与堆腐法相比具有省工、便于人工更新和有利于保持水土等优点。

(4)散铺法

把采伐剩余物截成 0.5~1.0m 的小段，均匀地散铺在采伐迹地上，任其自然腐烂，该法适用于土壤瘠薄、干燥及陡坡、砂石土质的迹地上，以防止土壤干燥和土壤流失，利于改良土壤。散铺时，应注意厚度适中，过厚时在干燥地带易分散，且易引发火灾，又容易成为病虫害的温床，在潮湿处容易引起沼泽化，影响天然更新及幼苗发育成长；过薄时则不起作用。

(5)火烧法

病虫害严重的采伐迹地可用火烧法。把采伐剩余物堆集成堆，然后在适宜的季节用烧掉。这种方法适用于皆伐迹地。其优点是：可以有效地防止迹地上的森林火灾和病害；可以改良土壤的理化性质，促进有机质分解，有利于森林更新。焚烧时要有专人看管，并需在冬季、夏季非防火期内进行，以免引起森林火灾。

5.4.3 伐区质量检查和验收

伐区作业质量检查验收是保证采伐作业质量、加强伐区管理、充分利用森林资源以及促进森林更新的重要手段。森林采伐作业应在监督之下有效地进行，在伐前、伐中适时检查，在伐后及时验收。

5.4.3.1 伐区调查设计检查

当地森林资源管理部门应对伐区调查设计质量进行检查，检查设计面积占小班总量的 10% 以上。检查内容包括：审核全部内外业资料，现场核对作业区、小班区划是否合理，标志界限是否清楚、齐全、准确、符合规定,林分因子调查方法和精度是否符合规定。检查时,林分因子调查方法应与原设计方法一致,质量评分标准见表 5-20,低于 90 分的伐区设计为不合格设计,应返工重新设计。

上级林业主管部门对伐区设计质量进行抽查,检查数量为设计伐区总数的 1% 以上。

表 5-20 伐区调查设计质量标准

检查项目	标准分	技术标准	扣分标准
设计资料	10	完整、准确、规范,平面图表格数字清晰,概算依据充分	缺、错一项扣 5 分
小班区划	15	位置准确,测量标志齐全,一个小班内不应出现 1 hm² 以上的不同林分类型	标志缺一项扣 3 分,出现的不同林分类型扣 10 分
缓冲区	5	宽度合理、测量标志齐全	宽度不合理扣 2 分,测量标志不齐全扣 3 分
面积	10	允许误差 5%(1:10 000 地形图勾绘面积允许误差为 10%)	每超过 ±1% 扣 1 分
株数	5	允许误差 10%	每超过 ±1% 扣 1 分
蓄积	5	允许误差 10%	每超过 ±1% 扣 1 分
出材量	5	允许误差 10%	每超过 ±1% 扣 1 分
龄级	5	允许误差一个龄级	每超过 2 个龄级扣 2 分
树种组成	5	目的树种(优势树种)允许误差 ±1 成。	超过误差扣 5 分
郁闭度	5	允许误差 ±0.1	超过误差扣 5 分
采伐工艺设计	15	采伐类型、采伐强度、采伐方式、道路、集材道、楞场设计合理	缺、错一项扣 5 分
采伐木标记	15	允许误差 5%	每超过 ±1% 扣 3 分

5.4.3.2 伐区生产准备作业检查

伐区生产准备作业检查在采伐作业之前进行,当地森林资源管理部门应对所有的生产准备作业活动进行检查,质量评分标准见表 5-21,低于 90 分为不合格,由施工单位采取补救措施使其达到规定标准。上级林业主管部门应检查施工总量的 10% 以上。

表 5-21 伐区生产准备作业验收标准

检查项目		标准分	检查方法及评分标准
道 路	1. 排水	10	符合设计要求,向两侧林地排水的得满分,不符合设计要求的不得分
	2. 水土保持	10	植被清理带最宽处超过 30m(无砾石处 40m)的或在坡度大于 25°的侧坡上挖土的不得分
	3. 桥涵	10	未按设计修建水道桥涵的不得分

(续)

检查项目		标准分	检查方法及评分标准
集材道	1. 排水	10	未向两侧林地排水的不得分
	2. 水土保持	20	未按采伐设计修建集材道的，水道两岸被铲坏或土壤被推入水道的不得分
	3. 桥涵	10	未按采伐设计修建桥涵的，桥涵修建不合理造成水流不畅的不得分
楞场	1. 位置	10	未按设计位置设置楞场或大小、安全距离不符合要求的不得分。在禁伐区或滤水区设置楞场不得分
	2. 排水	10	排水方式不正确不得分
生活点		10	符合安全卫生要求的得满分，否则不得分

5.4.3.3 伐区作业监督

伐区作业质量检查等日常管理工作由采伐作业单位负责，当地资源管理部门和资源经营单位应派出现地质量监督员，在现地监督检查本规程的执行情况并指导采伐作业。质量监督员对发现违规作业行为，有权作出限期补救提示、限期补救并处以罚款警告和暂停采伐作业处理（表5-22），如果出现暂停采伐处理，那么在继续作业之前应进行进一步的实地检查以证实所有工作都按照要求的标准完成。

表 5-22 伐区作业监督主要处罚项目

提示限期补救	警告限期补救并处以罚款	暂停作业
违反安全管理操作规程	严重违反安全管理操作规程	违反安全管理操作规程造成后果的
未按采伐设计设置缓冲区	缓冲区有采伐活动，有伐倒树木倒向缓冲区，未经批准有机器进入缓冲区	林分因子与伐区现地情况不符
现地标志不清晰	集材道排水不合理，未设水流阻流带，车辙、冲沟深度超 5 cm	采伐设计未划定缓冲区
标记树未被采伐	树倒方向控制不好，造成树木搭挂或伐倒木砸伤损伤	改变采伐方式、越界采伐
作业过程造成集材道	采伐未挂号的立木	伐区工作人员人为造成火灾火情
楞场排水方式不正确造成积水	伐根高度超过 10 cm	发生食物中毒事件
生活区废物处理不当	集材道被铲坏，阻塞和弄乱界限、道路、河流以及当地农林排沟灌渠	有人身伤亡事故发生
各类油污未处理	拖拉机下道，集材损坏树木和幼树	

5.4.3.4 伐区作业质量检查验收

(1) 检查验收小组和检查验收时间

检查小组由森林资源管理部门或乡镇政府负责组织,成员包括森林资源管理人员、森林资源所有者,可以邀请当地居民代表参加。伐区作业的检查验收应在采伐作业结束后立即进行。

(2) 检查程序

①林木采伐作业单位应在完成伐区采伐作业后 3 d 内向林业资源主管部门提出验收申请,资源主管部门接到申请后,在采伐结束时到现地进行检查验收;

②检查验收按作业设计小班进行实地核实;

③检查验收小组在伐区检查时应有采伐单位代表陪同;

④林分因子采用机械抽样方法,图上布点(带),现地实测,实测样地(标准地)的面积不应低于作业面积的 3%,最小实测样地面积不小于 0.02 hm^2,实测样地(标准地)的数量在 3 块以上,且均匀分布在小班内;

⑤检查验收发现的所有没有按照本规程进行作业的伐区都应向采伐单位代表说明;

⑥检查结束后,应由采伐单位代表签署检查单。

(3) 检查验收标准

伐后验收采取百分制,总分达到 85 分为合格,检查验收标准见表 5-23。其中改变采伐方式和越界采伐为否定因子,满足其一即判定为不合格伐区。

表 5-23 采伐作业质量检查标准

检查项目		标准分	检查方法及评分标准
(一) 采伐质量	采伐方式	5	符合调查设计要求的得满分,改变采伐方式的为不合格伐区
	采伐面积	5	符合调查设计要求的得满分,越界采伐的为不合格伐区
	采伐蓄积	5	允许误差 5%;每超过±1%扣 2 分
	出材量	5	允许误差 5%;每超过±1%扣 2 分
	应采未采木	5	应采木漏采 0.1 m^3 扣 1 分
	采伐未挂号的树木	5	每采 0.1 m^3 扣 1 分
	郁闭度	5	符合调查设计要求的得满分,否则不得分
	伐根	5	伐根高度超过 10 cm 比例应低于 15%的;每超过 1%扣 1 分
	集材	10	拖拉机不下集材道的得满分,下道的不得分;幼苗、幼树损伤率超过调查采伐面积中幼苗、幼树总株树的 30%不得分
(二) 伐区清理	随集随清	5	随集随清得满分,否则不得分
	清理质量	5	符合调查设计要求的得满分;采伐剩余物归堆不整齐,有病菌和害虫的剩余物未用药剂处理的不得分

(续)

检查项目		标准分	检查方法及评分标准
（三）环境影响	缓冲区	10	发生下列情况之一的扣 2 分： 　　每个未按采伐设计设置的缓冲区； 　　每个有采伐活动的缓冲区； 　　每个有伐倒树木的缓冲区； 　　每个未经批准却有机器进入的缓冲区； 　　每个被损坏的古迹和禁伐木
	水土流失	10	采伐作业生活区建设时破坏的山体未回填扣 2 分； 对可能发生冲刷的集材道未做处理扣 4 分； 对可能发生冲刷的集材道处理达不到要求扣 2 分； 集材道出现冲刷不得分； 集材道路未设水流阻流带，车辙、冲沟深度超 5 cm 扣 8 分
	场地卫生	5	发生下列情况之一的扣 2 分： 　　可分解的生活废弃物未深埋； 　　难分解生活废弃物未运往垃圾处理场； 　　采伐作业生活区的临时工棚未拆除彻底； 　　建筑用材料未运出； 　　抽查 0.5 hm 采伐面积，人为弃物超过 2 件； 　　轻度损伤的树木未做伤口处理的，重度损伤的树木未伐除
（四）资源利用	伐区丢弃材	10	丢弃材超过 $0.1 \text{ m}^3/\text{hm}^2$ 扣 10 分
	装车场丢弃材	5	装净得满分，否则不得分

5.4.3.5 伐区更新验收

(1) 验收时间、验收单位和验收程序

采伐后的当年或者次年内应完成更新造林作业。对未更新的旧采伐迹地、火烧迹地、林中空地等，由森林经营单位制定规划，限期完成更新造林。

伐区更新验收在更新完成后进行，由当地森林资源管理部门负责验收，经检查验收不合格，由采伐单位继续造林补齐，补栽后的第 3 年进行复查。上级林业主管部门抽查更新地块 10% 以上。

(2) 验收标准

①成活率。一般要求人工更新当年株数成活率达到 85% 以上，但西北地区及年均降水量在 400 mm 以下的地区应达到 70% 以上（含 70%）。人工促进天然更新的补植当年成活率达到 85% 以上。

②保存率。皆伐更新迹地第 3 年幼苗幼树保存率达到 80% 以上，但西北及年均降水量在 400 mm 以下的地区株数保存率应达到 65% 以上（含 65%）。择伐迹地更新频度达到 60% 以上；渐伐迹地更新频度达到 80% 以上。

③合格率。当年成活率合格的更新迹地面积应达到按规定应更新的伐区总面积的 95%；第三年保存率合格的更新迹地面积应达到按规定应更新的伐区总面积的 80%。

④成林年限。迹地更新标准执行《造林技术规程》(GB/T 15776—2016)、《封山(沙)育林技术规程》(GB/T 15163—2018)和《生态公益林建设 导则》(GB/T 18337.1—2008)规定的成林年限和成林标准。

⑤技术要求。森林更新应正确选择更新方式；科学确定树种和树种配置，适地适树适种源；良种壮苗、细致整地、合理密度、精心管护、适时抚育。具体执行《造林技术规程》(GB/T 15776—2016)、《封山(沙)育林技术规程》(GB/T 15163—2018)和《生态公益林建设 技术规程》(GB/T 18337.3—2001)。

5.4.3.6 采伐验收合格证的发放

经检查验收合格的伐区，由当地县级以上林业主管部门发放采伐验收合格证。因伐区清理、环境影响和资源利用造成不合格的，发放整改通知书，限期纠正，直到合格时方能发证。因越界采伐、超林木采伐许可证采伐造成不合格的，由当地林业主管部门按相关法律、法规的规定处理，不发采伐验收合格证；采伐验收合格证样式由省级以上林业主管部门统一制定。

任务实施

5.4.4 主伐伐区调查设计实训

5.4.4.1 准备工作

(1)人员组织、业务培训

根据学生业务水平和身体素质，合理调配实训小组人员组成，每组4~5个人，选出1人任小组长，组内人员进行合理分工，制订工作计划。每班配备1~2名实训指导教师，进行实训动员和业务培训。

(2)资料收集

①上级机关对调查地区的计划指令，如上级下过的计划(设计)任务书、地区的林业发展规划和年度计划等。

②有关的林业方针、政策和法规，如森林法、森林采伐作业规程、采伐更新管理办法、总体设计规划等。

③历年经营活动分析资料。

④作业设计地区的自然条件(如地形地势、土壤、气象、水文、动物和植物等)和社会经济条件(如交通运输、设备、工具、劳动力、经费预算和人类活动等)的资料。

⑤作业设计地区的森林资源清查及有关专业调查材料。

⑥作业设施材料(如楞场、工棚、房舍和集运材线路等)。

⑦图面材料(如基本图、林相图、森林分布图、森林经营规划图及各种专业调查用图等)。

⑧林业科学研究的新成就和生产方面的先进经验。

(3) 主伐作业设计用表准备

以组为单位准备罗盘仪导线测量记录表、土壤调查记录表、植被调查记录表、全林、标准带每木调查记录表、树高测定记录表等作业调查记录表；以个人为单位准备标准地(带)调查计算过渡表、伐区调查设计书、主伐伐区调查设计汇总表、伐区调查每木检尺登记表、林木每公顷蓄积量和出材量统计表、采伐林分变化情况表、准备作业工程设计卡、小组调查和工艺(作业)设计卡等内业计算、设计表。

(4) 选择主伐实验林

选择集中或分散的主伐更新成熟林面积在 9 hm^2 以上的林分(能容纳 40~50 人活动)，每个小组负责 1~3 个小班的伐区调查和设计。

5.4.4.2 主伐作业区外业调查工作

对所调查的伐区进行现场踏查，根据实习地区已有的地形图或林相图，将伐区的境界初步地勾绘出来，让学生明确伐区范围、边界；调查、核对林况、地况和森林资源，并指导学生初步明确作业区、楞场、工棚、房舍等位置、集材与运材路线，制订实施采伐作业设计技术方案和工作计划。

(1) 伐区区划和标界

伐区实行伐区(林班)、作业区、采伐小班三级区划，或作业区、采伐小班二级区划。林班、小班区划要与原森林资源规划设计调查一致。原森林资源规划设计调查小班不能满足采伐设计要求的，要实地重新区划作业小班。以作业小班为单位进行伐区调查设计。小班面积一般以 6~8 hm^2 为宜，原则上不能超过 20 hm^2。

伐区周界应做明显标志，可将伐区周界内侧若干行采伐木涂写油漆或在周界上打标桩等。当伐区周界恰好为明显的地形地物线，经注明清楚后可不另作标记。伐区界线转折点，选择界外最近的 3 株树作为定位树进行刮皮、编号、划胸高线，并记载定位树的编号、树种、胸径、转折点号以及定位树与转折点的相对位置。

(2) 伐区测量

可采用罗盘仪实测或地形图实地调绘的办法，也可采用 GPS 进行测量。

①罗盘仪实测。适用自然地形不明显(坡度平缓，或坡面较大且坡度一致)或面积较小的作业小班。在通视条件较好的地区，可沿小班界线进行闭合导线测量；在通视条件较差的地区，可采用折线测量的方法沿道路等可通视的线路测量小班控制点，测定小班控制点后计算各点坐标，用 GPS 平台绘制小班图形和计算小班面积。

②1∶10 000 地形图调绘。自然地形明显或面积较大的作业小班，采用 1∶10 000 比例尺的地形图实地调绘小班范围，按照最近森林资源规划设计调查区划的小班、作业小班调绘，如小班界线一致，则不须重新勾绘；若小班界线图上最大偏差超过 2 mm 或由于小班地类变化而不能满足伐区调查设计时，则应重新勾绘。小班界线勾绘图上最大允许误差为 2 mm，小班面积调查精度要求达 95%以上。小班面积求算可采用求积仪法、网格法(面积求算 2 次)，其差值：5 hm^2 以上的不超过 1/50，5 hm^2 以下的不超过 0.1 hm^2，符合精度要求后，可取 2 次平均值，否则应再次量算。

③GPS 绕测法。适用地形比较开阔、卫星信号较强、沿小班界线可以通行的小班。进

行面积调查时,采用手持 GPS 打开面积测算模块,沿小班周界绕走一圈即可得到小班面积。或者测定小班界线的拐点处经纬度值,以各拐点经纬度为坐标,通过计算机即可准确勾绘小班界线和计算其面积。

(3) 伐区调查

伐区调查的内容主要包括地形地势、土壤、林分因子调查、林木蓄积量、材种出材量调查、特殊保留木(如珍稀树种、母树、需要长期培育的目标树等)调查、更新调查、下层植被调查、已有木材集采运条件调查等。

①小班蓄积量调查。蓄积量调查以作业小班为单位,可采用全林实测法、标准地或机械抽样调查法推算。

a. 全林调查法:适用于面积较小和林相变化大的作业小班。即对小班内所有的采伐木,测定每株树木的胸径、材质等级,按径阶进行记录统计,并进行汇总计算小班蓄积量。每木检尺按林层、树种和径级分别进行,不能重测或漏测,一般采用"之"字形从左到右、从上到下进行,并把检尺结果用"正"字法记录在伐区调查每木检尺登记表中。

胸径测量精度要求:胸径≥20cm 的树木,测定误差≤2%,胸径<20cm 的树木其测定误差≤0.5cm。每个小班胸径测定误差超出允许误差的株数不能大于检尺木总株数的 5%。胸径单位为厘米(cm),保留 1 位小数。

树高测量,每个径阶测选测 1~3 株树高。树高测量误差应≤5%,每个小班树高测定误差超出允许误差的株数不能大于树高测量树木总株数的 5%。树高单位为米(m),保留 1 位小数。

b. 标准地调查法:适用于林木分布均匀,林相整齐、面积较大的同龄林。当林相变化不大时,标准地可设置为面积≥400 m² 的块状标准地。块状标准地应按小班均匀设置在各典型地段。当林相变化较大时,标准地可设置为带宽≥6 m、长度≥70 m 的带状标准地。主伐调查的标准地面积要求天然林不少于小班面积的 5%,人工林不少于小班面积的 3%。

标准地测量一般采用罗盘仪定向,测量角度,用皮尺或测绳量距。坡度>5°时,应将斜距改算成水平距。标准地周界测量闭合差≤1/200。带状标准地设置应考虑样带经过该小班有代表性地段,一般宜从下坡向上坡呈对角线向上延伸,采用罗盘仪定向,测绳(或皮尺)量距,以测绳为中线,两侧各 3~5 m 宽,边界不用伐开,用尺杆控制宽度即可,但标准地的起点和终点要设立标记便于查找。

对标准地内的林木每木检尺,按径阶、材质等级分类登记,测定各径阶平均高。按二元立木材积表和出材率计算标准地蓄积量和出材量,以推算小班蓄积量及出材量。

②天然更新调查。在森林蓄积量调查的同时,调查森林采伐前幼苗和幼树情况。进行森林更新调查时,设置样方进行调查,分幼苗、幼树计数,统计后按"天然更新等级评定标准"评定更新等级,作为设计更新措施的依据。

③伐区剩余物调查。在调查林木蓄积量时,选取样木进行实地造材,以测算各种剩余物的数量。条件不允许的地区,可以借用条件相似的其他单位的有关数据进行推算。

④其他因子调查。与蓄积量调查一并进行。伐区林况因子调查包括林分类型、起源、林层、树种组成、林龄或龄组、平均直径、平均树高、郁闭度、树冠幅、蓄积量、出材量、生长量等项目,其中各项林况因子调查的方法,除有明确要求外,其余参照森林资源

规划设计调查方法。

(4) 伐区现场照相

伐区整体林分现状照片 2~3 张，标准地照片 2~3 张(全林调查时为伐区内部林分现状照片)。

5.4.4.3 伐区调查内业工作

①计算小班面积。

②计算标准地和小班平均胸径。

a. 标准地平均胸径：以每木检尺的结果为基础，计算方法有径阶加权法和断面积法两种。在实际工作中，常采用断面积法进行求算。径阶加权法是将测量得到的各径阶值与株数的乘积相加，用总株数来除，所得商数即为平均胸径。

断面积法是根据每木检尺得到的株数和断面积，计算出检尺木的平均断面积，再根据断面积推算树木直径。按式(5-1)计算平均断面积。

b. 小班平均胸径：将所有标准地按径阶-株数整理后用断面积法计算。

③计算平均树高。根据每木检尺调查表，以实测各径阶平均高和平均胸径，采用手描法或通过建立数学模型绘制用树高—胸径曲线图，然后从树高曲线图上查取各径阶树高和标准地平均树高。

④计算采伐量。

a. 全林实测法：按各树种径阶和径阶平均树高，查各省(自治区、直辖市)的《二元立木材积表》，得各树种径阶单株材积，然后计算小班总蓄积量和采伐蓄积量，具体方法见 5.1.5.1。

皆伐小班的蓄积量即为小班的采伐量。

b. 标准地调查法：按径阶查出各径阶单株木材积，计算标准地蓄积量、采伐蓄积量，再据此推算小班蓄积量和采伐量，具体方法见 5.1.5.1。

⑤计算出材量。应分别树种，由出材量计算基础单位(径阶)，综合或折算为伐区总出材量。

a. 全林实测法：

$$小班出材量 = \sum 采伐木各径阶用材树蓄积 \times 径阶经济材出材率 +$$
$$\sum 采伐林木各径阶半用材树蓄积 \times 径阶经济材出材率 \times 50\%$$

b. 标准地调查法：

$$标准地出材量 = \sum 采伐木各径阶用材树蓄积 \times 径阶经济材出材率 +$$
$$\sum 采伐木各径阶半用材树蓄积 \times 径阶经济材出材率 \times 50\%;$$
$$小班出材量 = 标准地单位面积出材量 \times 小班面积$$

出材量测算精度要求：要求各树种材种出材量计算，在蓄积量测定精度基础上不得有误；设计的总出材量经过合理造材检验，精度应高于 90%；分项出材量不低于 85%。

⑥伐区平面图绘制。伐区平面图应以调绘的底图为基础，可依据外业调查资料或原有林相图绘制。伐区平面图际标出伐区界线、地物和地貌、伐区编号、转折点编号及定位树相对位置、界线上测点和测线(有实测的)、比例尺、调绘时间、测绘者姓名和单位等。伐

区平面图一律以正上方为北。各作业小班，一般按下列图式标记：

$$\frac{小班号-树种-林龄}{面积-蓄积量-出材量}$$

5.4.4.4 主伐更新设计

（1）确定主伐方式

根据外业工作中对林分状况和地形条件的调查结果，确定主伐方式。全部由喜光树种组成的成、过熟同龄林，尤其是速生丰产林适用皆伐；天然更新能力强，或者坡度陡、土层薄、容易发生水土流失的地方的成、过熟同龄林，应当实行渐伐；而中幼龄树木多的复层异龄林只能采用择伐。

确定采用皆伐时，应设计伐区形状、伐区方向、采伐方向、伐区宽度、伐区面积、间隔距离、采伐相邻伐区的间隔时间、集材方式、保留母树和保护幼树以及清理伐区的要求。

采用渐伐时，要设计采伐次数、伐区排列方式、采伐方向、采伐顺序、采伐强度和采伐间隔期。全部采伐更新过程不得超过一个龄级期。采伐工艺、集材道和集材方式设计要考虑对保留木和幼树保护的要求。

实行择伐时，则应设计采伐量、采伐间隔期。严格遵守森林年采伐量不超过年生长量的要求，择伐周期不少于1个龄级期，下一次的采伐量不应超过这期间的生长量，实现森林资源的永续利用。采伐工艺和集材方式设计时要考虑尽量减少对保留木和幼树的损伤。

（2）采伐年龄设计

按照《森林采伐作业规程》（LY/T 1646—2005），主伐年龄以合理利用森林资源为目的，视培育目的材种、立地类型、林分生长状况等因素，分别按树种、起源确定，未经批准不准随意修改。已编制森林经营方案（经上级林业主管部门审批）的单位，林木主伐年龄可根据经营类型规定的主伐年龄执行；更新采伐年龄般是同树种用材林主伐年龄的1.5～2.0倍。如设计的采伐年龄与现行规定不一致时，应按规定报经上级主管部门审批后执行。我国主要树种更新采伐年龄见表5-24。

表5-24 主要树种的更新采伐年龄

树种	地区	起源	更新采伐年龄（年）	树种	地区	起源	更新采伐年龄（年）
红松、云杉、铁杉	北方	天然	161	杨、桉、楝、泡桐、木麻黄、枫杨、槐、白桦、山杨	北方	天然	61
		人工	121			人工	31
	南方	天然	121		南方	天然	
		人工	101			人工	26
落叶松、冷杉、樟子松	北方	天然	141	桦、榆、木荷、枫香	北方	天然	81
		人工	61			人工	61
	南方	天然	121		南方	天然	71
		人工	61			人工	51

(续)

树种	地区	起源	更新采伐年龄(年)	树种	地区	起源	更新采伐年龄(年)
油松、马尾松、云南松、思茅松、华山松、高山松	北方	天然	81	栎(柞)、栲、椴、水曲柳、胡桃楸、黄波罗	不分南北	天然	121
		人工	61				
	南方	天然	61			人工	71
		人工	51				
杉木、柳杉、水杉	南方	人工	36	毛竹	南方	人工	7

注：未列树种更新采伐年龄由省、自治区、直辖市林业主管部门另行规定。

(3) 采伐强度设计

皆伐采伐强度为100%。

渐伐强度与渐伐的次数相关。上层林木郁闭度小、伐前天然更新等级中等以上的林分，可进行二次渐伐：受光伐采伐林木蓄积量的50%；后伐视林下幼树的生长情况，接近或达到郁闭时，伐除上层林木。上层林木郁闭度较大，林内幼苗、幼树株数达不到更新标准的，可进行三次渐伐，第一次采伐林木蓄积量的30%，第二次采伐保留林木蓄积的50%，第三次采伐应当在林内更新起来的幼树接近或者达到郁闭状态时进行。

择伐强度不得大于伐前林木蓄积量的40%，伐后林分郁闭度应当保留在0.5以上。伐后容易引起林木风倒、自然枯死的林分，择伐强度应当适当降低。两次择伐的间隔期不得少于一个龄级期。

(4) 材种出材量设计

各种树干规格材、小径材、短小材出材率，根据平均胸径、平均树高，查各省(自治区、直辖区)《立木树干材种出材率表》。

规格材中原木、等外材出材率比例，根据当地每年木材生产统计的实际情况确定。

通过全林分每木调查法、标准地或标准带调查法，以径阶为基础计算材种出材量。不计蓄积量的枝杈条的非规格材出材量，以伐区为单位计算。

(5) 采伐工艺设计

要求做到定向伐木，保证安全，保护好母树、幼树、保留林分及珍稀树种，严格控制伐桩高度，伐桩高不得超过10 cm。

(6) 选定集材方式

根据采伐单位生产技术水平和伐区实际特点选择适宜的集材方式，用1种集材方式不能完成集材作业时，可设计几种集材方式，进行接力式集材。集材方式包括绞盘机、索道、拖拉机、板车、滑道、畜力、人力集材等。

①集运材线路选设。应依据区内的地形、地势、交通条件和现有集运设备以及当地集运材方式，选择集运材路线。选设线路时，应充分利用原有林道和林区公路干支线，力求线路少，集运距离短，集运量大，工程量小，易于施工，线路安全，经济实用。

②集材道布局。宜上坡集材；远离河道、陡峭和不稳定地区；应避开禁伐区和缓冲

区;应简易、低价,宜恢复林地;不应在山坡上修建造成水土流失的滑道。集材主道最大坡度为25%,集材支道最大坡度为45%。

(7)楞场(集材点)、工棚设计

在伐区面积较大、运输距离较长等情况下,可设置楞场。一般根据木材产量和运输条件来确定山场集材和中间集材点,但应满足以下条件:地势要平坦,排水良好并与集运材线路相连;楞场面积应与作业区出材量相适应,应尽可能缩短集材距离,并避免逆坡集材。

工棚、房舍设计应尽量利用作业区内或附近房屋。如需修建则应考虑以下条件:选择交通方便,靠近水源,干燥通风,生产与生活均方便的地方。

(8)清林方式设计

采伐作业后及时进行采伐迹地、楞场和装车场、临时性生活区、集材道、水道等的清理工作。

(9)森林更新设计

执行行业标准《森林采伐作业规程》(GB/T 1646—2005)、《造林技术规程》(GB/T 15776—2016)进行森林更新设计。科学确定更新方式、更新树种、造林密度、造林类型。

①确定更新顺序、更新方式及比例。森林更新方式视伐区更新调查的幼苗幼树具体状况而确定:林地有均匀分布目的幼树,每公顷3000株以上,能保证更新成功的,可采用天然更新;林地均匀分布目的幼树,每公顷1500株以上,或在疏林地采伐迹地上,每公顷生长有健壮的目的幼树1200株以上,分布均匀,通过抚育等人为措施有希望成林的,可采用人工促进天然更新;达不到人工促进天然更新的,可采用人工更新。

皆伐伐区一般多用人工更新,在有天然更新能力的地段也可采用天然更新或人工促进天然更新。渐伐和择伐主要依靠天然更新恢复森林,但如果天然更新有困难可采用人工促进天然更新;在需要改变树种组成或引进新树种时可采用人工更新。

②确定更新树种。根据国民经济发展和社会生态效益等需要,结合立地环境条件设计适宜的树种。

③造林密度和造林类型设计。造林密度设计应使用材林在造林后较短时间内郁闭成林。根据立地条件、经营目的,进行合适的造林类型设计。

④技术措施。按不同更新方式,确定主要技术措施。当采取人工更新方式时,应设计造林树种比重、整地时间、方式和规格、造林密度、配置及株行距、造林方法和季节、幼林抚育管理措施、种苗需要量、工作量、更新年限及年度更新工作量等。

采取人工促进天然更新方式时,应设计人工促进更新的措施(如松土、除草、割灌、补播、补植等)、抚育管理措施、种苗需要量和工作量。

采取天然更新方式时,应设计保证天然下种或萌芽的措施和抚育措施等。

(10)生产组织设计

生产组织设计包括工序安排、生产设备要求、劳动组织和人员配备、采伐、更新季节安排。

5.4.4.5　编制森林主伐更新作业设计成果

(1) 编写主伐伐区调查设计说明书

说明书的主要内容包括：前言(介绍主伐小班位置、调查设计内容、调查设计人员组织、调查时间安排等)、调查设计的依据、伐区概况、调查设计内容、调查设计方法、调查结果、伐区生产工艺设计、更新设计、采伐效益估算、对施工单位的要求等。

(2) 编制主伐伐区调查设计表

各省(自治区、直辖市)根据森林资源状况和对设计要求的不同，编制不同的调查设计表，但总的内容是相似的。如伐区调查设计汇总表、伐区调查每木检尺登记表、林木每公顷蓄积量和出材量统计表、人工更新一览表、人工促进天然更新一览表、种苗需要量表等。

(3) 准备伐区调查设计相关材料

相关材料包括申请单位或个人的营业执照或身份证复印件、林木所有权证明、伐区界线确认书、县级人民政府或县级林业行政主管部门规定的其他材料。

(4) 伐区调查设计附图

伐区调查设计附图包括伐区在县域内的位置示意、伐区调查示意图和伐区现状图(伐区现场照片)。

伐区调查设计图应标明伐区位置、四至界线，用表格形式标注林班号、小班号、采伐树种、林龄、采伐面积、采伐蓄积、出材量等内容。采用罗盘仅实测面积时用>1∶5000 比例尺的底图；采用1∶10 000 比例尺地形图调绘面积的，要将有关部分描绘或剪接成图；采用 GPS 测定面积的，使用 GPS 技术在>1∶10 000 比例尺的地形图上绘制伐区调查设计图。

伐区现状图(伐区现场照片)：伐区整体林分现状照片2~3张，标准地照片2~3张(全林调查时为伐区内部林分现状照片)。

(5) 归纳总结

认真按照技术标准和调查方法规定，对调查设计说明书及图表进行认真计算、记载和核校，消除差、错、漏项现象。

5.4.4.6　成果提交

每人提交1份完整的森林皆伐更新作业设计成果。要求包括标准地调查材料、作业设计书、图面材料、附件和设计说明书等部分，文、表、图清楚，装订顺序符合规范要求。

5.4.5　伐区木材生产作业现场参观

选择正在进行伐区木材生产作业的具有较先进设备的伐木场进行参观，由该场技术人员现场操作并讲解，然后让学生进行实际操作练习，了解和掌握伐区生产工艺流程，并熟悉各项作业机具的性能、使用方法和主要技术措施。

5.4.5.1 准备工作

在参观实习之前,先给学生放映有关伐区木材生产的视频影像,使学生对木材生产的整个过程形成初步的感性认识。

进行安全教育工作,要求学生严格遵守安全技术规程,进入伐区前要戴好安全帽,做好安全防护工作。

5.4.5.2 学习使用伐木机具

由技术人员现场讲解油锯、伐木斧和打枝斧的构造、性能和使用方法。

(1) 油锯

油锯由发动机、传动装置、切削机构、锯架、锯把手等部件组成。操作方法:起动油锯,使发动机空转 1~2 min,并将油锯上的齿形支座紧靠树干,使转动的锯链接触树干,当锯导板锯入树干后,施加推进力,加大油门,狠狠杀锯;当锯导板在锯口内前后移动时,应将油门收小;而当锯齿的惯性力尚未消失应当再切削木材时,又须加大油门。伐木完毕后,完全放开油门操纵杆,拉动化油器上的加浓杆按钮,直拉到发动机停止工作为止,然后关上油栓。

(2) 伐木斧

伐木斧常用于中小径木的采伐。

(3) 打枝斧

打枝斧比伐木斧稍轻,斧把较长,斧柄后部多向下微弯曲。

5.4.5.3 参观伐木作业

伐木时应遵循的 4 个原则是:降低伐根;减少木材的损伤;保护母树、幼树和林墙;伐倒规定范围内的所有树木。

(1) 伐前工作

①决定伐木顺序和树倒方向。伐倒木总的树倒方向根据集材方式确定。当使用拖拉机、牲畜集材时,使集材道上的树木沿集材道方向伐倒;集材道两侧的树木则要求与集材道成 30°~45°为宜。

②开设安全通道。清除被伐树周围 1~2 m 以内的灌木、杂草和藤条。并在树倒方向的左侧和右侧后方 45°角处开出 2 条安全道。

③判断树木的自然倒向,正确选定控制倒向。认真观察被伐木的生长形态和地势,正确判断自然倒向。可按直立树、倾斜树和弯曲树 3 种类型进行判断。可背靠树干,仰头向上,围绕待伐树木转一周,仔细观察树干的弯曲位置和程度、树冠偏重方向等,进而判断树木的自然倒向。对树木的自然倒向做出判断以后,再根据实际生产要求确定控制倒向。选择树倒方向的时候,要尽量避免伐倒木交叉重叠,造成打枝、集材作业的困难;避免被伐木树干摔伤或砸伤幼树或保留木;避免伐横山倒木。当选择的树倒方向与树木自然倒向不一致时,可通过伐木技术"借向"。"借向"的角度一般在 90°范围内比较适宜,而在 45°以内最为有效。

(2) 伐木工作

使用油锯进行伐木时，一般按锯下楂、挂耳子、锯上楂、加楔、留弦等几个步骤进行。在具体伐木时，上述步骤不一定都采用，若确定被伐木没有劈裂危险时，则不需要挂耳子。使用油锯进行伐木时，要正确掌握以下基本要领：

①开楂要正。树倒方向主要通过开楂（即锯下楂和锯上楂）来控制。下楂口应正对要求的树倒方向，里口要齐，下楂的深度和高度要适当。

②端锯要平。一要做到开锯口时，锯导板和树干垂直；二要做到两手端平，左手提锯，右手给油；左腿站稳向右蹬，右腿使劲顶住锯，右手、右腿配合好，油门大时腿也使劲，油门小劲要轻；三要注意"目视差"，也就是用眼看是端平了，但实际上没有端平，要把前段稍微抬高点，做到实际端平；四要注意不端平油锯不能开楂，防止锯成斜形或螺旋形，从而增加切削面积，甚至发生夹锯或"坐殿"现象。

③留弦要准。留弦是正确控制树倒方向的关键，要做到准确留弦。弦的拉力大小决定树倒方向，树要向哪边倒，哪边留弦就要多。伐大、中径树，要左、右双留弦。因树木的边材强度大，拉力大，所以在两边都要留弦，树心留得越小越好，但不能不留。特别是伐中、小径木时，应禁止把树心锯透，以防折断油锯的导板。

④切削要稳。操纵油锯要平稳切削，逐渐增加负荷量。在锯导板进入树干后加大油门加快进锯提高速度，不要突然加大负荷，以防止卡锯、拉断锯链。在树快要起身时，必须加快切削两侧的留弦，以防劈裂打拌子。如果要求顺山倒，要同时快削两侧的留弦；如果往左借向，要加快切削右弦；如果往右借向，要加快切削左弦。

"开楂要正、留弦要准、留心要小、树倒要快"。"正、准、小、快"是使用油锯伐木时掌握倒向的四大要领。

⑤控制油门技巧。操纵油锯时要灵活掌握油门大小。开始下锯时要用小油门，锯导板进入树干后要加大油门，全负荷快进锯用波浪式的大油门，半负荷或要抽锯时用中小油门，树起身叫楂时立即减速恢复小油门，防止给油不均匀造成切削偏向、留弦不准，发生意外。

(3) 安全保障措施

伐木前，清除障碍物、开辟安全道、伐除"迎门树"等。

伐木时，保持安全距离、树木临倒之前要"喊山"、遵守油锯使用规程、正确处理病腐木、枯立木、搭挂树、坐殿树等。为防止出现意外，可以用绳索拴住树干上边控制倒向。

5.4.5.4　参观打枝作业

(1) 打枝技术要求

注意选好操作位置，应站在伐倒木的一侧打另一侧的枝杈。对于大径阶木，可站在树干上打枝。打枝时，从根部向梢头方向进行，要紧贴树干砍去枝杈，不应深陷、留楂和劈裂。原条集材时，应在去掉梢头 30~40 cm 处留 1~2 cm 高，1~2 个枝杈，便于捆木。

(2) 安全技术要求

打枝时要闪开腿、脚；要防止局部悬空的伐倒木或压弯的枝条伤人；防止木材滚动伤人；打枝人员、清林人员之间要保持安全距离等。

5.4.5.5 参观造材作业

(1) 造材技术要求

①做到合理造材,即根据国家规定的木材标准和伐倒木的形态特征(粗细、长短和具有哪些缺陷等),做到量尺造材,材尽其用,以提高造材出材率和木材售价。

②按划线下锯,不准躲包让节,锯截时锯口与木材轴线垂直,不锯伤邻木,不出劈裂材。

③学会对不同特点的原条(如正常健全、多节、腐朽、虫眼、裂纹、干形缺陷等原条)所采用的不同的造材方法。

④掌握现行的国家规定的木材标准。

(2) 安全技术要求

清除障碍物;避免原条或原木滚落危险;避免悬空木和弯曲的伐倒木伤人;保持安全距离等。

5.4.5.6 参观集材作业

集材方式的选择要综合考虑经济效益和生态环境保护的要求,充分利用自然地理条件,降低成本,提高效率,确保安全生产。本着技术上可行,经济上合理,有利于森林保护和更新,因时因地制宜地选择合适的集材方式。集材方式按木材形态分为原木集材、原条集材和伐倒木集材;按使用的动力又分为人力集材、水力集材、畜力集材、拖拉机集材、绞盘机集材、索道集材或滑道集材。

5.4.5.7 参观装车作业

(1) 装车技术要求

①要求满载、快装和载量平衡(车辆的前后左右负荷平衡,故须大小头颠倒装车),但不能超载、超高、超长和偏载。

②原条装车时,应将粗、直、长的装在下面,将细、弯、短的装在上面,短件子可包在中间用绳索捆好。

③起吊、落下木捆应平衡,不应砸车。

④装载的木材应捆牢,捆木索应绕过所有木材并将其捆紧到不能移位。

⑤必须装一楞、净一楞,不准留楞底子。

(2) 安全技术要求

①汽车进入装车场时,应听从装车指挥人员的信号。待装汽车对正装车位置后,应关闭发动机,拉紧手制动,挂上一档或倒档,并将车轮用三角垫木止动。

②装车前,装车工应对运材车辆进行检查,确认状态良好后,方准装车。

③木捆吊上汽车时,看木工应站在安全架上使用刨钩调整摆正。木捆落稳后,方可摘解索钩。不应站在木捆侧面和下面用手推、肩靠的方式摆正木材位置。

④未捆捆木索之前,运材车辆不应起步行驶。

⑤连接拖车时,驾驶员应根据连接员的信号操作。连接员不应用腿支撑牵引架,不应

用手扶连接器。

⑥不应用拖拉机或其它动力将汽车拖拉到不符合林区道路坡度规定的地点装运木材。平曲半径小于 15 m，纵坡大于 8°的便道不应拖带挂车。

5.4.5.8 成果提交

每人提交 1 份实训报告。实训报告要求结合参观所见，根据所学知识，简述伐区采伐作业(包括伐木、打枝、造材)、集材作业和装车作业应遵循的原则，技术要求和安全措施；简述参观实习场所的伐区木材生产工艺流程，并对该场各个生产工序的组织和安排是否科学合理作出客观评价。

> 拓展知识

作业设计各种标准要求

(1)胸径测量

单径阶起测径阶为 5 cm，起测胸径为 5 cm，径级进级为 1 cm；双径阶起测径阶为 6 cm，起测胸径为 5 cm，径级进级为 2 cm。胸径≥20 cm 的，测量误差≤2%；胸径<20 cm，测定误差≤0.5 cm。胸径单位为厘米(cm)，小数点后保留 1 位。

(2)树高测量

中央径阶实测树高 3~5 株，相邻的 2 个径阶选测 2~3 株，其他各径阶至少要测 1 株。树高测量误差≤5%，单位为米(m)，小数点后保留 1 位。

(3)标准地面积

林相变化不大时，标准地设置为面积≥400 m² 的块状标准地；林相变化较大时，标准地设置为带宽≥4 m，长度≥200 m 的带状标准地。主伐标准地面积要求人工林不少于小班面积的 3%。面积单位为公顷(hm²)，小数点后保留 2 位。小班面积调查精度 95% 以上。

(4)小班蓄积(出材)量计算

调查误差不超过 10%。蓄积量(出材量)单位为立方米(m³)，按径阶计算时取小数点后 3 位，第 4 位四舍五入；按标准地(样地)计算时取小数点后 2 位，第 3 位四舍五入；按小班、伐区计算时取整数。

(5)材质划分

用材树的用材部分长度占全树高 40% 以上；半用材树的用材部分长度在 2 m 以上而未达用材树标准；薪材树的用材部分长度不足 2 m。

(6)原木的分类

①按原木的直径和长度划分。

规格材：指小头去皮直径 14 cm 以上，长度 2 m 以上。

小径材：指小头去皮直径 6~14 cm，长度 2 m 以上。

短小材：指小头去皮直径 14 cm 以上，长度不足 2 m；或小头去皮直径 6 cm 以上，长度 1 m 以上。

②按用途划分。

商品材：指作为商品流通的木材或国有木材生产单位自用材。

自用材：指农民自己生产自己使用，未经过市场流通的木材。

能源材：指生活或生产的烧柴和木炭所消耗的木材。

③按材质划分。

特级原木、一等原木、二等原木、三等原木和等外原木。原木等级根据原木自身缺陷（节子、腐朽、弯曲、大虫眼、裂纹等）评定。

巩固训练

(1) 典型林分主伐调查设计

选择当地达到主伐年龄的具有代表性的林分（单层林或复层林）。通过外业调查，确定并标明伐区边界，测量伐区面积，调查伐区的地形地势、土壤、林分因子、蓄积量、天然情况等，将调查数据填入事先准备好的调查表中。通过内业工作，计算小班面积、采伐量、出材量等；绘制伐区位置示意图和调查设计图。进行主伐更新设计，确定主伐类型、伐区形状、采伐方式、采伐强度等，按照伐区生产工艺流程设计具体技术指标和要求，并对伐后清林方式和森林更新进行设计。最后形成一份包括调查设计表和图的调查设计成果。

(2) 林木采伐作业

选择已标定的采伐木进行林木采伐作业。根据林木采伐生产工艺的技术要求进行定向伐木、打枝、造材、集材、伐区清理等工序，并进行原木检尺和出材率的计算。撰写实训报告对林木采伐作业过程进行总结，并说明在工作过程中遇到的问题以及所采取的解决措施。

复习思考题

一、名词解释

1. 森林主伐；2. 森林更新；3. 森林主伐更新；4. 伐区；5. 伐区方向；6. 作业小班；7. 森林主伐更新方式；8. 皆伐；9. 择伐；10. 渐伐；11. 择伐的间隔期；12. 造材。

二、填空题

1. 主伐必须（   ）、（   ）需要采伐。

2. 森林主伐的方法有（   ）、（   ）、（   ）。

3. 森林更新有多种方式，根据更新与采伐成熟木的先后，可分为（   ）和（   ）；根据人为参与的程度，可分为（   ）、（   ）、（   ）。

4. 带状皆伐伐区排列的方式有（   ）、（   ）。

5. 渐伐的种类有（   ）、（   ）、（   ）。

6. 主伐在（   ）林龄中进行。

7. 皆伐天然更新的种源有（   ）、（   ）、（   ）；保证皆伐天然更新的措施有（   ）、（   ）、（   ）、（   ）。

8. 人工更新在栽苗顺序上要做到（　　　）、（　　　）、（　　　）、（　　　）、（　　　）。

9. 渐伐从采伐次数上可分为（　　　）和（　　　）；典型渐伐的采伐过程分四次采伐完成熟木，四次分别是（　　　）、（　　　）、（　　　）、（　　　）。

10. 集约择伐可分为（　　　）和（　　　）。

11. 择伐主要靠（　　　）更新，并且以（　　　）更新为主；由于受自然条件的限制，当天然更新受到影响时，就要采取（　　　）、（　　　）、（　　　）、（　　　）以及（　　　）、（　　　）等人工促进更新的措施，以保证森林更新的成功。

12. 当实行择伐的林分缺乏合乎经营要求的目的树种种源，特别是珍贵树种的种源时，可以（　　　），以优化更新林分的树种组成。在阔叶林，特别是在次生阔叶林中进行择伐时，常需要人工引进针叶树种，以便培育合乎经营要求的（　　　）。

三、判断题

1. 更新需要采伐，采伐必须更新，二者不可分开。如果从发展的角度看，更新比采伐显得更重要。（　　　）
2. 连续皆伐面积一般不超过 300 亩。（　　　）
3. 伐区方向一般与采伐方向垂直。（　　　）
4. 采伐方向与主风方向相反。（　　　）
5. 山地陡坡，伐区宜采用横山带。（　　　）
6. 平缓地带的山地，伐区可采用顺山带。（　　　）
7. 皆伐迹地更新常用人工更新。（　　　）
8. 渐伐也称伞伐。（　　　）
9. 择伐最适用于耐阴树种组成的复层异龄林。（　　　）
10. 在森林成熟时进行透光伐。（　　　）
11. 对人工更新，树种选择要适地适树，合乎经营要求，当年成活率应当不低于 85%，3 年后保存率应当不低于 80%；对天然更新，每公顷要均匀保留目的树种幼树 3000 株以上，或幼苗 6000 株以上，更新均匀度不低于 60%。（　　　）
12. 皆伐更新适于天然林中的复层林、异龄林；对于人工林，除有意诱导成复层异龄林的林分外，大部不宜实行皆伐更新。（　　　）
13. 皆伐迹地一般采用天然更新，皆伐迹地上形成的森林一般为同龄林。（　　　）
14. 块状皆伐是我国目前应用较广泛的一种主伐方式。它是一种小面积皆伐，适宜平原林区采用。（　　　）
15. 渐伐最适合大多数林木均达到采伐年龄的同龄林(包括相对同龄林)中应用；渐伐以后形成的林分基本上仍为同龄林，林木间年龄相差不超过一个龄级期。（　　　）
16. 带状皆伐和带状渐伐没有本质的区别。（　　　）
17. 施行群状渐伐的林地上，如果没有伐前更新的基点，也可以人工选择几个适当地点作为基点，并使这些基点能够均匀地分布于全林分内。（　　　）
18. 孔状的采伐点容易形成"霜洼地"(霜穴)，使穴内幼苗幼树易遭受霜害，所以伐孔中更新不宜选用对霜害敏感的树种。（　　　）

19. 实行择伐的林分处在无规律地不断采伐、不断更新的过程中。（   ）
20. 实行集约择伐，无论是单株择伐或群状择伐，采伐木的选择应本着"采小留大、采优留劣"的原则，并要维持各种大小林木的均匀分布。（   ）
21. 更新择伐基本按照树木自然衰老、自然更新的规律，只是在林木老死之前，将其采伐利用，同时注意改善林分的卫生状况，以利于更新。（   ）
22. 择伐的间隔期是指两次择伐之间所间隔的年数。（   ）
23. 块状皆伐是将采伐林分划成带状。（   ）

四、选择题

1. 森林经营作业设计必须严格执行森林经营技术规程，面积误差和蓄积误差均不得突破（   ）。
   A. ±5%   B. ±3%   C. ±4%   D. ±6%
2. 在主伐更新设计作业小班的标准调查中，需进行森林（   ）调查。
   A. 主伐   B. 抚育   C. 更新   D. 补植
3. 种苗需要量要按照更新造林施工设计和（   ）的计划任务，分别树种、苗木类型与规格测算种苗需要量。
   A. 当年   B. 前年   C. 明年   D. 近几年
4. 根据（   ）资料分析，统计计算确定各项作业的面积。
   A. 外业   B. 内业   C. 档案   D. 统计
5. 森林主伐更新作业设计文件包括作业设计说明书、作业设计表格，各种用图，统计表，并将各种调查材料装订成册作为（   ）。
   A. 档案   B. 附件   C. 主件   D. 资料
6. 主伐更新方式有（   ）。
   A. 皆伐更新   B. 渐伐更新   C. 择伐更新   D. 头木作业

五、简答题

1. 什么是主伐？它与抚育间伐有何区别？
2. 对成熟森林实行主伐更新时为什么要求更新跟上采伐？
3. 简述皆伐伐区的技术要求。
4. 简述皆伐更新、渐伐更新、择伐更新的主要优缺点及适应林分。
5. 渐伐更新、择伐更新时如何选择采伐木？
6. 为什么主伐后必须及时更新？
7. 伐区排列有哪些形式？各有什么优缺点？
8. 有几种皆伐方式？适宜在什么条件下应用？
9. 什么是择伐？有几种择伐方式？适宜在什么条件下应用？
10. 什么是渐伐？它与择伐有何不同？
11. 渐伐过程中的预备伐、下种伐、受光伐和后伐的具体目的各是什么？
12. 分别说明四次渐伐的强度、间隔期。
13. 如何进行主伐更新作业设计？

14. 林木采伐时必须遵守哪些原则？
15. 伐木时要尽量避免哪几种倒向？
16. 如何做到合理造材？
17. 伐区清理的方法有哪些？

相关链接

林木采伐许可证的办理

（1）办理依据

《森林法》第五十六条：采伐林地上的林木应当申请采伐许可证，并按照采伐许可证的规定进行采伐；采伐自然保护区以外的竹林，不需要申请采伐许可证，但应当符合林木采伐技术规程。农村居民采伐自留地和房前屋后个人所有的零星林木，不需要申请采伐许可证。禁止伪造、变造、买卖、租借采伐许可证。

《国森林法》第五十七条：采伐许可证由县级以上人民政府林业主管部门核发。县级以上人民政府林业主管部门应当采取措施，方便申请人办理采伐许可证。农村居民采伐自留山和个人承包集体林地上的林木，由县级人民政府林业主管部门或者其委托的乡镇人民政府核发采伐许可证。

（2）核发权限

①采伐国家一级、二级保护，以及省重点保护的野生珍贵树木、名木古树和胸高直径36 cm以上的人工珍贵树木，国家级自然保护区内实验区的毛竹，省属国有林场和设区市属国有林业企事业单位的林木及生态公益林的林木，采伐部队自营林木，由省林业主管部门或其交由的林业主管部门核发。

②采伐胸高直径36 cm以下的人工珍贵树木，省级自然保护区实验区的毛竹，国有林经营所、县级林业主管部门管理的零星国有林、省属或设区的市属非林业企业事业单位的林木，由所在地的设区市林业主管部门或其交由的林业主管部门核发。

③采伐国有林业采育场及其他县属国有企业事业单位、集体单位的林木，由所在地的县级林业主管部门核发。农村居民采伐自留山的林木、个人所有的林木、竹林、经济林、农民自用材和烧材，县级林业主管部门可交由乡（镇）林业工作站（非派出机构除外）核发。

④更新采伐城市绿化林木，由城市绿化行政主管部门核发。

⑤更新采伐铁路、公路护路林林木，属本部门营造的，由有关主管部门核发；非本部门营造的，由县级以上林业主管部门核发。

⑥采伐插花山的林木，属于行政区域边界插花的，由拥有山林所有权的行政区域县级林业主管部门核发；属于飞山的，由山林所在地的县级林业主管部门核发。

（3）程序

林权单位提出采伐申请→评估中心进行伐区调查设计→提供有关材料→审核→核发采伐许可证。

（4）提供材料

①林木采伐申请表。采伐国有土地上的林木提交国有林木采伐申请表，采伐集体土地

上的林木提交集体(个人)林木采伐申请表。包括有关采伐的地点、林种、树种、面积、蓄积量、方式、更新措施等内容。

②林木权属证明。采伐国有土地上的林木,应提交林木权属证明;采伐集体林地上的林木,应提交全国统一式样的林权证书。没有林权证书的,应提交县级人民政府规定的可以证明林木权属的有效材料。

③伐区调查设计材料。超过省级以上人民政府林业主管部门规定面积或者蓄积量的,还应当提交伐区调查设计材料。

征收、占用林地和森林经营单位修筑直接为林业生产服务设施需要采伐林木的,还应提交使用林地行政许可决定书;国家重点保护野生植物(树木)的采伐,还应提交国家重点保护野生植物采集证;退耕还林补助期满后的林木采伐,还应提交退耕还林验收报告;省(自治区级)以上公益林林木的采伐,还应提交省(自治区)林业行政主管部门的批准文件。

申请采伐林地上的毛竹,应提交①、②两项规定材料。

申请采伐铁路、公路护路林和城镇绿化林木,按有关行政主管部门的规定提交相关材料。

(5)受理林木采伐单位

①采伐中央直属单位、省(自治区)直属国有林场场内国有林地上的林木,应向省(自治区)政务服务中心林业窗口提出申请;采伐设区市直属国有林场场内国有林地上的林木,应向所在设区市政务服务中心林业窗口提出申请;采伐县直属国有林场场内国有林地上的林木,应向县级政务服务中心林业窗口提出申请。

②更新采伐铁路、公路护路林和城镇绿化林木,应向其主管部门提出申请。

③采伐省(自治区)、设区市、县(市区)所属的其他国有企业事业单位经营管理的国有土地上的林木,应向县级政务服务中心林业窗口提出申请。

④采伐集体土地上的林木,应向县级政务服务中心林业窗口提出申请,也可向乡(镇)林业工作站提出申请。

⑤采伐飞地、插花地林地上的林木,应向林地林木所在地县级政务服务中心林业窗口提出申请,或执行双方政府的协定。

(6)遵守规定

①纳入采伐限额管理的林木,年发证采伐蓄积总量不得超过编限单位年森林采伐限额。

②严禁跨年度发证或超越规定权限发证。

③实行一小班一张证,不得多地一证。

④采伐证上填写的内容必须真实,不得漏填、涂改和弄虚作假。

(7)禁办情况

有下列情形之一的,不得发放林木采伐许可证。

①林木权属不清或有争议。

②申请材料不齐全的。

③防护林和特种用途林进行非抚育或者非更新性质采伐的,或者采伐封山育林期、封山育林区内林木的。

④未按规定时间完成更新造林任务的。

⑤上年度发生重大滥伐案件、森林火灾或者大面积严重森林病虫害,未采取预防和改进措施的。

⑥法律法规禁止发放林木采伐许可证的。

(8) 时限

提供材料齐全、有效的申报材料之日起 20 个工作日内核发;需上报上级林业主管部门批准核发的,可延长 15 日。对不符合发证条件的,应当场或在 5 个工作日内以书面形式一次性告知。

林木采伐许可证由省(自治区)林业行政主管部门统一印制、统一编号,由核发林木采伐许可证的机关负责管理。核发的林木采伐许可证存根联保存期为两年,期满后可由林木采伐许可证核发机关负责监督销毁。

(9) 法律责任

《森林法》第七十六条:盗伐林木的,由县级以上人民政府林业主管部门责令限期在原地或者异地补种盗伐株数一倍以上五倍以下的树木,并处盗伐林木价值五倍以上十倍以下的罚款。滥伐林木的,由县级以上人民政府林业主管部门责令限期在原地或者异地补种滥伐株数一倍以上三倍以下的树木,可以处滥伐林木价值三倍以上五倍以下的罚款。

《森林法》第七十七条:违反本法规定,伪造、变造、买卖、租借采伐许可证的,由县级以上人民政府林业主管部门没收证件和违法所得,并处违法所得一倍以上三倍以下的罚款;没有违法所得的,可以处二万元以下的罚款。

《森林法》第七十八条:违反本法规定,收购、加工、运输明知是盗伐、滥伐等非法来源的林木的,由县级以上人民政府林业主管部门责令停止违法行为,没收违法收购、加工、运输的林木或者变卖所得,可以处违法收购、加工、运输林木价款三倍以下的罚款。

项目6 封山育林技术

> 知识目标

1. 熟悉封山育林的概念及意义。
2. 熟悉封山育林的适用条件、封育类型及封育方式。
3. 熟悉封山育林内业设计程序、封山育林成效评定标准及封山育林档案管理。
4. 了解与封山育林有关的国家、地方行业标准与规程。
5. 熟悉实施封山育林的要求与技术,以及不同类型林分封山育林的经营实例。

> 技能目标

1. 掌握封山育林外业调查方法及成效调查技术。
2. 能对乔木型封山育林开展相关技术措施。
3. 能对乔灌型封山育林开展相关技术措施。
4. 掌握灌木型封山育林的相关技术措施。
5. 掌握灌草型封山育林的相关技术措施。

> 素质目标

1. 坚持"山水林田湖草沙"一体化保护和系统治理理念。
2. 培养遵循人与自然和谐共生思想意识。
3. 培养严谨务实、吃苦耐劳的工作态度。

任务 6.1 封山育林规划设计

 任务描述

封山育林是在小班调查的基础上,根据立地条件,以及母树、幼苗幼树、萌蘖根株等情况,把因人为干扰而形成的疏林地以及乔木适宜生长区域内,达到封育条件且乔木树种的母树、幼树、幼苗、根株占优势的无立木林地、宜林地封育为乔木型封育林地,以期实现通过一段时间的封山育林之后,使原有森林发展成为更理想的乔木林的作业方式。本节

任务6.1　封山育林规划设计

任务需要学生通过对林地进行调查，然后按照相关规程进行模拟或实际操作，要求完成一至数块林地的封山育林的作业设计工作及管护方案编制等任务。

任务目标

1. 了解封山育林的概念。
2. 熟悉封山育林的使用条件、封育类型及封育方式。
3. 掌握封山育林的内页整理及作业设计的程序。

工作情景

情景一：全封方式封山育林调查设计与方案编制。
情境二：半封方式封山育林调查设计与方案编制。
情境三：轮封封山育林调查设计与方案编制。
以上3个教学情境实施步骤一致，在教学中可根据实际教学时间及课程安排集中或分散进行教学，也可以先完成情境一的教学，而将情境二和情境三的内容安排在综合实训中完成。

知识准备

6.1.1　封山育林类型及方式

6.1.1.1　封山育林的概念

封山育林是对具有天然下种或萌蘖能力的疏林、无立木林地（分为采伐迹地、火烧迹地等）、宜林地、灌丛地实施封禁，保护植物的自然繁衍生长，并辅以人工促进手段，促使恢复形成森林或灌草植被；以及对低质、低效有林地、灌木林地进行封禁，并辅以人工促进经营改造措施，以提高森林质量的一项技术措施。

低效林是因自然或人为因素导致生态公益林效能低下的森林。其中，在自然状态下因立地条件较差或生长环境恶劣而自然形成的低效林为原生型低效林；因人为干扰或种质低劣、经营管理不当而形成的低效林为经营型低效林。低质用材林是以生产林产品为主要经营目标，因受人为因素的直接作用或诱导自然因素的影响，造成林分经济产品产量低、质量差，明显低于所在立地条件应有生产力水平的林分。

6.1.1.2　封山育林的意义

封山育林主要依靠自然力恢复森林，既遵循了森林发展规律，又促进了经济效益，有效地提高了森林覆盖率，充分发挥了林分多种效益的特种育林方式，具有如下优点。

①有利于稳定和发挥生态系统自我调节功能。封山育林基本保持了原有的构成生态系统主体的森林植物群落，没有破坏原有物质和能量的循环系统和林木赖以生存的生态环境。因此，通过封山育林培育出来的林分，一般都具有较强的自动调节能力和较稳定的性状，形成防护性能好、生产力高的森林生态系统。

②有利于保护物种资源。育林不破坏植被,既可保护原有的树种资源,又能形成混交林,是保护珍稀树种和生物多样性的重要途径。

③可以减少森林病虫害。封山育林使林分结构、林内气候改善,有利于天敌繁殖,不利于病虫滋生发展,特别是对控制分布最广的松毛虫危害有重要作用。

④省工、成本低、收效快。实践证明,投入同样的劳动力进行封山育林可以比人工造林面积多5~10倍,人工造林进度慢,遇到不利自然条件成活还没有保证;而封山育林,无论多大面积,几乎都可以同时封育,大大加快了绿化进程,这种快速大面积地恢复植被所带来的生态效益,更是无法估算的。而且在实际工作中,又省去了育苗、运输、假植、保护、林地整理、幼苗管理等多项繁杂工序。封山育林到成林成材,成本只有人工造林的1/10~1/6。

⑤有利于生态效益的发挥。封山育林保存了原有的浓密植被,可以减少土壤侵蚀,有利于涵养水源和保持水土。同时封山育林形成的是多层结构的混交林,保持了微生物滋生的生态环境,从而具有改良土壤,增加土壤肥力的功能。

⑥有利于尽快发挥经济效益。很多山区或半山区人力、资金短缺,若全靠人工造林,显然是无能为力,如果封山育林就可大大加快绿化速度。封山育林既能在短期内使疏林地、灌木林地、采伐迹地和火烧迹地形成新的森林植物群落,又能速生丰产,有助于发挥山区林业生产的优势,增加群众收入。

6.1.1.3 封山育林的常用术语

①无林地和疏林地封育。对宜林地、无立木林地、疏林地实施封禁,并辅以人工促进手段,使其形成森林或灌草植被的一项技术措施。

②有林地和灌木林地封育。对低质、低效有林地、灌木林地实施封禁,并采取定向培育的育林措施,即通过保留目的树种幼苗、幼树,适当补植改造,并充分利用生态系统的自我修复能力提高林分质量的一项技术措施。

③在封区。当年正在实施封育的封育区,包括原封区和新封区。

④封育区。实施封育措施的林地。

⑤原封区。非当年开始封育且封育时间未达到封育年限的封育区。

6.1.1.4 封山育林的理论

(1)近自然理论

近自然林业理论起源于德国。近自然林业的核心在于,要考察现有的森林,对在考察中的森林加以细心缓和地调控,所以封山育林具有重大的意义。从生态学角度看,干扰森林,可理解为森林生态系统中闯入了外来者,它要损害森林生态系统。尽管我们需要它,其作用还是妨碍性的。因此,不论干扰是物理式的、方法论式的或是技术式的,这些外来者都应该采用"抚育"的想法"植入"进来。这样自然系统的反抗才会弱一些,费用才会低一些,生态上的妨碍性才会平和一些,森林经营成效才会更好一些。

(2)限制因子理论

生态因子是指环境中对生物生长、发育、生殖、行为和分布有直接或间接影响的环境要素、生态因子中生物生存所不可缺少的环境条件,有时又称为生物的生存条件。所有生态因子构成生物的生态环境。

生物的生存和繁殖依赖于各种生态因子的综合作用，其中限制生物生存和繁殖的关键性因子就是限制因子。任何一种生态因子只要接近或超过生物的耐受范围，它就会成为这种生物的限制因子。系统的生态限制因子强烈地制约着系统的发展，在系统的发展过程中往往同时有多个因子起限制作用，并且因子之间也存在相互作用。在封山育林工作中，要充分考虑影响封山育林成果的各种生态因子，找出其中的关键因子，然后再补充人工措施促进其进展演替，改变其限制作用，才能得到预期的封山育林效果。而且，明确生态系统的限制因子，有利于封山育林的设计，有利于技术手段的确定，并可缩短封山育林生态恢复所必需的时间。

(3) 森林演替理论

森林的发展和衰败变化都有它的规律性，这种规律性就是森林群落演替。按森林演替的性质和方向，分为森林群落进展演替和逆行演替。影响森林群落演替的原因，有自然因素和人为因素两大方面。

目前我国引起森林演替的原因，大部分是人为因素引起的。如原有森林群落遭到人为干扰破坏，就会发生逆行演替。若人为干扰强度过大并反复产生，就会使林地自然环境恶化，出现荒山，甚至最后形成没有土壤的原生裸地。而在这样的植物群落演替的过程中，要经过不同的阶段，如首先是原生裸地，然后形成苔藓地衣植物群落，再后来就会形成草本植物群落，最后形成森林群落。这就是森林群落演替的规律，越往前面的阶段，演替需要的时间也就越漫长，而越往后面的阶段，演替需要的时间就越短暂。所以，如原有森林群落遭到一次或两次破坏，只要停止继续破坏，或经过人为封禁得到休养生息的机会，就会产生进展演替。反之，如果森林被破坏之后形成荒山，这样的荒山持续时间越长，之后即使停止了破坏，其恢复成为森林的时间也越长。这就是森林植被群落正常演替和发展的自然规律。这个自然规律的关键，就是要在森林发生逆行演替的时候，及时地制止森林继续遭到破坏，使之得到恢复的机会。

封山育林就是在这个理论的指导下开展的。利用这个自然规律，把遭到破坏后留下的疏林、灌丛和荒山迅速封禁起来，除了能使它免遭继续破坏，得到恢复的时间，同时又施加适当人为的补植补播、防止火灾、防治病虫害等育林措施等，来加速植物群落的进展演替过程，从而达到恢复良好的森林结构和扩大森林资源，发挥森林多种效益的目的。

(4) 生态适宜性原理和生态位理论

①生态适宜性原理。生物由于经过长期与环境的协同进化，对生态环境产生了生态上的依赖，其生长发育对环境产生了要求，如果生态环境发生变化，生物就不能较好地生长，在长期对自然环境的适应过程中，生物随之产生了对光、热、温、水、土壤等的依赖性。这就是生态适宜性原理。例如，植物中有一些是喜光植物，而另一些则是喜阴植物；一些植物是酸性土植物，而另一些植物可能就是碱性土植物；一些植物是喜温植物，那么另一些植物可能应是耐寒植物；一些植物是耐旱植物，另一些植物就是湿生植物，等等。

总之，不同的植物有不同的环境需求，而森林能提供多样性的生物生存环境，使得不同的植物和动物能在森林中生存，如果森林遭到破坏，随之而来的就是许多生物失去了原有的生活环境，从而逐渐灭亡。封山育林就是确保这样的环境不被破坏的有效途径。

②生态位理论。生态位是生态学中的一个重要概念，主要指在自然生态系统中一个种群在时间、空间上的位置及其与相关种群之间的功能关系。最早是由美国学者 Grinell 于

1917年在生态学中使用的概念，后来随着研究的不断深入，这个概念逐渐得到补充和发展，用以表示划分环境的空间单位和一个物种在环境中的地位。英国生态学家Hutchinson于1957年发展了生态位概念，提出多维生态位。他以物种在多维空间中的适合性确定生态位边界，这样对如何确定一个物种所需要的生态位变得更清楚了。Hutchinson生态位概念目前已被广泛接受。因此，生态位可表述为：生物完成其正常生命周期所表现的对特定生态因子的综合位置，即用某一生物的每一个生态因子为一维，以生物对生态因子的综合适应性为指标构成的超几何空间。封山育林可以保护森林中原有的生态位的完整性，从而为森林的生物多样性奠定基础。

由乡土树种组成的森林群落往往是经过长期的自然选择形成的最优植被组合，它们自身的生存条件最适合于当地的自然环境，各个树种在生态位上避开竞争，充分利用时间空间和资源，更有效地利用环境资源，维持生态系统长期的生产力和稳定性。而封山育林就是要恢复这样的森林群落，因此，利用生态适宜性原理和生态位理论来指导封山育林工作，能够明确指导思想，从而加快封山育林进程。

③生态平衡理论。在正常情况下，生态系统内部能量和物质输入输出基本相等，生物与生物之间，生物与环境之间在结构和数量上保持稳定与平衡的关系，具有复杂的食物链关系及符合能量流以恢复原来动的金字塔营养结构，这时即使受到外来因素的干扰，生态系统也能自我调节以恢复原来的稳定状况，这就称为生态平衡机制。

生态平衡是一种动态平衡，它靠自我调节能力来维持，这种调节能力主要来自系统内部的负反馈机制。在自然生态系统中，这种自我调节机制来自系统的食物链和营养结构，通过它可以实现系统内的物质循环和能量流动；在人工生态系统中，则需要通过人工调控来实现这种稳定。但系统的调节能力是有限的，如果外来的压力或冲击超出其界限（阈值），调节就难以完成。改变了生态系统的食物链和营养结构关系就会使某些生物数量急剧减少、生产力衰退、抗逆性减弱，最终可能导致整个生态系统的崩溃。封山育林就是为了减少外来的压力，使其不超过系统的自我调节能力范围（阈值），利用系统的反馈机制实现自我调节，从而维持森林生态系统的稳定。

④生态系统结构理论。生态系统是由生物组分与环境组分组合而成的结构有序的系统。所谓生态系统的结构是指生态系统中的组成成分及其在时间、空间上的分布和各组分间能量、物质、信息流的方式特点。具体来说，生态系统的结构包括3个方面：物种结构、时空结构和营养结构。

生态系统的结构越复杂，系统功能应越完善，建立合理的生态系统结构有利于提高系统的功能。实施封山育林后形成的森林多是混交林，且多为乔、灌、草结合的混交复层林分，这是一种结构合理的生态系统，能够实现物种之间的能量、物质和信息的流动，充分利用光、热、水、土资源。所以，实施封山育林措施之后，森林的生物多样性能够得到增加，这就能够增强森林生态系统的稳定性。

⑤生物多样性理论。生物多样性是近年来生物学与生态学研究的热点问题。一般的定义是"生命有机体及其赖以生存的生态综合体的多样化和变异性"，按此定义，生物多样性是指生命形式的多样化，各种生命形式之间及其与环境之间的多种相互作用，以及各种生物群落、生态系统及其生境与生态过程的复杂性。

通常，生物多样性包括遗传多样性、物种多样性、生态系统与景观多样性。保护生物多样性，首先是保护了地球上的种质资源，其次会增加生态系统功能过程的稳定性。具体说来，生物多样性高的生态系统，能够增加高生产力种类出现的机会和能量流动途径、提高抗干扰性和资源利用效率。正是基于这些认识，生物多样性理论成为封山育林的一个重要理论基础。在封山育林中，应最大限度地限制封育区内的人为活动，减少甚至不再进行破坏，使封育区内物种尽快恢复，增加其物种的多样性，增强系统的稳定性，并且，加快恢复与地带性生态系统相似的生态系统。同时利用封山育林、就地保护的方法，保护自然生境里的生物多样性，有利于人类对资源的可持续利用。

以上各种理论，可以充分说明封山育林的重要性，这些理论也是开展封山育林获得成功的有力依据，同时也是封山育林实施过程中可靠的理论指导。自20世纪50年代初我国开展封山育林工作以来，已取得了显著成效，而这些成效的取得正是基于以上理论，在理论的指导下，完成封山育林的实践工作。

当然，在实际工作中，任何一处的封山育林工作，都不是单一理论指导的结果，而是综合多种理论，同时结合当地实际情况，考虑多种因素，选择最适宜的多种理论组合应用的结果。总体来说，封山育林无论在理论上还是在实践上，都得到了有力的支持和充分的验证。

6.1.1.5 封山育林适用条件

(1) 宜林地、无立木林地和疏林地的封育条件

①有天然下种能力且分布较均匀的针叶母树每公顷30株以上或阔叶母树每公顷60株以上；如同时有针叶母树和阔叶母树，则按针叶母树除以30加阔叶母树除以60之和，如≥1则符合条件。

②有分布较均匀的针叶树幼苗每公顷900株以上或阔叶树幼苗每公顷600株以上；如同时有针阔幼苗或者母树与幼树，则按比例计算确定是否达到标准，计算方式同第①项。

③有分布较均匀的针叶树幼树每公顷600株以上或阔叶树幼树每公顷450株以上；如同时有针阔幼树或者母树与幼树，则按比例计算确定是否达到标准，计算方式同第①项。

④有分布较均匀的萌蘖能力强的乔木根株每公顷600个以上或灌木丛每公顷750个以上。

⑤有分布较均匀的毛竹每公顷100株以上、大型丛生竹每公顷10丛以上或杂竹覆盖度10%以上。

⑥不适于人工造林的高山、陡坡、水土流失严重地段及沙丘、沙地、海(湖)岛、江河泥质滩涂等经封育有望成林(灌)或增加植被盖度的地块。

⑦分布有国家重点保护Ⅰ、Ⅱ级树种和省级重点保护树种的地块。

(2) 有林地和灌木林地封育条件

①郁闭度<0.5的低质、低效林地。

②有望培育成乔木林的灌木林地。

6.1.1.6 封育类型

(1) 乔木型

因人为干扰而形成的疏林地以及乔木适宜生长区域内，达到封育条件且乔木树种的母树、幼树、幼苗、根株占优势的无立木林地、宜林地应封育为乔木型。此外，有林地和灌木林地应封育成乔木型。

(2) 乔灌型

其他疏林地，以及在乔木适宜生长区域内，符合封育条件但乔木树种的母树、幼树、幼苗、根株不占优势的无立木林地、宜林地应封育为乔灌型。

(3) 灌木型

乔木适宜生长上限，符合封育条件的无立木林地、宜林地应封育为灌木型。

(4) 灌草型

立地条件恶劣，如高山、陡坡、岩石裸露、沙地或干旱地区的宜林地段，宜封育为灌草型。

(5) 竹林型

符合毛竹、丛生竹或杂竹封育条件的地块。

6.1.1.7 封育方式及年限

(1) 封育方式

①全封。全封即死封，是一种较长期性的育林形式。做法是在封育期内禁止采伐、砍柴、放牧、割草和其他一切不利于林木生长繁育的人为活动。其封育期可根据郁闭成林的情况和所需年限加以确定。

全封适用于边远山区、江河上游、水库集水区、水土流失严重地区、风沙危害特别严重地区，以及恢复植被较困难的地区。

②半封。半封是在林木生长季节实施封禁，其他季节在严格保护目的树种幼苗、幼树的前提下，可有计划有组织地砍柴、割草。半封分为季节性封和活封2种。季节性封是在封育期内不影响森林植被恢复的前提下可在一定季节(一般在冬季休眠期)让群众有计划有组织地进行樵牧和开展多种经营管理，并坚持只准砍柴割草、务必保护目的树种的原则。活封就是只封禁目的树种，不封禁非目的树种，注意保护幼苗幼树。

半封方式一般适用于有一定目的树种、生长良好、林木覆盖度较大的封育区，适用于封育用材林。

③轮封。轮封是根据群众性生产需要，把具备封山育林条件的整个封育区划分片段，轮流封育。在不影响育林要求和水土保持的前提下，再逐段定期开放，实行轮放。

适用于当地群众生产、生活和燃料等有实际困难的非生态脆弱区的封育区，适用于封育能源林。

(2) 封育年限

树种天然更新和成林年限与更新方式和不同树种幼苗幼树生长速度密切相关。一般萌芽更新只要1~2个生长季即可，而以天然下种为主的更新方式，则常需要3个以上的结实大年。成林年限不但与针阔叶树种有关，而且和速生、中生与慢生树种有关，并和林地的自然条件好坏有关，一般以林分在合理密度下达到郁闭，且能生产出小材小料为准。根据封育区所在地域的封育条件和封育目的确定封育年限，一般封育年限见表6-1。

表 6-1　封育年限表

封育类型		封育年限
无林地和疏林地封育	乔木型	6~8(南方)8~10(北方)
	乔灌型	5~7(南方)6~8(北方)
	灌木型	4~5(南方)5~6(北方)
	灌草型	2~4(南方)4~6(北方)
	竹林型	4~5
有林地和灌木林地封育		3~5(南方)4~7(北方)

6.1.2 封山育林规划设计

6.1.6.1 封育区规划

在林业发展规划、土地利用规划在森林经营方案的基础上，结合已有资料，进行封山育林规划；规划内容主要包括封育范围、封育条件、经营目的、封育方式措施及封育成效预测等；规划成果报请上级林业主管部门或所在县人民政府审批后，作为封山育林作业设计的依据。

6.1.6.2 封山育林作业设计

封山育林作业设计过程一般分为准备工作、外业调查和小班设计等几个阶段。进行作业设计的单位要根据上级下达的封育任务。

(1) 准备工作

①组建作业设计队伍。聘请有林业调查规划设计资质的设计队伍完成作业设计，设计单位要确定负责人、参加人员、配合人员，组织技术培训。

②基本情况收集。具体内容包括以下方面。

自然环境条件：包括封育区的气候、地形、地貌、土壤等。

社会经济条件：包括当地人口分布、交通条件、农业生产状况、人均收入水平、农村生产生活用材、能源和饲料供需条件、当地社区森林管护制度、办法及今后当地发展前景、村民的愿望等。

植被状况：包括当地曾分布的自然植被类型、现有天然更新和萌蘖能力强的树种分布情况，以及森林火灾和病、虫、鼠害等。在全面了解封山育林范围内的自然环境、社会经济条件和植被状况的同时，收集过往森林资源调查及专业调查的成果材料、过往林业生产经营档案，相关项目的可行性研究报告和规划设计文件，以及有关技术经济指标、定额、相关规定文件等。

③仪器工具、图表及其他用品准备。包括调查设计用表、办公用品、野外工作手图、卫星影像图及航片、罗盘仪、手持 GPS 等。

(2) 封育区调查

区划作业小班。小班内母树、幼树、幼苗、根株数量与分布状况调查采用小样圆(方)

实测方法。

①样圆(方)设置。小班内母树、幼树、幼苗、根株数量与分布状况调查采用小样圆(方)实测方法。在小班内机械布设调查样圆(方)，设置的调查样圆(方)面积以 10 m² 为宜，数量按小班面积确定，具体要求见表6-2。

表 6-2 调查样圆(方)数量表

小班面积(hm²)	<5	5~10	11~19	>20
样圆(方)数量(个)	>6	>8	>10	>15

②样圆(方)调查项目。记载样圆(方)内母树树种、株数；竹类名称、株(丛)数及杂竹覆盖度；灌木树种、丛(株)数、盖度；国家重点保护树种、株数；幼苗和幼树的树种株数；萌芽乔木树种、兜数等，具体要求见表6-3。

表 6-3 封山育林小班现状调查记载表

封育单位			村或林班号		小班号	
小地名			图幅号		小班面积(hm²)	
地形	海拔(m)		土壤		土壤名称(亚类)	
	坡向				土层厚度(cm)	
	坡位				酸碱度	
	坡度				母岩母质	
年均气温(℃)			年均降水量(mm)		立地类型	
林地权属			封育类型		始封年度	
林木权属			封育方式		封育年限	
期初地类			期初郁闭(盖)度		优势树种(组)	
期末地类			预期郁闭(盖)度		工程与类别	
调查年度	现有母树(竹)				现有幼苗、幼树(竹)				灌木		草本		灌草总盖度	郁闭度	保护树种等级
	树种	每公顷株数	平均年龄	平均高(m)	平均胸径(cm)	树种	每公顷株数	平均年龄	平均高(m)	平均胸径(cm)	树种	每公顷株(丛)数	覆盖度(%)	草种	盖度(%)			
封育措施	年度	措施：																
病、虫鼠害状况																		
备注																		

调查员：   调查时间：

③统计计算。调查小班的母树、幼树、幼苗、竹(丛)、灌丛等因子,按式(6-1)计算。

$$\bar{x} = \frac{1}{n}\sum_{i=1}^{n} x_i \times 1000 \tag{6-1}$$

式中:$\bar{x}$——小班平均每公顷株数;

x_i——样圆(方)内母树、幼树、幼苗、竹等株(丛)数和灌木丛数;

n——样圆(方)数。

封育区调查应在森林资源规划设计调查的基础上,尽量利用已有各类调查资料,不能满足需要的情况下,进行补充调查。在拟封山育林的重点地域布设调查线路,对土壤、植被、气候、地质地貌等有针对性地进行详细调查,根据已有的资料和补充调查结果编制封育类型表和封育措施类型表。有补植、补播的编制补植补播类型表。

封育类型表主要根据立地条件、封育目的和地类编制。

封育措施类型表根据封育对象确定的封育类型编制。

(3)小班设计

①现地根据封育区条件确定各封育小班的封育类型,对编制的封育措施类型表,现地套用并核实和修改。

②根据封育区条件,现地确定封禁措施和育林措施,包括机械围栏、生物围栏、检查哨卡、补植补播树种、平茬复壮树种等,并在外业工作手图和封山育林区小班现状调查表上标示和记载。

③根据封育区情况和需要,现地确定主、次防火线位置或设计防火林带,并在外业工作手图上布线。

④种苗供需设计,对补植、补播的封育面积进行种苗供需设计,包括种苗需求测算和种苗供应设计。

(4)设计文件组成

封山育林作业以封育区为单位,设计文件主要包括以下内容:

①封育区范围确定封育区面积与四至边界。

②封育区概况明确封育区自然条件、森林资源和封育区地类与规模等。

③封育类型根据封育区条件确定封育类型,以小班为单位按封育类型统计封育面积。

④封育方式根据当地群众生产、生活需要和封育条件,以及封育区的生态重要程度确定封育方式。

⑤封育年限根据当地封育条件、封育类型和人工促进手段,因地制宜地确定封育年限。

⑥封山育林建设内容包括根据封禁措施设置的标牌、围栏(生物围栏和机械围栏、界桩、检查哨卡(管护房)、宣传材料(标语)等;根据育林设计的补植、补播、平茬复壮、人促整地面积等;根据森林保护设计的防火线、病虫鼠害防治药器以及人工巡护面积等。

⑦施工组织及进度安排包括组织管理单位、组织形式、实施单位和资金、人员、设施、防火、防病虫害防治以及用工量测算等。

⑧投资概算及封育效益评价根据封山育林设施建设规模和管护、育林、培育管理工作

项目6 封山育林技术

量进行投资概算,并提出资金来源和筹措办法。对封育效益按封育目的,估测项目实施的生态、经济与社会效益。

⑨保障措施包括组织保障措施、技术保障措施和质量保障措施等。

⑩作业设计附表封山育林作业设计至少应编制以下统计表,详见表6-4至表6-8。

表6-4 封山育林小班作业设计一览表

封育单位(乡镇或林场)	村或林班号	小班号	小班面积(hm²)	地类	封育类型	培育树种(乔竹+灌+草)	封育方式	始封年度	封禁措施				育林措施									备注
									机械围栏(m)	生物围栏(m)	检查哨卡	其他	补植			补播		平茬复壮		人工促进整地面积(hm²)	其他	
													树种	面积(hm²)	定植模式	树种	面积(hm²)	树种	面积(hm²)			

填表人: 填表时间:

表6-5 封山育林面积按封育类型统计表

单位	有林地和灌木林地封育			无林地和疏林地封育					
	小计	有林地	灌木林地	小计	乔木型	乔灌型	灌木型	灌草型	竹林型
县市区合计乡镇或林场×××××村或林班×××××									

填表人: 填表时间:

表6-6 封山育林面积按封育方式和封宵措施统计表

单位	封育方式			封禁措施				育林措施				
	全封(hm²)	半封(hm²)	轮封(hm²)	机械围栏(m)	生物围栏(m)	检查哨卡(个)	其他	补植(hm²)	补播(hm²)	平茬复壮(hm²)	人工促进整地(hm²)	其他(hm²)
县市区合计乡镇或林场×××××村或林班×××××												

填表人: 填表时间:

表 6-7 封育措施按封育类型统计表

项目		封育面积合计（hm²）	封育方式			封禁措施				育林措施				
			全封（hm²）	半封（hm²）	轮封（hm²）	机械围栏（m）	生物围栏（m）	检查哨卡（个）	其他	补植（hm²）	补播（hm²）	平茬复壮（hm²）	人工促进整地（hm²）	其他（hm²）
县市区合计														
无林地和疏林地封育	小　计													
	乔木型													
	乔灌型													
	灌木型													
	灌草型													
	竹林型													
乔林封育														
灌木封育														

填表人：　　　　　　　　　　　　　　　　　　　　　　　　　　　　　　填表时间：

表 6-8 封山育林面积按地类统计表

单　位	封育面积合计	有林地	疏林地	灌木林地	无立木林地	宜林地	备注
县市区合计 乡镇或林场 ××××× 村或林班 ×××××							

填表人：　　　　　　　　　　　　　　　　　　　　　　　　　　　　　　填表时间：

附图《封山育林作业设计图》以乡（镇、场）为单位编制，面积过大或封育地块分散，图幅容纳不下时可分幅编绘，成图可以不是完整的乡（镇、场），能反映封育地块即可。按《林业地图图式》（LY/T 1821—2009）或其他有关规定标明图式，主要包括封育范围、林班和小班界线、封禁措施及育林措施等；附图比例尺应在 1∶5000 以上；在图面空白处列表注记小班因子主要内容。注记主要因子为小班号、小班面积、主要培育树种（乔、灌、草、竹）、封育类型、方式、年限等。各地可根据本地实际和具体情况，增减内容。

 任务实施

6.1.3　乔木型封山育林作业设计和管护实训

6.1.3.1　实施过程

（1）封山育林相关规程阅读理解

①阅读封山育林相关规程。具体内容和步骤如下。

a. 用多媒体展示相关规程：用多媒体展示出《封山（沙）育林技术规程》《生态公益林建设导则》《营造林工程建设项目文件组成及深度要求（试行）》《"国家特别规定的灌木林地"的规定（试行）》的通知等文件中的相关部分内容。

　　b. 熟悉文件内容：反复阅读文件相关内容，逐步熟悉文件中相关部分的主要内容。

　　c. 分析文件要点：由学生分组对文件的要点进行分析，列出要点，由小组代表进行要点说明。

　　②按照封山育林相关规程讨论分析工作程序。具体程序步骤如下。

　　a. 封山育林要点分析：对封山育林的整个工作过程进行讨论，讨论要点包括封山育林的技术要点、封山育林的实施步骤、封山育林的管理措施、封山育林的成效检查验收等内容。

　　b. 封山育林作业设计要点分析：根据相关规程，对封山育林的作业设计进行分析，通过分析讨论，明确封山育林的作业设计所涉及的方法要求、技术要点和工作步骤，使每个学生对整个作业设计的过程和方法都有充分的了解，并且能够根据相关规程制作调查表格和准备相关的调查工具与设备，从而确保整个作业设计工作的顺利完成。

　　c. 方法学习与讨论：根据教学要求，分小组进行封山育林的理论、方法、步骤、技术要点作业设计和作业实施步骤与方法等问题进行小组学习和讨论分析，以达到每一个学生都基本了解封山育林的相关知识和要点。学习讨论结果可以组成学生测评组进行抽查评定，并公布评定结果。

　　(2) 调查设计及作业实施准备

　　根据封山育林要求，实际选择全封、半封或轮封各一块适合乔木型封育的林地，各小组通过实地观察后，确定如何开展这块林地（一个小班）的封山育林的调查设计和作业实施工作。主要内容包括：小班边界的区划，封育条件的判断和确定，调查工具和相关资料、表格的准备等方面。

　　(3) 开展小班外业调查等方面

　　针对选定小班进行外业调查（可采用角规典型调查法），完成小班的各项因子调查，调查因子主要依据（GBT 15163—2004）《封山（沙）育林技术规程》的规定确定。

　　(4) 完成封山育林作业设计说明书的编写及档案制作工作

　　根据教师提供的作业设计说明书范本，各小组通过分工合作的方式完成所调查的小班的作业设计说明书的编写工作，最后制作封山育林作业档案。由教师对各组编写的文本进行点评。

　　(5) 提出封山育林小班的管护工作方案

　　管护方案主要包括封山育林范围、封山育林期限、封山育林方法及类型、封山育林措施等内容。

　　(6) 封山育林评价

　　选择一块乔木型封育小班，通过对已有乔木型封山育林小班进行调查，按照封山育林的标准进行评判，判断该小班是否达到郁闭度≥0.20，同时平均有乔木 1050 株/hm^2 以上，且分布均匀，从而判断封山育林工作是否合格，达到标准的为合格，达不到标准的即为不合格小班。

6.1.3.2 成果提交

每个小组完成并提交 1 份《乔木型封山育林作业设计报告》和 1 份《乔木型封山育林管护方案》。要求对报告和方案内容能作出合理解释,并能分析其中的要点和实施过程中可能存在的问题。

6.1.3.3 参考文本

封山育林作业设计说明书文本结构参考示例如下。

××县封山育林作业设计说明书

1　全县基本概况	5.1　作业区的选择和区划
1.1　自然概况	5.2　小班区划调查
1.2　社会经济条件	5.3　作业区地类面积
2　指导思想、建设原则、设计依据和建设任务	5.4　人工造林设计
2.1　指导思想	5.5　造林技术措施
2.2　建设原则	5.6　病虫害防治
2.3　设计依据	5.7　组织管理
2.4　建设任务和工程布局	6　工程投资概算和资金筹措
3　区划系统	6.1　封育工程投资概算
4　封山育林设计	6.1.1　投资标准
4.1　封山育林区现状	6.1.2　投资概算
4.2　封育类型的确定	6.1.3　资金筹措
4.3　封育方式	6.2　造林工程投资概算
4.4　封育年限	7　效益分析
4.5　封禁措施	7.1　生态效益
4.7　森林保护	7.2　社会效益
4.8　封育组织管理形式	7.3　经济效益
5　造林作业设计	8　保障措施

拓展知识

学习《森林生态学》树种之间相互作用的规律,如化感作用、喜光与耐阴性、地上部分与地下部分生长特点,对当地封山育林乔、灌树种搭配情况提出自己的看法。

巩固训练

调查当地一片乔灌结合型封山育林林分中,乔木树种和灌木树种相互作用的情况及整个林分的生长情况,对封山育林的效果进行分析。

任务 6.2 封山育林施工

任务描述

封山育林是根据立地条件,以及母树,幼苗幼树,萌蘖根株等情况,把乔木适宜生长上限,符合封育条件的无立木林地、宜林地封育为不同类型封育林地,以达到通过一段时间的封山育林之后,使其恢复成为更为理想的森林的作业方式,本节任务需要学生通过对实际的林地进行调查,然后按照相关规程进行模拟的或实际的工作,要求完成一至数块林地的封山育林的管护措施和成效调查等工作。

任务目标

1. 了解封育组织管理的含义。
2. 熟悉封山育林封禁措施。
3. 掌握封山育林管理内容。
4. 掌握封山育林成效评定标准和封山育林档案管理等方面的工作方法。

工作情景

情景一:全封方式封山育林作业组织管理与封禁措施实施。
情境二:半封方式封山育林作业组织管理与封禁措施实施。
情境三:轮封封山育林作业组织管理与封禁措施实施。

以上 3 个教学情境实施步骤一致,在教学中可根据实际教学时间及课程安排集中或分散进行教学,也可以先完成情境一的教学,而将情境二和情境三的内容安排在综合实训中完成。

知识准备

6.2.1 封禁措施

6.2.1.1 封育组织管理

①封育规划设计文件应根据每个项目的不同管理要求,由经营单位或经营者向地方林业主管部门逐级汇总报批后执行。工程项目按工程管理程序进行;一般项目可根据实际需要从简。

②以封育区的经营单位或经营者为主实施封育,鼓励多种形式组织联合封育。

③封育期间,经营单位或经营者应定期观测封育效果,根据观测情况可按有关程序报批后及时调整封育措施。

④封育期满后,各级林业主管部门及时负责组织检查及成效调查验收。

6.2.1.2 封禁措施

(1) 警示

封育单位应明文规定封育制度并采取适当措施进行公示。同时,在封育区周界明显处,如主要山口、沟口、主要交通路口等应竖立坚固的标牌,标明工程名称、在封区四至范围、面积、年限、方式、措施、责任人等内容。封育面积 100 hm² 以上至少应设立 1 块固定标牌,人烟稀少的区域可相对减少。

(2) 人工巡护

根据封禁范围大小和人、畜危害程度,设置管护机构和专职或兼职护林员,每个护林员管护面积根据当地社会、经济和自然条件确定,一般为 100~300 hm²。在管护困难的封育区可在山口、沟口及交通要塞设哨卡,加强封育区管护。

(3) 设置围栏

在牲畜活动频繁地区,可设置机械围栏、围壕(沟),或栽植乔、灌木设置生物围栏进行围封。

(4) 设置界桩

封育区无明显边界或无区分标志物时,可设置界桩以示界线。

6.2.2 封山育林管理

6.2.2.1 无林地和疏林地育林

①人工促进天然更新对封育区内乔、灌木有较强天然下种能力,但因灌草覆盖度较大而影响种子触土的地块,可进行带状或块状除草、破土整地或有计划有组织地炼山整地;对有萌蘖能力的乔、灌木幼树、母树,可根据需要进行平茬或断根复壮,以增强萌蘖能力。

②补植或补播对封育区内自然繁育能力不足或幼苗、幼树分布不均匀的间隙地块,应按封育目的要求进行补植或补播。

③特殊区域育林措施沙地封育区,可在风沙活动强烈的流动沙地(丘)采取沙障固沙等措施促进封育;对干旱区的封育区,在有条件的区域可开展引洪灌溉抚育,促进母树和幼树、幼苗生长。

在封育年限内,根据当地条件,对符合封育目标或价值较高的乔、灌树种,可重点采取除草松土、除蘖、间苗、抗旱等培育措施。

6.2.2.2 有林地和灌木林地育林

对封育区树木株数少、郁闭度和盖度低,分布不均匀的小班,采取林冠下、林中空地补植补播的人工促进方法育林;对树种组成单一和结构层次简单的小班,采取点状、团状疏伐的方法透光,促进林下幼苗、幼树生长,逐渐形成异龄复层结构的林分。

6.2.2.3 目的树种定向培育

在封育期间,对部分珍稀树种和经营价值较高的树种,可重点采取除草松土、除蘖间苗、抗旱、扶正等培育措施促使生长;在非目的树种有碍封育目的时,可以考虑间伐等措施,促进目的树种生长。

6.2.2.4 灾害防除

在封育年限内,按照"预防为主、因害设防、综合治理"的原则,实施火、病、虫、鼠等灾害的防治措施,避免环境污染、破坏生物多样性,做好相应的预测、预防工作。

6.2.3 封山育林检查和成效调查方法

6.2.3.1 检查

(1) 自查

对工程封山育林项目,在封育期内由当地林业主管部门组织定期自查,检查各项封育措施是否完备以及初步的封育成效,写出定期自查工作总结,针对存在问题提出改进措施。非工程封山育林项目可从简。达到封育年限的在封区,由当地林业主管部门组织全面自查并形成检查验收成果报告。

(2) 核查

在封育期内,上级林业主管部门为掌握封山育林实施情况,应组织对在封区进行核实检查。在封区核实合格条件包括:

①满足封育条件,并具备了合理齐全的封育规划和作业设计,建立了封山育林技术档案。

②设置了明晰的固定标志,落实了职责明确的管护机构和人员。

③制定了技术合理的封育制度和封育措施,或已实施或准备实施封育措施。

6.2.3.2 成效调查

(1) 调查组织

在封区达到封育年限后,先由封育单位全面自查,然后由上级林业主管部门组织成效调查。农户、组、村自行组织的封山育林项目可由林业主管部门指导进行成效调查。调查结果以经营者和分级行政单位通过逐级汇总并逐级进行成效评定。

(2) 调查方法

采用随机抽样调查方法进行,分别封育类型随机抽取10%小班调查封山育林成效,要求为:

①覆盖度和郁闭度可采用小班目测法或样地调查法。

②株数调查采用样圆(方)调查法。在小班内机械或随机布设面积为 10 m^2 [样圆半径 1.79 m]样圆(方)进行小班因子调查,样圆(方)数量按小班面积确定(表6-2)。

(3)合格标准

以小班为单位按无林地和疏林地封育(分别封育类型)、有林地和灌木林地封育(分别乔木林与灌木林)进行成效合格评定。

①无林地和疏林地封育合格标准。

a. 乔木型:小班郁闭度≥0.20,平均有乔木1050株/hm²以上,且分布均匀。

b. 乔灌型:小班郁闭度≥0.20;灌木覆盖度≥30%;有乔灌木1350株(丛)/hm²以上或年均降水量400 mm以下地区1050株(丛)/hm²以上,其中乔木所占比例≥30%,且分布均匀。

c. 灌木型:小班灌木覆盖度≥30%;有灌木1050株(丛)/hm²以上或年均降水量400 mm以下地区900株(丛)/hm²以上,且分布均匀。

d. 灌草型:小班灌草综合覆盖度≥50%,其中灌木覆盖度≥20%;年均降水量在400 mm以下地区,其中灌木覆盖度≥15%;有灌木900株(丛)/hm²以上或年均降水量在400 mm以下地区750株(丛)/hm²以上,且分布均匀。

e. 竹林型:小班有毛竹450株/hm以上或杂竹覆盖度≥40%,且分布均匀。

②有林地封育合格标准。有林地封育小班应同时满足下列条件:

a. 小班郁闭度≥0.60,林木分布均匀。

b. 林下有分布较均匀的幼苗3000株(丛)/hm²以上或幼树500株(丛)/hm²以上。

③灌木林地封育合格标准。灌木林地封育小班的乔木郁闭度≥0.20,乔灌木总盖度≥60%,且灌木分布均匀。

(4)计算方法

小班平均每公顷株数:小班平均每公顷母树、幼树、幼苗、竹等株(丛)数和灌木丛数计算同式(6-1),合格率计算见式(6-2)。

$$合格率 = \frac{合格小班面积}{检查小班总面积} \times 100\% \tag{6-2}$$

(5)成效调查报告

报告的内容包括成效调查时间、调查地点、组织工作情况,调查方法、样地数量、调查结果、结果分析与评价、存在问题与建议等。

6.2.3.3 封山育林档案管理

①以经营单位的封育区为单元建立档案资料。

②封山育林中涉及的文件均需归档,并分别用纸质档和电子档保存,由专人负责管理。

③封山育林档案材料应包括:小班档案记录卡;各类审批文件;调查规划设计文件,包括图、表(卡)等;封育实施的年终总结;成效调查和检查验收成果;历年封育成林汇总图、表。

④在封育期间,森林资源发生变化的小班应在更新经营档案的同时,及时更新资源档案。

> 任务实施

6.2.4 育林管护方案设计与实施实训

6.2.4.1 实施过程

(1) 准备工作

①上级机关下达的封育林计划(设计)任务书、地区的林业发展规划和年度计划等。

②国家《封山(沙)育林技术堆程》、地方《封山育林作业设计操作细则》,以及有关封山育林管理办法等。

③林场历年森林经营活动分析资料。

④作业设计地区的自然条件和社会经济条件资料。

⑤作业设计地区的森林资源清查及有关专业调查资料。

⑥图面资料:如基本图、林组图、森林分布图、森林经营规划图及各种专业调查用图等。

(2) 实地观察一个封山育林小班

选择一块封育(全封、半封、轮封各块)林地,通过实地观察(也可以利用已有资料和方式进行)封山育林的小班,充分了解和分析小班特点,进一步理解和掌握规程中的要求和要点。以小组为单位,在对小班特点进行充分分析的基础上,提出一个对该小班进行灌木型封育的作业设计和封育管护的方法和步骤。

(3) 调查设计及作业实施准备

根据封山育林要求,实际选择全封、半封和轮封林地各一块适合灌木型封育方式的林地,各个小组通过实地观察后,确定如何开展这块林地(一个小班)的封山育林的作业实施工作。

(4) 开展小班外业调查

针对选定小班进行外业调查(可采用角规典型调查法),完成小班的各项因子调查,调查因子主要依据《封山(沙)育林技术规程》(GBT 15163—2018)的规定确定。

(5) 提出封山育林小班的管护工作方案

管护方案主要包括封山育林范围、封山育林期限、封山育林方法及类型、封山育林措施等内容。

(6) 封山育林评价

通过对已有封山育林小班进行调查,按照封山育林的标准进行评判,判断该小班是否达到标准。以此标准判断封山育林工作是否合格,达到标准的为合格,达不到标准的即为不合格小班。

6.2.4.2 成果提交

《育林管护方案》要求对报告和方案内容能做出合理解释、并能分析其中的要点和实施过程中可能存在的问题。

拓展知识

学习国家与当地的封山育林规程或标准，学习近几年国家林业和草原局关于封山育林专题会议、经验交流的文件与材料，加深对封山育林工作的作用意义的认识。

巩固训练

乔木是森林生态系统的建群种，了解当地主要乔木树种的生态特性进行分类比较，结合当地生态环境状况拟出适宜封山育林的地段及选用乔木树种。

复习思考题

一、名词解释

1. 封山育林；2. 低效林；3. 乔木型；4. 半封；5. 封育类型；6. 封育区规划。

二、填空题

1. 封山育林主要依靠（　　）恢复森林。
2. 有望培育成乔木林的（　　）可开展封山育林。
3. 有林地和灌木林地封育类型：应封育成（　　）。
4. 每个护林员管护面积根据当地社会、经济和自然条件确定，一般为（　　）。

三、不定项选择题

1. 投入同样的劳动力进行封山育林可以比人工造林面积多（　　）。
　　A. 3~5 倍　　　　B. 5~10 倍　　　　C. 10~15 倍　　　　D. 1~2 倍
2. 有分布较均匀的针叶树幼苗每公顷（　　）株以上或阔叶树幼苗每公顷（　　）株以上的可开展封山育林。
　　A. 400、300　　　B. 1000、500　　　C. 800、600　　　D. 900、600
3. 适用于当地群众生产、生活和燃料等有实际困难的非生态脆弱区的封育区，适用于封育（　　）。
　　A. 能源林　　　　B. 用材林　　　　C. 防护林　　　　D. 特用林
4. 一般萌芽更新封育年限只要（　　）个生长季即可。
　　A. 1~2　　　　　B. 2~3　　　　　C. 1~3　　　　　D. 3~4
5. 采用随机抽样调查方法进行，分别封育类型随机抽取（　　）小班调查封山育林成效。
　　A. 15%　　　　　B. 5%　　　　　C. 3%　　　　　D. 10%

四、判断题

1. 封山育林就是把林地封闭起来，不准在其范围内进行各种各样的人为活动。
（　　）
2. 因人为干扰或种质低劣、经营管理不当而形成的低效森林为经营型低效林。
（　　）

3. 封山育林不能在短期内使疏灌木林、采伐迹地和火烧迹地形成新的森林植物群落。
( )

4. 封山育林能速生丰产，有助于发挥山区林业生产的优势，增加群众收入。( )

5. 分布有国家重点保护Ⅰ、Ⅱ级树种和省级重点保护树种的地块，适宜采用封山育林。
( )

6. 因人为干扰而形成的疏林地以及乔木适宜生长区域内，达到封育条件且乔木树种的母树、幼树、幼苗、根株占优势的无立木林地、宜林地应封育为乔木型。( )

五、简答题

1. 封山育林有哪些形式？
2. 为什么要对封山育林成效进行调查？
3. 封山育林与人工造林各自有哪些优势和不足？
4. 目前我国为什么对封山育林措施越来越重视？
5. 如何更好地开展封山育林工作？
6. 如何更好地在封山育林中培育符合生态恢复要求的林分？
7. 关于封山育林方面的政策和法律存在哪些可以改进的方面？

六、操作题

1. 开展一个小班的封山育林地块的封育类型确定练习。
2. 开展一个林班的封山育林管护工作的模拟操作。

项目 7　林农复合（林下经济）经营

> **知识目标**

1. 了解林农复合经营的意义和特点。
2. 熟悉林农复合经营的主要模式。
3. 熟悉林农复合经营的系统结构。
4. 熟悉林农复合经营的主要措施。

> **技能目标**

1. 能根据林下经营需求确定林农复合经营的模式。
2. 能对复合经营的植物选择、间作方式和经营措施进行设计。

> **素质目标**

1. 遵循推进生态优先、节约集约、绿色低碳发展思想。
2. 树立起绿色发展，促进人与自然和谐共生理念。
3. 培养学生敏锐的观察与思维能力。

任务 7.1　林农复合经营模式设计

 任务描述

　　林农复合经营模式设计是林农复合经营的重要内容。教师可先对林农复合经营意义、特点以及类型进行理论讲解，重点对林农复合经营的类型举例并分析。介绍不同复合经营类型的林地条件、特点以及注意事项，帮助学生理解各种类型林农复合经营系统的基本情况、设计思路、经营措施和预计成效等内容。

　　选择一块适宜开展林农复合经营的林地，进行现场调查，结合查资料等多种方式了解林地基本情况，对林地进行复合经营设计。学生完成具体的工作项目，包括林农复合经营基本情况的调查、设计思路的确定、复合经营的选种、植物栽植方式的确定、采用的技术、抚育管护的方式等工作环节，完成整个任务，并对工作效果进行评估，撰写成果报告。

任务目标

1. 认识林农复合经营的作用，能理解复合经营的特点。
2. 能根据实际情况进行林农复合经营的模式设计，能合理选择间作植物和经营方式。

 工作情景

(1) 工作地点

选择一块适宜开展林-农、林-牧(渔)、林-农-牧(渔)或特种林-农复合系统类型的实习林场或实训基地，学生调查基本情况并对该林地进行林农复合经营设计。

(2) 工具材料

植物组成调查表、皮尺、测高器、围尺、照度计、温度计、湿度计、风向风速表、pH试纸等。

(3) 工作场景

教师可先利用图片、视频、林农复合经营设计实例等素材帮助学生理解实训林地的基本情况，归纳该林地可开展的复合经营类型、设计思路以及预计效果。随后带领学生进行林地现场调查，对现有的经营类型进行现场分析，并总结出配套的技术要点及需改进的措施。调查完毕后，学生进行林农复合经营模式设计。

 知识准备

7.1.1 林农复合经营的意义及特点

7.1.1.1 林农复合经营的意义

发展林农复合经营，在经济、生态与社会效益上都有着重要的意义。

(1) 林农复合经营可协调林农争地矛盾，实现长短经济效益的有机结合

随着人口的不断增长，人们对农产品需求也不断增加，农业用地逐渐紧张，林农争地的矛盾日益突出。林农复合经营作为一种土地利用制度，能较好地解决"林农争地"的矛盾，获得林农双丰收。例如，黄淮海平原的桐粮间作、枣粮间作，林粮双丰收，深受群众欢迎。再如，北方的林-粮-食用菌模式，同一地块上不同层次的空间生产多种产品，大大提高了单位面积的产值，缓和了林农争地的矛盾，提高了农民的短期效益。

另外，在幼林地上间种农作物与经济作物，能够起到以耕代抚的作用，可以在获得农产品的同时加快林木生长，既可减少营林支出，也可在短期内得到经济效益。如我国南方山地的杉-粮间作，就是这样一类普遍应用的经营方式。

(2) 林农复合经营可提高资源利用率，增强生态系统的稳定性

林农复合经营是一项以生物措施为手段的资源管理系统。依据林木和复合植物的生物学特性，利用种间共生互补的生态学原理选择林下植物，可促进林木生长，提高资源利用率。林农复合经营作为一种多产业的有机组合，在同一土地上将单一的农业生态系统转为多元化的林农复合生态系统，提高了该系统在空间和时间上的丰富性，最大限度地提高了生态因子以及土地等资源的利用率。例如，林下种植肥地植物苜蓿、紫穗槐、花生等，均能促进林木的生长，并增加土地肥力。再如，北方的泡桐与小麦间作，泡桐根系多分布在 40 cm 以下的土层中，而小麦则多分布在 30 cm 以上的土层中。林木和间种作物根系性质不同，它们在土壤中的分布层次和吸收营养物质、营养元素的种类、数量也不完全相同，从而能更充分地利用地力。

同时，建立林农复合经营系统，可以改变因树种、作物单一，而过分消耗地力的状况。覆盖林地的作物，其枝叶和浅表土层的根系，在雨季可起到保持水土的作用，减少地表径流，保护和提高土壤肥力。死掉的根、枯落的枝叶可转化为土壤腐殖质。复杂的林农多物种系统，食物链会更为复杂，进而可以减少病虫害的发生，以提高生态系统的稳定性。

（3）林农复合经营可充分利用农村剩余劳动力，进而增加了社会效益

开展林农复合经营，可充分利用农村的剩余劳力。林农复合经营系统是一个集约化、系统化的经营管理。该系统中包含了种植、养殖、原材料加工等多方面不同类型的工作，需要较多的劳力。因此，林农复合经营的开展可以就地"消化"农劳动力，进而使乡村繁荣。

（4）林农复合经营提升系统综合效益，实现生态、社会和经济效益的统一

林农复合经营可提升系统综合效益，实现经济与环境的协调发展。该复合经营系统，不仅可以增加单位土地面积的生物生产力，而且可多目标、多层次、多方位地利用林木、农作物、养殖业的主副产品，为社会提供多种产品，进而增加农民收入。林农复合经营系统与单一林、农系统相比，更能维持土壤肥力，增加系统的碳汇和碳储量，增加农民短期收入，实现经济、社会和环境协调发展。

因此，林农复合经营是一项多目标、多种群、低投入、高产出、持续稳定的复合经营系统。它在协调林农争地矛盾、提高生态因子和土壤资源利用率、增强生态系统稳定性、促进粮食增产和社会经济的持续发展方面均具有重要意义。

随着我国农业可持续发展战略的推进，农业产业结构的调整和优化，林农复合经营的发展空间将会更广阔。

7.1.1.2 林农复合经营的特点

林农复合经营系统是一个人工生态系统，它与单一农业、林业系统明显不同。相比较以下具有以下几个方面的突出特征：

（1）复合性

林农复合经营系统具有复合性的特点，包含了"林"和"农"两个方面的内容。其中，"林"包含了乔木、灌木和竹类组成的用材林、能源林、防护林、经济林和果树。而"农"包含了粮食、经济作物、蔬菜、药材、食用菌或家禽、家畜以及渔业等方面。而林农复合经营则是把"林"和"农"中的至少一个成分从时间和空间上结合，利用不同生物间共生互补的生态学原理，提高系统的稳定性和持续性，并取得较高的生物产量和转化效率，使系统的结构向多组分、多层次和多时序发展。同时，林农复合经营系统是各种学科、技术管理相互渗透和相互联系，打破了各部门和学科之间的界限，有利于加强各部门之间的协作和学科渗透。

（2）系统性

林农复合经营系统是按照一定的生态和经济目的人工设计而成的，是一种人工生态系统。它有整体的结构与功能，在其组成成分之间有物质与能量的交流和经济效益上的联系。经营目标不仅要注意其中某成分的变化，更要注意成分之间的动态联系，注重生态效益和经济效益的协调，把系统的整体效益作为系统管理的重要目标。

(3) 集约性

相比单一成分的"林"或"农"业人工系统，林农复合经营系统组成成分更多、更复杂，在管理上要求有更多的资金投入与技术投入，在空间配置和时序安排上更为精细，尤其需要多方面的集约性的配套技术。

(4) 等级性

林农复合经营系统可大可小，具有不同的等级与层次。小到一个庭院的结构单元，大到一个田间系统、小流域或地区的单元，再到覆盖广大面积的农田防护林体系。

(5) 高效性

林农复合经营系统具有高效性，这不仅体现在对自然资源(光、热、气、水、肥)和土地的高效利用上，而且具有极高的经济、生态和社会效益。

7.1.2 林农复合经营类型

多组分、多功能、多目标的综合性经营体系是林农复合经营系统的突出特征。在我国多样的自然、社会、经济、文化的背景下，形成了不同的类型和模式。因其具有复杂性和多变性，很难划分出公认的分类系统和分类标准。

一般来说，将我国常见的林农复合经营模式组合为系统(或称为复合系统)，在系统中再划分经营类型。通常根据农林复合经营的经营目标、成分和功能的不同，区分为4大系统：林-农复合系统、林-牧(渔)复合系统、林-农-牧(渔)复合系统、特种林-农复合系统。

实践中，也有将上述4大系统划分为7个系统：林-农系统、林-草系统、林-农-草系统、林-渔系统、林-农-渔系统、林-药系统和林-农-药7个系统。通常对上述四大系统根据空间与时间的结构划分出不同的经营类型，如图7-1所示。

7.1.2.1 林-农复合型

林-农复合型是指在同一土地经营单元上，把林木和农作物相结合种植的方式。该类型具有3种模式：一是以林为主，在幼林期内间作农作物，即可获取农作物的短期效益，又可促进林木生长，林木郁闭后进行抚育或种植耐阴作物；二是以农为主；三是林、农共存模式，林木的作用有生产性、保护性或两者兼有性。常见的林农结合形式有以下类型。

(1) 林-农间作型

这是一种最为常见的林农复合经营形式。林木在与作物混合种植时，有些呈不规则的散生状态，如：亚热带丘陵地区传统的桐(油桐)-农间作。有的是按一定的株行距有规律排列的，根据其经营目标又可分为以农为主(如华北地区的大面积的泡桐与农作物的间作)，农林并举(如枣粮间作)和以林为主(如多数类型的果农间作)。

对于间作的农作物选择，以适应性强、矮秆、较耐阴、有根瘤、根系水平分布的种类

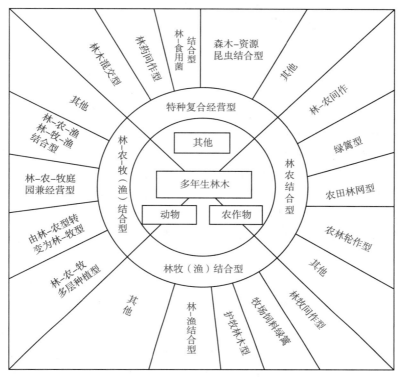

图 7-1 林农复合经营的类型

为最好,如豆科植物的豌豆、大豆、绿豆等。林木树种的选择以冠窄、干通直、枝叶稀疏、冬季落叶、春季放叶晚、根系分布深为最好,如泡桐、杨树、臭椿、池杉、沙枣、杉木、毛竹等。

(2) 绿篱型

绿篱型主要用于农田、果园和庭院周围,起防护、美化或生产的作用。例如,华北地区果园四周的花椒、枸橘绿篱,主要起保护果园的作用,同时也可生产花椒和枸橘供食用和药用。

(3) 农田林网型

我国三北和沿海的平原农区,农田防护林网建设广泛,在较大范围内形成了农林复合生态系统。该系统不仅可以有效地改善农田小气候,抗御风沙、台风、干热风、寒露风等自然灾害,还可提供木材、薪材以及经济林产品给农民。

(4) 农-林轮作型

对于因长期开垦而造成土壤贫瘠化或沙化的地区,可实行林木和作物轮作,种植可改良土壤的优良树种,在获取木材同时改善土壤环境。待到土壤环境改善,全部砍伐林木和清理林下植物,重新种植农作物。对于人多地少的地区,可反复实行轮作制。如华北地区的沙荒地改造,可先种植固氮能力、耐干旱瘠薄的灌木(如紫穗槐),不仅可有效控制流沙而且能提高土壤有机质,然后就可栽种果树或作物。

7.1.2.2 林-牧(渔)复合型

这是指在同一经营单位的土地上林和牧(渔)的结合,常见的林-牧(渔)复合型有以下几种形式:

(1)林-牧间作型

该类型为林木与牧草复合的系统,可分为以林为主和以牧草为主两种模式。

①以林为主的模式。在林区多以林为主,具体来说,指的是在林区或经济林里间作可以提高土壤肥力的牧草,以促进林木生长。牧草选择应以苜蓿等豆科类植物为主。例如,苜蓿、圆叶决明等。主要包括人工林内间作式、封山育林育草模式、林区育草式等模式。

实例:陕西省镇安县秦巴山区板栗和紫花苜蓿间作模式的主要经营模式设计

基本情况:该区地处秦岭东段南坡,适宜多种林木生长。境内地貌特征复杂多样,土层厚度30~50 cm,多为黄砂土、砂土和壤土,易于发生水土流失和干旱。干旱和水土流失是影响当地林业发展的限制因素。

设计思路:针对上述情况,可采用板栗与紫花苜蓿间作模式,以控制水土流失,改善生态环境,发展畜牧业,促进农村产业结构的调整,实现使经济效益与生态效益的协调发展。

经营措施:选种:依据适地适树适草原则,选择当地优良品种镇安大板栗,草种以紫花苜蓿为主;栽植方式:板栗采用1~2年生优质壮苗,实行人工植苗方式栽植,春秋两季均可栽植;紫花苜蓿以秋季点播为主;采用技术:推广应用覆膜技术、抗旱造林技术,提高造林成活率,保证造林的质量和成效;抚育管护:注意及时松土除草,防止杂草生长,改善林地条件。做好板栗的整形修剪和病虫害防治。

预计成效:该模式以提高林地利用率和土壤肥力、减少水土流失、改善生态环境为目标。板栗栽植5年有收入,10年达到丰产,年产量2250 kg/hm^2。修剪的板栗枝、叶等可再次利用,用于食用菌产业的发展。草本植物紫花苜蓿的种植当年便可有产出,第2年可产鲜草90 t/hm^{2}和草籽1500 kg/hm^2,经济效益相当可观。经过设计,该间作模式可以发挥"一地多用、一林多层、一劳多效"的作用。

②以牧草为主的模式。在牧区,多以牧草为主。具体指的是在牧场或生产牧草的草场上间作某些用材或经济林木,也可以形成乔、灌、草三层结构。

实例:新疆疏勒县的能源-养畜林,在盐化草甸和沼泽地营造沙枣-牧草林

沙枣为固氮树种和优良的木本饲料植物。营造大面积的沙枣林,不仅可以直接为牲畜提供大量饲料,而且可以大大地改善立地条件,促进林下牧草的生长,最终可以达到林多、草茂的双重效果,形成具有空中沙枣和地面牧草双层牧场。

(2)牧场饲料绿篱型

牧场周围营造绿篱,可起到围栏和防护的作用,还可提供一定数量的饲料。如我国北方牧场常见的刺槐、沙枣绿篱就具有上述功能。

(3)护牧林木型

牧场周围营造防护林,可保护牧草的正常生长,并为畜牧创造良好的生态环境。另外,牧场上种植丛状或散生的护牧遮阴树,为牲畜夏天提供遮阴之处。例如,我国内蒙古牧区的草库伦建设，在牧场周围营造防护林网，可充分发挥草场的生产潜力，提高产草量，又能防止超载过度放牧，使草场资源得以永续利用。

（4）林-渔结合型

主要指的是在林下水沟和池塘内养鱼。林分郁闭后，更适合渔业生产。例如，桑基鱼塘的典型模式。我国长江三角洲、珠江三角洲一带的桑基鱼塘模式图，该模式把很多单个生产系统通过优化组合有机整合在一起，成为一个新的高效生态系统，大大提高了系统的生产力。

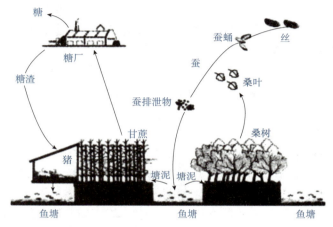

图 7-2 桑基鱼塘模式

7.1.2.3 林-农-牧（渔）复合型

（1）林-农-牧多层种植型

该类型将林农间作型与林牧系统进行有机组合。畜禽以树木果实、叶子和林下牧草为食，粪便归还土地，形成一个自养的物质循环系统。也有人称之为"三度林业"，即在同一土地上收获木材、木本粮油和畜产品。

实例：云南元谋干热河谷旱坡地的罗望子-牧草-羊的主要经营模式设计

基本情况：云南元谋干热河谷属于典型的生态脆弱区，生态环境恶劣，土地退化和水土流失严重，植被覆盖率小于20%，由于林草业和畜牧业所占比重偏低，致使当地饲料、肥料、燃料和木料紧缺。

设计思路：针对上述情况，可采用罗望子-牧草-羊模式，以提高林地利用率和土壤肥力、控制水土流失，改善生态环境，发展畜牧业，促进农村产业结构的调整，实现使经济效益与生态效益的协调发展。

经营措施：具体措施如下。

a. 选种：选择罗望子作为治理该区退化坡地的主栽树种，营建罗望子林人工植被系统。罗望子果实（酸角）可作为酸角糖、酸角汁等原料，也可直接食用，有营养、药用和避暑的功效。

b. 栽植方式：为充分利用当地热能源资源，保持水土，种植模式选择乔、灌、草立体种植，灌木和草本物种以豆科为主，不仅改良土壤，还可提供养殖山羊的饲料来源；利用植物综合栽培技术提高单位面积产量和产值；牧草的选择以多种禾本科物种，使山羊草料整体营养合理全面。

c. 采用技术：营养袋育苗、旱坡地种植作物首先采用节水、保水技术，使作物度过旱季（种植前1年雨季末期开挖大塘，利于截留雨水、5~6月雨季来临后定值）。

d. 抚育管护：后期做好肥水管理和病虫害防治。

预计成效：该模式建立3年后，共接待参观学习人员2200人次，接受培训农民620人次；由给农户山羊配种、出售种羊和肉羊，以及种子、果蔬产品带来的直接平均经济净产值4.22万元/hm²，是传统罗望子林的3.7倍，经济效益相当可观。经过设计，该间作模式可以起到提高林地利用率和土壤肥力、减少水土流失、改善生态环境的作用。

(2) 由林-农型转变为林-牧型

即早期为林-农型，随着树木成长，林下农作物被遮阴而影响生长，可改种牧草或放牧。如华北地区的果园中改种牧草，苹果和梨树行间距种草木樨、沙打旺或花生，可提供牧草还可有效地改良土壤。

(3) 林-农-牧庭园兼营型

在我国，许多农村家庭庭园都实行农、林、牧集约化综合经营，且经济效益可观，称其为"庭园经济"。如新疆木垒哈萨克自治县东城镇8个行政村，按照生活区、养殖区、种植区规划院落，政府为农户修建木栅栏、葡萄架，栽种果树等，并免费提供鸡苗、菜苗、果苗和技术指导，促进庭院经济发展模式。如今村民家家庭院有牲畜、庭院有院墙，旁有果树，房前有杏树，空地种满绿油油的蔬菜，农、林、牧兼有，提高了村民的经济收入。

(4) 林-农-渔或林-牧-渔结合型

①林-农-渔结合型。在水稻种植区比较普遍，形式各异。如在稻田周围种用材树种，稻田结合养鱼。江苏省里下河地区，在低处挖沟，改善水湿地的排水条件，降低地下水位；在筑高的台地上实行池杉和农作物间种，在沟内养鱼。这是标准的林-农-渔型，也是一种十分重要的改造水湿地的形式。

②林-牧-渔结合型。此种形式在南方颇为普遍。如广东省珠江三角洲地区，鱼池周围种植经济林木荔枝、蒲葵、番石榴、香蕉等，在鱼池岸边设置畜舍饲养鸭、鸡、猪等，禽畜排出的粪便给鱼提供了饵料。

7.1.2.4 特种复合经营型

以生产特种产品为目的，常见形式如下：

(1) 林木混交型(林-林混交型)

用材林和经济林混交或经济林树种之间混交。这种形式很多，仅与茶混交的就有许多形式。常见混交的用材树种有泡桐、杉木、杨树、侧柏、刺槐、竹子等，经济林树种有橡胶树、乌桕、荔枝、板栗、山茶栗、杏、苹果、紫穗槐、黄荆、油桐等。

实例：河南省灵宝市黄土丘陵区侧柏、紫穗槐间作模式

基本情况：该区属黄土丘陵沟壑区，年平均气温10~14℃，年均降水量600 mm左右，6~9月占全年降水量的51%，海拔多在1000 m以下，土壤多为褐土。该区地形破碎，水土流失严重，森林植被少，生态环境十分脆弱。

设计思路：应以营建水土保持林为主。侧柏耐干旱、瘠薄，且为乡土树种，在当地生长较好。但是侧柏生物产量低，枯枝落叶少，对土壤改良作用小。紫穗槐生物产量高，条子、叶均可获得短期收益；根系发达、有根瘤菌，能固定空气中的氮，提高土壤肥力；且残根多，能改良土壤理化性质。侧柏与紫穗槐间作，二者优势互补，可使林地涵养水源和保持水土能力大大加强，同时达到以短养长的效果。

经营措施：具体措施如下。

a. 选种：选择乡土树种侧柏和可改善土壤环境的紫穗槐。

b. 栽植方式：采用行间混交方式，株行距侧柏为 1.5 m×3 m，紫穗槐为 0.75 m×3 m。

c. 采用技术：在干旱瘠薄山地造侧柏林，宜采取水平阶整地或鱼鳞坑整地方式。

d. 抚育管护：对幼龄林应进行松土、除草、培土等抚育措施，紫穗槐生长过旺时可施行割灌、平茬。

预计效果：紫穗槐与侧柏间作可提高水土保持效果，还可改善土壤环境，促进侧柏生长。紫穗槐种植后第 2 年起可平茬利用，增加短期经营效益。

(2) 林-药间作型

多数中草药生长于森林环境，且多分布于阴坡或林下。如太子参、灵芝、田七、半夏、砂仁、巴戟天、绞股蓝、鸡血藤、黄精、雷公藤、杜仲、草珊瑚、百合、重楼、茯苓等。因此，林-药间作在我国具有广阔的发展前景。根据地理位置不同，目前推广较为普遍的有：东北的林-参(人参)间作；华北地区泡桐与牡丹间作；亚热带地区的杉木林下间种黄连；热带地区橡胶林下间种砂仁、生姜等；半干旱的"三北"地区杨树与甘草间种等。

实例一：辽东山区的林-参(人参)间作型技术措施

基本情况：辽东山区地处 40～43°N 之间，属寒温带半湿润气候，年平均温度 7℃，年降水量 910 mm。辽东山区森林面积 $320×10^4 hm^2$，占全省 69.1%，气候温和，森林资源丰富，为林下参种植提供了优越的自然环境。

设计思路：在林冠下或林隙间种植人参，林参长期共生。这种模式能够克服毁林栽参的矛盾，提高土地生产力和利用率，虽然产量低于棚栽人参，但质量更接近野山参，具有较高的商品价值。

经营措施：具体措施如下。

a. 环境选择：植被应选择柞树、椴树为主的阔叶林、针叶林或针阔混交林，树龄 20 年以上，树高 10 m 以上，郁闭度在 0.6~0.8。坡度以东坡和东北坡为佳，坡度应在 10°~25°，不宜选择平坦低洼的地带。林下参种植应选择质地好的土壤，不需过于肥沃，土层总厚度 25 cm 以上，土壤湿度约 50%，选择微酸性的沙质壤土为佳，腐殖土下面的土层含沙量大，透气性好，利于排水。

b. 种植方式：播种或者移栽。

c. 采用技术：播种在 7 月中旬采用条播或穴播的方式；移栽可采用穴植，也可以采用高畦或平畦栽植。

d. 抚育措施：林下参种植后须进行封山看护。林下参种植是人参利用自然环境的生长，因此无须过多人工除草，但根据不同条件应适当地调节林下透光率，以确保人参生长。

预期效果：可实现 3 万元/hm^2 的增收，改善林地条件，促进林木生长。

实例二：西南地区的杉木与黄连间作

基本情况：杉木为中国长江流域、秦岭以南地区栽培最广、生长快、经济价值高的用材树种。其根系密集分布层在 30cm 以下的土层内，具备间作空间分布的特点。

设计思路：黄连为多年生草本，是我国重要的药用植物，其干燥的根和根茎是名贵的常用中药材。集中分布在西南—中南地区。黄连属于浅根性须根植物，5 年生根系的垂直分布一般小于 15 cm。传统的黄连种植，一般需要在采伐森林后的迹地上搭建遮阴棚。黄连和杉木分布地和生长环境相似，可利用其根系空间差异特点进行间作种植。

经营措施：具体措施如下。

a. 环境选择：杉木林造林初期或郁闭林下，郁闭度 0.4～0.7 的杉木幼林及成林中，富含腐殖质深厚疏松的土壤的森林环境。

b. 种植方式：移栽。

c. 采用技术：杉木幼林环境下需要树枝、竹杈辅助遮阴。

d. 抚育措施：自然生长，无须过多管护。

预期效果：增加林地收益，可在西南地区推广，还可起到以耕代抚的作用。

实例三：毛竹与天麻间作

基本情况：毛竹林是我国亚热带主要竹种，分布于我国长江流域及南方各省，是我国人工竹林面积最大，用途最广，开发和研究最深入的优良经济竹种。毛竹林多分布在亚热带湿润气候区，年均温 16～20℃，年降水量 1000～2000 mm，相对湿度 80% 以上，该环境适宜天麻生长。

设计思路：天麻为兰科多年生异养共生草本植物，是我国重要的药用植物，其干燥块茎是常用的名贵中药材。天麻野生于湿润林下肥沃的土壤中。在被砍伐的杂木林内有大量残留树桩及树根的地方或竹林地都适合天麻生长。天麻喜凉爽湿润气候，雨量充沛，年降水量 1000 mm 以上，空气相对湿度 70%～90%，海拔 600～1800 m。毛竹林多为大型纯林，林地空间适中，可用于天麻的培育环境。

经营措施：具体措施如下。

a. 环境选择：选择坡度 25°以下，海拔在 300～800 m，立竹密度适中(最好在 1500～3750 株/hm^2)，土层深厚，富含腐殖质，团粒结构良好的毛竹林作为栽培地。

b. 种植方式：一般选用拇指大小的白头麻作为繁殖材料，称为种麻，在立冬至立春期间播种。

c. 采用技术：选用白栎、黄栗、野板栗、尖栗、油桐等树木的木棒，作为蜜环菌寄生的培养基。

d. 抚育措施：定期查看生长情况。

预期效果：采收天麻的栽培周期为 1 年，每年立冬以后收获，采收的同时进行下一年的种植。毛竹天麻复合经营，有利于保持水土，也具有良好的生态效益。

(3) 林-食用菌结合型

该类型利用林下弱光照、高湿度和低风速等小气候条件栽植食用菌，不仅利于食用菌的生长，而且菇类的废基料起到改良土壤结构、增加土壤养分等作用，促进林木生长，提高经济效益。

实例：毛竹林栽培竹荪

基本情况：全国竹林面积 $421×10^4 hm^2$，其中毛竹林面积 $292×10^4 hm^2$。毛竹林是我国亚热带主要竹种，分布于我国长江流域及南方各省，是我国人工竹林面积最大，用途最广，开发和研究最深入的优良经济竹种。毛竹林多分布在亚热带湿润气候区，年平均气温 16~20℃，年降水量 1000~2000 mm，相对湿度 80% 以上，该环境适宜竹荪生长。

设计思路：竹荪是寄生在枯竹根部的一种隐花菌类，被人们称为"雪裙仙子""菌中皇后"。竹荪为竹林腐生真菌，以分解死亡的竹根、竹竿和竹叶等为营养源。竹荪基部菌索与竹鞭和枯死竹根相连，多产于高温高湿或温湿环境。毛竹林多为大型纯林，林地空间适中，可作为竹荪的培育环境。

经营措施：具体措施如下。

a. 环境选择：种植竹荪的竹林地要求交通相对便利，靠近水源，郁闭度在 0.7 以上的竹林，土壤质地疏松、团粒结构好，pH 值呈酸性。且不能连作，种植地块和周围水源地块 3 年未种植。

b. 种植方式：播撒块状菌种，按梅花形每隔 5~8 cm 播穴，每亩用种量需 700~800 袋，每袋菌种湿重约 0.5 kg。

c. 采用技术：将竹子的根、枝、叶、竹竿经过一段时间雨淋日晒后，再建堆发酵。发酵后的材料可选作为栽培竹荪的基料。播种前，用 70% 甲基托布津 1000 倍液或 0.1% 辛硫磷及 0.1% 多菌灵对畦床及四周喷洒消毒。

d. 抚育措施：干旱时采用喷水管浇灌，每日早晚各一次，以少喷、勤喷为主，通常以喷水后手捏土粒变扁，松开后不黏手为湿度标准。竹荪可多批采收，因此，每潮采收结束，应及时清理畦面，铲除表层和老菌索补充新基料并覆土。后期继续加强田间管理，一般菌丝能迅速恢复生长，再分化形成子实体。

预期效果：竹林栽种竹荪具有投入少、省人工、品相高的特点，还可提高土地利用率，促进了竹林的生长。林木生长"双赢"互惠，形成菌林共生的生态群落。

(4) 林木-资源昆虫结合型

我国有木本蜜源植物 300 多种，其中很多种具有资源丰富、蜜量大、花期长、产量稳定、无污染等特点，宜于林-蜂结合经营。此外，还有不少林木，作为寄主树与某些资源昆虫结合，可生产十分重要的产品，如柞蚕丝、紫胶、白蜡、五倍子等。

任务实施

7.1.3 林农复合经营设计及效益调查实训

7.1.3.1 实施过程

(1) 林地调查

选择适宜开展林农经营的场地进行实地调查。以组为单位，调查该地的地理位置、气候条件、土壤条件、植物组成及生长情况，重点掌握影响该林地发展的限制因素。

（2）林地复合经营模式设计的确定

根据调查林地状况及当地实际情况，确定复合经营的具体类型，选择间作的方式。

（3）林地间作植物的选择

根据林地状况及当地自然条件选择适宜的间作植物，选择的间作植物应有利于促进林木生长，保护林地并改良土壤条件。

（4）复合经营方法及措施的确定

根据间作方式确定具体的栽植方式，包括间作密度、株行距、种植时间、采用的关键技术、抚育管护的方式、病虫害防治的主要措施等内容。

（5）林地复合经营效益的调查

通过调查访问、查看资料及实地测量，分析林地复合经营的设计方案，掌握植物组成、空间结构及经济效益，及时总结经验，并提出改进措施。

①收集林农复合经营的相关资料，分析设计方案，收集经济效益数据。

②对实训地段的植物组成进行填表调查，包括植物的种类、数量、耐阴以及喜光特性。

③对群落的空间结构进行调查，包括层间结构，树木的胸径、高度、株行距、投影度及下层植物的盖度等。

④对群落环境进行调，包括林地群落各层的光照强度、透光率、温度、湿度、风力的变化，以及林地土壤质地、结构和酸碱性。

⑤对该林地间作地段的经济效益、生态效益、社会效益进行分析。

a. 经济效益：预估单位面积产量，根据近年来林农经济情况，预估单位面积上的经济收益。

b. 生态效益：预估对水土流失、土壤改良、环境改善方面的情况。

c. 社会效益：预估带动就业的人数、培训人数等。

⑥根据植物与环境相一致性的规律，对所调查林地同作类型的植物组成是否恰当、空间结构是否合理进行分析，需要修改的可向管理部门提出修改意见，也可进行最佳方案设计。

7.1.3.2 成果提交

每组提交一份《林农复合经营设计及效益调查》实训报告。

拓展知识

林下经济的主要模式及发展策略

林下经济主要是指以林地资源和森林生态环境为依托，发展起来的林下种植业、养殖业、采集业和森林旅游业，包括林下产业、林中产业、林上产业，是一种非木质资源的发展方式，是一种健康、绿色、低碳经济发展模式。

相比其他行业，林下经济投入少、市场空间大、易操作实行、经济收益快、发展潜力大。发展林下经济有利于缩短林业经济周期，增加林业附加值，为大地增绿的同时为农民增收开创了新渠道，保护了生态环境，有利于林业可持续发展。

(1) 林下经济的主要模式

①林-禽模式。在林下围栏养鸡、鸭、鹅等家禽，投资少，见效快，销路多，且可控制林下杂草生长，有利于改善土壤条件，提高禽产品质量，可为百姓提供绿色无公害的健康食品，获得双重收益。

②林-畜模式。在林间种植牧草，同时发展牛、羊、兔等养殖业。林下活动空间较大、树叶多、杂草茂盛，可为动物提供充足的饲料，提供良好健康的生长环境，有利于提高动物免疫力。天然新鲜饲料有利于动物生长发育与繁殖，可提高动物产品品质。

③林-菜模式。林下种植蔬菜，不仅可以增加土壤有机质、林菜共生，还可以增加农户收入，为其带来额外经济效益。

④林-草模式。在退耕还林的速生林下种植牧草或保留自然生长的杂草，树木的生长对牧草的影响不大，饲草收割后，饲喂畜禽。

⑤林-菌模式。在速生林下间作种植食用菌，是解决大面积闲置林下土地的最有效手段。食用菌生性喜阴，林地内通风、凉爽，为食用菌生长提供了适宜的环境条件，可降低生产成本，简化栽培程序，提高产量，为食用菌产业的发展提供了广阔的生产空间，而食用菌采摘后的废料又是树木生长的有机肥料，一举两得。

⑥林-药模式。林间空地适合间种金银花、白芍、板蓝根等药材，对这些药材实行半野化栽培，管理起来相对简单。

⑦林-油模式。林下种植大豆、花生等油料作物。油料作物属于浅根作物，不与林木争肥争水，覆盖地表可防止水土流失，可改良土壤，秸秆还田又可增加土壤有机质含量。

⑧林-粮模式。在1～2年树龄的速生林下种棉花、小麦、绿豆、大豆、甘薯等农作物。

(2) 发展林下经济的关键点

①加强部门沟通与合作，注重规划引导。将发展林下经济与林业产业化建设、农业产业结构调整、推进循环经济、扶贫开发和社会主义新农村建设等内容融合在一起。

②创新发展模式，提高经济效益。一是要大力发展林下种植，充分经营利用丰富的林下资源，因地制宜开发林-果、林-草、林-花、林-菜、林-菌、林-药等经营模式。二是要大力发展林下养殖，充分利用林下空间发展立体养殖，大力发展林-禽、林-畜、林-蜂等模式。三是要充分发挥山清水秀、空气清新、生态良好的优势，大力发展森林旅游。四是要大力发展林下产品经营，关注产业链发展，提高经济效益。

③拓宽融资渠道，加大资金投入。规范森林资源资产评估，建立林权交易中心和林产品专业市场，大力开展林权抵押贷款，推进森林保险，拓宽融资渠道，支持林下经济发展。

④加强技术服务，提高产品质量。积极搭建企业、农民与高校、科研院所、技术推广单位之间的合作平台；积极引进和推广适宜林间种植、养殖的新品种、新技术，加快科技成果转化步伐，建立林下产品产前、产中、产后的技术服务体系。严格实行标准化生产，

确保林下经济产品质量。

⑤建立销售网络，培育龙头企业。集中力量，引进和培育有实力、讲诚信、影响力大、辐射力强的企业，并通过龙头企业辐射带动，采取"龙头企业+基地+大户+农户"等模式，引导农户组建林业专业合作社组织，建立市场销售网络。积极组建各类专业合作社、行业协会、中介服务机构，加强社会化服务体系建设，提高经营者适应市场的能力，才能更快更好地提高林下经济产业化、组织化程度。

(3) 林下经济发展关键策略

①因地制宜，科学规划。我国土地面积辽阔，自然条件迥异，资源禀赋不同，林产品市场需求也千变万化，发展林下经济必须因地制宜，科学规划。各级林业干部要深入基层，在充分调查研究的基础上，根据当地自然条件、林地资源状况、经济发展水平、市场需求情况等，科学制定林下经济发展规划，并争取纳入当地经济社会发展总体规划。要结合实际，突出特色，科学确定发展林下经济的种类与规模，允许发展模式多样化。

②完善政策，政府支持。各地要积极争取财政部门支持，设立林下经济发展专项资金，帮助农民解决水电路等基础设施落后问题。要大力培育主导产业和龙头企业，推进规模化、产业化、标准化经营。

③强化服务，引导合作。各级林业部门要加强对林下经济工作的指导和服务，为农民提供全方位的科技服务与技术培训，帮助解决资金、技术、生产、销售等问题。要积极培育适宜林下种植、林下养殖的新品种和好品种，不断提高林产品产量和质量，为社会提供丰富的绿色健康的林产品。要重点研发林产品采集加工新技术、新工艺，延长林下经济产业链，提升产业素质和产品附加值，增加农民收入。要加强农民林业专业合作社建设，引导农民开展合作经营，提高林下经济的组织化水平、抗风险能力和市场竞争力。要建立信息发布平台，完善各种咨询渠道，及时提供政策法律、市场信息等咨询服务，为农民发展林下经济创造良好条件。

④树立典型，示范带动。各地要抓好试点示范，善于发现、认真总结、广泛宣传发展林下经济的先进典型，及时推广他们的好经验、好做法，充分发挥典型引路、示范带动的作用，推动林下经济全面发展。要通过新闻媒体、宣传手册、技术培训等多种形式，大力宣传发展林下经济的重大意义、政策措施和实用技术，做到政策深入人心，技术熟练掌握，信息及时了解，充分调动农民发展林下经济的积极性，形成全面推动林下经济发展的浓厚氛围。

巩固训练

通过现场调查某天然林幼苗林生长情况，使得学生掌握林下植物生长情况调查方法，间接掌握林地间作的生长规律和相互关系，巩固林下经济的知识和技能。

①阳坡不同坡位某天然林的幼苗株数和苗高调查。

②阴坡不同坡位某天然林的幼苗株数和苗高调查。

③结果分析：坡向、坡位以及坡向与坡位的共同作用均对某天然林幼苗的数量和苗高存在影响。

a. 阳坡幼苗的株数和苗高与阴坡的比较分析。

b. 上、中、下坡位某天然林的株数和苗高的比较分析。

c. 阴坡、阳坡与上、中、下坡位交互作用下的某天然林幼苗株数和苗高的比较分析。

④通过该项目训练加强学生对于林下植物生长的影响因素分析，并学会灵活运用，做到具体情况具体分析，及时调整策略才能保证林下经济的效果。

任务描述

林农复合经营技术是解决实际问题，破解人地矛盾，实现生态效益和经济效益双赢的技术措施，可先在教室或实训室进行理论知识讲解，掌握基本理论和知识要点后进行现场调查，并正确选择、合理配置物种，确定适宜的经营措施。学生通过完成具体的工作项目，如实地调查、物种选择、确定经营方式等，完成实践的全过程，并对工作效果进行评估，撰写成果报告。

任务目标

掌握林农复合经营技术理论知识，能够利用经营技术解决生产中的关键问题，充分发挥土地生产潜力，把林，农，牧，副，渔各业有机地组织在一起，形成具有多种群，多层次，多功能，高效益，高产出特点的人工复合生态系统。

工作情景

(1) 工作地点

选择适宜开展林农复合经营的地段，如可开展农田防护林、桐农复合经营、林参复合经营，林牧复合经营，林菌复合经营，基塘复合经营等类型的平原农区、实习林场或实训基地。

(2) 工具材料

动植物组成调查表、皮尺、测高器、围尺、照度计、温度计、湿度计、风向风速表、pH试纸、自封袋、马克笔、刻度铲等。

(3) 工作场景

利用多媒体课件及复合经营的图片或视频实例材料，在教室或实训室讲授林农复合经营结构设计的内容、方法及原则，布置外业工作需要收集的材料，如气候条件、地质地貌、土壤、水文、动植物资源等，特别是对于复合模式中物种组成有明显作用的生态限制因子如积温、最低最高气温、土壤理化指标等，并布置内业工作要求和报告撰写的内容。讲解完毕后，5人一组，分小组选择某一实习基地或林场等地段，开展外业工作，进行自然条件、农林牧副渔业及加工业的生产状况、社会经济状况与社会需求等调查，完成后开展内业工作，进行结构设计，撰写专题报告，通过教师根据学生实践过程中存在的问题和报告进行讲评，培养学生运用生态学等原理解决实际问题的能力。

7.2.1 林农复合经营系统结构

生态系统的结构是指生态系统的构成要素以及这些要素在空间和时间上的配置。目前,我国林农复合系统的结构大致可分为物种结构、空间结构、时间结构和营养结构。系统的结构状况往往决定系统的功能特性,这4种结构的合理性和协调性,是优化林农复合模式、提高生态经济社会功能及效应的关键。

7.2.1.1 物种结构

物种结构是指林农复合经营系统中生物物种的组成、数量及其彼此之间的关系。物种的多样性是林农复合经营系统的重要特征之一。适合于林农复合经营的主要物种一般包括乔木(含经济林木)、灌木、农作物、牧草、食用菌和禽畜等。理想的物种结构能对资源与环境的最大利用和适应,可借助于系统内部物种的共生互补生产出最多的物质和多样的产品。对比单一农业系统,它可以在同等物质和能量输入的条件下,借助结构内部的协调能力达到增产的效果。

确定物种结构需要掌握以物为主的原则,即一种林农复合模式只能以一个物种为主要的生产者,并且要在不影响主要生产者生物生产力或生态效益的前提下搭配其他物种,而不能喧宾夺主,同时还要注意物种之间的竞争与互补关系,以达到不同物种间的最佳组合。因此,林农复合经营系统的物种结构(即物种组成和配比关系)是复合经营能否成功的关键因素。

7.2.1.2 空间结构

空间结构是指林农复合经营系统各物种之间或同一物种不同个体在空间上的分布,即物种的互相搭配、密度与所处的空间位置。可分为垂直结构和水平结构。

(1)垂直结构

垂直结构即复合系统的立体层次结构,它包括地上空间、地下空间和水域的水体结构。一般来说,垂直高度越大,空间容量越大,层次越多,资源利用效率则越高。但并不表示高度具有无限性,它要受生物因子、环境因子和社会因子的共同制约。我国林农复合经营系统的层次结构通常可分为3种类型:单层结构、双层结构和多层结构。

单层结构是林农复合经营系统物种空间结构的一种最古老的形式,这种结构目前存在不多,仅一些边远的少数民族聚居地区保留着这种农作形式,如林-粮轮作。即在同一块土地上农业和林业交替经营。先是将一片森林采伐,利用肥沃的森林土壤栽培作物,几年后地力衰退而弃耕,在弃耕地上造林(一般是速生树种),10年左右林木达到工艺成熟再次伐木农作,以此循环不止。近年来,西南和东北地区的林-药轮作也属此类。他们在采伐迹地上栽培人参(长白山等地)、黄连(四川山区),待药材收获后再造林。这样的林农复合经营系统,在一定的时间来看,群体的结构是单层的。但不同的时期构成的物种不

同，而这些不同物种又结合成一个相互联系的系统。

双层结构是林农复合经营系统中最常见的一种垂直结构。例如，我国北方的桐-杨-粮间作[图7-3(a)]，即在农田中均匀地种植泡桐，每年播种农作物，几年后，泡桐在行内树冠相接，从纵切面看，成为两个十分整齐的层片。大多数的枣-粮间作、胶-茶间作也属此类。

多层结构有两种类型：一种是平原地区多物种的复合经营系统如水陆交互系统[图7-3(b)]，多物种组成的庭院经营等；另一种是丘陵和山地依地形和海拔进行带状多层次组合，这在以小流域为单元的林农复合系统的立体布局中最为典型。

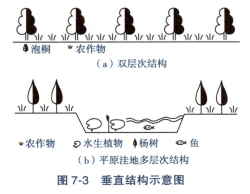

图7-3　垂直结构示意图

（2）水平结构

水平结构是指复合系统中各物种的平面布局，在种植型系统由株行距决定，在养殖型系统则由放养动物或微生物的数量决定。在种植型复合系统中，水平结构又可以分为行状间作、团状间作和不均匀间作、水陆交互配置、等高带式间作（图7-4）和景观布局等。

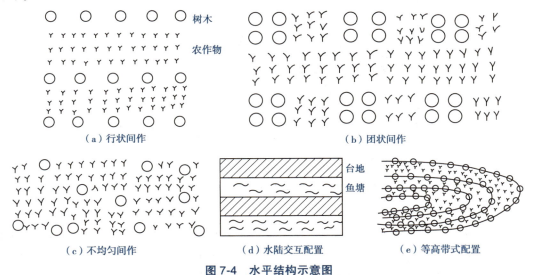

图7-4　水平结构示意图

复合农林业系统空间结构的配置与调整是根据不同物种的生长发育习性、自然和社会条件、复合经营的目标等因子，确定在复合系统中的不同植物的高矮搭配、株行距离和不同畜禽或微生物的放养数量，使得每一物种具有最佳的生长空间、最好的生长条件，并系统获得最佳的生态经济效益。农田防护林网是林农复合经营的最基本模式，其空间结构的主要技术指标有林带方位、林带结构、林带间距、林带宽度、网格规格及面积等。指标数值的确定要综合考虑当地自然灾害情况、农田基本建设及农业区划要求，遵循"因地制宜、因害设防"的基本原则。

(3) 时间结构

时间结构是指复合系统中各种物种的生长发育和生物量的积累与资源环境协调吻合的状况。由于任何环境因子都有年循环、季循环和日循环等时间节律,任何生物都有特定的生长发育周期,时间结构就是利用资源因子变化的节律性和生物生长发育的周期性关系,并使外部投入的物质和能量密切配合生物的生长发育,充分利用自然资源和社会资源,使得林农复合经营系统的物质生产持续、稳定、有序和高效地进行。根据系统中物种所共处的时间长短可分为林农轮作、短期间作、连续间作、替代式间作、间断间作或复合搭配型等多种形式。有的复合搭配较复杂有效。如安徽淮北泡桐造林后1~3年为第1阶段,还未郁闭前在行间秋种小麦,春种玉米,充分利用光能资源。待泡桐林充分郁闭后进入第2阶段,林下改种芍药(其根为中药材白芍)。芍药是多年生草本植物,较耐阴,3月发芽,4~5月生长发育旺盛,而泡桐正处于无叶期,5月初才发芽,到6~8月泡桐盛叶期时,芍药地上部分在7~8月已枯萎,二者的生长旺盛期恰好错开,互不干扰(图7-5)。这充分反映了劳动人民充分利用土地资源和光能资源的高超技巧和聪明才智。

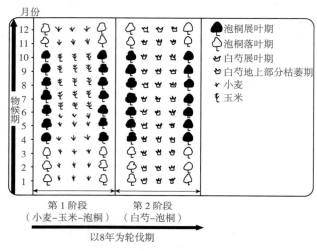

图 7-5 桐-粮-药间作时序图

(4) 营养结构

营养结构就是生物间通过营养关系连接起来的多种链状和网状结构。生态系统中的营养结构是物质循环和能量转化的基础,主要是指食物链和食物网。营养物质不断地被生产者吸收,在日光能的作用下,形成植物有机体,植物有机体又被草食动物所食,草食动物又被肉食动物所食,形成一种有机的链索关系。这种生物种间通过取食和被取食的营养关系,彼此连接起来的序列称为食物链,是生态系统中营养结构的基本单元。不同有机体可分别位于食物链的不同位置上,同一有机体也可处于不同的营养级上,一种消费者通常不只吃一种食物,同一食物又常被不同消费者所食。这种多种食物链相互交织、相互连接而形成的网状结构,称之为食物网。食物网是生态系统中普遍存在而又复杂的现象,是生态系统维持稳定和平衡的基础,本质上反映了有机体之间一系列吃与被吃的关系,使生态系统中各生物成分有着直接的或间接的关系。

林农复合经营系统可以通过建立合理的营养结构，减少营养的耗损，提高物质和能量的转化率，从而提高系统的生产力和经济效益。

7.2.2 林农复合经营措施

我国地域辽阔，地貌复杂，气候多样，林农复合经营类型丰富多彩。下面介绍在生产中应用的几种类型。

7.2.2.1 农田防护林

农田防护林是以一定的树种组成，一定的结构呈带状或网状配置在田块四周，以抵御自然灾害（风沙、干旱、干热风、霜冻等），改善农田小气候，给农作物的生长和发育创造有利条件，保证作物高产稳产为主要目的的林农复合系统。根据我国营造农田防护林的经验，农田防护林带以窄带林、小网格类型防护效果好，占用耕地少（紧密结合田边、路、渠），林带生物学稳定性强，普遍适应我国的各类型区。

（1）林带走向

林带走向是决定农田林网防护效应的决定性因素之一：主林带的走向最好垂直于主要害风方向，这样才能最大程度地发挥林带阻截害风的作用；副林带与主害风风向平行而垂直于主林带，起到辅助作用。但考虑到实现农田林网化后，可以降低来自任何方向的害风，不应该像设计单条林带那样强调林带必须与主害风方向垂直，故在林网建设中主林带不能与主害风风向垂直的情况下，允许有不大于45°的偏角。

（2）农田防护林主副林带间距

主林带间距应根据不同的灾害因地制宜确定，具体情况设置原则如下。

①风沙暴危害地带。为防止表土风蚀，保证适时播种和全苗，保持土壤肥力，间距应为当地林带成林树高的15~20倍为准。

②以干热风危害为主的地带。由于干热风风速不大，在背风面相当于林带高度20倍处，林带仍能降低风速20%左右，对温度的

图7-6 农田防护林

调节和相对湿度的影响仍然明显，加上林带迎风面的作用，主林带间距按当地林带和成林时高度的25倍设计为宜。

③盐渍化地区。生物排水和抑制土壤反盐是设计林带要考虑的又一重要因素。林带影响以上因素的明显范围，一般不超过125 m，在盐渍化土壤上，树高又较低，因此这类地带一般主林带间距不应超过200 m。江苏沿海地带，结合条田排水系统，100 m较为适宜。以上两种及以上灾害同时存在的地带，应以其低限指标来设计主林间距。副林带间距以主林带间距的2~4倍设计为宜，如果害风来自不同的方向，仍可按照主林带间距设计，构成正方形林带。

(3) 林带宽度、结构、疏透度

林带宽度是以能够形成适宜林带结构和适宜的疏透度为标准确定。

①以减免干热风害为主要目的的林带，以适度通风结构为宜。适度通风结构的林带以疏透度 0.3~0.4，透风系数 0.4~0.6 的林带防护效益最好。构成适度通风结构的林带，一般 4~6 行乔木，两侧再配两行灌木即可。如果树种选择适当，采取株间密植，保证株株成活，由两行乔木或 1~2 行乔木再配 1 行枝叶稠密的灌木，也可以构成适度通风结构。按照以上配置，带宽 4~12m 即可。

②在风沙暴危害地带或暴风较多的地带，林带以疏透结构效益最好。疏透度以 0.25~0.3，透风系数以 0.35~0.5 为宜，这种林带有 4~10 行乔木，两侧再配以灌木即可。由一种乔木树种构成的林带，边行乔木不进行修枝时，才能形成疏透结构。如用两种乔木，其中边行为枝叶稠密的亚乔木，往往构成疏透结构，按上述配置，带宽宜 8~12 m。网格面积：按照上述设计，风沙危害严重地带的网格面积宜为 10 hm^2 左右，风沙危害一般地带宜为 13.3 hm^2 左右，严重风蚀沙地和盐渍化地区可以小于 7 hm^2。

7.2.2.2　林-参复合经营

人参为我国人民历来喜爱的珍贵药用植物。野生人参生长的环境是温带针阔混交林，要求生长季阴凉且温度变幅不大的森林环境，土壤有机质含量高，土壤含水率保持在 40% 为宜。由于针阔混交林被大量采伐，野生人参资源受到严重破坏，不能满足市场的需求，故我国很早就栽培人参。由于人参要求土壤条件较高，又不能连茬，历史上种参常大面积毁林。为克服这种情况，近年来发展了林-参复合经营系统，使林、参并茂，制止了毁林栽参的传统做法。林-参间作主要有林-参间作型、林下栽参型和林-参轮作型 3 种模式。

7.2.2.3　林-牧复合经营

我国干旱和半干旱地区地处温带和暖温带，该地区雨量少、风沙大、土壤侵蚀严重、光照强、温度变化大，建立林牧复合经营系统可减轻灾害性天气的影响，保护牲畜，并能提供饲料和燃料。

适于我国新疆、内蒙古、宁夏、甘肃等地林牧复合经营的乔木树种有白榆、蒙古柳、胡杨、山杏等；灌木树种有沙枣、梭梭、柽柳、沙棘、沙拐枣、柠条、胡枝子、紫穗槐和锦鸡儿等。这些树种耐干旱、盐碱，抗风沙，固沙能力强，生长较快，其中不少树种萌芽力强，耐反复砍伐。林牧复合经营主要有疏林草场和护牧林两种类型。

7.2.2.4　枣-农复合经营

枣树原产我国，为我国栽培最早的果树，栽培区主要位于华北和西北地区。枣-粮间作在我国已有 600 多年的历史。枣树耐干旱瘠薄，根系发达，且有良好的护坡和保持水土作用，干果味美，营养价值高，是我国人民喜爱的滋补品。枣树花期长达一个多月，花量大，花蜜丰富而质优，是良好的蜜源。枣树枝疏叶小，落叶早，林下光照条件较好，且广泛分布于我国半干旱地区，是一种优良的间作树种，以单株散生或树行的形式与农作物间作。

(1) 以农作物为主的枣-农间作

枣树行距宜大些，行距采用 15~30 m，枣树皆以南北向为宜，株距 4~5 m，春作物小麦的生长发育期，正是枣树的休眠期，光能和地力利用的矛盾较小，因此，小麦的产量与单作麦田的差异不大。夏秋作物中豆类、粟和芝麻也是枣园内良好的间作物，虽存在争光、争水肥的矛盾，但农作物的产量只少量减少。高秆作物玉米和高粱不宜与枣树间作，由于它们拔节抽穗期正值枣树枝叶茂盛时，对光照竞争激烈，其产量比纯粮田减少约 20%，高秆作物茎叶阻挡阳光进入枣树树冠，且通风能力差，又消耗土壤的水肥，使枣树结实能力下降。

以枣树为主的枣-农间作，枣树行距可窄些，为 7~10 cm，株距 4~5 m。为便于管理，枣树的树干高度以 1.4~1.6 m 为宜。一般在土壤条件较差的地方实施。

枣-农间作的类型和配置：以农为主的类型主要分布在风沙危害较轻的农耕地上，这类土地一般土壤较好，是小麦、棉花等粮食和经济作物的主产区，因此枣树的栽植多呈单行大行距配置，行距多为 30~150 m，有时也呈 3~5 行的带状栽植，目的是在保证农业高产丰收的前提下，以提高枣树的产量，增加经济收入；农枣并重类型主要分布在沙区边缘或平沙地上，该区域风沙危害严重，枣树栽植密度较大，行距一般为 8~15 m，

图 7-7　枣-农复合经营

株距 5~6 m；以枣树为主的类型，主要分布在风沙危害严重的沙丘、沙岗和平沙地上，株行距为 5 m×(5~8) m，目的在于防风固沙，以减少风沙对农作物的影响，该类型除了防风固沙外，每年还可在枣树林下种一季小麦或小麦+花生，增加经济效益。

7.2.2.5　桐(杨)-农复合经营

杨树和泡桐均为落叶树种，生长迅速，耐风沙，繁殖容易，分布广，是两种优良的农林间作树种，在我国平原地区发展面积很大。桐(杨)农间作人工栽培群落，既能改善生态环境条件，保证农业稳产高产，又能在短期内提供大量的商品用材，增加经济效益。这种经营方式把林业、农业、土地资源等紧密地联系在一起，把生态经济学的观点应用到农业实践中，打破了传统的单一经营模式，使单位面积的综合效益明显增加，同时改善了生态环境，合理地利用了土地资源，形成了高产、高效、优质和可持续的生产体系。

桐-农复合经营：我国自 20 世纪 50 年代开始，就在河南省黄泛平原区进行农桐间作，继而在鲁西南、安徽淮北、江苏省徐淮地区及河北省南部等平原农区推广。

复合经营的关键是建立林农群体结构的合理模式：一是需要选择适宜的泡桐和农作物种类；二是确定泡桐适宜的栽植方式和株行距，使树木与农作物合理组合；三是采取适宜的管理措施。桐-农间作分为 3 种类型：农为主型、以桐为主型、桐农并重。

以农为主型适宜于风沙危害较轻，土壤为青砂土、蒙金土、两合土，地下水位在 2 m 以下的地区。在保证粮食稳产高产的情况下，栽植少量泡桐，轮伐期较早，一般为 8~10

年，采用株行距 4~5 m，行距 30 m、40 m、50 m 不等，每公顷 30~60 株的栽培方式，其经营目的是提供中径材。

以桐为主型适宜于沿河两岸的沙荒地及人少地多的地区采用，株距 5 m，行距 5 m，每公顷 400 株。泡桐栽植后 5 年，可以进行一次间伐，每公顷 200 株，可以间作农作物，其经营目的是培育大径材。例如，在村庄周围空隙地上，利用其优越的水肥条件，营造泡桐丰产林，其特点是，以个体经营为主、密度大、轮伐期短、集约经营、经济效益高。前两年常见的形式有：泡桐+小麦+棉花、泡桐+小麦+大豆、泡桐+小麦+蔬菜。当泡桐生长到第 3 年，对秋季作物生长造成影响时，应尽量间种一些耐阴的作物或药材，如泡桐+大蒜、泡桐+薄荷、泡桐+蔬菜。当泡桐生长 4~5 年对农作用影响较大时，可采取泡桐+薄荷、泡桐+大蒜。

桐农并重型适宜于风沙危害较重的粉砂土、细沙土质、地下水位在 3 m 以下的耕地上采用。一般株距 5~6 m，行距 10~20 m，每公顷 160~200 株。其经营目的是防风固沙、提供中小径材，条件较差的地区可以大力推广这种类型，不仅可以改善生态环境，更能明显改善农、林、牧的经济结构，获得以林保农、以林增收的经济效果。

桐-农间作的配置原则是：最大程度发挥防护效果、减轻自然灾害；要适应和发挥农业机械的最大效率；要与农田基本建设结合；最大限度提高经济效益和生态效益。

杨-农复合经营是林农复合经营系统中一个重要组成部分，是平原地区推广林农复合经营的主要形式之一。平原农区经营的农作物分为三类：一是粮食作物，包括小麦、玉米、大豆等；二是棉花；三是油料作物，主要有花生、油菜、芝麻等。总之，所有的农作物种植区都是杨-农复合经营的适宜范围。杨树品种可选择窄冠、深根、生长快的品种，如窄冠黑杨、窄冠白杨、欧美杨 107、108 等，可采用 3、4、6 株团配置模式进行栽培，每亩定植 2~3 团，既可促进粮食产量，又可培育出大径材。

图 7-8　桐-农复合经营

图 7-9　杨-农复合经营

7.2.2.6　条-农复合经营

条-农间作是平原林农复合经营的重要组成部分，特别是在砂土类类型区，具有防风沙、防灾害、护农增产、增加经济收入、改善生态环境的作用。白蜡树是木樨科的落叶乔木，是一种经济价值和生态价值很高、用途广泛的经济树种。白蜡条柔软富有弹性、易于编制；白蜡杆是工具体育用品的上等原料，具有较高的经济价值；白蜡叶也是很好的饲料。在长期和风沙作斗争的实践中，河南、山东等省创造了白蜡树和作物间种的条农间作模式，对防风沙、改善小气候、保障农业生产发挥了重要作用。

条-农间作的配置：条农间作的配置主要是指条带的走向、距离和带宽而言。从防护效益看，白蜡条带的走向应横对主害

图7-10　条-农复合经营

风。例如河南豫东地区主要起沙风为北风和偏北风，而干热风又属于南风和西南风。因此白蜡条带的走向应以东西走向为佳，但东西走向的条林北侧遮阴严重，影响间作物产量。因此，进行大面积的条农间作时，只在封口处采用东西走向，其他地方仍采用南北走向。条带间距是影响作物产量的重要因子，其大小应根据当地立地条件和经济发展要求来确定。以发展条、杆为主的间作类型，其条带间距宜为10~20 m，主要是为了防风固沙、改善生态环境；条农并重的间作类型，条带间距以20~30 m为宜，其目的在于营造防风固沙、护农增产为目的；以农业生产为主的条农间作类型，白蜡条带间距宜为30~50 m，主要目的是改善生态环境，提高农业产量，增加林副业收入，扩大经济效益。条带宽度多为1、2、4行，从防护效果看，这三种不同宽度的条带减低风速的效果基本一致；从条林占地的角度看，以条带间距10~20 m为例，2行条林占地较4行条林少40%，条子产量2行和4行仅差10%~15%，但条子质量2行明显优于4行。因此，在一般条件下应以2行式为主。

7.2.2.7　柳-农复合经营

柳树是华北地区主要速生树种之一，适应性广，抗逆性强。一般选用长2~3 m，粗5~7 cm的柳桩营造头木林或柳杆林带，林带间种植农作物。经营头木林与乔木林相比，具有周期短、见效快、效益高等特点。在许多低洼易涝盐碱地和水稻区，适宜发展柳农间作。

（1）经营类型

柳-农间作形式有两种：一种是头木林作业，一般柳树行距10~15 m，株距5~8 m，行间种植小麦、大豆、谷子、高粱等作物；另一种是在风沙危害严重的沙区，柳树常配置成行状或带状，营造成小型林带，带距20~50 m，杆子柳作业，既可防风固沙，又可生产椽材，收益较大。

（2）经营管理技术

柳椽培育技术包括除蘖、留蘖、修枝、加强管理。

①除蘖。在栽植时的柳杆或柳桩，多在上端萌发很多幼芽或嫩枝，一般将在上端20~30 cm范围内的幼芽或嫩枝选优留枝，均匀分布，其余全部摘除，留枝高30~50 cm时，在选优除劣，留5~7个均匀分布的壮条，作为培育第一茬椽材的基础，这是保证椽材质量和产量的关键。采用头木林培育的第一茬椽材，一般短而弯曲、质量差，所以多在3~5年成椽后砍掉，再培育新的质量的椽材。采用带状密植"坐地柳"方法，可避免上述缺点。

②留橼。第一茬橼木采伐或平茬后，萌发枝条很多，应及时选留健壮枝 10~15 个，其余去掉，以促使选留枝健壮生长，3~4 年橼枝定型后，再砍去生长差、枝弯、病虫重的橼枝，进行定橼。砍下的枝干，可用于造林，也可用于能源材或农用材等。每个橼基上定橼的数目，要看其位置、橼基的粗细而定。树冠中央因光线不足，每 1 橼基上可留橼 1~2 根；外边橼基可留 2~3 根。如果橼基长势很旺，可留 3~4 根。总之，橼基上留橼数目，依橼枝分布均匀、不留空隙为原则。这样才能培育出通直无节、粗细均匀的橼材。

③修枝。橼基上的橼枝选定后，每年要在生长期间用利铲修枝 2~3 次，直到橼枝定型为止；修枝时间，以生长季节较好，修枝后以不萌发新枝为宜；修枝时，要及时砍去特别粗大、影响周围橼枝生长的弯曲枝或干枯枝；修枝要光滑、不留茬、不伤皮。

④加强管理。为了提高橼材质量，在有条件地区，应在柳树生长期间及时浇水、施肥，尤其是防止病虫害，加强管理，生长旺盛的柳橼林，4 年就能培育出大量柳橼；生长较差的柳橼林，一般 5~6 年可达到成材标准。

(3) 橼材砍收

橼材采收，一般采用以下 3 种方法。

①全部砍收。将已成橼材或未成橼材的柳杆，全部砍光，次年萌发后，仍按照作业程序培养柳杆林，直至衰老更新，这种作业方式对柳林的防风固沙作用有一定程度的影响。

②带状砍收。指在风沙严重地区，营造片状的橼材林地上，可将已成橼材的柳杆和未成橼材的柳杆，隔一带采收一带，或隔数带采收一带。次年萌发后，仍按作业程序培养柳杆和砍收，直至衰老更新，这种作业方式，既可生产橼材，又可避免因取橼而引起的风沙危害。

③择砍。将已成橼材的柳杆全部砍光，未成橼材的柳杆继续培养。翌年橼桩新柳条，仍按上述作业方式培育橼材。这种作业方式，能充分发挥柳林的防风固沙作用，但对新橼材质量有一定影响。

(4) 砍收技术

自柳树落叶后到次年春芽萌动前均可进行橼材砍收。这时采收的橼子，组织致密，加工后坚实耐用，不易变形。柳树生长期间，一般不宜进行砍伐。砍收时，伐橼桩要低，一般高度 10~15 cm 为宜，伤口要平滑，以免积水腐烂或招致病虫害，影响母树生长。橼材采收后，要及时加工整形，一般分整直和整弯两种。整直是将材段弯曲部分整直，为防止整直的材段变形，要及时捆紧、晒干。整弯是将材段根据需要压弯，两端用绳子绑好。

7.2.2.8 林-渔-农复合经营

在江苏里下河地区的湿地生态系统，已建立了有效的林—渔—农复合经营系统，在滩地开沟或挖塘，把挖出的土堆在田块上形成垛田(台地)，经堆土后，垛田约高出地面 50~80 cm，相对降低了地下水位。开挖的沟、塘与主渠道及外河相连，内部沟渠互相连接成水网系统，兼有蓄洪和泄洪之便。垛田经整地，土壤熟化后，种植耐水湿的落叶针叶树种池杉和落羽杉。池杉枝叶较稀疏，树冠窄，树干通直，耐水湿，是水湿地优良的间作树种。造林株行距 2~3 m 或 1.5~4 m，每公顷栽 1260~1650 株，到 4~5 年生，由于林冠遮阴，不宜再间作农作物，如欲延长间作年限，需进行疏伐或在造林时扩大株行距。林内间种的农作物有小麦、大麦、油菜、黄豆、蚕豆等，蔬菜有青菜、芋头、黄瓜和西瓜等。沟渠和垛田相间，有利于幼林和农作物的管理，起到以短养长，以抚代耕，林、农、渔并茂的作用。

一般沟的宽度为 2~20 m，垛田的宽度 10~40 m。常见规格：①沟宽 2~5 m，垛宽 10~15 m；②沟宽 5~1 m，垛宽 15~20 m；③沟宽 15~20 m，垛宽 20~40 m。沟比较浅窄的，适于养鱼苗和养虾；沟较宽深的，适于放养成鱼或精养鱼。放养的鱼种主要包括草鱼、鳊鱼、鳙和鲢等。该地区常见的复合经营类型有农-林复合型、林-渔复合型、林-农复合型和林-农-牧-渔复合型。

该系统的缺点是池杉郁闭后，不宜间作农作物。稠密的森林减低了风速，使沟渠通风不良，降低水的含氧量，影响鱼的生长，故最近发展的林-渔-农复合经营类型扩大了沟和垛的宽度，以取得更高的鱼产量，但需投入更多的劳动力。

7.2.2.9 基塘生态系统

基塘系统是水塘和陆基相互作用的生态系统，主要分布于珠江三角洲及其附近三江下游一带低洼渍水地。气候湿热，作物可全年生长。当地群众早在 400 多年前，把一些低洼地深挖成塘养鱼，把挖出的泥土在塘的四周筑堤形成陆基保护鱼塘，基面种桑形成桑基鱼塘，以后随着当地经济的发展，基塘结构随之变化，桑基鱼塘正逐步消失，而代之以其他陆基鱼塘。

桑基鱼塘以结构完整良好、生物与环境相适应、经济效益和生态效益高而出名。此系统以桑为基础，桑叶养蚕，蚕沙、蚕蛹喂鱼，鱼多塘肥，塘泥肥桑，形成良性循环。鱼塘内分层放养，蚕沙、蚕蛹喂鲩鱼，鲩鱼粪便促使浮游生物增多，为鳙、鲢提供食料，剩余蚕沙和浮游生物沉塘底，又成鲮、鲤的食物（图 7-11）。如 1 hm² 地产桑叶 22 500 kg，则可得蚕沙 11 250 kg，可得塘鱼 1406 kg，基塘面积比一般为 4 : 6，陆基宽度以 7~10 m 为

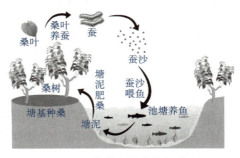

图 7-11　桑基鱼塘复合经营

宜，以便于灌溉和厚塘泥。由于冲刷塌基，故需反复整修陆基。桑基鱼塘是一种完整的水陆相互作用的人工生态系统，结构复杂，能完全利用当地的自然资源，经济效益较高，又能容纳多种劳动力，解决劳动就业问题。但近年来由于蚕丝销售价格较低，桑基鱼塘被经济收益更高的蔗基鱼塘、果基鱼塘（香蕉、柑橘、木瓜、荔枝、杧果等）、花基鱼塘（茉莉花、白兰、菊花、兰花等）、杂基鱼塘（蔬菜、瓜类、豆类、象草等）逐渐替代。塘鱼除上述鱼类外，还大量引种了珍贵鱼种（如鲈鱼、桂花鱼、鳗鱼、白鲳等），大大提高了经济收益。

7.2.2.10 林-菌复合经营

林-菌模式是林下种植食用菌的立体栽培模式。它充分利用林木郁闭后林下空气湿度大、氧气充足、光照强度低、昼夜温差小的特点，在林下种植双孢蘑菇、姬菇、平菇、香

菇等食用菌。林-菌模式的主要特点在于：①林下栽培食用菌是返野生、完全生态栽培方式的一种。野生食用菌是野生、完全生态、特别健康的食品，但其生长、产量受制于季节、气候。林下栽培就可打破这个限制，实现全年都有菌子吃。②食用菌生长在阴凉的林间环境，不多用肥水、人工，生产的产品是绿色产品。能够充分利用林地资源和丰富的秸秆，既能促进林木生长又能增加农民收入，实现林菌生态循环。

主要造林树种可选择杨树、松树和栎类等，林下食用菌可选择平菇、香菇、草菇、鸡腿菇、灵芝、裂褶菌、双孢菇和木耳等。林下食用菌主要栽培模式包括：①林间覆土畦栽食用菌。所谓畦栽是指选取林间空地挖成一定长和宽的畦坑，然后再进行播种栽培的方法。②林间地表地栽食用菌。所谓地栽食用菌，即将菌袋放在林间地表面上让其生长子实体的方法。③林间立体栽培食用菌。立体栽培主要是采取利用林地空间，挂袋出菇出耳的栽培方法。

图 7-12　林-菌复合经营

主要技术要点：一般在林木定植 4～5 年郁闭后进行林下栽培食用菌。

7.2.2.11　林-胶-茶复合经营

橡胶树是一种热带雨林树种，原产南美洲亚马孙河流域，适生于高温、高湿和静风的气候条件下。20 世纪 50 年代初，中国海南岛和云南南部大规模引种，在那里易遭寒风和热带风暴的危害，橡胶产量不稳。70 年代末，发展了能抵御自然灾害、提高胶园经济效益和生态效益的林-胶-茶间作模式。

林-胶-茶间作模式是在胶园四周建立防护林带，并联成林网，防护林的树种主要有桉树、相思树和枫香等。林带间巷状种植橡胶树与茶树。胶-茶间作形成复层结构，这是模拟热带天然林的多层结构，有利于提高胶园的稳定性。防护林带的间距视风、寒灾害严重程度而定，窄的 100～200 m，适于灾害较严重的地区；宽的可达 400～1000 m，适于灾害较轻的地区。林带宽 10～15 m，起防风、防寒和防旱的作用。林网内一般橡胶树行距 10～15 m，株距 2 m，行距越宽，茶树的生长期越长。茶树在胶树行间采取宽窄行结合的双行式，宽行距 1.5～2.0 m，窄行距 0.3～0.5 m，株距 0.2～0.3 m。边行茶树距橡胶树 1.5～2.0 m，一般在橡胶树行间可间种 6～8 行。茶树与橡胶树可同年栽植，也可早于橡胶树 2～3 年栽植。因此，茶树对橡胶树起保护作用，保证橡胶树能正常生长。丘陵区林-胶-茶间作，胶、茶沿等高线栽植，茶树宜成双行式种植，在等高田埂上种植保土的蔓生植物。坡度大于 30°的坡地，则不宜栽茶，应栽蔓生植物。

这种间作模式的茶树可覆盖地面，减少水土流失，并充分利用土地资源。对茶树进行水肥管理时，也培育了橡胶树，所以胶树生长较快，与纯胶园的树相比，围径大 0.2～0.6 倍，提早开割橡胶 1～2 年，茶树栽后 1 年即可采摘，有较多的经济收入，这样可减少胶园的投资，做到以短养长。胶-茶间作的胶产量也较高，可比纯胶园增加 55%。胶园内除间作茶叶外，也可与胡椒、咖啡、南药等间作，形成林-胶-胡椒、林-胶-咖啡-胡椒、林-胶-砂仁-绿肥等多种模式。

图 7-13　林-胶-茶复合经营

任务实施

7.2.3　林农复合经营实训

7.2.3.1　实施过程

(1) 确定经营方式

根据土地状况及经营目的，确定适宜的经营方式。

(2) 选择物种

根据土地状况及当地自然条件选择适宜的物种，选择的物种应有利于促进农作物或林木的生长，并能有效改良土壤。

(3) 确定经营方法及措施

根据经营的方式和目的合理确定具体的实施方法和措施，包括密度、株行距、苗木特征、整地、种植和养殖技术及管理措施等。

(4) 效益调查

通过调查访问、查看资料及实地测量，分析林农复合经营的设计方案，掌握物种组成、空间结构及经济效益，及时总结经验，并提出改进措施。

①收集有关资料，分析设计要求(方案)，了解目的意义，收集经济效益数据等。

②对实训地段的物种组成进行填表调查，调查内容包括种类、数量，及各物种生物学特性等。

③对群落的空间结构进行调查，调查内容包括层间结构、株行距、高度、投影度、胸径，及盖度等。

④对群落环境进行调查，调查内容包括各层的光照强度、透光率、温度、湿度、风力的变化等，及土壤质地、土壤结构、土壤酸碱性及理化性质等。

⑤如果条件允许，可进行群落植物根系垂直分布观察记录。

⑥对经营地段的经济效益、生态效益、社会效益进行分析。例如，洛阳上清宫森林公园，林下种植杭白菊。每年10~11月收获季节，漫山遍野的菊花不但为秋天的森林公园增添了一抹亮色，同时吸引省内外客商前来收购。附近村民可到公园打工采摘菊花获得收益；公园周边办起了特色饭店，推出菊花炖小鸡、菊花甲鱼、凉拌菊花等特色菜肴招徕食客。达到了以短养长的营林目的，带动了一方经济的发展，产生了良好的社会效益和经济效益。被誉为森林公园的"菊花经济"模式。

⑦根据物种与环境相一致性的规律，对所调查经营类型的物种组成是否恰当、空间结构是否合理进行分析并提出最佳结构设计方案，需要修改的可向管理部门提出修改意见。

7.2.3.2 成果提交

每组学生提交1份《林农复合经营模式调查分析》的实训报告。

> **拓展知识**

林农复合系统生态服务功能

1982年，国际农林复合系统委员会将林农复合生态系统定义为"通过时空布局安排，在家畜和（或）农作物利用的土地经营单元内，种植多年生的木本植物，在生态和经济上各组分之间具有相互作用的系统。"该系统具有复合型、整体性、多样性、系统性、稳定性、集约型以及高效性等特点，集合了土壤、田野和景观的特性，具备农业和林业的综合优势，结合了林学、生物学、农学、生态学、气候学、社会经济学和系统科学等多学科知识与技术。20世纪80年代初开始，研究人员对林农复合生态系统提供的服务与环境效益进行了深入研究，理论和应用研究发展逐步系统化。各地区逐渐认识到该模式的实用性和重要性，美国农业部在2011年发布了《农林战略框架2011—2016》，强调了林农复合经营模式对美国农、林业经济和生态环境保护的重要性，以及提高公众对林农复合模式的认识必要性。过去由于缺乏可靠的科学依据，林农复合管理模式的发展受到了阻碍，尽管林农复合经营模式相比传统经营模式有很多优势，大部分农民仍认为采取新经营模式存在一定的风险。随着研究的深入和系统化，林农复合系统逐渐被视为多功能景观的重要组成部分，为人类提供生态系统服务和经济效益。

新千年生态系统评估以及农业科技发展国际评估均强调了林农生态系统的多功能性。在空间和时间布局上林木、农作物或动物的优化组合，林农复合系统具有增加土壤肥沃程度、减少土壤侵蚀、提高水质、增强生物多样性、景观多样化和固碳等多种用途。本文将林农系统的主要生态系统服务分为六大类：固碳、水土保持、防灾减灾、生物多样性保护、改善土壤肥力、改善空气和水质，对全球范围内林农生态实践的生态系统服务和环境效益的研究进行汇总，旨在说明林农复合模式是实现土地可持续经营的重要途径之一。

林农复合系统的生态服务功能与环境效应主要包括以下方面。

（1）固碳功能

全球气候变暖和降水分布改变，减缓温室气体特别是 CO_2 的排放成为当今世界各国政府和科学家研究热点问题之一。《京都议定》提出的"土地利用、土地利用变化和林业"后，林农复合系统因其较高的固碳能力，能减少空气中二氧化碳，引起了全球科学家们的广泛关注。固碳就是水体、土壤及植物通过物理或生物过程减少大气中二氧化碳的能力。相比单一农、林或草系统，林农复合系统中树木和作物间相互作用利于系统固碳量的增加，系统汇集的定型碳可在碳市场进行交易，且固定碳量随着林木轮伐期的增加而增加，或通过木质产品制造永久保存。另外，由于大气中大量的碳可通过微生物贮存于地表或土壤中，其中菌根真菌作为固碳菌，能将 CO_2 长期贮存在土壤中，可在一定程度上减少大气中 CO_2 的含量。林农生态系统的固碳能力随系统的类型、物种组成、物种年龄、地理环境、环境因素和管理措施等有一定的差异。由于具体数据的缺失，林农生态系统固碳能力的研究结果对比较困难。研究人员尝试用不同方法计量林农复合系统的全球固碳量。P. K. Ramachandran Nair 利用固碳能力计算方法，预测了全球林农复合系统总面积为 1023×10^6 hm^2，在 50 年内有 1.9 Pg 的固碳量，各地区林农复合系统固碳能力有很大差异，西非植物的固碳能力仅有 0.29 $mg/(hm^2 \cdot 年)$，而波多黎各的混合物种生态系统中可达 15.21 $mg/(hm^2 \cdot 年)$。不同地区林农复合系统中土壤含碳量差异较大，加拿大山谷农业系统土壤碳含量仅为 1.25 mg/hm^2，而在哥斯达黎加大西洋海岸林牧复合生态系统土壤碳可达到 173 mg/hm^2。通过分析热带林农复合系统的储碳数据，Alain Albrecht 预测该类系统的固碳量在 12~228 mg/hm^2。另外研究人员发现在干旱、半干旱或荒废区的林农复合系统相对肥沃潮湿地区固碳能力低，温带林农系统的固碳能力较热带地区的低。家庭花园林农复合系统对气候变化的适应性也有巨大的潜力，在干旱区其单位面积平均地表碳汇能力可达到 26 mg/hm^2，能够减少森林的全球碳汇压力。林农复合模式能改善农田和草原大规模退化的现状，实现系统固碳能力的增加。对比传统的牧、林系统，改进后西非林农复合系统有更强的固碳能力。印度西北部杨树林农系统的土壤有机碳浓度以及水分较单一农、林系统更高，并随树龄增加而增加，南部家庭花园树木种植密度和立木特征影响着土壤的固碳能力，土壤固碳能力随着物种数量和树木种植密度的增加而增强。所有这些研究表明林农生态系统相对传统单一农业或林业系统有更强固碳能力。

（2）水土保持功能

林农复合系统的水土保持功能，在我国的应用广泛，用于缓解我国水分分布不均和水土流失严重的紧迫局面，虽然在系统发展前期水土流失程度仍较为严重，但中期趋于稳定。我国辽西北地区最佳的林农复合模式为大扁杏-花生-玉米，能够改良土壤、水土保持。南水北调中线水源区的寨沟小流域，林农复合模式作为主要的水土保持措施对南水北调水源区的保护有意义。北川退耕还林采用的林农复合经营模式，如林-药、林-茶-桑、林-草-牧模式，年减少泥沙流失量近 105 t/年，涵养水源超过 105 m^3/年。晋西黄土区的沿川河谷农田水土流失防治措施主要为农林复合，通过对比研究发现核桃-玉米复合系统是该区水土保持效果最佳的一种农林复合类型。南方红壤丘陵地区的果间套种技术能起到治理水土流失作用，并且植草措施能够减少果园水土流失，同时可改善土壤结构、增加土壤表层有机质和有效水库容，有利于季节性干旱防御。总之，林农复合模式的水土保持效果明显优于单一的农业模式。

(3) 防灾减灾

稳定性的林农复合系统能减少作物和林木的害虫，对病虫害有一定的防御作用，有望减少防灾减灾成本。在适宜的气候条件下，印度尼西亚可可林农系统可可虫数量与黄蜂数量呈正相关，因此可以通过控制黄蜂数量作为防治可可虫害的一种有效工具。花椒林农复合生态系统的昆虫群落多样性、均匀度明显要高于除草后的单一花椒种植模式，害虫天敌的增加，一定程度上能够增加花椒的产量。农林复合能够提高生态系统的稳定性，梨园套种芳香性植物能够减少康斯托克粉蚧的数量，尤其是藿香蓟，在夏天日照时间增加的情况下康斯托克粉蚧大量减少。

(4) 生物多样性保护

对人类和地球的健康有重要作用的生态系统和物种正逐渐消失，生物多样性保护十分紧迫。生物多样性包括景观多样性、物种多样性和生态系统多样性。林农生态系统作为生物多样性的保护的有效措施之一，通常通过景观多样性的保护来实现物种多样性保护，最终实现生态系统多样性的保护。农林复合对生物多样性保护有五方面的作用：一是为物种提供栖息环境；二是保护脆弱物种育种；三是提供比传统农业系统效率更高、可持续的方法，减缓自然保护区的转化速度；四是通过提供水土保持以及防止土壤侵蚀等生态系统服务功能，保护生物多样性，防止生态系统物种的退化或消失；五是建立本土剩余物种和区域敏感性物种之间的联系。

林农复合经营不仅产生了显著的生态效益、可观的经济效益、良好的社会效益，更使生态景观得到了极大改善。对我国黄土高原坡地刺槐-草地复合系统研究发现，草地斑块内有较高的植物多样性，农林边界植物多样性最高的为距林缘较近的林内外的某一区。高产农作物类型的改变，也会造成生物多样性的损失。澳大利亚的农作物从深根类到浅根类，造成了土壤盐分增加以及生物多样性损失。降水量在 300~700 mm/年的经济林区，生物多样性受到威胁，而林农复合生态系统能够提供新的农业景观改善生态系统稳定性，缓解农场扩张带来的损失。另外，通过对北京顺义区农林复合生物多样性多层次分析，相对单一农田景观，农林复合景观多样性更加丰富，乔木与农作物不同层次的空间利用，有利于高生物多样性分布。

林农复合系统对全球生物多样性保护相当重要。应指出，不同季节的温度、相对湿度、树木葱郁度、树木密度条件下，昆虫和鸟兽数量会随着季节更替而呈现一定规律，在评价林农复合系统经营对生物多样性保护的效果时应考虑季节因素。可可和香蕉两种林农生态系统对比哥斯达黎加塔拉曼加地区保留的车前草单一农业系统，林农生态系统物种更为丰富，随着森林类型的不同而物种组成不同。重要的是林农复合系统能为鸟类提供了栖息场所，对物种保护做出贡献。其他林农系统的生物多样性保护价值也得到了研究，尤其是在热带。庭园林农复合系统，因其拥有较多的植物品种而著称。据调查热带庭园系统的物种数有 27 种(斯里兰卡)到 602 种(爪哇岛)。许多生态学家认为庭园式林农系统，不管是结构上还是功能上，是最为接近天然林的。随着全球经济的发展，农业用地大规模开发，森林面积迅速减少，庭园式林农生态系统逐渐成为了物种的避难所。孟加拉国天然林覆盖面积不足总土地面积的 10%，2000 万家庭园作为生物多样性保护策略的之一。

林农复合系统树木和农作物的品种与空间组合影响着昆虫数量和物种多样性。马占相思防风带的食植类昆虫在树冠西面数量较多,而其天敌在树冠背面数量较多,呈现出一定的空间分布规律。皂荚树的花蜜量和分泌物变化与被皂荚花吸引的昆虫群有紧密联系,在研究期间这些皂荚树吸引了近有42种不同的昆虫。微生物群落作为林农系统生物多样性的重要组成部分,针对该类群落的研究已较系统。印度西部西高止山脉,常青林较落叶林,菌繁殖体、细菌、真菌和放线菌数量较高,固氮细菌的数量也是落叶林中的两倍。树种丰富的农林和森林系统为土壤生物多样性提供了微生物圈和凋落物,林农复合模式作为土壤微生物保护策略之一,为土壤和凋落物微生物群落保护做出贡献。

(5)改善土壤肥力

林农复合系统对保持和提高土壤的高产及可持续利用有一定作用,Udawatta等使用高分辨率X射线模拟成像技术,分析了美国中西部地区农林复合缓冲带土壤养分增加的原因,农林复合缓冲区土壤族聚稳定性、土壤含碳量、土壤氮和土壤酶活性均较高。树荫面积以及树木种植密度等对土壤中养分有一定的影响。对比研究哥斯达黎加传统农场和有机咖啡农场中纳塔尔刺桐对土壤特性的影响,发现传统林农系统中土壤碳和氮含量仅树根附近浓度较高,并随着距离增加而减少,表明树荫对维持和增加土壤有机物有重要作用。但是在有机咖啡林农系统没有此趋势,土壤表面有机肥分布均匀。一般地,树木密集度高土壤pH、CEC、Ca和Mg含量也高,阴生咖啡林农系统土壤中N、K和有机物则相对降低。埃塞俄比亚南部土壤容积密度、土壤水含量、总特性和土壤有机碳随着耕地类型和土壤深度不同而有较大差异,林农系统较传统玉米种植系统这些指标均较高。另外,林农复合系统的时间长短也会对土壤养分存在一定影响。通过研究尼泊尔成熟的林农系统以及两年转型期的林农复合生态系统,成熟的林农系统中,土壤养分要明显高于两年转型期的林农复合系统中土壤养分,并与成熟林农系统的某些参数呈现出一致性。研究人员对我国亚热带地区的林农复合系统土壤养分的影响因素也进行了一些研究。单一农作物种植和间种系统中,豆科植物根系残留和固氮提高了土壤质量,能帮助农作物增产。林农复合生态系统能显著优化土壤结构、增加土壤养分和改善土壤理化特性,利于农作物以及植物的增产,为林农增收提供条件,能进一步减少农村贫困。

(6)改善空气和水质

世界卫生组织于2011年9月在日内瓦声称,全球不少城市空气质量堪忧,人类健康受到严重威胁,尤其是空气颗粒物增多导致人类呼吸道的疾病频发。为了寻求空气质量问题的解决方案,研究人员提出了建立防风带和防护林,以减少空气固体颗粒物向居民生活区扩散。防风林和防风带等林农复合模式有保护庄稼、提供野生动物居住环境、减少大气中CO_2和制造氧气、减少风蚀和空气中的固体颗粒物以及减少噪声污染和密集生活生产区的气味等作用。近几年,防风林作为处理生活区气味方法之一得到了广泛的关注。有异味的化学物质及其混合物依附在空气微粒上,植被缓冲区能够过滤空气中的颗粒物,同时除去了难闻的气味。在制定治理措施时,防风林(或植被缓冲区)可作为有效减少臭气的方案之一。

农业水污染问题也是当今世界关注的焦点问题。传统农业系统,农作物吸收氮和磷肥不到使用量的一半,多余的化肥通过地表径流或从农田流走,或渗透到地下水中,因此造成水源污染。化肥和农药通过地表径流汇入干流,这也是墨西哥海湾水体富营养化的主要原因之一。林农复合系统,如河岸缓冲带,能有效减少非点源污染,可净化水资源。河岸缓冲带通过减少径流流速，促使过滤、沉积和滞留养分，能有效清洁地表径流。缓冲区通过吸收大量养分，减少了养分向地下的转移。林农复合系统庞大根系能吸收多余的营养，再通过根系周转和凋落物这些营养被系统回收利用，并且相比大多数农作物，树木拥有较长的生长周期，林农系统养分的综合利用效率提高了。佛罗里达州西北部山核桃-棉花间作系统，较单一棉花农业系统，在0.9m深土壤中N含量减少了72%，说明林农系统强大的根系能够充分吸收土壤中的养分，减少对水资源的污染。总之，林农复合经营在大规模农业生产实践中能有效提高水质。

林农复合模式是实现土地可持续利用的有效措施之一，是生态保护可持续发展的必经之路。综合研究结果表明林农复合系统具有生态系统服务和环境效应，并在热带和亚热带地区得到具体实施。林农复合系统作为环境友好型和生态可持续性的人工生态系统的一种，在有强有力的科学支撑下，林农复合生态系统为固碳、土壤增肥、生物多样性保护以及空气和水质提高做出贡献，未来将替代传统农业，造福于土地所有者或农民，甚至是整个社会。

巩固训练

①林农复合经营实训尽量选择本地主要复合经营模式，便于随时观察，及时进行调整保证经营效果。

②经营过程中根据经营目的，利用物种生物学特性及时调整和控制植物等的生长，甚至淘汰相关物种。

③训练时要求学生全过程参与，以本地的主要模式进行实训，完整调查有关因子，全面分析经营过程中各种问题出现的原因，并提出改正意见。

④学生进行本任务训练时应尽量参照国家林业标准、技术规程和技术规范，并结合地方标准开展有关操作工作，涉及考证可按考证的技能要求进行操作。

⑤现地调查：通过现场调查使学生掌握植物等生长情况调查方法，并间接地掌握其生长规律及物种间的相互关系，进一步巩固林农复合经营的知识和技能。

复习思考题

一、名词解释

1. 林农复合经营；2. 物种结构；3. 空间结构；4. 时间结构；5. 水平结构；6. 营养结构。

二、填空题

1. 种间关系主要包括（　　　）、（　　　）、（　　　）、（　　　）、（　　　）。

2. 相对于单一物种林农复合经营系统的基本特征（　　　）、（　　　）、（　　　）、（　　　）、（　　　）、（　　　）。

3. 林农复合的基本功能（　　　）、（　　　）。

4. 林木的枯枝落叶，增加了地表的（　　　）和（　　　），增强了水土保持效果。

5. 林地间作特征包括（　　　）、（　　　）、（　　　）和（　　　）。

三、判断题

1. 林农复合经营系统是一个多组分、多功能、多目标的综合性经营体系。（　　　）

2. 林农复合经营中，造林树种的选择原则应遵循有利于林农复合系统内外部物流、能流的良性循环。（　　）

3. 林农复合经营中，造林树种的选择原则应遵循有利于发挥系统的某一特殊功能。（　　）

4. 林农复合经营中，造林树种的选择原则应遵循有利于达到高投入、高产出、高利润的经济效益。（　　）

5. 林农复合经营就是为了追求经济利益最大化。（　　）

四、选择题（在所选项上划"√"）

1. 林农复合经营的特征（　　）。
   A. 复合性　　　B. 集约性　　　C. 系统性　　　D. 等级性
2. 我国平原典型复合农林业模式中，松嫩—三江平原农区（东北）主要采用了（　　）。
   A. 林-菌模式　　　　　　　　B. 林-药间作（药主要为人参）
   C. 林-牧模式　　　　　　　　D. 果-农模式
3. 中国复合农林业系统分类的原则以下正确的有（　　）。
   A. 有序性和系统性原则　　　　B. 客观性原则
   C. 实用性与简明性原则　　　　D. 多样性原则
4. 农田防护林可分为两种模式分别是（　　）。
   A. 生态防护型　　B. 生态经济型　　C. 稳定型　　　D. 恢复型
5. 农-林间作型有两种模式，分别是（　　）。
   A. 以林为主模式　　　　　　　B. 以农为主，农林共存模式
   C. 林药模式　　　　　　　　　D. 林菌模式

五、简答题

1. 林农复合经营的经济学原理有哪些。
2. 林农复合经营遵循的生态学原理有哪些。
3. 简述林农复合经营的意义？
4. 什么是林-牧复合经营？
5. 简述林农复合经营的物种配置原则和方法。
6. 论述当地主要林农复合经营植物的选择和配置。
7. 列举本地几种林下经济模式并分析其优缺点。
8. 结合本地林业发展实践，论述发展林农复合经营的意义。
9. 请试述林农复合经营模式的生态服务功能。

六、操作题

1. 请以当地单一经营类型造成的土壤肥力下降为例利用林农复合经营技术设计改良土壤营养状况。
2. 请以某一树种为例，设计一套复合经营方案。

参 考 文 献

北京市质量技术监督局,2005. 山区生态公益林抚育技术规程:DB11/T 290—2005[S]. 北京:中国标准出版社.
蔡体久,姜孟霞,2005. 森林分类经营——理论、实践及可视化[M]. 北京:科学出版社.
陈晓飞,王铁良,谢立群,等,2006. 盐碱地改良土壤次生盐渍化防治与盐渍土改良及利用[M]. 沈阳:东北大学出版社.
[日]大金永治,1998. 森林择伐[M]. 唐广义,陈丕相,译. 北京:中国林业出版社.
董金伟,白世红,李杰等,2008. 日本落叶松林修枝技术研究[J]. 山东林业科技,175(2):18-19.
范繁荣,2017. 林木栽培与经营技术[M]. 北京:高等教育出版社.
费世民,彭镇华,周金星,等,2004. 我国封山育林研究进展[J]. 世界林业研究,17(5):29-33.
福斯,1984. 土壤科学原理[M]. 王耀先,等译. 北京:中国农业出版社.
郭建钢,等,2002. 山地森林作业系统化技术[M]. 北京:中国林业出版社.
国家技术监督局,1995. 主要造林树种林地化学除草技术规程:GB/T 15783—1995[S]. 北京:中国标准出版社.
国家林业局,2017. 低效林改造技术规程:LY/T 1960—2017[S]. 北京:中国标准出版社.
国家林业局,2017. 生态公益林多功能经营指南:LY/T 2832—2017[S]. 北京:中国标准出版社.
国家林业局,2018. 油松人工林经营技术规程:LY/T 2971—2018[S]. 北京:中国标准出版社.
国家林业局,2001. 生态公益林建设:GB/T:18337.1~18337.3[S]. 北京:中国标准出版社.
国家质量监督检验检疫总局,国家标准化管理委员会,2011. 森林资源规划设计调查技术规程:GB/T 26424—2010[S]. 北京:中国标准出版社.
国家质量监督检验检疫总局,标准化管理委员会,2009. 森林抚育规程:GB/T 15781—2015[S]. 北京:中国标准出版社.
国家质量监督检验检疫总局,国家标准化管理委员会,2016. 造林技术规程:GB/T 15776—2016[S]. 北京:中国标准出版社.
国家质量监督检验检疫总局,国家标准化管理委员会,2018. 封山(沙)育林技术规程:CB/T 15163—2018[S]. 北京:中国标准出版社.
贺庆棠,2001. 森林环境学[M]. 北京:高等教育出版社.
红黄壤利用改良区划协作组.1985. 中国红黄壤地区土壤利用改良区划[M]. 北京:中国农业出版社.

参考文献

侯琳，宋西德，罗伟祥，2000. 水土保持林综合抚育技术研究[J]. 内蒙古农业大学学报，21(3)：76-79.
黄庆斌，2018. 竹林套种竹荪生态高效栽培技术[J]. 食用菌，40(2)：60-62.
黄云鹏，2002. 森林培育[M]. 北京：高等教育出版社.
黄云鹏，2008. 林业技术专业综合实训指导书——森林培育技术[M]. 北京：中国林业出版社.
姜风岐，朱教君，曾德慧，等，2003. 防护林经营学[M]. 北京：中国林业出版社.
蒋学良，2002. 森林经营学[M]. 北京：中国林业出版社.
雷加高，2001. 全国森林培育实用技术指南[M]. 北京：中国环境出版社.
雷庆峰，2011. 森林经营技术[M]. 沈阳：沈阳出版社.
李亮，朱念福，张怀清，2019. 杉木人工整枝过程可视化模拟方法[J]. 林业科技通讯(12)：23-27.
李荣和，于景华，2010. 林下经济作物种植新模式[M]. 北京：科技文献出版社.
李文彬，赵广杰，殷宁，等，2005. 林业工程研究进展[M]. 北京：中国环境科学出版社.
李文华，赖世堂，等，2001. 中国农林复合经营[M]. 北京：科学出版社.
里德尔，等，1990. 森林土壤改良学[M]. 王礼先，等译. 北京：中国林业出版社.
梁星权，2001. 森林分类经营[M]. 北京：中国林业出版社.
辽宁省林业学校，1996. 森林经营学[M]. 北京：中国林业出版社.
刘进社，2007. 森林经营技术[M]. 北京：中国林业出版社.
刘进社，2014. 森林经营技术[M]. 北京：中国林业出版社.
刘进社，姚方，2005. 抚育采伐工[M]. 北京：中国林业出版社.
吕军，2001. 农业土壤改良与保护[M]. 杭州：浙江大学出版社.
吕贻忠，李保国，2006. 土壤学[M]. 北京：中国农业出版社.
马永春，2011. 杨树修枝新方法与修枝技术研究[J]. 安徽林业科技，37(1)：70-72.
梅莉，张卓文，2019. 森林培育学实践教程[M]. 2版. 北京：中国林业出版社.
孟平，张劲松，等，2004. 农林复合生态系统研究[M]. 北京：科学出版社.
[英]索菲·希格曼，等，2001. 森林可持续经营手册[M]. 凌林，杨冬生，等译. 北京：科学出版社.
沈国舫，2001. 森林培育学[M]. 北京：中国林业出版社.
沈国舫，翟明普，2016. 森林培育学[M]. 2版. 北京：中国林业出版社.
施成银，2020. 林下经济发展模式及策略[J]. 乡村科技(16)：82-84.
宋立志，2018. 不同修枝处理对杨树生长效应的影响分析[J]. 内蒙古林业调查设计，41(1)：88-90.
孙时轩，1992. 造林学[M]. 北京：中国林业出版社.
王景明，2011. 土壤学实验指导[M]. 南昌：江西科学技术出版社.
王月婵，2017. 辽东山区林下参发展现状、存在问题及对策[J]. 防护林科技，165(5)：105-106.
魏占才，2006. 森林调查技术[M]. 北京：中国林业出版社.

参考文献

武生权,丁博志,2012. 农田防护林经营技术研究[J]. 吉林林业科技,41(1):10-12,26.
徐化成,郑均宝,1994. 封山育林研究[M]. 北京:中国林业出版社.
徐太原,林向群,2017. 森林经营技术实训教材[M]. 昆明:云南教育出版社.
杨艳鲜,廖承飞,沙毓沧,2008. 元谋干热河谷旱坡地双链型罗望子-牧草-羊生态农业模式高效配套技术研究[J]. 中国生态农业学报,16(2):464-468.
杨正平,1987. 封山育林[M]. 北京:中国林业出版社.
叶镜中,1989. 森林经营学[M]. 北京:中国林业出版社.
翟明普,沈国舫,2016,森林培育学[M]. 北京:中国林业出版社.
张万儒,1994. 森林土壤生态管理[M]. 北京:中国科学技术出版社.
赵体顺,1995. 当代林业技术[M]. 郑州:黄河水利出版社.
郑天水,高德祥,施庭有,等,2014. 云南低效林改造技术[M]. 昆明:云南科技出版社.
周健民,沈仁芳,2013. 土壤学大辞典[M]. 北京:科学出版社.

附 录

附表1 伐区调查每木检尺登记表

_____县(林场)_____乡(分场)_____村(林站)_____林班_____小班_____作业小班。小班面积_____。

(一)小班因子调查：林种_____，优势树种_____，起源_____，林龄_____，郁闭度_____。采伐方式_____，采伐次数_____，平均冠幅_____，散生木株数_____，散生木蓄积量_____天然更新等级_____。更新方式_____，更新树种_____，更新时间_____。

(二)标准地林木检尺登记：标准地号_____，标准地面积_____。

树种	径阶	检尺木类型	株数小计			株数合计	实测						平均	
			用材	半用材	薪材		1		2		3		胸径	树高
							胸径	树高	胸径	树高	胸径	树高		
	合计	保留木												
		采伐木												

调查员： 年 月 日

附表2 抚育间伐调查设计汇总表

县(林场)：

乡(分场)	村(林站)	林班	小班	林种	树种	起源	林龄	郁闭度	平均		天然更新等级	每公顷株数		每公顷蓄积		采伐强度	采伐面积	采伐		
									直径	树高		采伐	保留	采伐	保留	蓄积	株数		蓄积	株数	出材
合计																				

统计员： 审核人： 年 月 日

注：1. 本表用于每次伐区调查设计结果的统计汇总，也可作为申请采伐的统计报表。

2. 采伐面积和采伐株数可根据实际情况任意选填一项。

附录

附表3 抚育间伐林分变化情况表

_____县(林场)

乡（分场）	村（林站）	林班	小班	树种	采伐强度		疏密度		平均胸径		平均树高		公顷蓄积量		公顷株数	
					株数	蓄积	伐前	伐后	伐前	伐后	伐前	伐后	伐前	伐后	伐前	伐后

统计员：　　　　　　　　　　审核人：　　　　　　　　　　年　　月　　日

附表4 林木每公顷蓄积量和出材量统计表

_____县(林场) _____乡(分场) _____村(站) _____林班 _____小班。标准地号_____ 标准地面积_____。

树种	径阶	检尺木类型	平均		检尺株数				蓄积量				出材率（%）	出材量
			胸径	树高	合计	其中：			合计	其中：				
						用材树	半用材树	薪材树		用材树	半用材树	薪材树		
	合计	保留												
		采伐												
	公顷	保留												
		采伐												

统计员：　　　　　　　　　　审核人：　　　　　　　　　　年　　月　　日

附录

附表 5　林分因子调查表

标准地位置：　　　　　　　　　　　　　　　　　设置年度：
林班：　　　　　　　　　　　　　　　　　　　　小班：
标准地种类：　　　　　　　　　　　　　　　　　标准地面积：_____×_____

林权		郁闭度		幼树种类及分布		标准地略图
小班面积		坡向		下木种类及分布		
标准地面积		坡度		活地被物种类及分布		
森林分类		坡位		林分特点		
林种		土壤名称		人工林历史情况		
亚林种		土层厚度				
经营措施		土壤质地				
起源		小地名				
林龄		小班原面积				

调查人：　　　　　　　　　　　　　　　　　　　　　　　　　　　记录人：

附表 6　每木调查表

胸径＼株数	平均胸径=	株树合计	备注
合计			

调查人：　　　　　　　　　　　　　　　　　　　　　　　　　　　记录人：

— 355 —

附表 7　林木分级表（适用于克拉夫特五级分级法）

胸径＼株数	Ⅰ	Ⅱ	Ⅲ	Ⅳ	Ⅴ	备注
合计						

调查人：　　　　　　　　　　　　　　　　　　　　　　　　　　　　记录人：

附表 8　林木分级表（适用于三级木分级法）

胸径＼株数	目标树	辅助树	有害树	备注
合计				

调查人：　　　　　　　　　　　　　　　　　　　　　　　　　　　　记录人：

附表 9　采伐木确定表

胸径＼株数	I 目标树	II 辅助树	III 有害树	IV	V	备注
合计						

调查人：　　　　　　　　　　　　　　　　　　　　　　　　　　　　　记录人：

附表 10　测高记录表

胸径＼树种	$\dfrac{D}{H}$	$\dfrac{D}{H}$	$\dfrac{D}{H}$	$\dfrac{D}{H}$	$\dfrac{D}{H}$	$\dfrac{D}{H}$
	……．……	……．……	……．……	……．……	……．……	……．……
	……．……	……．……	……．……	……．……	……．……	……．……
	……．……	……．……	……．……	……．……	……．……	……．……
	……．……	……．……	……．……	……．……	……．……	……．……
	……．……	……．……	……．……	……．……	……．……	……．……
	……．……	……．……	……．……	……．……	……．……	……．……
	……．……	……．……	……．……	……．……	……．……	……．……
	……．……	……．……	……．……	……．……	……．……	……．……
	……．……	……．……	……．……	……．……	……．……	……．……
	……．……	……．……	……．……	……．……	……．……	……．……

调查人：　　　　　　　　　　　　　　　　　　　　　　　　　　　　　记录人：

附表 11　标准地造材记录表

材　种															合计
径阶	树高(m)	小头径(cm)	长度(m)	数量(根)	小头径(cm)	长度(m)	数量(根)	小头径(cm)	长度(m)	数量(根)	小头径(cm)	长度(m)	数量(根)	小头径(cm)	长度(m)	数量(根)
合　计															
造材汇总															

调查人：　　　　　　　　　　　　　　　　　　　　　　　　　　　　　　　　　记录人：

附表 12　森林主伐(更新采伐)、抚育采伐、改造作业设计一览表（一）

序号	林班小班	采伐类型作业方式	面积(hm²)	蓄积(m³)	立地因子				森林类别	亚林种	林分调查因子 伐前/伐后							采伐强度(%)		采伐量/小班	
			小班作业	小班作业	坡向	坡度	土壤名称	土层厚度(cm)			森林起源	树种组成	林龄(年)	平均树高(m)	平均胸径(cm)	郁闭度	每公顷株数(株)	每公顷蓄积(m³)	株树蓄积	株数(株)	蓄积(m³)
	—	—	—	—			—	—	—	—	—	—	—	—	—	—	—	—	—	—	—
合计			—																—		

附表13　森林主伐、更新采伐、抚育采伐、改造作业设计一览表（二）

序号	林班/小班	清场方法	作业时间	作业面积采伐面积	总计	经济材(m³) 合计	规格材 小计	梁材	檩材	交手杆	圆木	小圆	非规格材 小计	橡材	等外材	林副产品 小计	原条(根/m³)	小杆(根/m³)	大柴(t/m³)
	—															—	—	—	—
	—																		
	—																		
	—																		
合计																			

表头说明：出材率(%)/出材量(m³)

附表14　采伐强度及采伐量统计表

标准地号：

采伐强度		采伐量(m³)	出材率(%)
蓄积(%)	株数(%)		

附表15　造材记录表

标准地号：

树种	胸径(cm)	树高(m)	立木材积(m³)	材种														出材率(%)
				小头直径(cm)	材长(m)	数量(根)	材积(m³)	小头直径(cm)	材长(m)	数量(根)	材积(m³)	小头直径(cm)	材长(m)	数量(根)	材积(m³)	小头直径(cm)	材长(m)	数量(根)	材积(m³)	

(续)

树种	胸径(cm)	树高(m)	立木材积(m³)	材 种																	出材率(%)
				小头直径(cm)	材长(m)	数量(根)	材积(m³)	小头直径(cm)	材长(m)	数量(根)	材积(m³)	小头直径(cm)	材长(m)	数量(根)	材积(m³)	小头直径(cm)	材长(m)	数量(根)	材积(m³)	

检尺员：　　　　　　　　　　　记录员：　　　　　　　　　　　　年　月　日

附表 16　标准地材种出材量统计表

标准地号：

径阶(cm)	采伐数量(株)	经济材(m³)								林副产品		
		合计	规格材				非规格材			原条(根/m³)	小杆(根/m³)	大柴(t/m³)
			小计	电柱(梁材)	檩材	原木	小径原木	小计	橡材	等外材			
合计													

附表17 森林采伐作业设计实测图

林班号：　　　小班号：

比例尺：

附表18 罗盘仪导线测量记录表

测线	正方位角	反方位角	平均方位角	倾斜角	斜距	水平距离	备注

附表19 作业小班在林班中的位置图

林班号：　　　小班号：

比例尺：

附表20 标准地调查簿

标准地号：

县（市、区、旗）：　　　镇（乡）：　　　林场（村）：　　　小地名：

林班　　　小班　　　林木权属
森林类别：　　　林种：
亚林种：　　　经营措施类型：
小班面积(hm²)：　　　标准地面积(hm²)：
小班蓄积(m³)：　　　标准地蓄积(m³)：
坡向：　　　坡度：　　　坡位：
土壤名称：　　　幼树数量及生长发育状况：
土层厚度(cm)：　　　植被盖度(%)：

调查人：　　　　　　　　　　　　　　　　　　年　　月　　日设立

填表说明

1. 本簿系森林经营作业设计标准地外业调查用。填写的数据必须是标准地调查的实际结果。
2. 本簿应与森林经营作业设计呈报书一并报林业主管部门，作为森林经营作业设计审批、检验的依据之一。
3. 枯立木的株数、蓄积只做记载，不要计算在林分平均因子之内。
4. 表中的 N 为株数，速记以"正"字填写，V 为材积，D 为胸径，H 为树高。

附表 21　林分因子调查统计表

标准地号：

项目 调查因子	伐　前	伐　后
林分起源		
林　相		
林木组成		
林龄(年)		
平均树高(m)		
平均胸径(cm)		
郁闭度		
株数(株)		
蓄积量(m³)		

附表 22　采伐强度及采伐量统计表

标准地号：

采伐强度		采伐量(m³)	出材率(%)
蓄积(%)	株数(%)		

附表 23　每木调查记录(1)

标准地号：　　　　树种：

项目 林木分级 径阶(cm)	保留木											
	合　计		Ⅰ		Ⅱ		Ⅲ		Ⅳ		Ⅴ	
	N	V	N	V	N	V	N	V	N	V	N	V
合计												

附 录

附表 24 每木调查记录（2）

标准地号：　　　　　树种：

径阶(cm) \ 林木分级 \ 项目	采伐木											
	合 计		I		II		III		IV		V	
	N	V	N	V	N	V	N	V	N	V	N	V
合计												

注：全林检尺时，标准地号填写"全林"。

附表 25 测高记录与树高曲线图

① 测高记录

树种	径阶	实测记录		树种	径阶	实测记录		树种	径阶	实测记录	
		D	H			D	H			D	H

② 树高曲线图

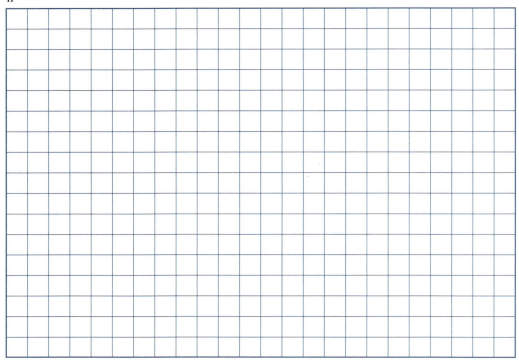

附表 26　罗盘导线（GPS）测量记录表

林班号：　　　　　　　　　　　小班号：
导线名称：　　　　　　　　　　GPS 接收机型号：　　　　　　　　　年　　月　　日

点号	测线	方位角	倾斜角	距离(m)		GPS 坐标	
				斜距	水平距	X	Y

闭合差：　　　　m　　　　　精度：　　　　%　　　　观测者：　　　　　　记录者：
GPS 坐标转换参数：　$dx =$　　　　$dy =$　　　　$dz =$　　　　$da =$　　　　$df =$

设计说明编写提纲

1. 设计依据：经批准的"森林、林木采伐申请书"编号、执行的有关文件和技术标准。
2. 作业地点：包括申请采伐单位（个人）全称、林班、小班号、小地名，并描述采伐地块的四至界线。
3. 伐区基本情况概况：简述伐区的自然、土壤、植被分布及伐区林分因子等概况。
4. 设计结果：说明本设计采用的技术方法、标准和调查设计的成果。
5. 更新措施：确定更新时间，更新方式、技术方法及管护措施等。
6. 其他需要说明的问题。